“十三五”国家重点出版物出版规划项目

名校名家基础学科系列
Textbooks of Base Disciplines from Top Universities and Experts

大学物理教程

下册

主　编　王新顺　李艳华
参　编　李爱芝　徐慧华

机 械 工 业 出 版 社

本书依照教育部物理基础课程教学指导分委员会颁布的《理工科类大学物理课程教学基本要求》编写，突出教学性、实用性，内容深浅适当，章节引入自然流畅，例题解答详尽。本套书分为上、下两册，共5篇，23章。本书为下册，内容包括热学、光学、量子物理；上册内容包括力学和电磁学。本套书相对论相关内容中涵盖了广义相对论简介，原子核物理相关内容中涵盖了粒子物理的最新发展，固体物理相关内容中涵盖了激光及超导材料。

本书可作为高等学校理工科类各专业大学物理课程的教材或教学参考书。

图书在版编目（CIP）数据

大学物理教程. 下册/王新顺，李艳华主编. —北京：机械工业出版社，2020.7（2023.12重印）

“十三五”国家重点出版物出版规划项目　名校名家基础学科系列

ISBN 978-7-111-64892-5

Ⅰ. ①大…　Ⅱ. ①王…　②李…　Ⅲ. ①物理学－高等学校－教材

Ⅳ. ①O4

中国版本图书馆CIP数据核字（2020）第035452号

机械工业出版社（北京市百万庄大街22号　邮政编码100037）

策划编辑：张金奎　责任编辑：张金奎　任正一

责任校对：樊钟英　封面设计：鞠　杨

责任印制：郜　敏

北京富资园科技发展有限公司印刷

2023年12月第1版第4次印刷

184mm×260mm · 19.75印张 · 479千字

标准书号：ISBN 978-7-111-64892-5

定价：49.80元

电话服务　　网络服务

客服电话：010－88361066　　机　工　官　网：www.cmpbook.com

010－88379833　　机　工　官　博：weibo.com/cmp1952

010－68326294　　金　书　网：www.golden－book.com

封底无防伪标均为盗版　　机工教育服务网：www.cmpedu.com

前　言

“大学物理”是高等院校理工科类各专业学生的一门非常重要的基础课。它不仅可以为学生学习专业课打下必要的基础，更重要的是物理学中常用的研究问题的方法、科学思维的方法、重要的物理思想对学生创新思维的形成及科学素养的提升都将产生深远的影响。

本套书内容完全涵盖了《理工科类大学物理课程教学基本要求》，分为上、下两册，包括力学、电磁学、热学、光学和量子物理等5篇，共23章。书中各篇对物理学的基本概念与规律进行了明晰的讲解，很多内容都是从物理背景展开，突出物理学的研究方法和思维方法；每个章节均以最基本的概念与规律为基础，推演出相应的概念与规律，体现了物理规律的系统性和逻辑性；章节引入自然流畅，内容深浅适当，注重感性和理性、定性和定量的结合，例题解答详尽，突出了教学性和实用性；相对论相关内容中涵盖了广义相对论简介，原子核物理相关内容中涵盖了粒子物理的最新发展，固体物理相关内容中涵盖了激光及超导材料等新技术应用，体现了“保证经典，加强现代”的教学理念。

在力学篇的质点力学中就引入了角动量、力矩的概念，推出了质点和质点系的角动量定理和角动量守恒定律，这体现了循序渐进、知识迁移的学习认知特点，为学生学习全新的刚体力学做了一个铺垫；同时，刚体是一个特殊的质点系，刚体的所有运动规律都可以从质点力学的质点系所遵从的规律中导出，如刚体的角动量定理和角动量守恒定律，这充分体现了力学规律的系统性和逻辑性。将振动和波动安排在光学篇是考虑到光虽然是电磁波，但与机械波一样具有波动的共性，讲完振动和波动，再学习光学，在知识上有一定的连续性。

本套书各章均配有思考题、习题和习题答案，以帮助学生理解和掌握已学的物理概念和定律，或扩充一些新的知识。希望学生做题时能真正把做过的每一道题从概念原理上搞清楚，并且用尽可能简明的语言、公式、图像表示出来，做到举一反三。

参加本套书上册编写的有：毛晓芹（第1~5章）、王新顺（第6章）、申庆徽（第7、8章）、李鹏（第9、10章）、梁敏（第11、12章）；参加本套书下册编写的有：李爱芝（第13~15章）、徐慧华（第16、17章）、李艳华（第18~20章）、王新顺（第21~23章）。全书由王新顺审定。

在本书的编写过程中，我们参阅了大量国内外相关教材及文献资料，借鉴了一些插图、例题和习题，在此谨向相关作者表示由衷的感谢。

由于编者水平有限，书中疏漏和不当之处在所难免，恳请读者不吝指教。

编　者

2019年10月于威海

目 录

第4篇　光　　学

第 5 篇　量子物理

热　学

第13章 气体动理论

热学是研究自然界中物质与冷热有关的性质及这些性质变化的规律的科学。热学包括统计物理和热力学两部分。热学的研究方法分宏观法和微观法。热力学就是由基本的实验规律运用数学逻辑推理总结出了关于热现象的宏观理论。其优点是从实验事实出发，采用归纳、概括的方法得出结论，结论具有可靠性和普遍性，缺点是只能对热现象做宏观、唯象的说明，不能揭示其微观本质。统计物理就是从物质的微观结构出发，依据每个粒子所遵循的力学规律，用统计的方法来推求宏观量与微观量统计平均值之间的关系，解释并揭示系统宏观热现象及其有关规律的微观本质的理论，其初级理论称为气体动理论或气体分子运动论。其优点是揭示了热现象的微观本质，缺点是由于对物质结构的假设总是有某种程度的近似性，其结论不能像热力学那样与实验事实严格相符。

本章所讲的气体动理论就属于统计物理学。热力学与气体动理论的研究对象是一致的，但是研究的方法却截然不同。在对热运动的研究上，气体动理论和热力学二者起到了相辅相成的作用。热力学的研究成果，可以用来检验微观气体动理论的正确性；气体动理论所揭示的微观机制，可以使热力学理论获得更深刻的意义。

气体动理论的研究对象是分子的热运动。从微观上看，热现象是组成系统的大量粒子热运动的集体表现，它是不同于机械运动的一种更加复杂的物质运动形式。由于分子的数目十分巨大，对于大量粒子的无规则热运动，频繁地碰撞，不可能像力学中那样，对每个粒子的运动进行逐个的描述，而只能探索它们的集体运动规律。就单个粒子而言，由于受到其他粒子的作用，其运动形式千变万化，具有极大的偶然性和无序性，但就大量分子的集体表现来看，运动却在一定条件下遵循确定的规律，正是这种特点，使得统计方法在研究热运动时得到广泛应用。本章我们将根据气体分子的模型，从物质的微观结构出发，用统计的方法来研究气体的宏观性质和规律，及它们与微观量统计平均值之间的关系，从而揭示系统宏观性质及其有关规律的微观本质。

本章先从宏观角度介绍平衡态、理想气体状态方程等热学基本概念和定律，然后用气体动理论求出理想气体的压强公式，进而解释压强、温度的微观意义和气体分子的麦克斯韦速率分布、玻尔兹曼分布等规律。之后介绍实际气体的范德瓦耳斯方程、输运过程。

13.1 平衡态　理想气体状态方程

13.1.1 热学中的几个基本概念

1. 热力学系统

热学研究的对象是一些相对较大的，能为我们感官所察觉的物体（含有大量粒子、原子或分子)，这些物体称为**热力学系统**或简称**系统**。系统以外的物体统称**外界**。如图 13-1 所示，研究气缸内的气体的性质时，气体就是系统，而其他部分就是外界。在大学物理中我们所研究的系统通常是一个气体系统，固体和液体系统的热力学问题研究较少。

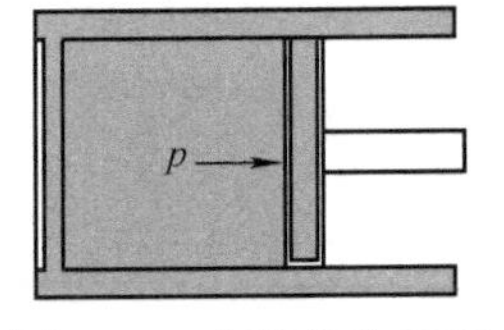

图 13-1 气体作为系统

2. 平衡态与准静态过程

在不受外界影响的条件下，系统所有可观测的宏观性质不随时间变化的状态称为**平衡态**。这里所说的没有外界影响，是指外界对系统既不做功也不传热的情况。事实上，并不存在完全不受外界影响，从而使得宏观性质绝对保持不变的系统，所以平衡态只是一种理想模型，它是在一定条件下对实际情况的抽象和近似。以后，只要实际状态与上述要求偏离不是太大，就可以将其作为平衡态来处理，这样既可简化处理的过程，又有实际的指导意义。

必须指出，平衡态是指系统的宏观性质不随时间变化，从微观看，气体分子仍在永不停息地做无规则热运动，各粒子的微观量和系统的微观状态都会不断地发生变化。只是分子热运动的平均效果不随时间变化，系统的宏观状态性质就不会随时间变化，所以我们把这种平衡态称为**动态平衡**。

当气体与外界交换能量时，它的状态就会发生变化，一个状态连续变化到另一个状态所经历的过程叫作状态的变化过程，如果过程中的每一中间状态都无限趋于平衡态，这个过程称为**准静态过程**。显然，准静态过程是个理想的过程，实际过程进行得越缓慢，经过一段确定时间系统状态的变化就越小，各时刻系统的状态越接近平衡态。当实际过程进行得“无限缓慢”时，各时刻系统的状态也就无限地接近平衡态，实际过程可看成准静态过程。在许多情况下，实际过程可近似地当作准静态过程来处理。如图 13-2 示，$p-V$ 图上一个点代表系统的一个平衡态，$p-V$ 图上一条曲线表示系统一个准静态过程。应该注意，不是平衡态不能在 $p-V$ 图上表示。这里 p 是气体压强，V 是气体体积。

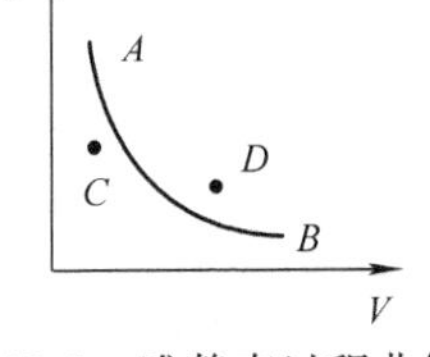

图 13-2 准静态过程曲线

3. 宏观量与微观量

要研究系统的性质及其变化规律，那么就要对系统的状态加以描述，用一些物理量从整体上对系统状态进行描述的方法称为宏观描述。这时用到的物理量称为**宏观量**，如温度、压强、体积、热容、系统中粒子总数等。相应的用一组宏观量描述的系统状态，称为**宏观态**。宏观量一般能为人们观察到，可以用仪器进行测量。任何宏观物体都是由分子、原子等微观粒子组成。通过对微观粒子运动状态的说明来描述系统状态的方法称为微观描述。通常把描述单个粒子运动状态的物理量称为**微观量**，如粒子的质量、位置、动量、能量等，相应的用系统中各粒子的微观量描述的系统状态，称为**微观态**。微观量不能被直接观察到，一般也不能直接测量。

4. 气体状态参量

当系统处于平衡态时，系统的宏观性质将不再随时间变化，因此可以使用相应的物理量来具体描述系统的状态。这些物理量通称为**状态参量**，或简称态参量。一般用气体体积 V、压强 p 和温度 T 来作为状态参量。下面介绍这三个状态量。

体积：气体的体积，通常是指组成系统的分子的活动范围，是气体分子能到达的空间体积。由于分子的热运动，容器中的气体总是分散在容器中的各个空间部分，因此气体的体积，也就是盛气体容器的容积。在国际单位制（SI）中，体积的单位是立方米，用符号 m^3 表示，常用单位还有升，用符号 L 表示。

压强：气体的压强，是气体作用于器壁单位面积上的正压力，是大量气体分子频繁碰撞容器壁产生的平均冲力的宏观表现。压强与分子无规则热运动的频繁程度和剧烈程度有关。在国际单位制中，压强的单位是帕［斯卡］，用符号 Pa 表示，常用的压强单位还有厘米汞柱、标准大气压等，它们与帕斯卡的关系是

$$1\text{cmHg}(\text{厘米汞柱}) = 1.333 \times 10^3\,\text{Pa}$$

$$1\text{atm}(\text{标准大气压}) = 76\text{cmHg} = 1.013 \times 10^5\,\text{Pa}$$

温度：从宏观上说，温度是表示物体冷热程度的物理量，而微观本质上讲，它表示的是分子热运动的剧烈程度。温度的数值表示方法称为**温标**。这一表示方法基于以下实验事实，即：如果物体 A 与物体 B 能分别与物体 C 的同一状态处于平衡态，那么当把这时的 A 和 B 放到一起时，二者也必定处于一个共同的平衡态，即**热平衡状态**。这一事实被称为**热力学第零定律**。根据这一定律，要确定两个物体是否温度相等（即是否处于热平衡状态），就不需要使二者直接接触，只要利用一个“第三者”加以“沟通”就行了，这个“第三者”就被称为温度计。物理学中常用两种温标：热力学温标和摄氏温标。摄氏温标所确定的温度用 t 表示，单位是℃（摄氏度），国际单位制中采用热力学温标，所确定的温度用 T 表示，单位是 K（开尔文）。摄氏温标与热力学温标的关系是

$$T = t + 273.15 \tag{13-1}$$

在大学物理中我们规定使用热力学温标。目前实验室达到的最低温度是 2.4×10^{-11}K。实际上，要想获得越低的温度就越困难，而热力学理论已给出：**热力学零度**（也称**绝对零度**）**是不能达到的**。这个结论称为这**热力学第三定律**。

一定量气体，在一定容器中具有一定体积，如果各部分具有相同温度和相同压强，我们就说气体处于一定的状态。所以说，对于一定的气体，它的 p、T、V 三个量完全决定了它的状态。其中体积和压强都不是热学所特有的，体积 V 属于几何参量，压强 p 属于力学参量，温度描述状态的热学性质。应该指出，只有当气体的温度、压强处处相同时，才能用 p、T、V 描述系统状态。

13.1.2　理想气体状态方程

理想气体是一个抽象的物理模型。那么什么样的气体是理想气体呢？在中学物理中，我们学过三个著名的气体实验规律，即玻意耳定律、盖－吕萨克定律和查理定律。后来人们发现，对不同气体来说，这三条定律的适用范围是不同的，一般气体只是在温度不太低，压强不太大的时候才遵从气体的这三个实验定律。在任何情况下都服从上述三个实验定律的气体是没有的，这就给理论研究带来了不便。为了简化问题，人们设想有一种气体，在任何情况下都严格地遵从这三个定律，将这种气体称为**理想气体**。而实际气体在温度不太低（与室温比较），压强不太大（与标准大气压比较）时都可近似地看成理想气体，在温度越高，压强越小时，近似的程度越高。实验证明，理想气体在某个平衡态时，p、T、V 三个量之间存在一定关系，这种关系可由上述三个实验定律推出，即

$$pV = \frac{m_{\text{总}}}{M}RT = \nu RT \tag{13-2}$$

式中，R 为普适气体常数；ν 为气体物质的量（摩尔数）；$m_{总}$ 为气体质量；M 为气体的摩尔质量。在国际单位制中，$R=8.31\mathrm{J/(mol\cdot K)}$。式（13-2）为**理想气体状态方程**，它表明了在平衡态下理想气体的各个宏观状态参量之间的关系。当系统从一个平衡态变化到另一个平衡态时，各状态参量发生变化，但它们之间仍然要满足状态方程。

对一定质量的气体，它的状态参量 p、T、V 中只有两个是独立的，因此，任意两个参量给定，就确定了气体的一个平衡态。理想气体状态方程的另一形式为

$$p=\frac{m_{总}}{V}\frac{RT}{M}=\frac{\rho}{M}RT$$

式中，ρ 为理想气体的体密度。由式（13-2）还可推出理想气体压强的表达式为

$$p=\frac{N}{V}\frac{R}{N_A}T=nkT \tag{13-3}$$

式中，N 为分子数；$n=N/V$，为分子数密度，单位为 $1/\mathrm{m}^3$；N_A 为阿伏伽德罗常量，$N_A=6.023\times10^{23}/\mathrm{mol}$；$k$ 为玻尔兹曼常量，$k=R/N_A=1.38\times10^{-23}\mathrm{J/K}$。

例 13.1　有一个电子管，其真空度（即电子管内气体压强）为 $1.0\times10^{-5}\mathrm{mmHg}$，则 27℃时管内单位体积的分子数为多少?

解：由 $p=nkT$ 得

$$n=\frac{p}{kT}=\frac{1.0\times10^{-5}\times1.333\times10^{-2}}{1.38\times10^{-23}\times(27+273)}\mathrm{m}^{-3}=3.22\times10^{17}\mathrm{m}^{-3}$$

说明即使在很低的压强下，还是有大量分子的，没有绝对的真空。

13.2　理想气体的压强与温度

压强和温度都是描述气体状态的宏观参量，本节我们以气体动理论为基础，运用统计平均的方法，推导出压强和温度的公式，寻找这些宏观量与微观量之间的联系，从而揭示压强和温度的微观实质。

13.2.1　理想气体的微观模型

气体动理论关于理想气体模型的基本假设分为两部分：一部分是关于单个分子的，另一部分是关于分子集体的。

1. 关于每个分子的力学性质的假设

1）分子本身的线度与分子间的平均距离相比可以忽略不计，即把分子当作质点。

2）除碰撞的瞬间外，分子之间及分子与器壁之间的相互作用力可忽略不计。

3）分子之间、分子与器壁之间的碰撞可看作是完全弹性碰撞。

4）分子的运动遵从经典力学规律。

按照上述假设，理想气体分子可以看成是不断做无规则运动的、本身体积可以忽略不计的、彼此间无相互作用的遵守经典力学规律的弹性质点。这就是理想气体的微观模型。我们将看到，根据这一模型所导出的理论符合理想气体规律，这说明了上述假设在一定范围内是合理的。

2. 关于分子集体的统计性假设

气体中单个分子的运动情况千变万化，非常复杂，偶然性占主导地位。但对组成气体

的大量分子整体来看，常常表现出确定的规律。例如气体处于平衡状态且无外场作用时，就单个分子而言，某一时刻它究竟沿哪个方向运动，这是完全偶然的，不能预测的。然而就大量分子的整体而言，任一时刻，平均来看，沿各个方向运动的分子数都相等，或者说气体分子沿各个方向运动的概率相等，即在气体中，不存在任何一个特殊方向，使气体分子沿这个方向的运动比沿其他方向更占优势。气体分子的热运动满足统计规律性。

1）分子的速度各不相同，而且通过碰撞不断发生变化。

2）若忽略重力的影响，理想气体处于平衡态时气体分子出现在容器内任何空间位置的概率相等，即分子按位置的分布是均等的。若以 N 表示体积为 V 的气体分子总数，则分子数密度 n 各处相同，且有

$$n=\frac{\mathrm{d}N}{\mathrm{d}V}=\frac{N}{V} \tag{13-4}$$

3）在平衡态时，气体分子在做无规则的热运动，虽然每个分子的速度大小和方向是不确定的，具有偶然性，但对大量分子来说，在任一时刻，都各自以不同大小的速度在运动，而且向各方向运动的概率是相等的，没有一个方向占优势，即分子速度按方向的分布是均等的。因此，分子速度的平均值为零，各种方向的速度矢量相加会相互抵消。类似地，分子速度的各个分量的平均值也为零。设 N 个分子在某一时刻的速度都分解成直角坐标的三个分量，则有

$$\bar{v}_x=\bar{v}_y=\bar{v}_z=0$$

各速度分量的二次方的平均值也相等。即

$$\overline{v_x^2}=\overline{v_y^2}=\overline{v_z^2} \tag{13-5}$$

式中，$\overline{v_x^2}=\left(\sum_{i=1}^{N}v_{ix}^2\right)/N$；$\overline{v_y^2}=\left(\sum_{i=1}^{N}v_{iy}^2\right)/N$；$\overline{v_z^2}=\left(\sum_{i=1}^{N}v_{iz}^2\right)/N$。

对每个分子的速率 v_i 和速度分量有下列关系：

$$v_i^2=v_{ix}^2+v_{iy}^2+v_{iz}^2$$

取等号两侧的平均值，可得

$$\overline{v^2}=\overline{v_x^2}+\overline{v_y^2}+\overline{v_z^2}$$

将式（13-5）代入上式得

$$\overline{v_x^2}=\overline{v_y^2}=\overline{v_z^2}=\frac{1}{3}\overline{v^2} \tag{13-6}$$

上述 2）、3）两个假设是关于分子无规则运动的统计性假设，只适用于大量分子的集体。式（13-4）、式（13-5）和式（13-6）中的 n、$\overline{v_x^2}$、$\overline{v_y^2}$、$\overline{v_z^2}$ 都是统计平均值，也只对大量分子的集体才有意义。

13.2.2 理想气体的压强公式

从微观上看，气体对器壁的压强是大量气体分子对容器壁频繁碰撞的总的平均效果。对每一个分子来说，在什么时候与器壁在什么地方碰撞，给予器壁冲量大小等，都是偶然的、随机的、断续的。但对容器内大量气体分子来说，永不停息地做无规则运动，分子与分子间，分子与器壁间频繁地发生碰撞，使器壁受到一个持续的、恒定大小的作用力。分子数越多，器壁受到的作用力越大。下面以理想气体分子模型和统计假设为依据推导理想

气体的压强公式。

为方便起见，假设有 N 个同种理想气体分子盛于一个边长为 l_1、l_2、l_3 的长方体容器中，并处于平衡态。每个分子质量均为 m，以长方体的一个顶点作为坐标原点 O 点，A_1 面的法线方向为 x 轴方向，建立如图 13-3 所示坐标系。气体处于平衡态时，气体内部及容器壁上各处的压强均相同，所以在此只计算一个面 A_1 上的压强即可。设器壁是光滑的。

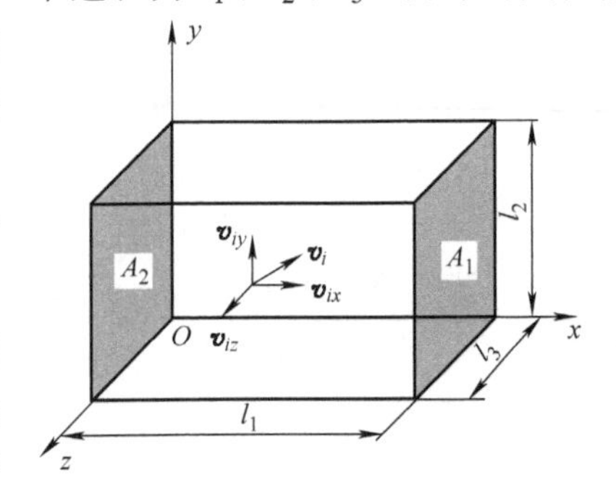

图 13-3　推导气体压强公式用图

首先分析一个分子在与器壁碰撞时施于器壁的平均作用力。为此先考虑一个分子 i，它在某时刻的速度是 $\boldsymbol{v}_i$，$\boldsymbol{v}_i$ 在三个垂直方向上的分量是 v_{ix}、v_{iy}、v_{iz}。当分子 i 与器壁 A_1 碰撞时，因为碰撞是弹性碰撞，所以碰撞速度分量 v_{iy}、v_{iz} 不改变，而 x 方向的速度分量则变为 $-v_{ix}$。于是，分子 i 与器壁 A_1 面碰撞一次，动量的增量是 $m(-v_{ix})-mv_{ix}=-2mv_{ix}$。由动量定理知，分子 i 与 A_1 面碰撞一次受到器壁对它的冲量为 $-2mv_{ix}$。根据牛顿第三定律，此分子给予器壁的冲量为 $2mv_{ix}$。当分子 i 与 A_1 面弹性碰撞后，又弹到 A_2 面，之后由 A_2 面又弹回 A_1，如此往复。分子 i 与 A_1 面连续两次碰撞之间，在 x 方向的速度分量不变，而在 x 方向上所经过的距离为 $2l_1$，因此，分子 i 与 A_1 面连续碰撞两次所需的时间为 $2l_1/v_{ix}$，单位时间内分子 i 与 A_1 面碰撞次数是 $v_{ix}/2l_1$，则单位时间内 A_1 受分子 i 的冲量为 $2mv_{ix}v_{ix}/2l_1=mv_{ix}^2/l_1$，即分子 i 作用在 A_1 面上的平均冲力。

N 个分子作用在 A_1 面上总的平均冲力为

$$\overline{F}=\sum_{i=1}^{N}\frac{mv_{ix}^2}{l_1}=\frac{m}{l_1}\sum_{i=1}^{N}v_{ix}^2$$

再按前面所学习过的速度分量的方均值的定义 $\overline{v_x^2}=\left(\sum_{i=1}^{N}v_{ix}^2\right)/N$，以及速度分量的方均值与方均速率的关系 $\overline{v_x^2}=\overline{v^2}/3$，理想气体给予 A_1 面的平均冲力 $\overline{F}$ 大小可写为

$$\overline{F}=\sum_{i=1}^{N}\frac{mv_{ix}^2}{l_1}=\frac{m}{l_1}\sum_{i=1}^{N}v_{ix}^2=\frac{Nm\overline{v^2}}{3l_1}$$

因而可以求得 A_1 面上的压强为

$$p=\frac{\overline{F}}{S}=\frac{\overline{F}}{l_2l_3}=\frac{Nm\overline{v^2}}{3l_1l_2l_3}=\frac{Nm\overline{v^2}}{3V}$$

式中，$V=l_1l_2l_3$。$n=\dfrac{N}{V}$是气体的分子数密度，则压强公式可写为

$$p=\frac{1}{3}nm\overline{v^2}=\frac{1}{3}\rho\overline{v^2} \tag{13-7}$$

式中，ρ 是气体的体密度。再考虑到气体分子的平均平动动能为

$$\overline{\varepsilon_{\mathrm{t}}}=\frac{1}{2}m\overline{v^2} \tag{13-8}$$

所以压强公式为

$$p=\frac{2}{3}n\left(\frac{1}{2}m\overline{v^2}\right)=\frac{2}{3}n\overline{\varepsilon_{\mathrm{t}}} \tag{13-9}$$

式（13-9）叫作理想气体在平衡态时的**压强公式**。由式（13-9）可见，气体作用于器壁的压强正比于分子数密度 n 和分子的平均平动动能$\overline{\varepsilon_t}$，典型地显示了气体状态的宏观量与分子热运动的微观量的统计平均值有关。分子数密度越大，压强越大；分子平均平动动能越大，压强也越大。实际上每一分子对器壁的碰撞以及作用在器壁上的冲量是间歇的、不连续的。但是，实际上容器内分子数目极大，它们对器壁的碰撞就像密集雨点打到雨伞上一样，对器壁有一个均匀而连续的冲力，冲力才有确定的统计平均值。若说单个分子对器壁产生多大压强，这是无意义的。压强是一个统计量，气体作用于器壁的压强是大量分子频繁碰撞器壁所产生的平均效果，这就是压强的微观解释。

应当指出，压强 p 是描述气体宏观状态的物理量，分子平均平动动能$\overline{\varepsilon_t}$是描述分子热运动的微观量，而压强公式则把气体的宏观性质与气体分子的微观运动联系起来了。式（13-9）是气体动理论的基本公式之一，它是一个统计规律，这一结论具有普遍意义。

13.2.3 温度的微观意义

1. 温度的微观意义

由式（13-3）和式（13-9）知

$$p = nkT = \frac{2}{3}n\,\overline{\varepsilon_t}$$

即

$$\overline{\varepsilon_t} = \frac{3}{2}kT \tag{13-10}$$

式（13-10）说明，各种理想气体在平衡态下，它们的分子平均平动动能只和温度有关，并且与热力学温度成正比。为此我们得出温度的微观意义：

1）温度是气体分子平均平动动能的量度，具有统计意义。只能用于大量分子，对单个分子无意义。同一温度下各种气体分子的平均平动动能都相等。

2）温度标志着物体内部分子无规运动的激烈程度，即平衡态是一种动态平衡。

3）温度和物体的整体（相对外界有规则的）运动无关。$\overline{\varepsilon_t}$是相对于系统的质心参考系测量的，是分子无规则运动的平均平动动能。

4）热力学温标零度将是理想气体分子热运动停止时的温度，由于分子运动永不停息，由此验证热力学第三定律是正确的。

2. 方均根速率

由$\frac{1}{2}m\overline{v^2} = \frac{3}{2}kT$得

$$\sqrt{\overline{v^2}} = \sqrt{\frac{3kT}{m}} = \sqrt{\frac{3RT}{M}} \tag{13-11}$$

$\sqrt{\overline{v^2}}$叫作气体分子的**方均根速率**，是分子速率的一种统计平均值。

注意：在温度相同时，虽然各种气体分子的平均平动动能相同，但它们的方均根速率并不相同。

例 13.2 求氮气分子在温度 $t = 1000℃$时的平均平动动能和方均根速率。

解：在温度 $t = 1000℃$时，氮气分子的平均平动动能为

$$\overline{\varepsilon}_t = \frac{3}{2}kT = \frac{3}{2} \times 1.38 \times 10^{-23}\text{J/K} \times 1273\text{K} = 2.64 \times 10^{-20}\text{J}$$

方均根速率为

$$\sqrt{\overline{v^2}} = \sqrt{\frac{3RT}{M}} = \sqrt{\frac{3 \times 8.31 \times 1273}{28 \times 10^{-3}}}\text{m/s} = 1.06 \times 10^3\text{m/s}$$

13.3　能量按自由度均分定理　理想气体的内能

在前面讨论气体的压强时，我们是把气体分子当作质点来处理的。实际上，气体分子有较为复杂的内部结构，有单原子分子、双原子分子和多原子分子。分子除了平动外，还有转动以及分子内原子的振动。为了计算分子各种运动形式的能量，先讨论自由度的概念。

13.3.1　自由度

确定一个物体空间位置所需要的独立坐标个数，叫作该物体的运动自由度或简称**自由度**。一个质点在空间自由运动，其位置需要三个独立坐标（如 x、y、z）来确定。例如，将飞机看成一个质点时确定它在空中的位置所需要的独立坐标数是三个，它的自由度为3。海面上航行的船看成质点，确定它在海面上的位置所需要的独立坐标数为两个，它的自由度为2。铁轨上直线运行的火车将其看成质点时，它的自由度为1。

对于自由细杆或运动器材哑铃而言，确定其运动位置可先确定其质心 C（相当于质点）的运动位置，有3个平动自由度，过质心的任意轴在空间的方位，可用它与 x、y、z 轴的夹角 α、β、γ 表示，如图13-4所示（图中 x'、y'、z'轴与 x、y、z 轴分别平行），但这三个方位角的方向余弦满足下列关系：

$$\cos^2\alpha + \cos^2\beta + \cos^2\gamma = 1$$

则三个方位角 α、β、γ 中只有2个独立变数，即绕质心转动自由度为2。所以它们的自由度为5，3个平动自由度和2个转动自由度。

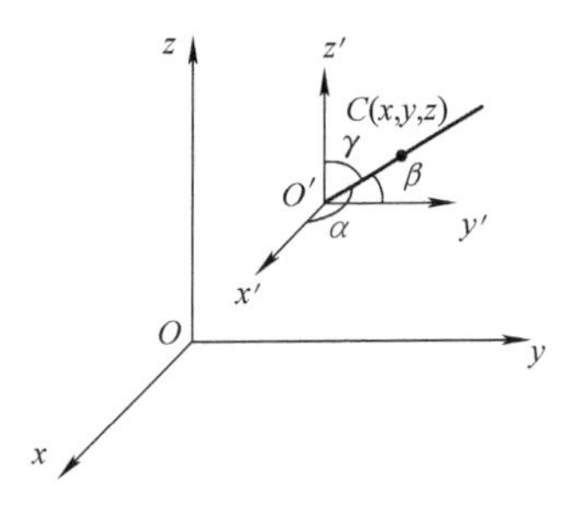

图13-4　细杆和哑铃的自由度

对于空间刚体而言，除了说明质心位置的三个坐标和确定通过质心的任意轴的方位的两个坐标以外，还需要确定绕轴转动的一个独立坐标 θ，如图13-5所示，因此整个自由刚体的自由度为6。3个平动自由度和3个转动自由度。

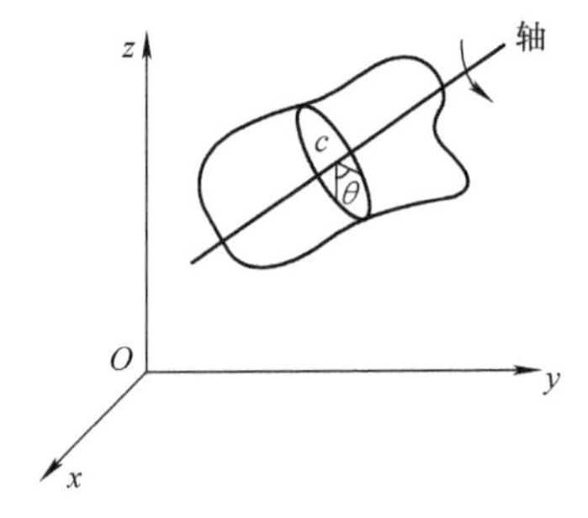

图13-5　刚体的自由度

气体分子的自由度

气体分子有复杂的内部结构，有的气体分子为单原子分子（如 He、Ne），有的为双原子分子（如 H_2、O_2、N_2），有的为多原子分子（如 CH_4、NH_3）。当分子内原子间距离保持不变（不振动）时这种分子称为刚性分子，否则为非刚性分子，下面只讨论刚性分子的自由度。

若用 i 表示刚性分子的自由度，t 表示刚性分子的平动自由度，r 表示刚性分子的转动自由度，则 $i=t+r$。

对于单原子分子可看成是一个运动的质点：$t=3$，$r=0$，$i=3$。

对于刚性的双原子分子可看成哑铃式分子：$t=3$，$r=2$，$i=5$。

对于刚性的多原子分子可看成空间运动的刚体：$t=3$，$r=3$，$i=6$。

事实上，双原子或多原子气体分子一般不是完全刚性的，原子间的距离在原子间的相互作用下要发生变化，分子内部要出现振动，要考虑振动自由度。但在常温下，振动自由度可以不予考虑。所以在以后无特殊声明下仅讨论刚性情况。下面讨论刚性分子的每个自由度上的平均动能。

13.3.2　能量按自由度均分定理

上节已讲过，一个分子的平均平动动能为

$$\overline{\varepsilon}_{\mathrm{t}}=\frac{1}{2}m\overline{v^2}=\frac{3}{2}kT$$

利用式（13-6）$\overline{v_x^2}=\overline{v_y^2}=\overline{v_z^2}=\frac{1}{3}\overline{v^2}$，可得

$$\frac{1}{2}m\overline{v_x^2}=\frac{1}{2}m\overline{v_y^2}=\frac{1}{2}m\overline{v_z^2}=\frac{1}{3}\left(\frac{1}{2}m\overline{v^2}\right)=\frac{1}{2}kT \tag{13-12}$$

式（13-12）中前三项各与一个平动自由度相对应，表明分子的每个平动自由度上的平均动能都相等，而且都等于$\frac{1}{2}kT$，即分子的平均平动动能$\frac{3}{2}kT$是均匀地分配于每个平动自由度上的。这是一条统计规律，它只适用于大量分子的集体，是大量分子无规则运动，不断碰撞的平均效果。

这种能量的分配，在分子有转动的情况下，还可以推广到分子的转动自由度上。在分子永不停息地做无规则运动，不断碰撞的过程中，平动自由度之间、平动和转动之间及转动自由度之间也可以交换能量，就能量来说，没有哪个自由度是特殊的。因而得出更为一般的结论：理想气体在温度为 T 的平衡态下，分子每个自由度上都具有$\frac{1}{2}kT$ 的平均动能。此结论称为**能量按自由度均分定理**。

根据能量按自由度均分定理，一个自由度为 i 的气体分子的平均平动动能和平均转动动能分别为$\frac{t}{2}kT$、$\frac{r}{2}kT$，而分子的平均总动能为

$$\overline{\varepsilon}_{\mathrm{k}}=\frac{1}{2}(t+r)kT=\frac{i}{2}kT \tag{13-13}$$

对于单原子分子　$\overline{\varepsilon}_{\mathrm{k}}=\frac{3}{2}kT$

对于刚性双原子分子　$\overline{\varepsilon}_{\mathrm{k}}=\frac{5}{2}kT$

对于刚性多原子分子　$\overline{\varepsilon}_{\mathrm{k}}=3kT$

能量按自由度均分定理是关于分子热运动动能的统计规律，是大量气体分子在无规则运动中频繁碰撞的结果。在碰撞过程中，分子之间及各自由度之间会发生能量的交换和转移，由于在各个自由度中并没有哪个占优势，因而当理想气体达到平衡态时，平均来讲，

各自由度上就具有相同的平均动能。

13.3.3 理想气体的内能

对于实际气体来说，除了上述的分子平动动能、转动动能以外，还有振动动能和振动势能，以及分子之间的相互作用势能。我们把所有分子的各种形式的动能和势能的总和称为气体的内能。对于理想气体来说，不计分子与分子之间的相互作用力，所以分子与分子之间相互作用的势能也就忽略不计。关于振动的能量只有量子力学才能给出正确的说明，作为统计概念的初步介绍，下面我们只考虑刚性的理想气体分子（即忽略分子内部振动的分子），理想气体的内能就是所有分子的动能的总和。

设理想气体分子有 i 个自由度，每个分子的平均总动能为$\frac{i}{2}kT$，理想气体 N 个分子的平均总动能之和，即理想气体的内能为

$$E = N\left(\frac{i}{2}kT\right) = \frac{i}{2}N\frac{R}{N_A}T = \frac{i}{2}\nu RT \tag{13-14}$$

式中，物质的量 $\nu = N/N_A$；玻尔兹曼常量 $k = R/N_A$。由式（13-14）可以看出，一定质量的理想气体的内能完全取决于分子运动的自由度 i 和气体的热力学温度 T。对于给定的系统来说（ν、i 都是确定的），理想气体平衡态的内能唯一地由温度来确定，而与气体的体积和压强无关，也就是说理想气体平衡态的内能是温度的单值函数，由系统的状态参量就可以确定它的内能。系统内能是一个态函数，只要状态确定了，那么相应的内能也就确定了。

按照理想气体状态方程 $pV = \nu RT$，理想气体内能公式还可以写为

$$E = \frac{i}{2}pV \tag{13-15}$$

如果状态发生变化，则系统的内能也将发生变化。对于一定量的理想气体由最初的平衡态（p_1，V_1，T_1）经任意过程变化到最终的平衡态（p_2，V_2，T_2），其内能的增量为

$$\Delta E = \nu\frac{i}{2}R(T_2 - T_1) \tag{13-16}$$

或

$$\Delta E = \frac{i}{2}(p_2V_2 - p_1V_1) \tag{13-17}$$

若发生微小的变化过程，则理想气体内能的增量的表达式可写为

$$\mathrm{d}E = \nu\frac{i}{2}R\mathrm{d}T \tag{13-18}$$

以上三式说明，一定质量的理想气体内能的增量与状态变化所经历的具体过程无关，只与始末状态参量有关。

应该注意，内能与力学中的机械能有着明显的区别。静止在地球表面上的物体的机械能（动能和重力势能之和）可以等于零，但物体内部的分子仍然在运动着和相互作用着，因此内能永远不会等于零。物体的机械能是一种宏观能，它取决于物体的宏观有规则的运动状态。外界物体的整体有规则的运动具有的动能称为物体的**轨道动能**。而内能却是一种微观能，它取决于物体的微观运动状态。微观运动具有无序性，所以，内能是一种无序能量。

例 13.3 一篮球充气后，其中有氮气 8.5g，温度为 17℃，在空气中以 65km/h 的高速

飞行。求：

（1）一个氮气分子的热运动平均平动动能，平均转动动能和平均总动能；

（2）球内氮气的内能；

（3）球内氮气的轨道动能。（氮气可看作刚性的理想气体）

解：（1）由能量均分定理得

氮气分子的平均平动动能

$$\overline{\varepsilon}_{\mathrm{t}}=\frac{t}{2}kT=\frac{3}{2}\times1.38\times10^{-23}\mathrm{J/K}\times290.15\mathrm{K}=6.00\times10^{-21}\mathrm{J}$$

氮气分子的平均转动动能

$$\overline{\varepsilon}_{\mathrm{r}}=\frac{r}{2}kT=\frac{2}{2}\times1.38\times10^{-23}\mathrm{J/K}\times290.15\mathrm{K}=4.00\times10^{-21}\mathrm{J}$$

氮气分子的平均总动能

$$\overline{\varepsilon}_{\mathrm{k}}=\frac{i}{2}kT=\frac{5}{2}\times1.38\times10^{-23}\mathrm{J/K}\times290.15\mathrm{K}=10.00\times10^{-21}\mathrm{J}$$

（2）由理想气体内能公式可求得氮气的内能为

$$E=\frac{i}{2}\nu RT=\left(\frac{5}{2}\times\frac{8.5}{28}\times8.31\times290.15\right)\mathrm{J}=1.83\times10^{3}\mathrm{J}$$

（3）氮气的轨道动能

$$E_{\mathrm{k}}=\frac{1}{2}mv^{2}=\left[\frac{1}{2}\times8.5\times10^{-3}\times\left(\frac{65000}{3600}\right)^{2}\right]\mathrm{J}=1.39\mathrm{J}$$

由此可见，气体的内能和轨道动能是不等的，它们是不同的两个概念。

13.4 麦克斯韦速率分布律

在 13.3 节中关于理想气体分子集体的统计性假设中，有一条是：每个分子的速度各不相同，而且通过碰撞不断地发生变化。对于每个分子由于受到许多偶然因素的影响，它的速度的大小和方向都在不停地变化着，无法预测。但从整体上统计地说，在一定条件下，气体分子按速度的分布还是有规律的。对于理想气体分子按速度分布的统计规律最早是麦克斯韦于 1859 年在概率论的基础上导出的，此规律称为麦克斯韦速度分布律。若不考虑速度的方向，只考虑它的大小，就称为麦克斯韦速率分布律。施特恩于 1920 年以及我国的葛正权于 1934 年分别用实验验证了这条规律。

13.4.1　速率分布的描述及速率分布函数

从微观上说明气体分子速率状况时，由于气体分子数目巨大，而且各分子的速率通过碰撞又在不断地改变，所以不可能逐一加以说明，只能采用统计的方法。按经典力学的概念，气体分子的速率可以连续地取零到无限大的任何数值，因此，可采用按速率区间分组的方法，将分子的速率划分为若干 Δv，例如 0 ~ 100m/s 为一个区间，100 ~ 200m/s 为次一个区间，200 ~ 300m/s 为又一个区间，等等。所谓分子按速率的分布，就是在分子总数为 N 的气体中，指出各速率区间 Δv 内的分子数 ΔN 是多少，或各速率区间内的分子数 ΔN 占总的分子数的百分比 $\Delta N/N$（即概率）是多少。表 13-1 列出了一组施特恩实验数据。速率在

0 ~ 100m/s 区间内的分子数只占总分子数的 1.4%，900m/s 以上的分子数只占总数的 0.9%。而速率在 300 ~ 400m/s 之间的分子数占分子总数的 21.4%，比此速率大或小的分子的概率都依次递减。实验表明，在大量分子的热运动中，对于处于任何温度下的任何一种气体，其分子按速率分布的情况大都如此，这就是分子速率分布的一般规律。

表 13-1　氧气分子速率在 273K 时的分布情况

速率间隔 Δv/(m/s)	概率($\Delta N/N$)(%)
0 ~ 100	1.4
100 ~ 200	8.1
200 ~ 300	16.5
300 ~ 400	21.4
400 ~ 500	20.6
500 ~ 600	15.1
600 ~ 700	9.2
700 ~ 800	4.8
800 ~ 900	2.0
900 以上	0.9

用横坐标表示速率 v 的大小，将它分成等间距的速率区间 $\Delta v = 100$m/s。纵坐标表示单位速率区间内分子的概率，如图 13-6 所示，每一速率区间上方一个长方形的面积代表在该速率区间内的分子的概率。若速率区间逐渐减小，则所得的统计表越精细，越能精确地反映气体分子按速率分布的统计规律。

当速率区间 $\Delta v \to 0$ 时，速率为 v 处的速率区间变为 $\mathrm{d}v$，其相应的分子数为 $\mathrm{d}N$，这时纵坐标为$\frac{\mathrm{d}N}{N\mathrm{d}v}$，$v$ 为横坐标，所得$\frac{\mathrm{d}N}{N\mathrm{d}v} - v$ 速率分布曲线为一平滑的曲线，如图 13-7 所示。用这条曲线可以精确地表示气体分子的速率分布情况，称为速率分布曲线。

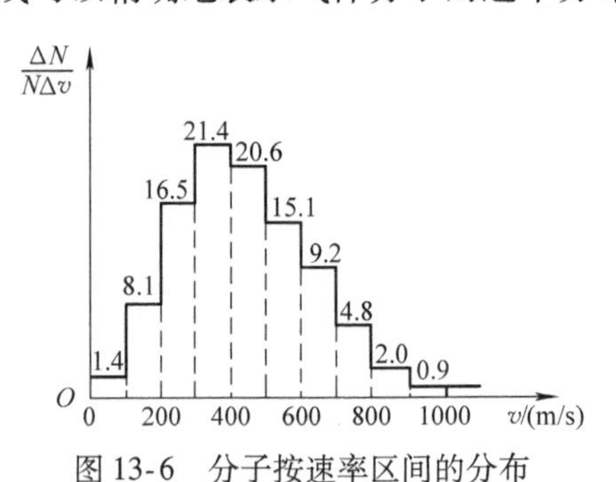

图 13-6　分子按速率区间的分布

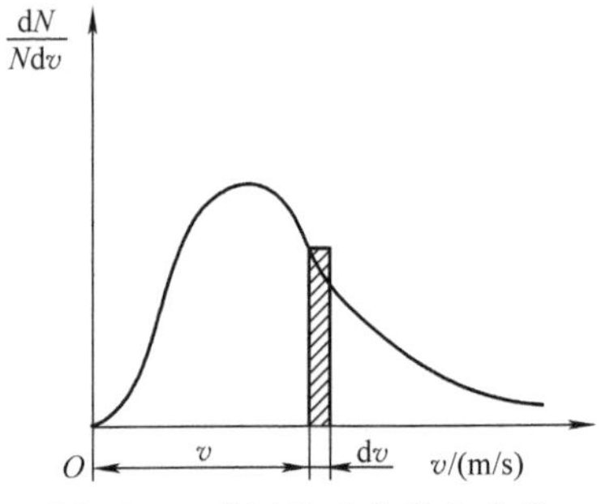

图 13-7　分子的速率分布曲线

图 13-7 中，阴影线所标出的小长方形的面积为$\frac{\mathrm{d}N}{N\mathrm{d}v}\mathrm{d}v = \frac{\mathrm{d}N}{N}$，该面积表示在速率区间 v ~ $v + \mathrm{d}v$ 内的分子数占总分子数的百分比，而纵坐标$\frac{\mathrm{d}N}{N\mathrm{d}v}$显然是速率 v 的函数，可以用 $f(v)$ 表示，即

$$f(v) = \lim_{\Delta v \to 0} \frac{\Delta N}{N\Delta v} = \frac{\mathrm{d}N}{N\mathrm{d}v}$$

$f(v)$ 称为**速率分布函数**，其物理意义是：**速率在 v 值附近的单位速率区间内的分子数占总分**

子数的百分比。

在任一有限速率区间 $v_1 \sim v_2$ 内，曲线下面的面积为

$$\int_{v_1}^{v_2} f(v)\,\mathrm{d}v = \frac{\Delta N}{N}$$

它表示在速率区间 $v_1 \sim v_2$ 内的分子数占总分子数的比率。

显然整个速率曲线下面的总面积表示速率分布在 $0 \sim \infty$ 区间的分子数占总分子数的比率，它应等于 100%，即

$$\int_{0}^{\infty} f(v)\,\mathrm{d}v = 1 \tag{13-19}$$

式（13-19）称为速率分布函数的归一化条件。

13.4.2 麦克斯韦速率分布律

麦克斯韦于 1859 年在概率论的基础上推导出，当理想气体分子处于平衡态且无外力场作用时，分子速率分布函数 $f(v)$ 的具体表达形式为

$$f(v) = \frac{\mathrm{d}N}{N\mathrm{d}v} = 4\pi\left(\frac{m}{2\pi kT}\right)^{\frac{3}{2}} \mathrm{e}^{-\frac{mv^2}{2kT}} v^2 \tag{13-20}$$

式（13-20）称为麦克斯韦速率分布函数，式中，m 为分子质量；k 为玻尔兹曼常量。

由麦克斯韦速率分布函数可以得出：在平衡态下，理想气体分子速率在区间 $v \sim v + \mathrm{d}v$ 内的分子数占总分子数的百分比为

$$\frac{\mathrm{d}N}{N} = f(v)\,\mathrm{d}v = 4\pi\left(\frac{m}{2\pi kT}\right)^{\frac{3}{2}} \mathrm{e}^{-\frac{mv^2}{2kT}} v^2\,\mathrm{d}v \tag{13-21}$$

这个规律称为**麦克斯韦速率分布律**。

由式（13-20）可知，对于给定的理想气体（m 一定），其麦克斯韦速率分布函数与温度有关。以 v 为横坐标、$f(v)$ 为纵坐标，画出的曲线为麦克斯韦速率分布曲线，如图 13-8 所示，与实验给出的速率分布曲线图 13-7 相符合。对于同种气体，不同的温度有不同的分布曲线。图 13-8 中给出两种不同温度下的某种气体分子的速率分布曲线，不难看出温度对速率分布的影响。

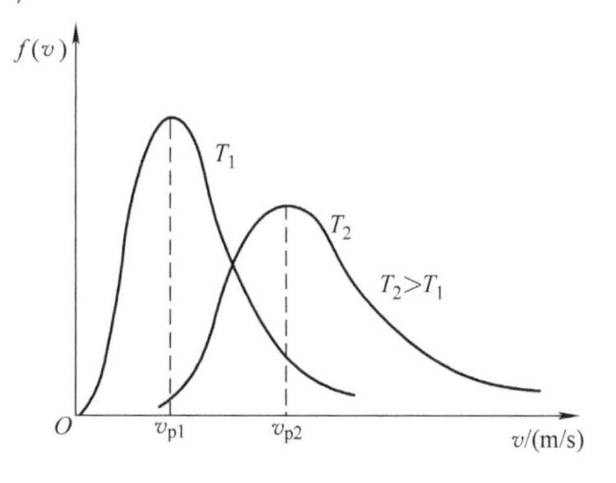

图 13-8 分子的麦克斯韦速率分布曲线

13.4.3 气体分子的三种统计速率

由麦克斯韦速率分布函数 $f(v)$，可以推导出在统计意义上反映分子热运动状态的三种典型速率值。

1. 最概然速率 v_p

从图 13-8 可以看到，在温度为 T 的平衡态下，一定量的理想气体分子的麦克斯韦速率分布函数 $f(v)$ 有一个极大值。与 $f(v)$ 的极大值对应的速率 v_p 叫作**最概然速率**。其物理意义是：若把整个速率范围分成许多相等的速率区间，则 v_p 所在的速率区间内的分子数占总分子数的百分比最大。v_p 可由下式求出：

$$\left.\frac{\mathrm{d}f(v)}{\mathrm{d}v}\right|_{v=v_{\mathrm{p}}}=0$$

由此得

$$v_{\mathrm{p}}=\sqrt{\frac{2kT}{m}}=\sqrt{\frac{2RT}{M}}=1.41\sqrt{\frac{RT}{M}} \tag{13-22}$$

此时

$$f(v_{\mathrm{p}})=\left(\frac{8m}{\pi kT}\right)^{\frac{1}{2}}\Big/\mathrm{e} \tag{13-23}$$

由式（13-22）和式（13-23）可看出，温度越高，最概然速率 v_{p} 越大，此时 $f(v_{\mathrm{p}})$ 越小。如图 13-8 中所示，气体分子在温度 T_1 和 $T_2(T_2>T_1)$ 下的最概然速率分别是 v_{p1} 和 v_{p2}，且 $v_{\mathrm{p2}}>v_{\mathrm{p1}}$，即温度升高时，曲线的最高点向速率增大的方向移动。这是因为温度越高，分子的热运动程度越剧烈，速度大的分子数目就相对增多。并且由于气体分子总数不变，由归一化条件可知，曲线下的总面积恒等于 1，所以，随着温度的升高，曲线变得较为平坦。

例 13.4 在 300K 时，空气中速率在（1）v_{p} 附近；（2）$10v_{\mathrm{p}}$ 附近，单位速率区间（$\Delta v=1\mathrm{m/s}$）的分子数占分子总数的百分比各是多少？平均来讲，10^5 mol 的空气中这区间的分子数各是多少？空气的摩尔质量按 29g/mol 计。

解：由式（13-21）和式（13-22）得出，麦克斯韦速率分布为

$$\frac{\Delta N}{N}=f(v)\Delta v=\frac{4}{\sqrt{\pi}}\frac{v^2}{v_{\mathrm{p}}^3}\mathrm{e}^{-\left(\frac{v}{v_{\mathrm{p}}}\right)^2}\Delta v$$

当 $T=300\mathrm{K}$ 时，有

$$v_{\mathrm{p}}=\sqrt{\frac{2kT}{m}}=\sqrt{\frac{2RT}{M}}=\sqrt{\frac{2\times8.31\times300}{29\times10^{-3}}}\mathrm{m/s}=415\mathrm{m/s}$$

对于 $\Delta v=1\mathrm{m/s}$：

（1）在 $v=v_{\mathrm{p}}$ 附近

$$\left(\frac{\Delta N}{N}\right)_1=\frac{4}{\sqrt{\pi}}\frac{v_{\mathrm{p}}^2}{v_{\mathrm{p}}^3}\mathrm{e}^{-\left(\frac{v_{\mathrm{p}}}{v_{\mathrm{p}}}\right)^2}\Delta v=\frac{4}{\sqrt{\pi}}\times\frac{1}{415}\mathrm{e}^{-1}\times1=0.002=0.2\%$$

（2）在 $v=10v_{\mathrm{p}}$ 附近

$$\left(\frac{\Delta N}{N}\right)_2=\frac{4}{\sqrt{\pi}}\frac{(10v_{\mathrm{p}})^2}{v_{\mathrm{p}}^3}\mathrm{e}^{-\left(\frac{10v_{\mathrm{p}}}{v_{\mathrm{p}}}\right)^2}\Delta v$$

$$=\frac{4}{\sqrt{\pi}}\times\frac{100}{415}\mathrm{e}^{-100}\times1=2.0\times10^{-44}=(2.0\times10^{-42})\%$$

在 10^5 mol 的空气中，在 v_{p} 附近，$\Delta v=1\mathrm{m/s}$ 区间的分子数为

$$N\left(\frac{\Delta N}{N}\right)_1=6.02\times10^{23}\times10^5\times2\times10^{-42}\%=1.2\times10^{26}(\text{个})$$

在 $10v_{\mathrm{p}}$ 附近，$\Delta v=1\mathrm{m/s}$ 区间的分子数为

$$N\left(\frac{\Delta N}{N}\right)_2=6.02\times10^{23}\times10^5\times2\times10^{-42}\%=1.2\times10^{-15}\approx0(\text{个})$$

上面结果说明由麦克斯韦速率分布函数确定的速率很大和很小的分子数是很少的，最概然速率 v_{p} 所在速率区间内的分子数最多。

2. 平均速率$\bar{v}$

分子速率的算术平均值称为分子的**平均速率**，用 $\bar{v}$ 表示。我们利用麦克斯韦速率分布函数可以求出分子的平均速率。

在平衡态下，设气体分子速率为 v_1 的分子数有 ΔN_1 个，速率为 v_2 的分子数有 ΔN_2 个，…，速率为 v_n 的分子数有 ΔN_n 个，总分子数 N 是具有各种速率的分子数之和，即 $N=\Delta N_1+\Delta N_2+\cdots+\Delta N_n$。所以平均速率为

$$\bar{v}=\frac{v_1\Delta N_1+v_2\Delta N_2+\cdots+v_n\Delta N_n}{N}$$

当速率区间 $\Delta v\to 0$ 时，有

$$\bar{v}=\frac{1}{N}\sum_{i=1}^{n}v_i\Delta N_i=\frac{1}{N}\int_0^\infty v\mathrm{d}N=\int_0^\infty v\frac{\mathrm{d}N}{N}$$

因为

$$f(v)\mathrm{d}v=\frac{\mathrm{d}N}{N}$$

所以平均速率为

$$\bar{v}=\int_0^\infty v\frac{\mathrm{d}N}{N}=\int_0^\infty vf(v)\mathrm{d}v$$

将麦克斯韦速率分布函数表达式（13-20）代入上式，可得

$$\bar{v}=\sqrt{\frac{8kT}{\pi m}}=\sqrt{\frac{8RT}{\pi M}}=1.60\sqrt{\frac{RT}{M}} \tag{13-24}$$

3. 方均根速率v_{rms}（$v_{rms}=\sqrt{\overline{v^2}}$）

与求平均速率类似，利用麦克斯韦速率分布函数可以求出分子速率二次方的平均值

$$\overline{v^2}=\int_0^\infty v^2f(v)\mathrm{d}v=\frac{3kT}{m}$$

由此可得分子的方均根速率为

$$\sqrt{\overline{v^2}}=\sqrt{\frac{3kT}{m}}=\sqrt{\frac{3RT}{M}}=1.73\sqrt{\frac{RT}{M}} \tag{13-25}$$

由式（13-22）、式（13-24）和式（13-25）可以看出，这三种统计速率都与$\sqrt{T}$成正比，与$\sqrt{m}$或$\sqrt{M}$成反比。对于给定的气体，当温度 T 一定时，三种速率是确定的，并且有如图 13-9 所示的关系，即 $v_p<\bar{v}<\sqrt{\overline{v^2}}$。在室温下，这三种速率的数量级一般为几百米每秒，它们在不同的问题中有各自的应用。例如，在讨论速率分布时，要用到最概然速率；在讨论分子的碰撞时，要用到平均速率；在计算分子的平均平动动能时，要用到方均根速率。

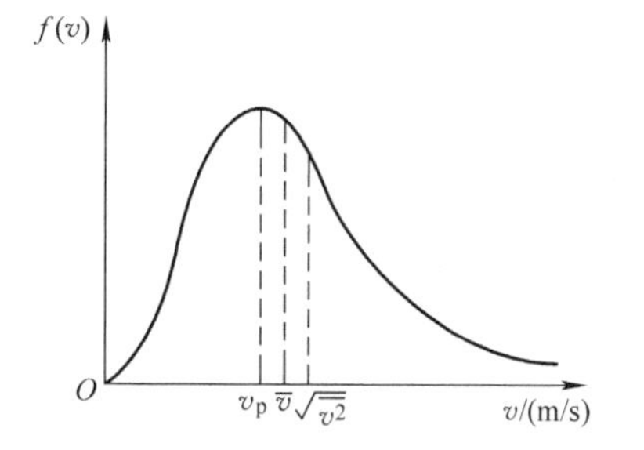

图 13-9　三种统计速率的标识

例 13.5　计算在 0℃时，氧气、氢气、氮气的方均根速率。

解：对于氧气，$M=0.032\text{kg/mol}$，则

$$\sqrt{\overline{v^2}}=\sqrt{\frac{3RT}{M}}=\sqrt{\frac{3\times 8.31\times 273.15}{0.032}}\text{m/s}=461\text{m/s}$$

同理可以求得氢气与氮气的方均根速率分别为 1800m/s 和 500m/s。从这些数据可以看出，气体分子热运动速率是很大的，而且，在相同温度下，质量越小的分子其分子热运动速率越大。

例 13.6　导体中自由电子的运动，可看作类似于气体分子的运动，故常把导体中的自由电子称为“电子气”，设导体中共有 N 个电子，其中电子的最大速率为 v_F。已知速率分布在 $v \sim v+\mathrm{d}v$ 内的电子数与总电子数的比率为

$$\frac{\mathrm{d}N}{N}=\begin{cases}Av^2\mathrm{d}v & (0<v<v_F)\\ 0 & (v>v_F)\end{cases}$$

（1）画出速率分布函数曲线；

（2）确定常数 A；

（3）求出自由电子的最概然速率、平均速率和方均根速率。

解：（1）依题意，自由电子的速率分布函数在速率区间（$0 \sim v_F$）之间为 $f(v)=Av^2$，$v>v_F$ 范围内，$f(v)=0$，其速率分布函数曲线如图 13-10 所示。

（2）由速率分布函数的归一化条件可知

$$\int_0^\infty f(v)\mathrm{d}v = 1$$

即

$$\int_0^\infty f(v)\mathrm{d}v = \int_0^{v_F}Av^2\mathrm{d}v = A\frac{v_F^3}{3} = 1$$

故有

$$A=\frac{3}{v_F^3}$$

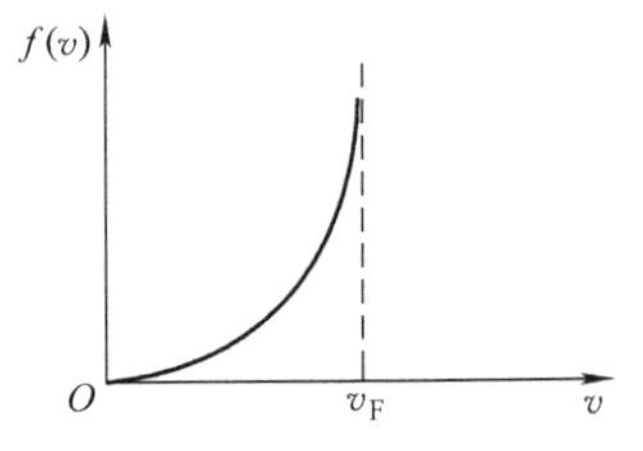

图 13-10　自由电子速率分布曲线例题 13.6 用图

（3）最概然速率就是速率分布曲线上与速率分布函数的极大值所对应的速率，显然由图 13-10 可知

$$v_p=v_F$$

根据平均速率和方均根速率的定义有

$$\bar{v} = \int_0^\infty vf(v)\mathrm{d}v = \int_0^{v_F}v\frac{3}{v_F^3}v^2\mathrm{d}v = \frac{3}{4}v_F$$

$$\sqrt{\overline{v^2}} = \left[\int_0^\infty v^2f(v)\mathrm{d}v\right]^{\frac{1}{2}} = \left[\int_0^{v_F}v^2\frac{3}{v_F^3}v^2\mathrm{d}v\right]^{\frac{1}{2}} = \sqrt{\frac{3}{5}}v_F$$

*** 麦克斯韦速度分布律**

以上介绍了气体分子按速率分布的统计规律。如果既考虑分子速度的大小，又考虑速度的方向，气体分子将按如下规律分布，即

$$\frac{\mathrm{d}N}{N}=\left(\frac{m}{2\pi kT}\right)^{\frac{3}{2}}\mathrm{e}^{-\frac{mv^2}{2kT}}\mathrm{d}v_x\mathrm{d}v_y\mathrm{d}v_z \tag{13-26}$$

式（13-26）称为麦克斯韦速度分布律。式中，$v^2=v_x^2+v_y^2+v_z^2$；$\mathrm{d}N/N$ 是在平衡态下，速度分量分别在 $v_x \sim v_x+\mathrm{d}v_x$、$v_y \sim v_y+\mathrm{d}v_y$、$v_z \sim v_z+\mathrm{d}v_z$ 区间的分子数占总分子数的比率，也可以说成是分子分布在上述速度区间的概率。如果以 v_x、v_y、v_z 为坐标轴建立一个直角坐标系，则每个分子的速度矢量都可用一个以坐标原点为起点的有向线段表示。容易看出，式（13-26）中的 $\mathrm{d}N$ 就是速度 v 的端点落在体积元 $\mathrm{d}v_x\mathrm{d}v_y\mathrm{d}v_z$ 内的分子数，如图 13-11a 所示。

显然，若只考虑速率，则速度的端点落在图 13-11b 所示的球壳体积内的分子数应为式（13-21）中的 $\mathrm{d}N$。因此，用球壳体积 $4\pi v^2\mathrm{d}v$ 代替式（13-26）中的体积元 $\mathrm{d}v_x\mathrm{d}v_y\mathrm{d}v_z$ 就可得到麦克斯韦速率分布律。

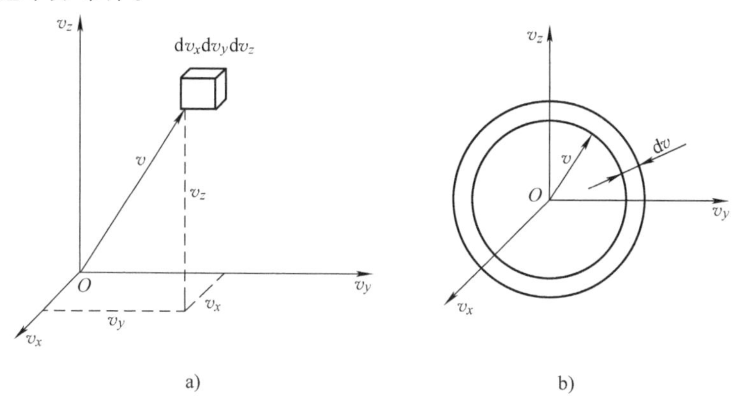

图 13-11　速度空间

*13.5　玻尔兹曼能量分布律　重力场中微粒按高度的分布

前面介绍的麦克斯韦气体分子速率分布律和速度分布律，是针对理想气体且没有考虑外力场对气体中分子的影响，玻尔兹曼把麦克斯韦气体分子速度分布律推广到在某一力场中的运动分子情况，气体分子在力场中的分布结果叫作玻尔兹曼分布律。本节通过一个特例——重力场中分子数密度随高度（重力势能）分布，来阐明玻尔兹曼分布律。

13.5.1　玻尔兹曼能量分布律

考虑到分子的平动动能为 $\varepsilon_\mathrm{k}=\dfrac{1}{2}mv^2$，因此麦克斯韦气体分子速度分布公式中的因子 $\mathrm{e}^{-\frac{mv^2}{2kT}}$可以写成 $\mathrm{e}^{-\frac{\varepsilon_\mathrm{k}}{kT}}$，于是麦克斯韦气体分子速度分布律可写为

$$\mathrm{d}N=N\left(\frac{m}{2\pi kT}\right)^{\frac{3}{2}}\mathrm{e}^{-\frac{\varepsilon_\mathrm{k}}{kT}}\mathrm{d}v_x\mathrm{d}v_y\mathrm{d}v_z \tag{13-27}$$

式（13-27）所考虑的是分子不受外力影响的情况。玻尔兹曼把麦克斯韦速度分布律推广到分子在保守力场（如重力场）中的情况，那么气体分子不仅有动能，还有势能。动能是速率的函数，即 $\varepsilon_\mathrm{k}=\varepsilon_\mathrm{k}(v^2)$，而势能则是分子在空间位置坐标的函数，即 $\varepsilon_\mathrm{p}=\varepsilon_\mathrm{p}(x,\ y,\ z)$。为此我们既需考虑分子按速率的分布（即动能分布），也需考虑分子按空间位置的分布（即势能分布）。

玻尔兹曼认为麦克斯韦速度分布公式中的因子 $\mathrm{e}^{-\frac{\varepsilon_\mathrm{k}}{kT}}$中的 ε_k 应当用 $\varepsilon_\mathrm{k}+\varepsilon_\mathrm{p}$ 来代替。从这个观点出发，他运用统计方法得到，分子速度分量处于 $v_x\sim v_x+\mathrm{d}v_x$、$v_y\sim v_y+\mathrm{d}v_y$、$v_z\sim v_z+\mathrm{d}v_z$ 区间内，坐标处于 $x\sim x+\mathrm{d}x$、$y\sim y+\mathrm{d}y$、$z\sim z+\mathrm{d}z$ 区间的空间体积元 $\mathrm{d}V=\mathrm{d}x\mathrm{d}y\mathrm{d}z$ 内的分子数为

$$\mathrm{d}N_{v_x,v_y,v_z,x,y,z}=n_0\left(\frac{m}{2\pi kT}\right)^{3/2}\mathrm{e}^{-\frac{\varepsilon_\mathrm{k}+\varepsilon_\mathrm{p}}{kT}}\mathrm{d}v_x\mathrm{d}v_y\mathrm{d}v_z\mathrm{d}x\mathrm{d}y\mathrm{d}z \tag{13-28}$$

式中，n_0 表示势能为零（$z=0$）处单位体积内所含各种速度的分子数，坐标轴 z 竖直向上。式（13-28）说明，在温度为 T 的平衡态下，气体分子按能量（$\varepsilon_k+\varepsilon_p$）分布的规律，叫作玻尔兹曼能量分布律。

13.5.2　重力场中微粒按高度的分布

在重力场中，气体分子要受到两种作用，分子的热运动使得它们在空间趋于均匀分布，而重力作用则使它们趋于向地面降落。当这两种作用共同存在而达到平衡时，气体分子在空间将形成一种非均匀的稳定分布，气体的分子数密度和压强都将随高度而减小。下面由玻尔兹曼能量分布律推导分子在重力场中按高度的分布规律。

若式（13-28）对所有可能的速度积分，由麦克斯韦分布函数所满足的归一化条件

$$\iiint_{-\infty}^{+\infty}\left(\frac{m}{2\pi kT}\right)^{3/2}\mathrm{e}^{-\frac{\varepsilon_k}{kT}}\mathrm{d}v_x\mathrm{d}v_y\mathrm{d}v_z = 1$$

式（13-28）可写为

$$\mathrm{d}N' = n_0\mathrm{e}^{-\varepsilon_p/kT}\mathrm{d}x\mathrm{d}y\mathrm{d}z$$

式中，$\mathrm{d}N'$表示分布在 $x\sim x+\mathrm{d}x$、$y\sim y+\mathrm{d}y$、$z\sim z+\mathrm{d}z$ 区间内具有各种速度的分子总数。若用 $n=\mathrm{d}N'/(\mathrm{d}x\mathrm{d}y\mathrm{d}z)$表示分布在坐标区间 $x\sim x+\mathrm{d}x$、$y\sim y+\mathrm{d}y$、$z\sim z+\mathrm{d}z$ 内单位体积内的分子数。则上式可写为

$$n = n_0\mathrm{e}^{-\varepsilon_p/kT} \tag{13-29}$$

式（13-29）为玻尔兹曼分布律的常用的一种形式，称为分子按势能的分布律，将 $\varepsilon_p=mgz$ 代入可得

$$n = n_0\mathrm{e}^{-mgz/kT} \tag{13-30}$$

式中，m 是一个分子的质量。M 是分子的摩尔质量，以 $m/k=M/R$ 代入式（13-30）还可得

$$n = n_0\mathrm{e}^{-Mgz/RT} \tag{13-31}$$

式（13-30）和式（13-31）就是由玻尔兹曼能量分布律给出的分子在重力场中按高度分布的规律。将理想气体的压强公式 $p=nkT$ 代入上式，可得

$$p = n_0\mathrm{e}^{-Mgz/RT}kT = p_0\mathrm{e}^{-Mgz/RT} \tag{13-32}$$

式中，$p_0=n_0kT$ 是理想气体在高度 $z=0$ 处的压强。式（13-32）称为恒温气压公式。

玻尔兹曼分布律是一个普遍的规律，它对任何物质的微粒（气体、液体、固体的原子和分子，布朗粒子等）在任何保守力场（重力场、电场）中运动的情形都成立。

*13.6　范德瓦耳斯方程

13.1.2 节中讲述理想气体状态方程时曾经指出，这个方程只适用于压强不太大，温度不太低的气体。但是当气体的压强比较大、温度比较低即分子数密度 n 较大时，气体的行为与理想气体状态方程就有较大差异，甚至完全不符。13.2.1 中指出，理想气体是一个近似模型，它忽略了分子的体积和分子间的相互作用力。克劳修斯和荷兰的物理学家范德瓦耳斯考虑了分子间的相互作用力和分子本身的大小这两个因素，对理想气体状态方程加以修正，从而导出了范德瓦耳斯方程。

13.6.1　分子体积的修正

范德瓦耳斯把气体分子看作是有相互吸引作用的具有一定体积的刚性小球。在 1mol 的理想气体状态方程 $pV=RT$ 中，V 是每个分子可以自由活动的空间体积。因为理想气体不考虑分子的大小，所以 V 也是容器的容积。若将分子看作是一个直径为 d 的刚球，则每个分子能自由活动的空间不再等于 V，而应该等于 V 减去一个反映气体分子本身体积的改正项 b。

下面计算反映 1mol 气体分子本身体积的改正项 b。范德瓦耳斯将分子看作是一个直径为 d 的钢球，那么从图 13-12 可见，两个分子中心的最小间距也等于 d，也就是说，如以 d 为半径作一个球面，凡是其他分子的中心进入这个球面均要因碰撞而被排除在球面之外。由于两个分子都有一定的体积，当两个分子相碰时，分子 A 的中心不能进入一个体积为 V 的“禁区”。V 的大小为$\frac{4}{3}\pi d^3=8\times\frac{4}{3}\pi\left(\frac{d}{2}\right)^3$，即两个分子的“禁区”的体积为分子体积 V_0的 8 倍。对于一个分子来说，运动的“禁区”为分子体积的 4 倍。对 1mol 气体的 N_A 个分子，总“禁区”为 $4N_AV_0$。此即 1mol 的气体分子不能活动的空间体积 b，即

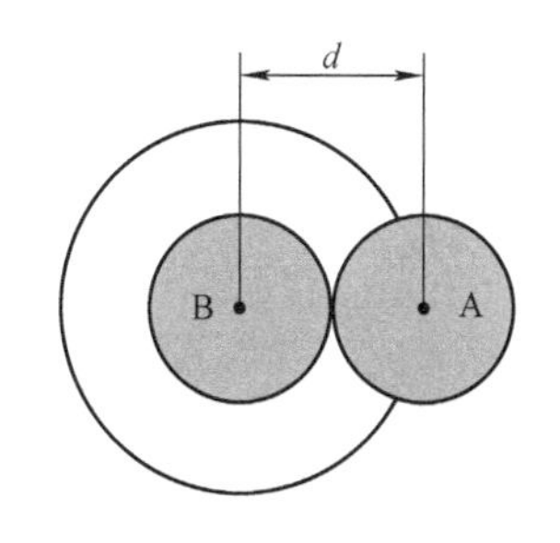

图 13-12　直径为 d 的分子模型

$$b=4N_AV_0=N_A\frac{16}{3}\pi\left(\frac{d}{2}\right)^3$$

则对体积修正后的状态方程为

$$p(V-b)=RT \tag{13-33}$$

在标准状态下，$V=22.4\times10^{-3}\text{m}^3$，$b$ 约为 V 的十万分之一，故可忽略不计。但是如果压强增大，比如增大到 1000atm 时，b 与 V 有同一数量级，这时的修正量 b 就不能忽略不计了。

13.6.2　分子引力的修正

气体动理论指出，压强是大量分子无规则运动中频繁碰撞器壁的平均效果。对理想气体来说，分子间无相互作用，各个分子都无牵扯地撞向器壁。若考虑分子引力的作用，则将由于分子间的相互引力，使气体分子间出现彼此对拉的张力作用而使压强减小，气体状态方程中就需对压强进行修正。如图 13-13所示，设分子引力平均作用距离为 r，那么，以 r 为半径作一个球面，其他分子若处在此球面内，均要受引力作用，此球面也称为分子引力作用圈。对于气体内部的分子，平均来说，它受到各个方向的引力是相等的。只有那些处于器壁附近的分子，由于此处任一截面两边平均分子数不相等，它们就受到指向气体内部的引力 $\boldsymbol{F}$ 的作用。在这个引力作用下，当分子接近于器壁时，其速度被减小，从而使分子在与器壁碰撞时，施与器壁的冲量被减小了。也就是说，观察到的压强 p 要略小于不考虑引力时气体的压强。这种由于气体分子引力作用而产生的压强，叫内压强

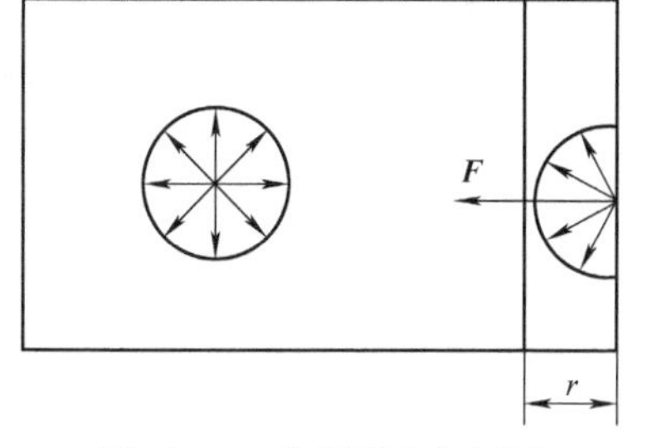

图 13-13　分子引力作用圈

Δp_i，此时的实际压强为

$$p=\frac{RT}{(V-b)}-\Delta p_i$$

从气体动理论的观点可知，内压强 Δp_i 等于气体表面单位面积上所受的气体内部分子的吸引力，它一方面应与被吸引的表面层内的分子数密度 n 成正比；另一方面，还应与施加引力的那些内部分子的数密度 n 成正比，所以 Δp_i 与 n^2 成正比。但 n 与气体体积 V 成反比，因此有

$$\Delta p_i \propto n^2 \propto \frac{1}{V^2}$$

可以写成

$$\Delta p_i=\frac{a}{V^2}$$

式中，a 是一个反映分子间引力的常量。

13.6.3　范德瓦耳斯方程

考虑到分子体积和分子引力二者对气体压强的影响之后，得出修正后的气体压强为

$$p=\frac{RT}{V-b}-\frac{a}{V^2}$$

将此式改写为

$$\left(p+\frac{a}{V^2}\right)(V-b)=RT \tag{13-34}$$

此式适用于1mol 的气体。对于 νmol 的任何气体的状态方程为

$$\left(p+\nu^2\frac{a}{V^2}\right)(V-\nu b)=\nu RT \tag{13-35}$$

式（13-34）和式（13-35）称为**范德瓦耳斯方程**，是荷兰物理学家范德瓦耳斯（van der Waals）在1873年首先导出的。各种气体的 a、b 值称为范德瓦耳斯常量，常量 a 和 b 随气体种类的不同而不同，具体数值需由实验确定。表13-2列出了1mol 氮气在等温压缩过程中相关参量的实验值和理论值。可以看出，当压强增大到1000倍时，乘积 pV_1 已增大到两倍，因而玻意耳定律明显失效，但范德瓦耳斯方程中相应两项乘积 $(p+a/V^2)(V-b)$ 的数值基本保持不变。这说明实际气体在相当大的压强范围内，更近似地遵循范德瓦耳斯方程。

表13-2　1mol 氮气在0℃时相关参量的数值

实验值	理论值		
p/atm	V_1/L	pV_1/(atm·L)	$(p+a/V^2)(V-b)$/(atm·L)
1	22.41	22.41	22.41
100	0.2224	22.24	22.40
500	0.06235	31.18	22.67
700	0.05325	37.27	22.65
900	0.04825	43.43	22.40
1000	0.04640	48.40	22.00

*13.7 分子碰撞和平均自由程

气体分子之间的碰撞，对于气体中发生的过程有重要作用。例如在气体中遵循的麦克斯韦速率分布律、能量按自由度的均分定理等，都是通过气体分子的频繁碰撞加以实现并维持的，因此可以说，分子间的碰撞是气体中建立平衡态并维持其平衡态的保证。分子间的碰撞还在气体由非平衡态过渡到平衡态的过程中起着关键的作用。13.8 节将要讲述这种过渡规律，首先讨论气体分子间相互碰撞所遵从的统计规律。

13.7.1 分子的平均碰撞频率

从 13.4.3 节知道，在室温下，气体分子以几百米每秒的平均速度在运动着，似乎气体中的一切过程都在瞬息之间完成。但实际情况并非如此，如在室内打开一瓶香水的盖子，香味要经过几秒到几十秒的时间才能传到几米远的地方。在一杯清水中滴入几滴红墨水，经过一段时间后，可以看到整杯水变成红色。把研磨得很平滑的铅板和金板紧压在一起，2 ~ 3 年后发现两个金属的界面上有一层铅和金的均匀合金。以上都是分子无规则运动引起的扩散现象。由于分子在运动过程中，将不断地与其他分子相碰撞，结果只可能沿着迂回的折线前进（见图 13-14 中 A 分子）。

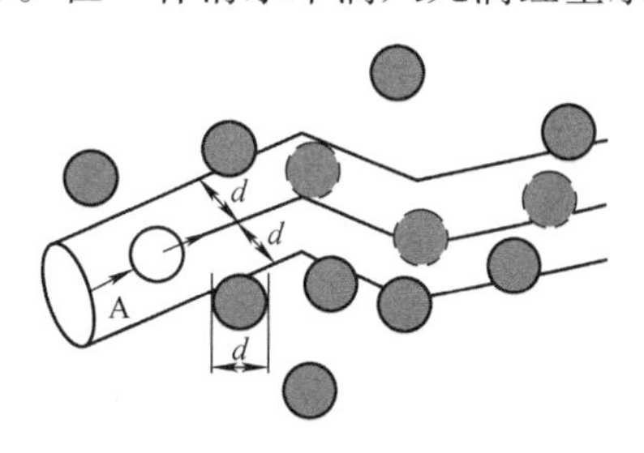

图 13-14 $\overline{\lambda}$ 和 $\overline{Z}$ 的计算

一个分子在单位时间内和其他分子碰撞的平均次数，称为分子的**平均碰撞频率**，用 $\overline{Z}$ 表示。为简化问题，我们采用这样一个模型：把分子看成具有一定体积的钢球，分子间的碰撞为弹性碰撞，两个分子质心之间的最小距离的平均值，称为分子的平均有效直径（用 d 表示）。假定在大量气体分子中，只有特定分子 A 在以平均相对速率 $\overline{u}$ 运动着，其他分子都静止不动。显然只有其中心与 A 分子的中心间距小于或等于分子有效直径 d 的那些分子才有可能与 A 碰撞。因此，可设想以 A 分子中心的运动轨迹为轴线，以分子有效直径 d 为半径，作一曲折的圆柱体，其截面称为**碰撞截面**。如图 13-14 所示，显然只有分子中心落入圆柱体内的分子才能与分子 A 相碰。分子 A 在 Δt 时间内运动的相对平均距离为 $\overline{u}\Delta t$，相应的圆柱体的体积为

$$V = \pi d^2 \overline{u} \Delta t$$

设单位体积内的分子数为 n，在 Δt 时间内与分子 A 相碰的分子数就等于该圆柱体内的分子数 nV。由此得平均碰撞频率为

$$\overline{Z} = \frac{nV}{\Delta t} = n\pi d^2 \overline{u}$$

考虑到实际上所有分子都在不停地运动，且各个分子运动的速率也不相同，这就需要对上式加以修正，式中的平均相对速率 $\overline{u}$ 应改为平均速率 $\overline{v}$。理论可以证明，平均相对速率 $\overline{u} = \sqrt{2}\,\overline{v}$，所以分子的平均碰撞频率为

$$\overline{Z} = \sqrt{2} n\pi d^2 \overline{v} \tag{13-36}$$

式（13-36）表明，分子的平均碰撞频率与单位体积中的分子数、分子的平均速率及分子直

径的二次方成正比。

13.7.2　分子的平均自由程

由于分子运动的无规则性，一个分子在任意连续两次碰撞之间所经过的自由路程是不同的。在一定的宏观条件下，一个气体分子在连续两次碰撞之间自由运动所经历的路程的平均值，称为**分子的平均自由程**，用 $\overline{\lambda}$ 表示。分子的平均自由程 $\overline{\lambda}$ 与平均碰撞频率 $\overline{Z}$ 和分子的平均速率 $\overline{v}$ 有如下关系：

$$\overline{\lambda}=\frac{\overline{v}}{\overline{Z}}$$

将式（13-36）代入上式得

$$\overline{\lambda}=\frac{1}{\sqrt{2}n\pi d^2} \tag{13-37}$$

式（13-37）表明，分子的平均自由程与分子数密度 n、分子有效直径 d 的二次方成反比，而与分子的平均速率无关。对于一定量的气体，体积不变时，平均自由程不随温度变化。

根据理想气体压强公式 $p=nkT$，上式还可写成

$$\overline{\lambda}=\frac{kT}{\sqrt{2}\pi d^2 p} \tag{13-38}$$

从式（13-38）可以看出，当气体温度恒定时，平均自由程与压强成反比，气体的压强越小时气体越稀薄，分子的平均自由程越大，反之，分子的平均自由程越短。根据计算，在标准状态下，各种气体分子的平均碰撞频率 $\overline{Z}$ 的数量级在每秒 10^9 左右，平均自由程 $\overline{\lambda}$ 的数量级为 $10^{-9}\sim10^{-7}$m。气体分子每秒钟碰撞次数达几十亿次之多，由此可以想象气体分子热运动的复杂情况。表 13-3 给出了一些平均自由程 $\overline{\lambda}$ 和分子有效直径 d 的数据。表 13-4 给出了一些平均自由程 $\overline{\lambda}$ 和气体压强的数据。

表 13-3　15℃时 1atm 下几种气体的 $\overline{\lambda}$ 和 d 的数值

气体	$\overline{\lambda}$/m	d/m
氢	11.8×10^{-8}	2.7×10^{-10}
氮	6.28×10^{-8}	3.7×10^{-10}
氧	6.79×10^{-8}	3.6×10^{-10}
二氧化碳	4.19×10^{-8}	4.6×10^{-10}

表 13-4　0℃时不同压强下空气的 $\overline{\lambda}$ 值

p/atm	1	1.316×10^{-3}	1.316×10^{-5}	1.316×10^{-7}	1.316×10^{-9}
$\overline{\lambda}$/m	4×10^{-5}	5×10^{-5}	5×10^{-3}	5×10^{-1}	50

*13.8　非平衡态输运过程

前面我们讨论了气体处于平衡态时的性质和规律。气体处于平衡态时各处的温度、压强、分子数密度等都是相同的，而且不随时间变化，气体内各气层之间也没有相对运动。事实上自然界中有很多问题是涉及气体处于非平衡状态下的变化过程，这就是说，如果气

体内各部分的物理性质是不均匀的，例如密度、流速或温度等不相同，或者各气层之间有相对运动，则由于气体分子的无规则热运动，分子间彼此碰撞，从而伴随着某些物理量（例热运动能量、质量等）由一处迁移到另一处，并发生动量或能量的交换，最后气体内各部分的物理性质趋于均匀一致，由非平衡状态趋向于平衡状态。这种气体状态由不平衡趋向于平衡的现象称为**迁移现象**。由于在迁移过程中伴随着诸如动量、能量、质量等物理量的输运，故又称为**输运过程**。

气体的迁移现象主要有三种。由于气体内各气层之间有相对运动而引起的迁移现象叫作**内摩擦现象**（又称**黏滞现象**）；由于气体内各处温度不同而引起的迁移现象，叫作**热传导现象**；由于气体中各处密度不同而引起的迁移现象，叫作**扩散现象**。一般说来在同一系统中这三种现象往往同时存在。为方便起见，我们将分别对这三种迁移现象的规律进行简要讨论。

13.8.1　内摩擦

我们知道液体有黏滞现象，当液体各层流速不同时，任意相邻两层液体间将产生相互作用力，以阻碍各流层之间的相对运动。这种现象称为**内摩擦现象**，又称**黏滞现象**，这种相互作用力称为**黏滞力**。气体也有相似的现象。气体流动时，如果各流层的流速不同，则各气层之间有相对运动。内摩擦力大小与哪些因素有关呢？设想有一沿 x 轴定向流动的气体，其流速沿 y 轴逐渐增大，如图 13-15a 所示，其流速沿 y 轴变化的快慢可以用单位间距上流速的增量$\frac{\mathrm{d}u}{\mathrm{d}y}$来量度，$\frac{\mathrm{d}u}{\mathrm{d}y}$称为**流速梯度**。梯度是不均匀性的量度，梯度越大，表示不均匀性就越大。我们设想在 $y=y_0$ 处取一个垂直于 y 轴的小截面（截面积为 dS），把气流分为上下两薄层 A 与 B，由于流速不同，B 层将受到 A 层所施予一个平行于 x 正方向的拉力，而 A 层将受到 B 层施予的等值反向的阻力，这一对力就为内摩擦力，或黏滞力，如图 13-15b 所示。

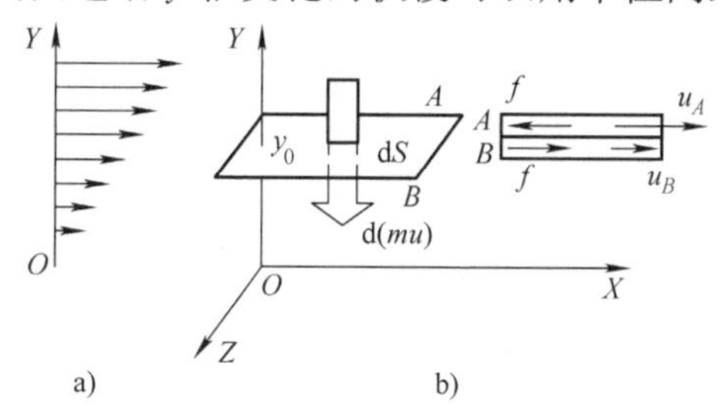

图 13-15　液体的内摩擦现象

实验结果表明，**内摩擦力 f 的大小与两部分的接触面积 dS 和截面所在处的速度梯度$\frac{\mathrm{d}u}{\mathrm{d}y}$成正比**，写成等式即为

$$f=\pm\eta\frac{\mathrm{d}u}{\mathrm{d}y}\mathrm{d}S \tag{13-39}$$

式（13-39）称为**牛顿黏滞定律**，式中，“+”号表示 f 与流速方向同向；“-”号表示 f 与流速方向相反；比例系数 η 称为**气体的黏度**，它与气体的性质和状态有关，单位是 Pa · s，其值为 $\eta=\frac{1}{3}\rho\bar{v}\bar{\lambda}$（$\rho$ 为气体密度；$\bar{v}$ 为气体的平均速率；$\bar{\lambda}$ 为分子的平均自由程）。

黏滞现象的微观本质可以用分子运动论的观点来解释。当气体流动时，每个分子除具有无规则运动的速度外，还具有所在气体层整体定向运动的速度 u，从而具有分子定向运动的动量为 mu。由于分子不断地做无规则热运动，A 层和 B 层都将有分子穿过截面 dS 跑到对面。由于气体各处密度相同，因此在同一时间内上下气层交换的分子数相同。但是由于分子定向运动的速度不同，这样 A 层分子带着较大的动量转移到 B 层，而 B 层分子带着较小的动量转移到 A 层，结果造成 A、B 两层定向动量的不等值交换，在宏观上就形成了自上而下的动量输运过程。结果使上面气层的定向动量减少，下面气层的定向动量增加。这一动量变化，在宏观上就表现为两部分流体在截面 $\mathrm{d}S$ 面上相互施以摩擦力，称为内摩擦力。因此，内摩擦现象的微观实质是气体内定向动量迁移的结果。

13.8.2　热传导

如果气体内部各处温度不均匀，就会有热量自温度较高处传递到温度较低处，这种现象称为**热传导现象**。

如图 13-16 所示，设温度沿着 y 方向逐渐升高，其变化率为$\frac{\mathrm{d}T}{\mathrm{d}y}$，称为**温度梯度**。设想在 $y=y_0$处取一截面 $\mathrm{d}S$ 垂直于 y 轴，它把气体分为 A 和 B 两薄气层，A 层的温度 T_A 高于 B 层的温度 T_B。实验结果表明：从 A 侧传递到 B 侧的热量 $\text{đ}Q$ 不仅与通过的时间 $\mathrm{d}t$ 和截面面积 $\mathrm{d}S$ 成正比，还与 y_0处的温度梯度$\frac{\mathrm{d}T}{\mathrm{d}y}$成正比，写成等式即为

$$\text{đ}Q=-K\frac{\mathrm{d}T}{\mathrm{d}y}\mathrm{d}S\mathrm{d}t \tag{13-40}$$

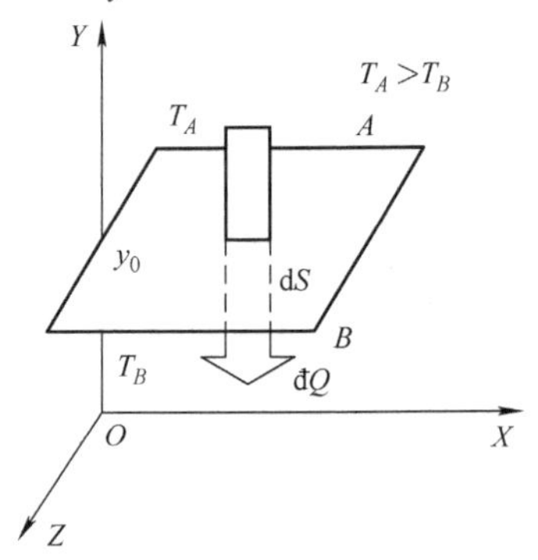

图 13-16　热传导现象

式（13-40）称为**热传导的傅里叶定律**。式中，“$-$”号表示热量是从温度较高处传至温度较低处，与温度梯度的方向相反；比例系数 K 称为**热传导系数**，单位是 W/(m·K)，其值为 $K=\frac{1}{3}\frac{C_V}{m_{总}}\rho\bar{v}\bar{\lambda}$（$m_{总}$ 为气体质量；C_V 为气体的定容热容），与物质的种类和状态有关。

从分子运动论的观点看，气体中各处温度不同，本质上是气体中各处分子热运动平均平动动能不同。A 侧分子的温度高，分子平均热运动的能量大。B 侧分子的温度低，分子平均热运动的能量小。由于分子无规则的热运动，在频繁碰撞的过程中不断交换能量，结果使一部分热运动平均平动动能自 A 侧迁移到 B 侧，就形成了宏观上热量的传导，这就是热传导的微观本质。

物质的导热系数与同温度下空气的导热系数之比称为**相对导热系数**，几种气体的相对导热系数见表 13-5。

表 13-5　几种气体在 0℃的相对导热系数

气体名称	空气	氧	氮	氢	氯	氨	CO	CO_2	氦
相对导热系数	1.000	1.015	0.988	7.130	0.322	0.397	0.964	0.514	6.23

13.8.3　扩散

在混合气体内部，由于某种气体密度不均匀时，就会出现分子从密度大的地方向密度小的地方迁移，这种现象称为**扩散现象**。扩散常常是一个比较复杂的过程，如果仅有一种气体，在温度均匀而密度不均匀时，将导致压强不均匀，从而产生宏观气流，这时在气体

内发生的过程就不单纯是扩散现象了，往往伴随着内摩擦等其他输运过程。我们只考虑一种简单情形，即系统的温度和压强处处均匀，只是某种气体密度不均匀而产生的缓慢的扩散。下面我们讨论一种气体的扩散规律。

扩散现象的宏观规律与黏滞现象及热传导相似，所不同的是由于密度不均匀而引起质量的迁移。为了研究单纯扩散的规律，我们以某种气体作为研究对象。以 ρ 表示该气体的密度，设 ρ 沿 x 方向逐渐增加，密度梯度为$\frac{\mathrm{d}\rho}{\mathrm{d}x}$，设想在 $x=x_0$ 处取一截面 $\mathrm{d}S$ 垂直于 x 轴，如图 13-17 所示，由于密度不均匀，宏观上看气体分子将不断地由密度大的一侧 A 输运到密度较小的一侧 B。实验结果表明：在 $\mathrm{d}t$ 时间内，自 A 侧通过 $\mathrm{d}S$ 输运到 B 侧气体的质量 $\mathrm{d}m$ 不仅与 $\mathrm{d}S$、$\mathrm{d}t$ 成正比，还与密度梯度成正比，写成等式为

$$\mathrm{d}m=-D\frac{\mathrm{d}\rho}{\mathrm{d}x}\mathrm{d}S\mathrm{d}t \tag{13-41}$$

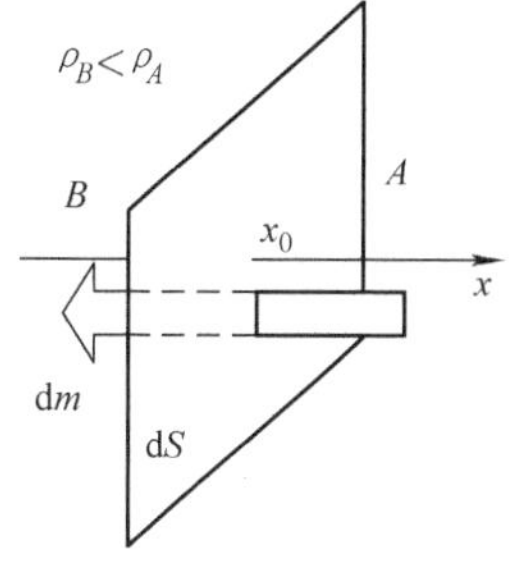

图 13-17　扩散现象

式（13-41）称为**菲克定律**。式中，负号“－”表明气体的扩散从密度较大处向密度较小处进行，与密度梯度的方向相反；比例系数 D 称为**气体的扩散系数**，单位是 $\mathrm{m^2/s}$，其值为 $D=\frac{1}{3}\bar{v}\bar{\lambda}$。

从分子运动论的观点来看，由于分子的热运动，在 $\mathrm{d}S$ 面两边的分子都要向对方运动，但由于某种气体在 A 侧的密度大于在 B 侧的密度，所以在 $\mathrm{d}t$ 时间内，从 A 侧通过 $\mathrm{d}S$ 面到 B 侧的分子数要比从 B 侧通过 $\mathrm{d}S$ 面到 A 侧的分子数多，从而使一定数量的气体分子从密度大的地方迁移到密度较小的地方，这就是扩散的微观本质，气体分子都有质量，所以这个过程是质量迁移的过程。

综上所述，三种迁移现象都有其共同的一面，都是由于气体中存在着某些分布不均匀性所引起的。迁移都是通过分子在热运动中相互碰撞来完成的。表 13-6 给出了三种输运的原因和规律。

表 13-6　三种输运的原因和规律

		内摩擦	热传导	自扩散
宏观规律		$f=\pm\eta\frac{\mathrm{d}u}{\mathrm{d}y}\mathrm{d}S$	$\text{đ}Q=-K\frac{\mathrm{d}T}{\mathrm{d}y}\mathrm{d}S\mathrm{d}t$	$\mathrm{d}m=-D\frac{\mathrm{d}\rho}{\mathrm{d}x}\mathrm{d}S\mathrm{d}t$
系数		$\eta=\frac{1}{3}\rho\bar{v}\bar{\lambda}$	$K=\frac{1}{3}\frac{C_V}{m_{总}}\rho\bar{v}\bar{\lambda}$	$D=\frac{1}{3}\bar{v}\bar{\lambda}$
输运原因		速度不均匀	温度不均匀	密度不均匀
迁移量	宏观	动量	热量	质量
	微观	分子定向运动的动量	分子热运动的能量	分子数目

小　结

1. 热力学系统的平衡态

在不受外界影响的条件下，系统所有可观察的宏观状态参量不随时间变化的状态称为

系统的平衡态。

2. 热力学第零定律

如果物体 A 与物体 B 能分别与物体 C 的同一状态处于热平衡，那么系统 A 和 B 必定处于热平衡。

3. 摄氏温标 t(℃)与热力学温标 T(K)的关系

$$T = t + 273.15$$

4. 热力学第三定律

热力学零度（也称绝对零度）是不能达到的。

5. 理想气体状态方程

理想气体状态方程：$pV = \nu RT$，$R = 8.31\,\mathrm{J/(mol \cdot K)}$

理想气体状态方程的另一种表示式：$p = nkT$，$k = \dfrac{R}{N_A} = 1.38 \times 10^{-23}\,\mathrm{J/K}$

6. 气体动理论的基本内容

（1）宏观物体都是由大量分子组成；

（2）分子永不停息地做无规则热运动；

（3）分子之间有相互作用力。

分子的热运动具有统计规律性。

7. 理想气体的压强和温度的微观解释

理想气体压强公式：$p = nkT = \dfrac{2}{3} n \overline{\varepsilon}_t$

压强的微观意义：压强是大量气体分子对器壁频繁碰撞所造成的平均效果。

理想气体温度与分子平均平动动能的关系：$\overline{\varepsilon}_t = \dfrac{3}{2}kT$

温度的微观意义：气体的温度是气体分子平均平动动能的量度，是大量分子无规则热运动剧烈程度的表现。

8. 能量均分定理，理想气体的内能

能量均分定理：在温度为 T 的平衡态时，气体分子在每个自由度上都具有大小等于 $\dfrac{1}{2}kT$的平均动能。

理想气体的内能：从宏观上讲理想气体的内能是由气体内部状态所决定的能量，从微观上讲是所有分子各种形式热运动的动能和分子中原子振动能量的总和。

对于刚性分子，理想气体内能为：$E = \dfrac{i}{2}\nu RT = \dfrac{i}{2}pV$

9. 麦克斯韦速率分布律和玻尔兹曼能量分布律

麦克斯韦速率分布函数：$f(v) = \dfrac{\mathrm{d}N}{N\mathrm{d}v} = 4\pi\left(\dfrac{m}{2\pi kT}\right)^{\frac{3}{2}} \mathrm{e}^{-\frac{mv^2}{2kT}} v^2$

最概然速率：$v_p = \sqrt{\dfrac{2kT}{m}} = \sqrt{\dfrac{2RT}{M}} = 1.41\sqrt{\dfrac{RT}{M}}$

平均速率：$\overline{v} = \sqrt{\dfrac{8kT}{\pi m}} = \sqrt{\dfrac{8RT}{\pi M}} = 1.60\sqrt{\dfrac{RT}{M}}$

方均根速率：$\sqrt{\overline{v^2}}=\sqrt{\frac{3kT}{m}}=\sqrt{\frac{3RT}{M}}=1.73\sqrt{\frac{RT}{M}}$

玻尔兹曼分布律：$\mathrm{d}N_{v_x,v_y,v_z,x,y,z}=n_0\left(\frac{m}{2\pi kT}\right)^{3/2}\mathrm{e}^{-\frac{\varepsilon_\mathrm{k}+\varepsilon_\mathrm{p}}{kT}}\mathrm{d}v_x\mathrm{d}v_y\mathrm{d}v_z\mathrm{d}x\mathrm{d}y\mathrm{d}z$

重力场中粒子按高度的分布规律：$p=p_0\mathrm{e}^{-\frac{mgh}{kT}}=p_0\mathrm{e}^{-\frac{Mgh}{RT}}$

$$n=n_0\mathrm{e}^{-\frac{mgh}{kT}}=n_0\mathrm{e}^{-\frac{Mgh}{RT}}$$

10. 实际气体的特征

范德瓦耳斯状态方程：$\left(p+\nu^2\frac{a}{V^2}\right)(V-\nu b)=\nu RT$

11. 碰撞

平均碰撞频率：$\overline{Z}=\sqrt{2}n\pi d^2\overline{v}$

平均自由程：$\overline{\lambda}=\frac{1}{\sqrt{2}n\pi d^2}$

思　考　题

13.1　什么是平衡态？为什么说平衡态是热动平衡？

13.2　金属棒的一端与沸水接触，另一端与冰水接触。当沸水与冰水的温度保持不变时，棒的各处温度虽然不同，却不随时间变化。这时金属棒是否处于平衡态？为什么？

13.3　一定量的某种理想气体，当温度不变时，其压强随体积的增大而变小；当体积不变时，其压强随温度的升高而增大。从微观角度来看，压强变化的原因是什么？

13.4　（1）在一个封闭容器中装有某种理想气体，如果保持它的压强和体积不变，问温度能否改变？（2）有两个相同的封闭容器，装着同一种气体，压强也相同，它们的温度是否一定相同？

13.5　为什么说压强和温度具有统计意义？说一个分子或几个分子的压强或温度是多大有无意义？

13.6　两瓶不同种类的气体，它们的温度和压强相同但体积不同。试问：它们的分子数密度、分子平均平动动能、单位体积内气体分子的总质量是否相同？

13.7　何为内能？怎样计算理想气体的内能？单原子理想气体和双原子理想气体的内能有何不同？一定量理想气体的内能是由哪些因素决定的？

13.8　什么是自由度？单原子与双原子分子各有几个自由度？它们是否随温度变化？

13.9　如图 13-18 所示为麦克斯韦速率分布曲线。图中 A、B 两部分面积相等，试说明图中 v_0 的意义。

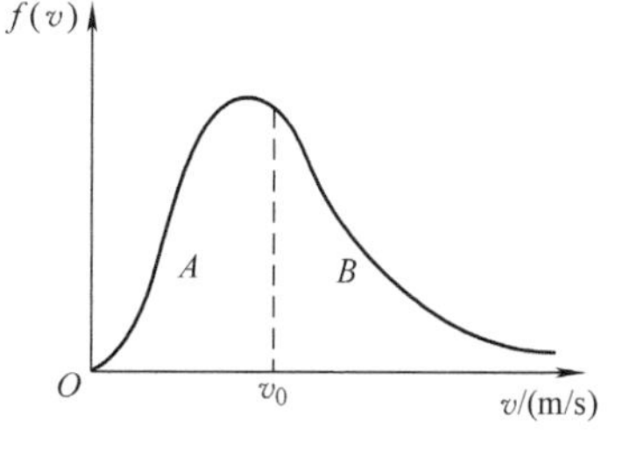

图 13-18　思考题 13.9 用图

13.10　最概然速率的物理意义是什么？两种不同的理想气体，分别处于平衡态，若它们的最概然速率相同，则它们的速率分布曲线是否一定也相同？

13.11　范德瓦耳斯方程中$\left(p+\frac{a}{V^2}\right)$和（$V-b$）两项各有什么物理意义？其中 p 表示的是理想气体的压强还是范氏气体的压强？

13.12　在一定的温度和体积下，由理想气体状态方程和范德瓦耳斯方程算出的压强哪个大？为什么？

习 题

13.1 容器内装有质量为0.1kg的氧气，其压强为10atm，温度为47℃。因为漏气，经过一段时间后，压强变为原来的5/8，温度降到27℃。问：(1) 容器的容积有多大？(2) 漏去了多少氧气？

13.2 有一个体积为$1.0\times10^{-5}\text{m}^3$的空气泡由水面下50.0m深的湖底处（温度为4℃）升到湖面上来。若湖面的温度为17.0℃，求气泡到达湖面的体积。（取大气压强为$p_0=1.013\times10^5\text{Pa}$）

13.3 氧气瓶的容积为$3.2\times10^{-2}\text{m}^3$，其中氧气的压强为$1.3\times10^7\text{Pa}$，氧气厂规定压强降到$1.0\times10^6\text{Pa}$时，就应重新充气，以免经常洗瓶。某小型吹玻璃车间，平均每天用去0.4m^3压强为$1.01\times10^5\text{Pa}$的氧气，问一瓶氧气能用多少天？（设使用过程中温度不变）

13.4 黄绿光的波长是500nm（$1\text{nm}=10^{-9}\text{m}$）。理想气体在标准状态下，以黄绿光的波长为边长的立方体内有多少个分子？（玻尔兹曼常量$k=1.38\times10^{-23}\text{J/K}$）

13.5 温度为27℃时，1mol氧气具有多少平动动能？多少转动动能？1g氧气具有多少平动动能？多少转动动能？

13.6 容器中储有氧气，其压强为$p=1\text{atm}$，温度为27℃，求：(1) 单位体积内的分子数n；(2) 氧分子的质量m；(3) 气体体密度ρ；(4) 分子的平均平动动能。

13.7 $2.0\times10^{-2}\text{kg}$氢气装在$4.0\times10^{-3}\text{m}^3$的容器内，当容器内的压强为$3.90\times10^5\text{Pa}$时，氢气分子的平均平动动能为多大？

13.8 一瓶氧气，一瓶氢气，等温、等压下，氧气体积是氢气的2倍。求：(1) 氧气和氢气的分子数密度之比；(2) 氧分子和氢分子的平均速率之比。

13.9 温度在27℃时，1mol氢气和1mol氮气的内能各为多少？1g氢气和1g氮气的内能各为多少？

13.10 已知质点离开地球引力作用所需的逃逸速率为$v=\sqrt{2gr}$，其中r为地球半径。(1) 若使氢气分子和氧气分子的平均速率分别与逃逸速率相等，它们各自应有多高的温度；(2) 说明大气层中为什么氢气比氧气要少。（取$r=6.40\times10^6\text{m}$）

13.11 按照麦克斯韦分子速率分布定律，具有最概然速率v_p的分子，其动能为多少？

13.12 设有N个粒子，其速率分布函数为：$f(v)=\begin{cases}\dfrac{\text{d}N}{N\text{d}v}=C & (0\leqslant v\leqslant v_0)\\ 0 & (v>v_0)\end{cases}$

(1) 作出速率分布曲线；

(2) 由v_0和N求常数C；

(3) 求粒子的平均速率。

13.13 N个假想的气体分子，其速率分布如图13-19所示，求：(1) 由v_0和N求a；(2) 求速率在$1.5v_0$和$2v_0$之间的分子数；(3) 求分子的平均速率。

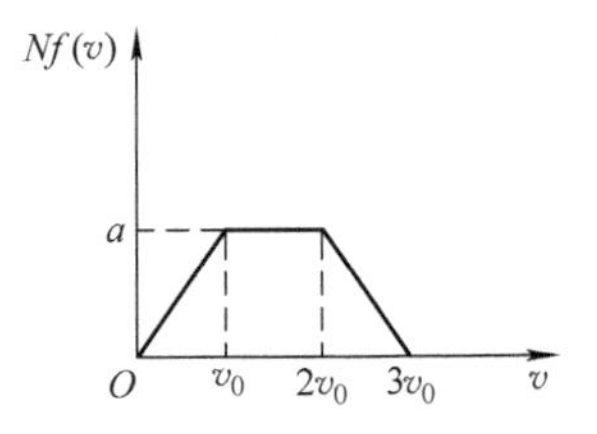

图13-19 习题13.13用图

13.14 有N个质量均为m的同种气体分子，它们的速率分布如图13-20所示。(1) 说明曲线与横坐标所包围面积的含义；(2) 由v_0和N求a值；(3) 求在速率$v_0/2$到$3v_0/2$间隔内分子的平均速率；(4) 求分子的平均平动动能。

13.15 已知总分子数N，气体分子速率v和速率分布函数$f(v)$。求：

(1) 速率大于v_0的分子数；

(2) 速率大于v_0的那些分子的平均速率；

(3) 多次观察某一分子的速率，发现其速率大于v_0的概率。

13.16 一飞机在地面时，机舱中的压力计指示为$1.01\times10^5\text{Pa}$，到高空后压强降为$8.11\times10^4\text{Pa}$。设

大气的温度均为 27.0℃。问此时飞机距地面的高度为多少？（设空气的摩尔质量为 2.89×10^{-2} kg/mol）

13.17　容积为 $1m^3$ 的容器储有 1mol 氧气，以 $v=10m/s$ 的速率运动，设容器突然停止，其中氧气的 80% 的机械运动动能转化为气体分子热运动动能。气体的温度及压强各升高了多少？

13.18　对于 CO_2 气体有范德瓦耳斯常量 $a=0.37Pa\cdot m^6/mol^2$，$b=4.3\times10^{-5}m^3/mol$，0℃ 时其摩尔体积为 $6.0\times10^{-4}m^3/mol$。试求其压强。如果将其当作理想气体处理，结果又如何？

13.19　已知空气分子的摩尔质量为 28.97g/mol。求在 $T=300K$ 的等温大气中，分子数密度相差一倍的两处的高度差。

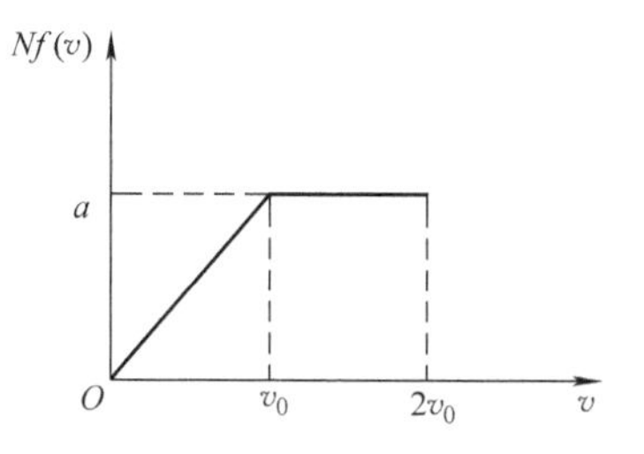

图 13-20　习题 13.14 用图

13.20　氮气在标准状态下的分子平均碰撞频率为 5.42×10^8 次/s，分子平均自由程为 6×10^{-6} cm，若温度不变，气压降为 0.1atm，求：（1）分子的平均碰撞频率变为多少？（2）平均自由程变为多少？

习题答案

13.1　（1）$8.2\times10^{-3}m^3$；（2）$3.33\times10^{-2}kg$

13.2　$6.11\times10^{-5}m^3$

13.3　9.5

13.4　3.36×10^6 个

13.5　3.74×10^3J，2.49×10^3J，1.17×10^2J，0.78×10^2J

13.6　（1）$2.44\times10^{25}m^{-3}$；（2）$5.31\times10^{-26}kg$；（3）$1.30kg\cdot m^{-3}$；（4）$6.21\times10^{-21}J$

13.7　$3.89\times10^{-22}J$

13.8　（1）1∶1；（2）1∶4

13.9　6.23×10^3J，6.23×10^3J；3.12×10^3J，2.23×10^2J

13.10　（1）$T_{H_2}=1.18\times10^4K$，$T_{O_2}=1.89\times10^5K$；

（2）从分布曲线也可知道在相同温度下氢气分子能达到逃逸速率的可能性大于氧气分子。故大气层中氢气比氧气要少

13.11　kT

13.12　（1）略；（2）$1/v_0$；（3）$v_0/2$

13.13　（1）$N/(2v_0)$；（2）$N/4$；（3）$3v_0/2$

13.14　（1）曲线下面积表示系统分子总数 N；（2）$2N/3v_0$；（3）$22v_0/21$；（4）$31mv_0/36$

13.15　（1）$\int_{v_0}^{\infty}Nf(v)\,dv$；（2）$\int_{v_0}^{\infty}vf(v)\,dv/\int_{v_0}^{\infty}f(v)\,dv$；（3）$\int_{v_0}^{\infty}f(v)\,dv$

13.16　1.39×10^3m

13.17　$6.16\times10^{-2}K$，0.51Pa

13.18　3.05×10^6Pa，3.78×10^6Pa

13.19　6.09×10^3m

13.20　（1）5.42×10^7 次/s；（2）$6\times10^{-5}cm$

14

第14章 热力学第一定律

前一章主要讨论了热力学系统处于平衡态时的一些性质，本章讨论热力学系统的状态发生变化时在能量上所遵循的规律，这里的能量是指系统的内能，是系统在其质心参考系中分子热运动的动能和分子间势能的总和。系统内能的变化是通过做功和热传递来实现的，系统内能的变化和做功及热传递的关系就由热力学第一定律来表述。然后利用热力学第一定律分析理想气体的等值过程、绝热过程以及循环过程等。

14.1 功　热量　内能

14.1.1 准静态过程

热力学系统从一个平衡态到另一个平衡态的变化过程，称为**热力学过程**。在热力学中，为了能利用系统处于平衡态时的性质来研究热力学过程的规律，我们引入准静态过程的概念。所谓**准静态过程**就是在过程进行中的每一时刻，系统都无限地接近平衡态，可以当作平衡态处理，即准静态过程是由一系列依次接替的平衡态所组成的过程（也叫平衡过程）。

准静态过程所经历的每一个中间状态都是平衡态，显然，这样的准静态过程是一种理想过程。系统从某一个平衡态开始发生变化，这个平衡态就被破坏了，变为非平衡态，要经过一段时间后，系统才能达到新的平衡状态，这段时间称为弛豫时间。若实际过程进行得足够缓慢，其过程经历的时间远远大于弛豫时间，使得过程进行中的每一时刻，系统的状态都无限地接近平衡态，这样的过程可以当作准静态过程来处理。例如发动机中气缸压缩气体的时间约为 10^{-2}s，气缸中气体的弛豫时间约为 10^{-3}s，只有过程进行时间的1/10，如果要求不是非常精确，在讨论气体做功时把发动机中气体被压缩的过程可作为准静态过程。

对于一定量的理想气体来说，按理想气体状态方程 $pV=\nu RT$，它的状态参量 p、V、T 中只有两个是独立的，给定任意两个参量的数值，就确定了第三个参量，即确定了一个平衡态。状态图［图14-1给出了 $p-V$ 图、$p-T$ 图和 $V-T$ 图，其中（1）是等容过程，（2）是等压过程，（3）是等温过程］中的曲线表示的过程为准静态过程。在状态图中，任何一个点表示相应的一个平衡态。而任何一条曲线则代表一个准静态过程。非平衡态不能用状态参量来描述，非准静态过程也不能用状态图中的曲线表示。

14.1.2 准静态过程的功

在力学中讲过，做功是物体与外界交换能量的过程，做功的结果，使物体的机械运动状态和机械能发生改变。但实际上功的概念却广泛得多，在热力学中，准静态过程的功是

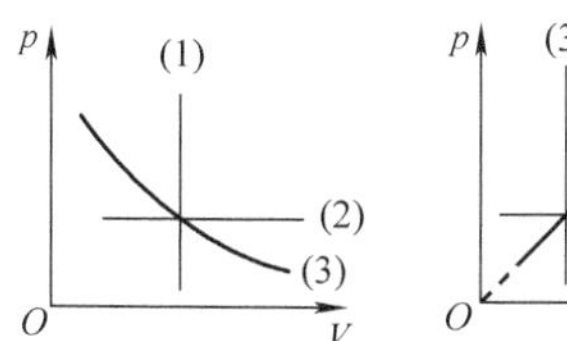

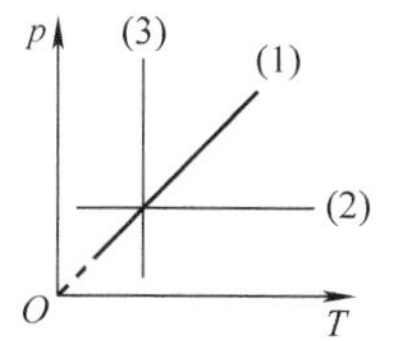

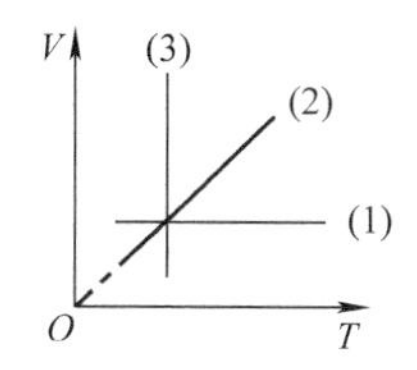

图 14-1　理想气体的平衡过程

和系统体积发生变化相联系的体积功，功的大小可以直接利用系统的宏观状态参量来计算。如图 14-2 所示，设气缸中的气体进行准静态膨胀过程。气体压强为 p，当横截面面积为 S 的活塞缓慢地移动一微小距离 $\mathrm{d}x$，气体的体积增加了一微小量 $\mathrm{d}V = S\mathrm{d}x$，气体推动活塞对外界所做的元功为

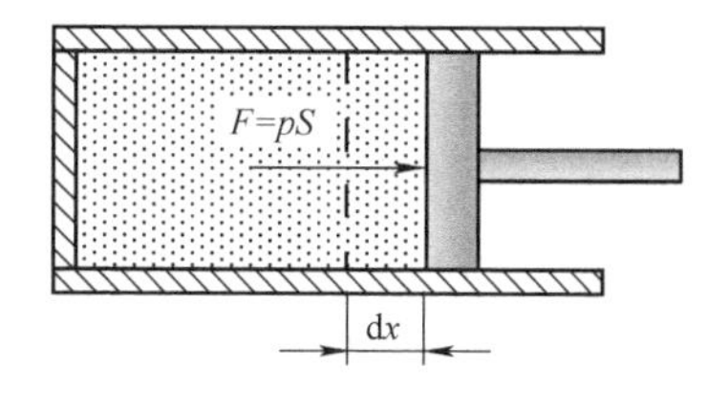

图 14-2　气体膨胀时做功的计算

$$đA = F\mathrm{d}x = pS\mathrm{d}x = p\mathrm{d}V \tag{14-1}$$

若 $\mathrm{d}V > 0$，则 $đA > 0$，即气体膨胀时对外做功；若 $\mathrm{d}V < 0$，则 $đA < 0$，即气体被压缩时外界对气体做功。

如果系统的体积经过一个准静态过程由 V_1 变为 V_2，则该过程中系统对外界做的总功为

$$A = \int_{V_1}^{V_2} p\mathrm{d}V \tag{14-2}$$

上述结果虽然是从气缸中气体膨胀推动活塞运动导出的，但对于任何形状的容器，只要知道在准静态过程中系统的压强随体积变化的关系式，都可用式（14-2）计算。

由积分的意义我们不难看出，积分式 $\int_{V_1}^{V_2} p\mathrm{d}V$ 在 $p-V$ 图上表示体积在 $V_1 \sim V_2$ 之间过程曲线下的面积，如图 14-3 中，系统由初始状态 1 经准静态过程到达状态 2，可以沿着不同的过程曲线（如图中的实线和虚线），也就是经历不同的准静态过程，所做的体积功（即过程曲线下的面积）也就不同。即体积功是一个过程量，而不是系统状态的函数。因此，微量功不能表示为某个状态函数的全微分。这就是在式（14-1）中用 $đA$ 表示微量功而不用全微分表示式 $\mathrm{d}A$ 的原因。

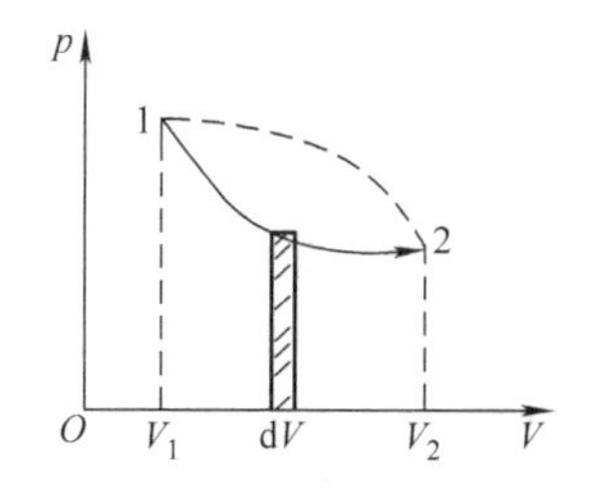

图 14-3　$p-V$ 图中功的表示

例 14.1　在气体压强 p 一定的情况下，气体的体积从 V_1 被压缩到 V_2。

（1）设过程为准静态过程，计算系统对外所做的功；

（2）若为非准静态过程，则外界对系统所做的功为多少？

解：（1）对于准静态过程系统对外所做的功为

$$A = \int_{V_1}^{V_2} p\mathrm{d}V = p\int_{V_1}^{V_2} \mathrm{d}V = p(V_2 - V_1)$$

因为气体被压缩 $V_2 < V_1$，所以系统对外做负功。

（2）如果为非准静态过程，上式一般不能用，但如果外界压强保持不变，只要将 p 理解为外界压强为 $-p$，上面推导就成立。即外界对系统所做的功为

$$A = -\int_{V_1}^{V_2} p\mathrm{d}V = -p\int_{V_1}^{V_2} \mathrm{d}V = -p(V_2 - V_1)$$

14.1.3　热量

改变系统状态（或内能）的另一种方式叫热传递。例如将两个温度不相等的物体相接触，经过一定时间后，最终达到热平衡，两物体的温度相同。在此过程中，则有一定的无规则热运动能量从高温物体传递给低温物体，使两物体的状态都发生了变化。热传递是以两物体的温度不同为前提的，在系统与外界之间，或系统的不同部分之间转移的无规则热运动的能量叫作**热量**。常用 Q 表示。规定系统从外界吸收热量，Q 取正；系统对外界放出热量，Q 取负。

在中学我们学过，用比热来计算热量。比热 c 定义为：单位质量的物体温度每升高或降低一度所吸收或放出的热量。由定义得热量的计算公式为

$$Q = mc(T_2 - T_1) \tag{14-3}$$

式中，m 为气体质量；T_1 和 T_2 分别是过程的初状态和末状态的温度。以后我们还会学到，通过热力学第一定律和摩尔热容来计算热量。

14.1.4　内能

在气体动理论中，已从微观角度定义了系统的内能，它是系统内分子无规则运动的动能和分子间相互作用势能及分子内势能的总和。所以内能是由热力学系统的状态决定的，即是由系统的状态参量所决定。对于刚性理想气体，分子间的相互作用力可以忽略，理想气体的内能仅是温度的单值函数，即 $E = E(T)$。对实际气体而言，内能不仅与温度有关，还与气体的体积有关，即 $E = E(T, V)$。

需要指出的是，当系统状态确定后，其内能值被唯一确定，所以当系统经历一热力学过程，其内能的变化（内能增量）是由系统初、末状态而决定，与经历的具体过程无关。对于给定理想气体，只要始末状态的温度差相等，内能增量都是相同的。在 $p - V$ 图中，只要过程曲线的起点和终点相同，尽管曲线形状不同，内能增量也是相同的。

14.2　热力学第一定律

14.2.1　热力学第一定律概述

做功和热传递都可以使系统的内能发生变化。一般情况下，系统状态的改变（即内能的改变），可能是做功和热传递共同作用的结果。如果一个系统初始平衡态的内能为 E_1，由于外界的作用，系统经过某一热力学过程，改变到内能为 E_2 的末平衡态，则系统内能的增量为 $E_2 - E_1$。在这个过程中，系统从外界吸收的热量为 Q，它对外界所做的功为 A，由能量守恒定律得

$$Q = E_2 - E_1 + A = \Delta E + A \tag{14-4}$$

即系统所吸收的热量，一部分用于系统对外做功，另一部分用来增加自身的内能。或者说，系统在进行任一热力学过程中内能的增量，等于在这过程中系统所吸收的热量和外界对系统所做的功的总和。这一涉及系统内能的能量守恒定律的表达式叫作热力学第一定律。

若系统的状态发生一个微小的变化过程，热力学第一定律的数学表达式可写成

$$đQ = dE + đA \tag{14-5}$$

14.2.2　关于热力学第一定律的说明

1. 物理量符号的规定

为便于计算，在式（14-4）中做以下规定：$Q>0$ 表示系统从外界吸热，$Q<0$ 表示系统向外界放热；$A>0$ 表示系统对外界做正功，$A<0$ 表示系统对外界做负功，即外界对系统做正功；$\Delta E>0$ 表示系统内能增加，$\Delta E<0$ 表示系统内能减少。

2. 热力学第一定律的适用范围

热力学第一定律是自然界的普遍规律，是能量转化和守恒定律在热力学过程中的应用。它适用于任何热力学系统所进行的任意过程，即热力学第一定律对各种形态的物质（固态、液态、气态）系统都适用。只要求初末二态为平衡态，而中间过程可以是准静态过程，也可以是非准静态过程。

3. 第一类永动机不可能制成

历史上，有人曾想设计制造这样一种热机，不需要消耗任何能量和自身的内能，却能源源不断地对外做功，这样的机器称为第一类永动机。因 $Q=0$，$\Delta E=0$，且 $A>0$。所以它违反了热力学第一定律，即违反能量守恒定律，因此，物理学中热力学第一定律又可表述为：**第一类永动机是不可能制成的。**

注意：一个系统和外界的热传递不一定引起系统本身温度的变化。例如理想气体准静态的等温膨胀（或压缩）过程，系统发生相变（如熔化、凝固、液化、汽化）时，都有热量的传递，但系统的温度保持不变。

14.3　热力学第一定律对理想气体在准静态过程中的应用

14.3.1　理想气体的热容

1. 热容

一般情况下，系统和外界之间的热传递会引起系统本身温度的变化。这一温度的变化和热传递间的关系用热容表示。当一系统吸收一微小热量 $đQ$ 而温度增加 dT 时，则该系统在此过程中的热容 C 定义为

$$C = \frac{đQ}{dT} \tag{14-6}$$

实验表明，热容与物质的种类、物质的量及热力学过程有关。1kg 物质的热容称为该物质的比热容。

2. 摩尔热容

把 1mol 的物质所具有的热容，称为该物质的摩尔热容，以 C_m 表示。

由于热量是一个过程量，$đQ$ 的大小与系统所经历的具体过程有关，因此，在不同过程中热容具有不同的值。

对于气体来说，最常用的是等压过程中的定压摩尔热容和等容过程中的定容摩尔热容。定压摩尔热容是在等压过程中，1mol 理想气体温度升高 1K 时所吸收的热量，用 $C_{p,m}$ 表示：

$$C_{p,\mathrm{m}} = \left(\frac{đQ}{\mathrm{d}T}\right)_p \tag{14-7}$$

定容摩尔热容是在等容过程中，1mol 理想气体温度升高 1K 时所吸收的热量，用 $C_{V,\mathrm{m}}$表示：

$$C_{V,\mathrm{m}} = \left(\frac{đQ}{\mathrm{d}T}\right)_V \tag{14-8}$$

3. 比热容比

通常把系统定压摩尔热容与定容摩尔热容的比值，称为气体的比热容比，用 γ 表示，工程上称它为绝热系数，即

$$\gamma = \frac{C_{p,\mathrm{m}}}{C_{V,\mathrm{m}}} \tag{14-9}$$

热力学第一定律确定了系统状态变化过程中热量、功和内能之间的关系，这个规律对任何系统进行的任何过程都成立，是一个普遍规律。下面我们将讲解热力学第一定律在准静态的几个等值过程、绝热过程及循环过程中的应用。

14.3.2 等容过程

等容过程就是系统体积始终保持不变的过程。如图 14-4 所示，设一气缸，活塞固定不动，有一系列温差微小的热源 $T_1, T_2, T_3, \cdots$（$T_1 < T_2 < T_3 \cdots$），气缸与它们依次接触，则使理想气体温度上升，p 也上升，但 V 保持常数，这样的准静态过程，称为等容过程（也叫等体过程）。等容过程在 $p-V$ 图上是一条平行于 p 轴的直线，称为等容线，如图 14-5 所示。

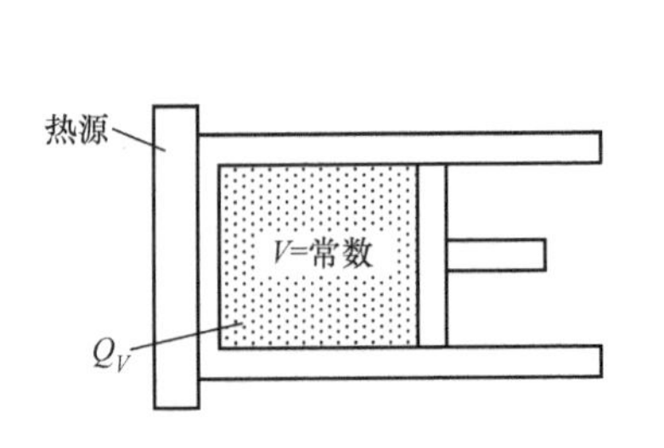

图 14-4　气体的等容过程

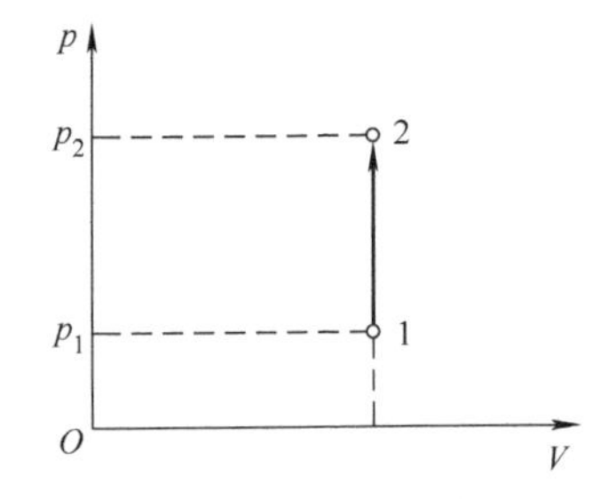

图 14-5　等容过程曲线

在等容过程中，由于气体的体积 V 是常量，气体对外不做功，即 $đA=0$ 或 $A=0$。由热力学第一定律得 νmol 理想气体吸收的热量和内能的增量为

$$đQ = \mathrm{d}E = \frac{i}{2}\nu R\mathrm{d}T \tag{14-10}$$

当 $\nu = 1\mathrm{mol}$ 时，理想气体的定容摩尔热容为

$$C_{V,\mathrm{m}} = \left(\frac{đQ}{\mathrm{d}T}\right)_V = \frac{i}{2}R \tag{14-11}$$

把式（14-11）代入式（14-10）可得

$$đQ = \mathrm{d}E = \nu C_{V,\mathrm{m}}\mathrm{d}T \tag{14-12}$$

当理想气体由初态（p_1, V, T_1）经等体过程变到末态（p_2, V, T_2）时，从外界所吸收的热量和内能的增量由上式积分得

$$Q=\Delta E=\nu C_{V,\mathrm{m}}(T_2-T_1) \tag{14-13}$$

上式也可写为

$$Q=\Delta E=\frac{i}{2}V(p_2-p_1) \tag{14-14}$$

由于等容过程气体对外不做功，所以定容摩尔热容 $C_{V,\mathrm{m}}$ 只与气体内能的变化有关。对于单原子理想气体分子 $C_{V,\mathrm{m}}=3R/2$，刚性双原子理想气体分子 $C_{V,\mathrm{m}}=5R/2$，刚性多原子理想气体分子 $C_{V,\mathrm{m}}=3R$。

14.3.3　等压过程

如图 14-6 所示，气缸活塞上的砝码保持不动，令气缸与一系列温差微小的热源 $T_1, T_2, T_3, \cdots$（$T_1<T_2<T_3\cdots$）依次接触，气体的温度会逐渐升高，要保证 $p=$ 常数，即气体压强与外界恒定压强平衡，所以气体体积 V 也要逐渐增大。这样的准静态过程称为**等压过程**。其过程方程为 $V/T=$ 常量。过程曲线叫**等压线**，如图 14-7 所示（1—2 直线），在$p-V$图中等压线是一些与 V 轴平行的直线。

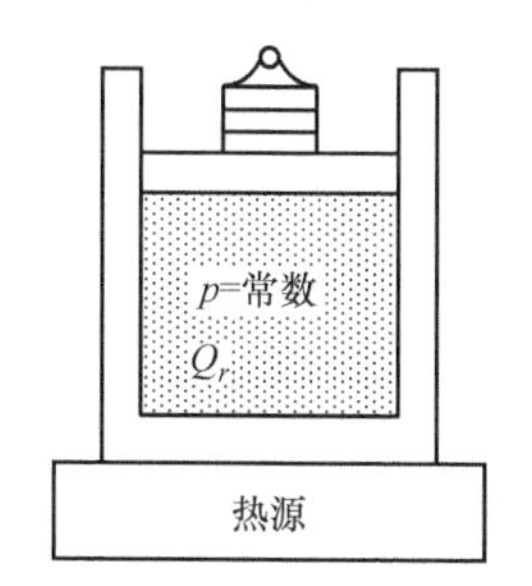

图 14-6　气体的等压过程

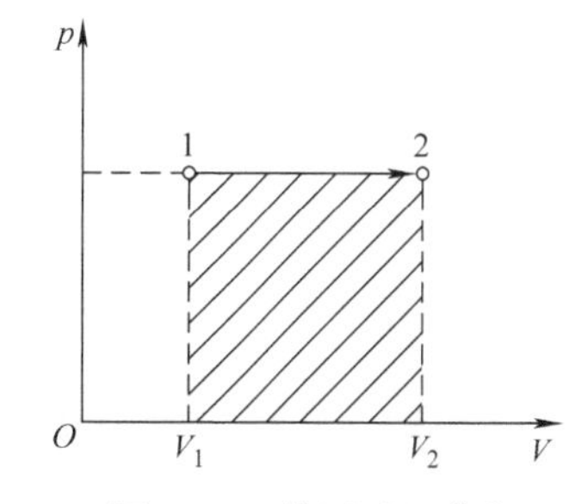

图 14-7　等压过程曲线

在等压过程中，气体压强不变，即 $p=$ 常量。当系统由初态（p, V_1, T_1）经等压过程变到末态（p, V_2, T_2）时，系统对外界所做的功为

$$A=\int_{V_1}^{V_2} p\mathrm{d}V=p(V_2-V_1) \tag{14-15}$$

即等压过程的功 A 在数值上等于图 14-7 中阴影部分的面积。

利用理想气体状态方程，上式可写为

$$A=\nu R(T_2-T_1) \tag{14-16}$$

在此过程中的元功为

$$đA=\nu R\mathrm{d}T \tag{14-17}$$

根据式（14-12）知

$$\mathrm{d}E=\nu C_{V,\mathrm{m}}\mathrm{d}T$$

再由热力学第一定律得

$$đQ=\mathrm{d}E+đA=\nu(C_{V,\mathrm{m}}+R)\mathrm{d}T \tag{14-18}$$

当上式中 $\nu=1\mathrm{mol}$ 时，理想气体的定压摩尔热容为

$$C_{p,\mathrm{m}}=\left(\frac{đQ}{\mathrm{d}T}\right)_p=C_{V,\mathrm{m}}+R=\frac{i+2}{2}R \tag{14-19}$$

式（14-19）称为**迈耶公式**，它表明 1mol 理想气体温度升高 1K，等压过程比等容过程要多

吸收 8.31J 的热量。这是因为理想气体内能只与温度有关，内能的改变与过程无关。在等体过程中，气体吸收的热量全部用来增加内能，而在等压过程中，气体吸收的热量一部分用以增加内能，还有一部分用于气体膨胀对外做功。所以理想气体升高相同的温度，在等压过程中吸收热量要比在等体过程中吸收的热量多 8.31J 的热量。

对于单原子理想气体分子 $C_{p,\mathrm{m}}=5R/2$，刚性双原子理想气体分子 $C_{p,\mathrm{m}}=7R/2$，刚性多原子理想气体分子 $C_{p,\mathrm{m}}=4R$。

由式（14-18）和式（14-19）可求得 ν 摩尔的理想气体经历一微小的准静态等压过程，吸收的热量为

$$đQ=\nu C_{p,\mathrm{m}}\mathrm{d}T \tag{14-20}$$

若 ν 摩尔的理想气体经历一个有限的准静态等压过程，由初态 (p,V_1,T_1) 变到末态 (p,V_2,T_2)，吸收的热量由上式积分得

$$Q=\nu C_{p,\mathrm{m}}(T_2-T_1) \tag{14-21}$$

再由式（14-19）和理想气体状态方程，式（14-21）还可写为

$$Q=\nu\frac{i+2}{2}R(T_2-T_1)=\frac{i+2}{2}p(V_2-V_1)$$

把式（14-11）和式（14-19）代入式（14-9）得**比热容比** γ 的表达式

$$\gamma=\frac{C_{p,\mathrm{m}}}{C_{V,\mathrm{m}}}=\frac{i+2}{i} \tag{14-22}$$

对于单原子分子，$\gamma=5/3\approx1.67$；对于刚性双原子分子 $\gamma=7/5\approx1.40$；对于刚性多原子分子 $\gamma=8/6\approx1.33$。

表 14-1 列举了一些气体摩尔热容的实验数据。从表中可以看出，①各种气体的 $(C_{p,\mathrm{m}}-C_{V,\mathrm{m}})$ 值都接近于 R 值；②对单原子和双原子分子组成的各种气体，$C_{p,\mathrm{m}}$、$C_{V,\mathrm{m}}$ 和 γ 的理论值与实验值相近，对多原子分子，$C_{p,\mathrm{m}}$、$C_{V,\mathrm{m}}$ 和 γ 的理论值和实验值相差较大，而且 $C_{V,\mathrm{m}}$ 不是常数，是随温度的变化而变化的，说明经典理论是近似理论，要解决此问题，只有借助于量子理论，在此不做讨论。今后在计算有关问题时可用理论值。

表 14-1　气体摩尔热容的实验数据（$C_{p,\mathrm{m}}$、$C_{V,\mathrm{m}}$ 的单位用 J/(mol·K)）

原子数	气体的种类	$C_{p,\mathrm{m}}$	$C_{V,\mathrm{m}}$	$C_{p,\mathrm{m}}-C_{V,\mathrm{m}}$	$\gamma=\frac{C_{p,\mathrm{m}}}{C_{V,\mathrm{m}}}$
单原子	氦	20.95	12.61	8.34	1.66
	氩	20.90	12.53	8.37	1.67
双原子	氢	20.83	20.47	8.36	1.41
	氮	28.88	20.56	8.32	1.40
	一氧化碳	29.0	21.2	7.8	1.37
	氧	29.61	21.16	8.45	1.40
三个以上的原子	水蒸气	36.2	27.8	8.4	1.31
	甲烷	35.6	27.2	8.4	1.30
	氯仿	72	63.7	8.3	1.13
	乙醇	87.5	79.1	8.4	1.11

例 14.2　气缸中贮有氮气（氮气分子视为刚性理想气体分子），质量为 1.25kg。在标

准大气压下缓慢地加热，使温度升高 1K。试求气体膨胀时所做的功 A、气体内能的增量 ΔE 以及气体所吸收的热量 Q。(活塞的质量以及它与气缸壁的摩擦均略去)

解：因为是等压过程，所以

$$A = p(V_2 - V_1) = \frac{m_{总}}{M}R\Delta T$$
$$= \left(\frac{1.25}{0.028} \times 8.31 \times 1\right)\mathrm{J} = 371\mathrm{J}$$

氮气为双原子分子气体，其自由度 $i=5$，内能的增量为

$$\Delta E = \nu C_{V,\mathrm{m}}\Delta T = \left(\frac{1.25}{0.028} \times \frac{5}{2} \times 8.31 \times 1\right)\mathrm{J} = 927\mathrm{J}$$

由热力学第一定律得

$$Q = \Delta E + A = 1298\mathrm{J}$$

例 14.3 0.02kg 的氦气（视为理想气体），温度由 17℃升为 27℃，若在升温过程中，(1) 体积保持不变；(2) 压强保持不变，试分别求出气体内能的改变、吸收的热量、气体对外界做的功。

解：氦气为单原子分子气体，其自由度 $i=3$。

(1) 等容过程 $V=$常量，所以气体对外所做的功 $A=0$，由热力学第一定律得

$$Q = \Delta E = \nu C_{V,\mathrm{m}}(T_2 - T_1) = \frac{m_{总}}{M}C_{V,\mathrm{m}}(T_2 - T_1)$$

将已知数据代入上式得氦气吸收的热量和内能的改变为

$$Q = \Delta E = \left[\frac{0.02}{4 \times 10^{-3}} \times \frac{3}{2} \times 8.31 \times 10\right]\mathrm{J} = 623\mathrm{J}$$

(2) 等压过程 $p=$常量，因为两种过程的温度变化相同，所以内能增量 ΔE 与 (1) 相同，根据定压摩尔热容可得

$$Q = \nu C_{p,\mathrm{m}}(T_2 - T_1) = \frac{m_{总}}{M}C_{p,\mathrm{m}}(T_2 - T_1)$$
$$= \left[\frac{0.02}{4 \times 10^{-3}} \times \frac{5}{2} \times 8.31 \times 10\right]\mathrm{J} = 1.04 \times 10^3\mathrm{J}$$

根据热力学第一定律，气体对外界所做的功为

$$A = Q - \Delta E = 417\mathrm{J}$$

由此例题可看出，气体从初状态经不同过程到同一末状态，内能增量相同，是与过程无关的量，吸收热量和做功不同，是与过程有关的量。

例 14.4 一定质量的理想气体，由状态 a 经 b 到达 c，如图 14-8 所示，abc 为一直线。求此过程中：

(1) 气体对外做的功；

(2) 气体内能的增加；

(3) 气体吸收的热量。

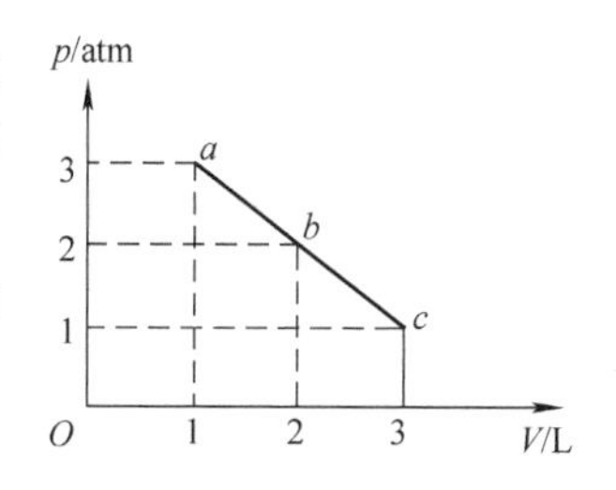

图 14-8 例 14.4 用图

解：(1) 气体对外做的功为直线 ac 曲线下的面积，即

$$A=\frac{1}{2}(p_c+p_a)(V_c-V_a)$$
$$=\left[\frac{1}{2}\times(1+3)\times1.013\times10^5\times(3-1)\times10^{-3}\right]\text{J}$$
$$=405.2\text{J}$$

（2）由图 14-8 可以看出 $p_aV_a=p_cV_c$，所以 $T_a=T_c$，则气体内能增量为

$$\Delta E=0$$

（3）由热力学第一定律得

$$Q=\Delta E+A=0+405.2\text{J}=405.2\text{J}$$

由此题可以看出，对 ac 的直线过程，通过面积计算功很方便。

14.3.4　等温过程

等温过程就是系统在变化过程中温度保持不变的热力学过程。设想一底部导热的气缸，如图 14-9 所示，将气缸底部与一恒温热源相接触，当活塞上的外界压强无限缓慢地减小时，缸内气体随之膨胀，对外做功，而温度 T 保持不变，这样的准静态过程称为等温过程。等温过程的特点是温度为恒量，其过程方程为 $pV=$ 常量，过程曲线在 $p-V$ 图上是一条双曲线，称为等温线，如图 14-10 所示。

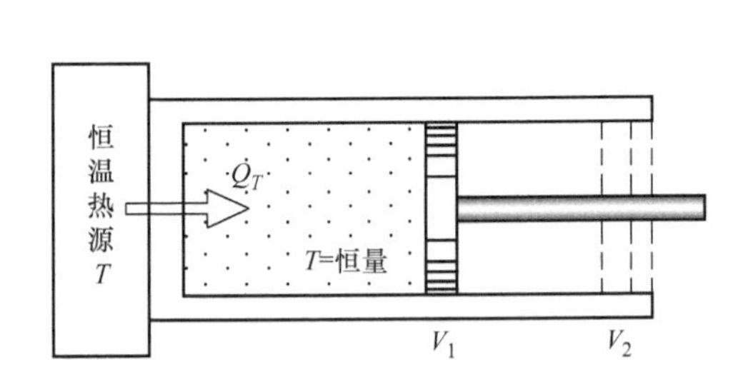

图 14-9　等温过程

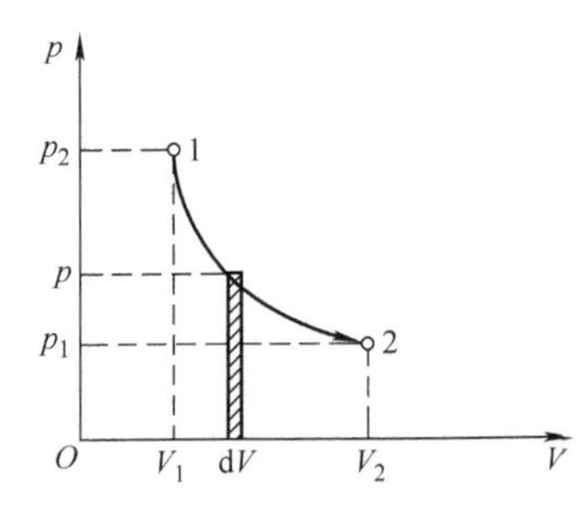

图 14-10　等温过程曲线

在准静态的等温过程中，由于气体的温度 T 是常量，所以气体内能不变，即 $\mathrm{d}E=0$ 和 $\Delta E=0$。由热力学第一定律有

$$đQ=đA=p\mathrm{d}V \tag{14-23}$$

把理想气体状态方程 $p=\nu RT/V$ 代入上式后，两边积分得

$$Q=A=\nu RT\int_{V_1}^{V_2}\frac{1}{V}\mathrm{d}V=\nu RT\ln\frac{V_2}{V_1}=pV\ln\frac{V_2}{V_1} \tag{14-24}$$

上式表明当气体等温膨胀时，$V_2>V_1$，$Q=A>0$，气体从外界吸收的热量全部用于对外做功；当气体被等温压缩时，$V_2<V_1$，$Q=A<0$，此时外界对气体所做的功，全部转换为气体对外放出的热量。

例 14.5　如图 14-11 所示，1mol 的氧气从状态 A 等温膨胀到状态 B，从状态 B 经等压过程变化到状态 C，再从状态 C 经等体过程又回到状态 A。已知状态 A 的压强为 2atm，状态 B 的体积为状态 A 的两倍。（$1\text{atm}=1.013\times10^5\text{Pa}$）

（1）计算每个过程中氧气所做的功和吸收的热量；

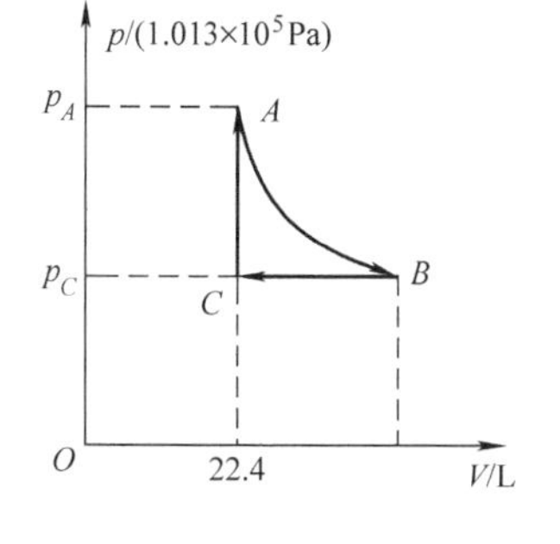

图 14-11　例 14.5 用图

（2）在整个闭合过程中氧气从外界吸热、向外界放热分别为多少？

（3）在整个闭合过程中氧气对外界做的净功为多少？气体净吸热为多少？

解：先确定 A、B、C 各状态的状态参量。由图 14-11 可知：

氧气在 A 状态：

$p_A=2.026\times10^5\,\text{Pa}$，$V_A=22.4\text{L}=22.4\times10^{-3}\,\text{m}^3$

从 A 到 B 是等温过程，有

$$p_BV_B=p_AV_A$$

B 状态的体积为

$$V_B=2V_A=44.8\times10^{-3}\,\text{m}^3$$

因为从 B 到 C 是等压过程，所以 B 状态的压强等于状态 C 的压强，为

$$p_B=p_C=1.013\times10^5\,\text{Pa}$$

从 C 到 A 是等体过程，故得

$$V_A=V_C=22.4\times10^{-3}\,\text{m}^3$$

（1）从 A 到 B 是等温膨胀过程，氧气对外做的功和吸收的热量为

$$\begin{aligned}A_1&=Q_1=\nu RT_A\ln\frac{V_B}{V_A}=p_AV_A\ln\frac{V_B}{V_A}\\&=\left(2.026\times10^5\times22.4\times10^{-3}\times\ln\frac{44.8\times10^{-3}}{22.4\times10^{-3}}\right)\text{J}\\&=3.14\times10^3\,\text{J}\end{aligned}$$

从 B 到 C 是等压压缩过程，它所做的功为

$$\begin{aligned}A_2&=p_C(V_C-V_B)\\&=[1.013\times10^5\times(22.4-44.8)\times10^{-3}]\text{J}\\&=-2.27\times10^3\,\text{J}\end{aligned}$$

$A_2<0$，表示外界对气体做功。在此过程中气体所吸收的热量为

$$\begin{aligned}Q_2&=\nu C_{p,\text{m}}(T_C-T_B)=\frac{i+2}{2}p_C(V_C-V_B)\\&=\left[\frac{7}{2}\times1.013\times10^5\times(22.4-44.8)\times10^{-3}\right]\text{J}=-7.94\times10^3\,\text{J}\end{aligned}$$

$Q_2<0$，表示气体放热。

从 C 到 A 是等体过程，气体体积不变，不做功，故

$$A_3=0$$

在此过程中气体所吸收的热量为

$$\begin{aligned}Q_3&=\Delta E_3=\frac{i}{2}V_C(p_A-p_C)\\&=\left[\frac{5}{2}\times22.4\times10^{-3}\times(2.026-1.013)\times10^5\right]\text{J}\\&=5.67\times10^3\,\text{J}\end{aligned}$$

（2）在整个闭合过程中，气体从外界吸热为

$$Q_{吸} = Q_1 + Q_3 = 8.81 \times 10^3 \text{J}$$

气体向外界放热为

$$Q_{放} = -Q_2 = 7.94 \times 10^3 \text{J}$$

（3）气体对外所做的净功为

$$A = A_1 + A_2 + A_3 = 8.7 \times 10^2 \text{J}$$

气体净吸热为

$$Q = Q_{吸} - Q_{放} = 8.7 \times 10^2 \text{J}$$

可见，在整个闭合过程中，气体吸收的净热量等于它对外界所做的净功，气体的内能不变。

14.4 绝热过程

如果热力学系统在整个过程中始终不与外界交换热量，则这种过程为绝热过程。当然这是一种理想过程。对于实际发生的过程，如用绝热性能良好的绝热材料将系统与外界分开，或者让过程进行得非常快，以致系统来不及与外界进行明显的热量交换，这种过程就可近似地当作绝热过程来处理。例如蒸汽机和内燃机气缸中的气体被急速地压缩或膨胀过程，就可近似看成绝热过程。

任何绝热过程的特点是

$$đQ = 0 \quad 或 \quad Q = 0$$

由热力学第一定律得

$$\mathrm{d}E = -đA \quad 或 \quad \Delta E = -A \tag{14-25}$$

即系统内能的改变仅仅是由于外界与系统之间的做功引起的。

绝热过程分为准静态的和非准静态的绝热过程两部分。下面我们分别加以讨论。

14.4.1 准静态绝热过程

绝热过程不是等值过程，系统的状态参量 p、V、T 在过程中均为变量，它和其他过程一样会有一个描写热力学过程的过程方程和 $p-V$ 曲线。可由热力学第一定律和理想气体的状态方程，导出气体在绝热过程中状态参量之间的定量关系，即绝热过程中的过程方程。

对一微小的准静态绝热过程来说，由式（14-25）得

$$\nu C_{V,\mathrm{m}} \mathrm{d}T = -p\mathrm{d}V$$

另一方面，p、V、T 三个状态参量不是独立的，它们同时要满足理想气体状态方程 $pV = \nu RT$。将状态方程式两边微分，可得

$$p\mathrm{d}V + V\mathrm{d}p = \nu R\mathrm{d}T$$

上两式中消去 $\mathrm{d}T$ 得

$$(C_{V,\mathrm{m}} + R)p\mathrm{d}V = -C_{V,\mathrm{m}} V\mathrm{d}p$$

式子两边再同除以 $C_{V,\mathrm{m}}pV$，利用迈耶公式 $C_{p,\mathrm{m}} = C_{V,\mathrm{m}} + R$ 和比热容比 $\gamma = \dfrac{C_{p,\mathrm{m}}}{C_{V,\mathrm{m}}}$得

$$\frac{\mathrm{d}p}{p} + \gamma \frac{\mathrm{d}V}{V} = 0$$

积分后可得

$$\ln p+\gamma\ln V=常量$$

或

$$pV^{\gamma}=C_1 \tag{14-26}$$

式（14-26）是理想气体在绝热过程中压强和体积的关系式，称为**泊松**（Poisson）**方程**。式中，C_1 为常数。再以理想气体状态方程 $pV=\nu RT$ 代入式（14-26）消去 p 或 V 还可得到

$$TV^{\gamma-1}=C_2 \tag{14-27}$$

$$p^{\gamma-1}T^{-\gamma}=C_3 \tag{14-28}$$

式中，C_2，C_3 是不同的常数。理想气体在准静态的绝热过程中，各状态参量除满足状态方程外，还需满足式（14-26）、式（14-27）、式（14-28），以上三式称为**准静态的绝热过程中的过程方程**。根据式（14-26），在 $p-V$ 图上画出理想气体绝热过程曲线，如图 14-12 中曲线 b 所示。同时也在图中画出了等温过程曲线 a 加以区分。从图中可以看出，绝热线要比等温线变化陡一些，下面通过计算两种过程曲线的斜率来证明。

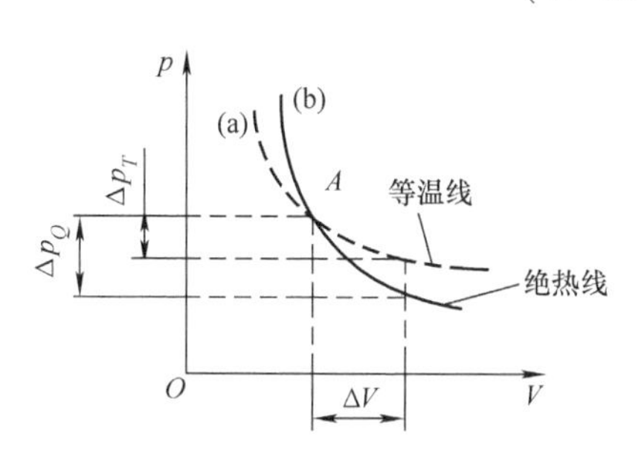

图 14-12　绝热线与等温线的比较

对式（14-26）两边取全微分得

$$\gamma pV^{\gamma-1}\mathrm{d}V+V^{\gamma}\mathrm{d}p=0$$

即可得绝热线的斜率为

$$\left(\frac{\mathrm{d}p}{\mathrm{d}V}\right)_Q=-\gamma\frac{p}{V}\ （A\ 点切线斜率） \tag{14-29}$$

式中，下角标 Q 表示绝热过程。

再对等温过程方程 $pV=C$（常量），两边取全微分得

$$p\mathrm{d}V+V\mathrm{d}p=0$$

即可得等温线的斜率为

$$\left(\frac{\mathrm{d}p}{\mathrm{d}V}\right)_T=-\frac{p}{V}\ （A\ 点切线斜率） \tag{14-30}$$

式中，下角标 T 表示等温过程。

因为比热容比 $\gamma=\dfrac{i+2}{i}>1$，所以由式（14-29）和式（14-30）知，$\left|\left(\dfrac{\mathrm{d}p}{\mathrm{d}V}\right)_Q\right|>\left|\left(\dfrac{\mathrm{d}p}{\mathrm{d}V}\right)_T\right|$，说明在 $p-V$ 图上同一点的绝热线斜率的绝对值大于等温线斜率的绝对值，则绝热线比等温线陡一些。

另外，也可用气体动理论来解释一下绝热线要比等温线变化陡一些的原因。如图 14-12 所示，同样的气体都从状态 A 出发，一次用准静态的绝热膨胀，一次用等温膨胀，使其体积都增加 ΔV，气体分子数密度都减小相同的值 Δn。由分子平均平动动能公式 $\overline{\varepsilon_{\mathrm{t}}}=\dfrac{3}{2}kT$ 和理想气体压强公式 $p=\dfrac{2}{3}n\,\overline{\varepsilon_{\mathrm{t}}}$ 知，在等温条件下，分子平均平动动能 $\overline{\varepsilon_{\mathrm{t}}}$ 不变，气体压强的减小 Δp_T 仅是因体积增大引起的分子数密度的减小所致。而在绝热过程中，除了分子数密度

同样的减小 Δn 外，还由 $TV^{\gamma-1}=C_2$（常量）知，气体膨胀对外做功时降低了温度，从而使分子的平均平动动能也随之减小 $\Delta\overline{\varepsilon_t}$。因此，绝热过程压强的减小 Δp_Q 要比等温过程减小得更多，即 $\Delta p_Q>\Delta p_T$。再次证明，绝热线比等温线陡一些。

例 14.6　一定量的理想气体经准静态的绝热过程由初态（p_1,V_1）变化到末态（p_2,V_2），求此过程中气体对外做的功。（设气体的比热容比为 γ）

解：此题可用两种方法求解。

方法 1：根据绝热过程中的泊松方程 $pV^\gamma=C_1$，有$p_1V_1^\gamma=p_2V_2^\gamma$，所以在绝热过程中，气体对外所做的功为

$$
\begin{aligned}
A &= \int_{V_1}^{V_2} p\mathrm{d}V = \int_{V_1}^{V_2}\frac{C_1}{V^\gamma}\mathrm{d}V \\
&= \frac{1}{1-\gamma}\left[\frac{C_1}{V_2^{\gamma-1}}-\frac{C_1}{V_1^{\gamma-1}}\right] \\
&= \frac{1}{\gamma-1}(p_1V_1-p_2V_2)
\end{aligned}
$$

方法 2：根据绝热过程的热力学第一定律和理想气体内能增量的计算公式，在绝热过程中，气体对外所做的功为

$$A=-\Delta E=\nu C_{V,\mathrm{m}}(T_1-T_2)=\nu\frac{i}{2}R(T_1-T_2)$$

由 $\gamma=\dfrac{C_{p,\mathrm{m}}}{C_{V,\mathrm{m}}}=\dfrac{i+2}{i}=1+\dfrac{2}{i}$，推出$\dfrac{i}{2}=\dfrac{1}{\gamma-1}$，代入上式得

$$A=\frac{1}{\gamma-1}\ (p_1V_1-p_2V_2)$$

上式对初、末态为平衡态的理想气体的任何绝热过程都适用。

例 14.7　气缸内有 2mol 氦气，初始温度为 27℃，体积为 20L，先将氦气等压膨胀，直至体积加倍，然后再绝热膨胀，直至回复初温为止。把氦气视为理想气体。求：

（1）在 $p-V$ 图上大致画出气体的状态变化过程曲线；

（2）在这过程中氦气吸热多少？

（3）氦气的内能变化多少？

（4）氦气所做的总功是多少？（普适气体常数 $R=8.31\mathrm{J/(mol\cdot K)}$）

解：（1）气体在 $p-V$ 图上的状态变化过程曲线，如图 14-13 中实线所示。图中 1—2 为等压过程，2—3 为绝热膨胀过程。

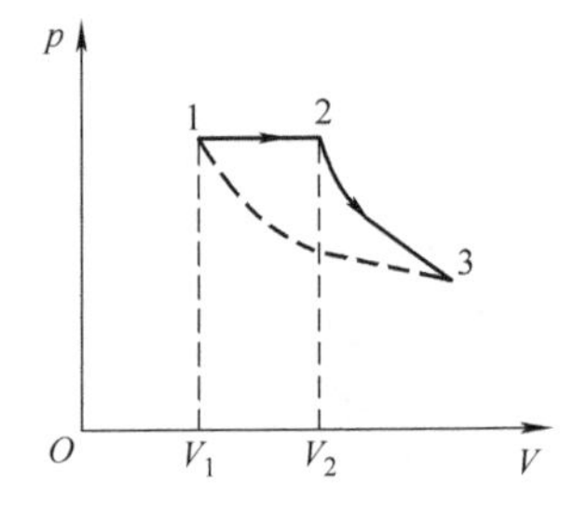

图 14-13　例 14.7 用图

（2）初始状态 1 的温度为　$T_1=(273.5+27)\mathrm{K}=300.15\mathrm{K}$

因为 1—2 为等压过程，所以 $V_1/T_1=V_2/T_2$，从而得

$$T_2=V_2T_1/V_1=600.30\mathrm{K}$$

氦气为单原子气体，自由度 $i=3$，又因 2—3 为绝热过程，吸热为零，所以整个过程中只有 1—2 等压过程吸热。即

$$Q=\nu C_{p,\mathrm{m}}(T_2-T_1)$$

$$=\left[2\times\frac{5}{2}\times 8.31\times(600.30-300.15)\right]\mathrm{J}$$

$$=1.25\times 10^{4}\mathrm{J}$$

（3）因为 $T_1=T_3$，所以 $\Delta E=0$。

（4）由热力学第一定律得 $A=Q=1.25\times 10^{4}\mathrm{J}$。

14.4.2　绝热自由膨胀过程（非准静态的绝热过程）

设有一绝热容器，用一个隔板将其分为容积相等的两部分，左半部分充以理想气体，当其处于平衡态时，其状态参量为（p_1,V_1,T_1）。右半部分抽成真空，如图14-14所示。现在抽去隔板，气体将冲入右半部分，最后可以在整个容器内达到一个新的平衡状态，此时其状态参量为（p_2,V_2,T_2）。这种过程叫作气体的**绝热自由膨胀**。显然，在此过程中的任一时刻，气体均不处于平衡态，因此，此过程是非准静态过程。

虽然绝热自由膨胀是非准静态过程，但它仍然服从热力学第一定律。由于过程进行得很快，所以可视为绝热过程，即 $Q=0$，由热力学第一定律有

$$\Delta E+A=0$$

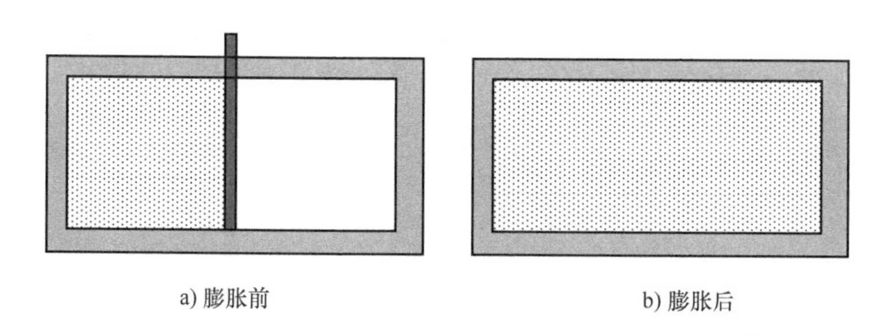

图 14-14　气体的自由膨胀

又由于气体是向真空膨胀，所以它对外不做功，即 $A=0$，故有

$$E_1=E_2 \tag{14-31}$$

结果表明，气体经过自由膨胀，内能保持不变。由于理想气体的内能是温度的单值函数，因而理想气体经过自由膨胀后，它的温度将恢复到初始温度，即

$$T_1=T_2 \tag{14-32}$$

又因为 $V_2=2V_1$，根据理想气体状态方程，对于始末两个平衡态有

$$p_1V_1=\nu RT_1$$

$$p_2V_2=\nu RT_2$$

从而有

$$p_2=\frac{1}{2}p_1 \tag{14-33}$$

必须指出，上述状态参量之间的关系都是对理想气体的始、末两个平衡态而言的，虽然始末状态温度相等，但不能说自由膨胀是等温过程。因为过程中的每一时刻系统均处于非平衡态，不可能用一个温度来描述它的状态。正因为如此，准静态的绝热过程方程式（14-26）、式（14-27）和式（14-28），对绝热自由膨胀过程不适用。

式（14-32）和式（14-33）是理想气体绝热自由膨胀的结果。对于实际气体绝热自由膨胀后，始末状态温度不相等，因为实际气体分子间有相互作用力，它的内能除了分子热运动的动能外，还有分子间的势能。若分子间的平均作用力以斥力为主，则绝热自由膨胀后，斥力做了正功，分子间势能减小，内能不变意味着分子热运动的动能增大，因而气体的温度将升高。如果在绝热自由膨胀时，分子间的平均作用力以引力为主，则绝热自由膨胀后，引力做了负功，分子间势能增大，内能不变意味着分子热运动的动能减小，因而气体的温度要降低。

自由膨胀是向真空的膨胀，这是理想化的过程，在实验上做的是气体向压强较低的区域膨胀。如图 14-15 所示，绝热管内有一多孔塞，多孔塞两侧各有一活塞密封的气体，压强分别为 p_1 和 p_2（$p_2 < p_1$），当徐徐向右推动左侧活塞时，气体可以稳定地由左向右通过多孔塞流入右侧压强较小的区域。多孔塞右侧区域的气体靠右侧活塞的徐徐右移而保持压强 p_2 不变。这一过程不是准静态过程。称为焦耳 - 汤姆孙过程，也叫**节流过程**。气体经节流膨胀后，一般情况下温度改变，即 $T_1 \neq T_2$，这种现象称为**焦耳 - 汤姆孙效应**。如果节流膨胀后温度降低（$T_2 < T_1$），则称为**正焦耳 - 汤姆孙效应**。正焦耳 - 汤姆孙效应是获得低温的方法之一，尤其在气体的液化方面很重要。例如液态的空气、氮气就是经过节流过程后获得的。

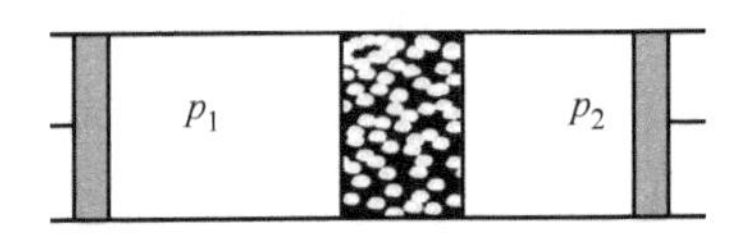

图 14-15　节流过程

14.5　循环过程　卡诺循环

14.5.1　循环过程

在生产实践中需要将热与功之间的转换持续地进行下去，这就需要利用循环过程。系统经过一系列状态变化过程以后，又回到原来平衡状态的过程叫作热力学循环过程，简称**循环过程**。如果组成某一循环过程的各分过程都是准静态过程，此循环过程可以在 $p-V$ 图上用一条闭合曲线表示，这种循环称为**准静态循环过程**。如图 14-16 中 $abcda$ 表示的就是某一准静态循环过程。在循环过程中，使热和功发生转化的物质称为工作物质，简称**工质**。工质从 a 状态经过一系列变化过程又回到 a 状态，完成一次循环，其内能保持不变，即 $\Delta E=0$，这是循环过程一个很重要的特征。完成一次循环过程，工质既有吸热也有放热，既有对外做正功，也有对外做负功（外界对工质做功），我们把吸热与放热的代数和，称为净热量，正功和负功的代数和称为**净功**，净功的大小即为循环曲线围成图形的面积，如图 14-16中阴影部分。根据热力学第一定律可知，系统从外界吸收的净热量一定等于系统对外界所做的净功，或外界在系统的一次循环过程中对系统做的净功等于系统对外界放出的净热量，即

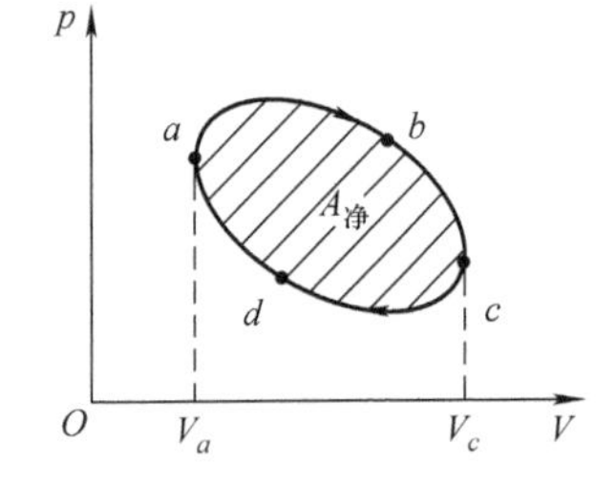

图 14-16　循环过程

$$Q_{净}=A_{净}$$

循环过程分为正循环和逆循环两类。在 $p-V$ 图上，若循环进行的过程曲线沿顺时

针方向的称为**正循环**，也叫顺时针循环。正循环是工质把从高温热源吸收热量的一部分变为有用功，即工质对外做正功，对应的是热机循环。我们把这种通过工质不断地把吸收的热量转换为机械功的装置，称为**热机**，如蒸汽机、内燃机、汽轮机、喷气发动机等都是不同种类的热机。在 $p-V$ 图上，若循环进行的过程曲线是沿逆时针方向的称为**逆循环**，也叫逆时针循环。逆循环是依靠外界对工质做功，使工质从低温热源吸热而向高温热源放热，对应的是制冷循环。我们把这种外界对系统做功，使系统从低温热源吸收热量的装置，称为**制冷机**，如冰箱、空调制冷等属于制冷机。在历史上，热力学理论最初是在研究热机的工作过程的基础上发展起来的。所以首先讲一下热机的工作过程，然后再讲制冷机的特点。

14.5.2 热机及其效率

1. 热机的工作原理

图 14-17 是蒸汽机的工作原理图。水泵 B 将水池 A 中的水压入锅炉 C，水在锅炉内被加热变为高温、高压蒸汽，水的内能增加。蒸汽被传送装置送入气缸 D 中，并在气缸内膨胀，推动活塞对外做功，同时蒸汽的内能减少。这一过程通过做功使内能转化为机械能。最后蒸汽变为废气被送入冷凝器 E 中，经冷却放热而凝结成水，再经水泵 F 送回水池 A 中，开始新的循环。

从能量转化的角度看来，整个循环就是工质从高温热源获取的能量的一部分转化为对外界的机械能，一部分能量转移到低温热源，这是热机循环过程的重要特征。即正循环的特征。上面蒸汽机内水进行的就是正循环。

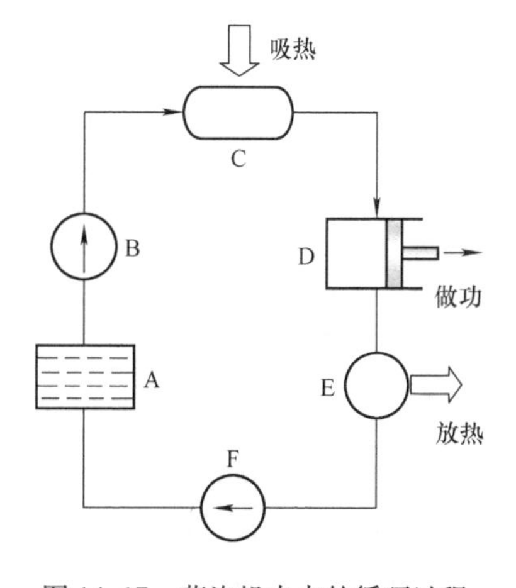

图 14-17 蒸汽机内水的循环过程

2. 热机的效率

设热机（以蒸汽机为例）中工质通过正循环过程 $abcda$，如图 14-16 所示，系统在膨胀过程 abc 中吸热 $Q_{吸}$，同时对外做功 A_1，A_1 值为图中曲线 abc 与 $V_a\sim V_c$段之间的面积，取正值；而系统在压缩过程 cda 中，外界对系统做功 A_2，A_2 值为图中曲线 cda 与 $V_a\sim V_c$段之间的面积，同时放热 $Q_{放}$。在一个完整的循环过程中，系统对外界所做的净功 $A_{净}$（图中的斜线部分）是大于零的，即

$$A_{净}=A_1-|A_2|>0$$

工质吸收的净热量 $Q_{净}$ 为

$$Q_{净}=Q_{吸}-|Q_{放}|=A_{净}$$

为了反映热机在正循环中热功转化的效能，将一次循环中工质对外做的净功 $A_{净}$ 占它从高温热源吸收热量 $Q_{吸}$ 的百分比，称为**热机效率**或**循环效率**，用 η 表示，即

$$\eta=\frac{A_{净}}{Q_{吸}}=\frac{Q_{吸}-|Q_{放}|}{Q_{吸}}=1-\frac{|Q_{放}|}{Q_{吸}} \tag{14-34}$$

η 是反映热机性能的一个重要参量。一般情况下不同的热机其正循环过程不同，因而有不

同的效率。

例 14.8　如图 14-18 所示，*abcda* 为 1mol 单原子分子理想气体的循环过程，求：

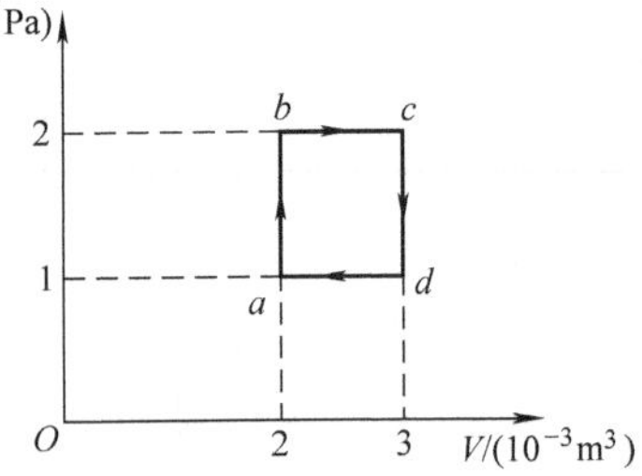

（1）气体循环一次，在吸热过程中从外界共吸收的热量；

（2）气体循环一次对外做的净功；

（3）证明在 *abcd* 四态，气体的温度有：$T_aT_c=T_bT_d$；

（4）求整个循环过程中的热机效率。

图 14-18　例 14.8 用图

解：（1）过程 *ab* 与 *bc* 为吸热过程，吸热总和为

$$
\begin{aligned}
Q_{吸} &= Q_{ab}+Q_{bc}=\nu C_{V,\mathrm{m}}(T_b-T_a)+\nu C_{p,\mathrm{m}}(T_c-T_b)\\
&=\frac{3}{2}(p_b-p_a)V_a+\frac{5}{2}(V_c-V_b)p_b\\
&=\left[\frac{3}{2}\times(2-1)\times10^5\times2\times10^{-3}+\frac{5}{2}\times(3-2)\times10^{-3}\times2\times10^5\right]\mathrm{J}\\
&=800\mathrm{J}
\end{aligned}
$$

（2）循环过程对外所作总功（净功）为图中矩形 *abcd* 的面积

$$A_{净}=p_b(V_c-V_b)-p_d(V_d-V_a)=100\mathrm{J}$$

（3）因为 $T_a=p_aV_a/R$，$T_c=p_cV_c/R$，$T_b=p_bV_b/R$，$T_d=p_dV_d/R$，所以

$$T_aT_c=p_aV_ap_cV_c/R^2=(12\times10^4)/R^2$$

$$T_bT_d=p_bV_bp_dV_d/R^2=(12\times10^4)/R^2$$

所以 $T_aT_c=T_bT_d$。

（4）整个循环过程中的热机效率为

$$\eta=\frac{A_{净}}{Q_{吸}}=\frac{100}{800}=12.5\%$$

14.5.3　制冷机及其制冷系数

以上讨论的是热机中工质进行的正循环的效率。逆循环过程反映了制冷机的工作过程。即工质沿着与热机循环相反的方向进行循环过程，在一次循环中，工质将从低温热源吸热 $Q_{吸}$，向高温热源放热 $Q_{放}$，而外界必须对工质做功。如图 14-19 是单门电冰箱的工作原理示意图。电冰箱由箱体、制冷系统、控制系统和附件构成。在制冷系统中，主要组成有压缩机、冷凝器、蒸发器和毛细管节流器四部分，自成一个封闭的循环系统。其中蒸发器安装在电冰箱内部的上方，其他部件安装在电冰箱的背面。系统里充灌了一种叫“氟利昂 12（CF_2Cl_2，国际符号

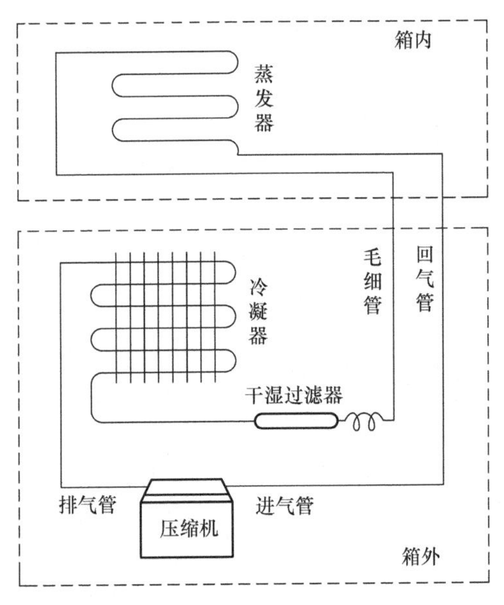

图 14-19　电冰箱工作原理示意图

R_{12})”的物质作为制冷剂。氟利昂在蒸发器里由低压液体汽化为气体，吸收冰箱内的热量，使箱内温度降低，变成气态的氟利昂被压缩机吸入，靠压缩机做功把它压缩成高温高压的气体，再排入冷凝器，在冷凝器中氟利昂不断向周围空间放热，逐步凝结成液体。这些高压液体必须流经毛细管，节流降压才能缓慢流入蒸发器，维持在蒸发器里继续不断地汽化，吸热降温。就这样，冰箱利用电能做功，借助制冷剂氟利昂的物态变化，把箱内蒸发器周围的热量搬送到箱后冷凝器里去放出，如此周而复始不断地循环，以达到制冷目的。

那么对于制冷机，目的就是从低温热源吸收热量从而使其降温。这时必须对工质做功，这是我们要付的“本钱”。因此用制冷机从低温热源吸收的热量 $Q_{吸}$ 与外界对制冷机所做的净功 $A_{净}$ 的大小之比，反映制冷循环的效能。这一比值称为制冷循环的**制冷系数**，用 ω 表示，即

$$\omega=\frac{Q_{吸}}{|A_{净}|} \tag{14-35}$$

若系统向高温热源放出热量 $Q_{放}$，对于一个完整的逆循环应有

$$A_{净}=Q_{放}+Q_{吸}=Q_{净}<0$$

$$|A_{净}|=|Q_{放}|-Q_{吸}$$

将上式代入式（14-35）得

$$\omega=\frac{Q_{吸}}{|A_{净}|}=\frac{Q_{吸}}{|Q_{放}|-Q_{吸}} \tag{14-36}$$

从实用观点看，制冷机应是吸热越多，做功越少，则制冷性能越好。制冷系数越大越好。制冷机的制冷系数是完全可以大于 1 的。假设制冷系数为 4，则外界对系统做 1J 的功就可以从低温热库吸收 4J 的热量，在高温热库放出的热量就是 5J。因此，如果我们将制冷机反过来应用于制热（如取暖），使用 1J 的电能就可以在其高温热库获得 5J 的热能。这时的制冷机就成为热泵了。

例 14.9　如图 14-20 所示，有一定量的单原子理想气体，从初状态 $a(p_1,V_1)$ 开始，经过一个等体过程达到压强为 $p_1/4$ 的 b 态，再经过一个等压过程达到状态 c，最后经等温过程又回到初态 a 而完成一个逆循环。求：

（1）该循环过程中系统对外做的净功 $A_{净}$ 和所吸的净热量 $Q_{净}$；

（2）该循环过程中制冷机的制冷系数 ω。

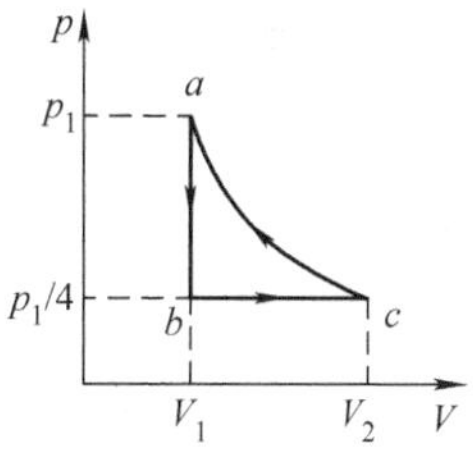

图 14-20　例 14.9 用图

解：（1）设 c 状态的体积为 V_2，则由于 a、c 两状态的温度相同，所以有

$$p_1V_1=p_1V_2/4$$

故

$$V_2=4V_1$$

循环过程中

$$\Delta E=0,\quad Q_{净}=A_{净}$$

而在 $a\to b$ 等体过程中气体所做的功

$$A_1=0$$

在 $b\to c$ 等压过程中气体所做的功为

$$A_2=\frac{p_1}{4}(V_2-V_1)=\frac{p_1}{4}(4V_1-V_1)=\frac{3}{4}p_1V_1$$

在 $c \to a$ 等温过程中气体所做的功

$$A_3 = p_1 V_1 \ln \frac{V_1}{V_2} = -p_1 V_1 \ln 4$$

所以
$$Q_{净} = A_{净} = A_1 + A_2 + A_3 = [(3/4) - \ln 4] p_1 V_1$$

（2）因为
$$Q_{吸} = Q_{bc} = \frac{5}{2}(p_c V_c - p_b V_b) = \frac{15}{8} p_1 V_1$$

$$|A_{净}| = [\ln 4 - (3/4)] p_1 V_1$$

所以制冷系数为
$$\omega = \frac{Q_{吸}}{|A_{净}|} = 2.94$$

14.5.4　卡诺循环

18 世纪末，蒸汽机的效率很低，只有 3% 左右。从 1794 年到 1840 年，热机效率不到 10% 。在生产需要的推动下，人们迫切要求进一步提高热机的效率。不少科学家和工程师开始从理论上来研究热机的效率问题。1824 年法国青年工程师卡诺（S. Carnot）就是在这样的情况下提出了卡诺循环。虽然卡诺循环是一种理想循环，但是它对实际热机的研制，提高热机效率指明了方向，具有重要的指导意义，也为热力学第二定律的建立奠定了基础。

卡诺循环是在两个温度恒定的热源（一个是高温热源，一个是低温热源）之间工作的循环过程，如图 14-21 所示。它是由四个准静态过程所组成，即两个等温和两个绝热的准静态过程组成，在循环过程中，工作物质（系统或工质）只和温度为 T_1 的高温热源和温度为 T_2 的低温热源交换热量，按卡诺循环运行的热机和制冷机，分别称为卡诺热机和卡诺制冷机。为方便讨论，我们以理想气体作为工作物质。

1. 卡诺热机

如图 14-21 所示，曲线 AB 和 CD 分别是温度为 T_1 和 T_2 的两条等温线，曲线 BC 和 DA 分别是两条绝热线。如气体从点 A 出发，循环按顺时针方向沿封闭曲线 $ABCDA$ 进行，这种正循环称为卡诺正循环，对应的热机称为卡诺热机。图 14-22 为卡诺热机的能流示意图，它清晰地描绘出卡诺循环中的能量交换与转换的关系。

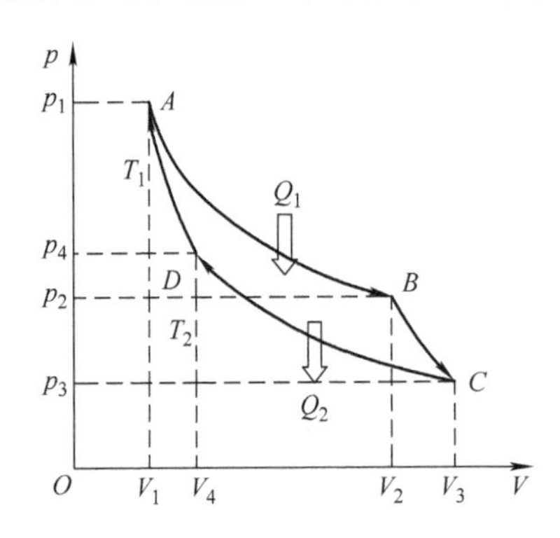

图 14-21　卡诺正循环曲线

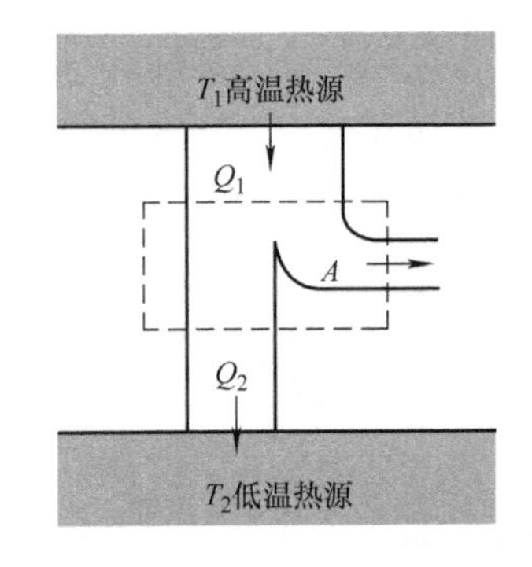

图 14-22　卡诺热机能流示意图

由热力学第一定律可求得在四个过程中，气体的内能、对外做功和传递的热量之间的关系如下：

1）在 $A \to B$ 等温膨胀过程中，气体的内能没有改变，而气体对外做功 A_1 等于气体从高温热源（温度为 T_1）中吸收的热量 $Q_{吸} = Q_1$，即

$$A_1 = Q_1 = Q_{吸} = \nu R T_1 \ln \frac{V_2}{V_1} \tag{14-37}$$

2）在 $B \to C$ 绝热膨胀过程中，气体与外界无热量交换，对外做的功 A_2 等于气体所减少的内能，即

$$A_2 = -\Delta E = E_B - E_C = \nu C_{V,\mathrm{m}}(T_1 - T_2)$$

3）在 $C \to D$ 等温压缩过程中，气体对外界所做的功 A_3 等于气体向低温热源（温度为 T_2）放出的热量，即

$$A_3 = Q_{放} = \nu R T_2 \ln \frac{V_4}{V_3}$$

$$Q_2 = |Q_{放}| = \nu R T_2 \ln \frac{V_3}{V_4} \tag{14-38}$$

4）在 $D \to A$ 绝热压缩过程中，气体与外界无热量交换，气体对外界做的功 A_4 等于气体内能的减少，即

$$A_4 = -\Delta E = E_D - E_A = -\nu C_{V,\mathrm{m}}(T_1 - T_2)$$

由以上四个过程可得理想气体经历一个卡诺循环后工作物质所做的净功为

$$\begin{aligned} A_{净} &= A_1 + A_2 + A_3 + A_4 = A_1 + A_3 \\ &= Q_1 - Q_2 = Q_{净} \end{aligned}$$

从图 14-21 可以看出，净功 $A_{净}$ 的大小就是图中循环曲线所包围的面积。而且 $A_2 + A_4 = 0$，即两绝热线下的面积相等。

由理想气体的绝热过程方程 $TV^{\gamma-1} =$ 常量，可得

B 点到 C 点　　　　$T_1 V_2^{\gamma-1} = T_2 V_3^{\gamma-1}$

D 点到 A 点　　　　$T_1 V_1^{\gamma-1} = T_2 V_4^{\gamma-1}$

上面两式相除，有

$$\frac{V_2}{V_1} = \frac{V_3}{V_4}$$

把上式代入式（14-37）和式（14-38），化简后有

$$\frac{|Q_{放}|}{Q_{吸}} = \frac{Q_2}{Q_1} = \frac{T_2}{T_1} \tag{14-39}$$

将式（14-39）代入热机循环效率公式（14-34）中，得到以理想气体为工质的卡诺热机的循环效率为

$$\eta_{\mathrm{C}} = 1 - \frac{T_2}{T_1} \tag{14-40}$$

从式（14-40）可以看出，以理想气体为工质的卡诺正循环的效率只取决于高温热源和低温热源的温度，高温热源的温度 T_1 越高，低温热源的温度 T_2 越低，则卡诺循环的效率越高。可以证明（见第 15 章 15.1.5 节），在同样两个温度 T_1 和 T_2 之间工作的各种工质的卡诺正循环的效率都由式（14-40）给定，而且是实际热机的可能效率的最大值。

例如，设蒸汽机锅炉的温度为 230℃，冷却器温度为 30℃，若按卡诺正循环计算，其

效率为

$$\eta_C = 1 - \frac{T_2}{T_1} = 1 - \frac{303}{503} = 40\%$$

实际蒸汽机的效率不到20%。因为实际上热源不是恒温的，随处可以和外界交换热量，而且期间进行的过程也不是准静态过程。尽管如此，卡诺循环具有重要的物理意义：首先它提出了提高热机效率的途径之一，就是提高高温热源的温度，降低低温热源的温度经济上不合算，在蒸汽机后发明的内燃机就是在上面这个公式的指导下实现的；其次卡诺循环的另一物理意义就是用它可以定义一个温标。由式（14-39）可得

$$\frac{|Q_{放}|}{Q_{吸}} = \frac{T_2}{T_1}$$

即卡诺循环中工质放给低温热源的热量与从高温热源吸收的热量之比等于两热源的温度之比。由于这一结论与工质种类无关，因而可以利用任何进行卡诺循环的工质与两热源交换的热量之比来度量两热源的温度。这样只能定义两热源的温度之比。若取水的三相点温度（273.16K）作为计量温度的定点，则由上式给出的温度比值就可以确定任意温度的数值了。这种计量温度的方法称为热力学温标。

例 14.10　一卡诺热机（可逆的），当高温热源的温度为 127℃、低温热源温度为 27℃时，其每次循环对外做净功 8000J。今维持低温热源的温度不变，提高高温热源的温度，使其每次循环对外做净功 10000J。若两个卡诺循环都工作在相同的两条绝热线之间，试求：（1）第二个循环的热机效率；（2）第二个循环的高温热源的温度。

解：（1）由第一个卡诺循环的效率

$$\eta_c = \frac{A_{净}}{Q_{吸}} = 1 - \frac{T_2}{T_1}$$

得

$$Q_{吸} = A_{净}\frac{T_1}{T_1 - T_2} \quad 且 \quad \frac{|Q_{放}|}{Q_{吸}} = \frac{T_2}{T_1}$$

所以

$$|Q_{放}| = \frac{T_2}{T_1}Q_{吸} = \frac{T_1}{T_1 - T_2} \cdot \frac{T_2}{T_1}A_{净} = \frac{T_2}{T_1 - T_2}A_{净} = 24000\text{J}$$

由于第二个卡诺循环吸热为

$$\begin{aligned} Q'_{吸} &= A'_{净} + |Q'_{放}| = A'_{净} + |Q_{放}| \\ &= 10000\text{J} + 24000\text{J} = 34000\text{J} \end{aligned}$$

其中 $|Q'_{放}| = |Q_{放}|$。所以

$$\eta' = \frac{A'_{净}}{Q'_{吸}} = \frac{10000}{34000} = 29.4\%$$

（2）由式 $\eta' = A'_{净}/Q'_{吸} = 1 - \frac{T_2}{T'_1}$ 得

$$T'_1 = \frac{T_2}{1 - \eta'} = 425\text{K}$$

2. 卡诺制冷机

如图 14-23 所示，若理想气体从点 A 出发，卡诺循环按逆时针方向沿封闭曲线 $ADCBA$

进行，这种逆循环为卡诺逆循环，对应的机器称为卡诺制冷机。图 14-24 为卡诺制冷机的能流示意图。

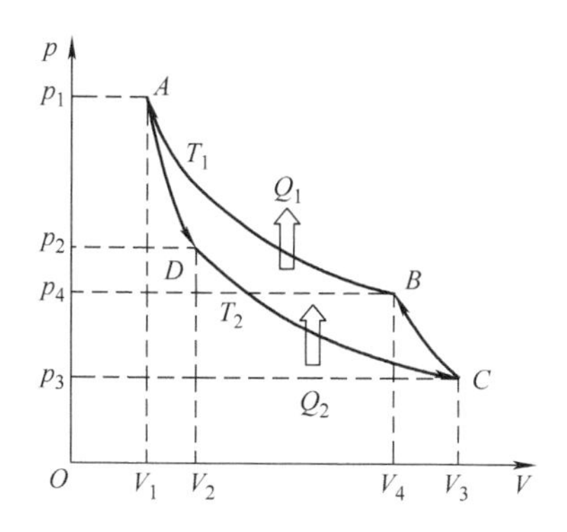

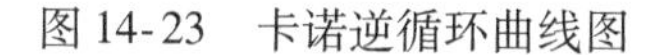
图 14-23　卡诺逆循环曲线图

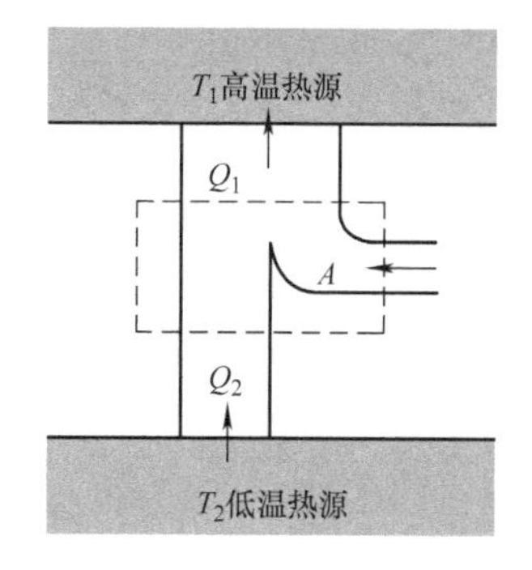

图 14-24　卡诺逆循环能流示意图

在卡诺制冷机中，工作物质从温度为 T_1 的状态 A 绝热膨胀到状态 D，在此过程中，气体的温度逐渐降低，在状态 D 时气体的温度为 T_2，接着气体等温膨胀到状态 C，它从低温热源中吸收热量 $Q_{吸}=Q_2$，然后气体又被绝热压缩到状态 B，由于外界对气体做功，使它的温度上升到 T_1，最后，气体被等温压缩到状态 A，使气体又回到起始的状态，在此过程中，它往高温热源放出热量 $|Q_{放}|=Q_1$。由于

$$\frac{|Q_{放}|}{Q_{吸}}=\frac{Q_1}{Q_2}=\frac{T_1}{T_2}$$

所以将上式代入式（14-36）得卡诺制冷机的制冷系数为

$$\omega_C=\frac{Q_{吸}}{|Q_{放}|-Q_{吸}}=\frac{T_2}{T_1-T_2} \tag{14-41}$$

在一般的制冷机中，高温热源的温度 T_1 通常就是大气温度，是不变的。由式（14-41）可以看出，卡诺制冷机的制冷系数取决于要制冷的温度 T_2。例如，一卡诺制冷机，高温热源的温度为 293.15K，低温热源的温度为 273.15K，则这一卡诺制冷机的制冷系数为 13.6；若使低温热源的温度变为 263.15K，则卡诺制冷机的制冷系数为 8.8。显然，T_2 越低，制冷系数就越小，这说明要从温度越低的物体中吸热，降低它的温度，就必须消耗越多的功。

小　　结

1. 准静态过程、功、内能和热量

准静态过程：在过程进行中的每一时刻，系统都无限地接近平衡态。

系统内能：由热力学系统内部状态所决定的能量。内能是系统状态的单值函数，是一个状态量。

做功和热传递都是能量转换和传递的方式。对于改变系统的内能来说，两者是等效的。功和热量都是过程量。

准静态过程的功：$đA=p\mathrm{d}V$

$$A=\int_{V_1}^{V_2}p\mathrm{d}V$$

理想气体内能：$\mathrm{d}E=\nu C_{V,\mathrm{m}}\mathrm{d}T$

$$\Delta E=\nu C_{V,\mathrm{m}}(T_2-T_1)$$

2. 热容

定容摩尔热容：$C_{V,\mathrm{m}}=\frac{i}{2}R$

定压摩尔热容（迈耶公式）：$C_{p,\mathrm{m}}=C_{V,\mathrm{m}}+R=\frac{i+2}{2}R$

比热容比：$\gamma=\frac{C_{p,\mathrm{m}}}{C_{V,\mathrm{m}}}$

3. 热力学第一定律

热力学第一定律：$đQ=\mathrm{d}E+đA$（微元过程）

$Q=E_2-E_1+A=\Delta E+A$（有限的热力学过程）

表 14-2　热力学第一定律在理想气体几种典型过程中的应用总结

过程	等体	等压	等温	绝热
过程方程	$V=$常量	$p=$常量	$pV=$常量	$pV^{\gamma}=$常量
系统对外做功	0	$p(V_2-V_1)$ $=\nu R(T_2-T_1)$	$p_1V_1\ln\frac{V_2}{V_1}$ $=\nu RT\ln\frac{V_2}{V_1}$	$\frac{1}{\gamma-1}(p_1V_1-p_2V_2)$ $=\nu C_{V,\mathrm{m}}(T_1-T_2)$
系统内能增量	$\nu C_{V,\mathrm{m}}(T_2-T_1)$	$\nu C_{V,\mathrm{m}}(T_2-T_1)$	0	$\nu C_{V,\mathrm{m}}(T_2-T_1)$
系统吸收热量	$\nu C_{V,\mathrm{m}}(T_2-T_1)$	$\nu C_{p,\mathrm{m}}(T_2-T_1)$	$p_1V_1\ln\frac{V_2}{V_1}$ $=\nu RT\ln\frac{V_2}{V_1}$	0

4. 循环过程

循环过程：热力学系统经过一系列状态变化过程以后，又回到初始平衡状态的过程。

正循环：工质从高温热源获取的能量的一部分转化为对外界的机械能，一部分能量转移到低温热源。正循环的效率：

$$\eta=\frac{A_{净}}{Q_{吸}}=1-\frac{|Q_{放}|}{Q_{吸}}$$

逆循环：工质沿着与热机循环相反的方向进行循环过程，在一次循环中，工质将从低温热源吸热 $Q_{吸}$，向高温热源放热 $Q_{放}$，而外界必须对工质做功 $A_{净}$。逆循环的制冷系数：

$$\omega=\frac{Q_{吸}}{|A_{净}|}=\frac{Q_{吸}}{|Q_{放}|-Q_{吸}}$$

5. 卡诺循环

是由四个准静态过程所组成的循环，其中有两个是等温过程，两个是绝热过程。

卡诺正循环的效率：$\eta_{\mathrm{C}}=1-\frac{T_2}{T_1}$

卡诺逆循环的制冷系数：$\omega_{\mathrm{C}}=\frac{T_2}{T_1-T_2}$

思考题

14.1 理想气体的内能从 E_1 增大到 E_2 时，对应于等体、等压、绝热三种过程的温度变化是否相同？吸热是否相同？为什么？

14.2 有一容器被刚性绝热材料所包围。容器内有一隔板将容器分成两部分，一部分有气体，另一部分为真空。若将隔板抽开，经过一段时间后，此容器内气体的内能发生变化吗？

14.3 一定量的理想气体分别经绝热、等温和等压过程后，膨胀了相同的体积，试从 $p-V$ 图上比较这三种过程做功的差异。

14.4 一定量的理想气体，开始时处于压强、体积、温度分别为 p_1、V_1、T_1 的平衡态，后来变到压强、体积、温度分别为 p_2、V_2、T_2 的末态。若已知 $V_2>V_1$，且 $T_2=T_1$，则不论经历的是什么过程，气体对外做的净功一定为正值。这种说法是否正确？为什么？

14.5 热力学第一定律对始末两状态都不是平衡态的过程是否适用？

14.6 一条等温线与一条绝热线能否相交于两点？为什么？

14.7 在卡诺循环中，两条等温线下的面积是否相等？两条绝热线下的面积是否相等？

14.8 如图 14-25 所示，AB 为一理想气体绝热线。设气体由任意 C 态经准静态过程变到 D 态，过程曲线 CD 与绝热线 AB 相交于 E。试证明：CD 过程为吸热过程。

14.9 一定量的理想气体，从 $p-V$ 图上同一初态 A 开始，分别经历三种不同的过程过渡到达不同的末态，但末态的温度相同，如图 14-26 所示，其中 $A\to C$ 是绝热过程，问：

（1）在 $A\to B$ 过程中气体是吸热还是放热？为什么？

（2）在 $A\to D$ 过程中气体是吸热还是放热？为什么？

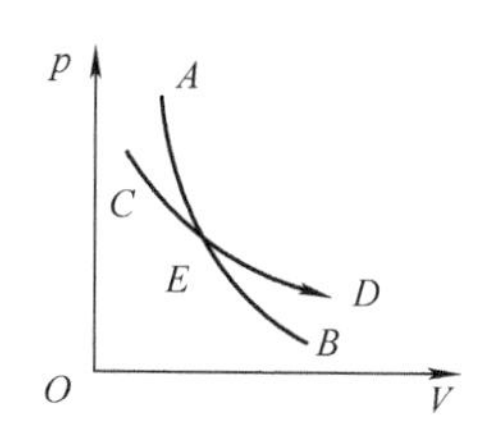

图 14-25 思考题 14.8 用图

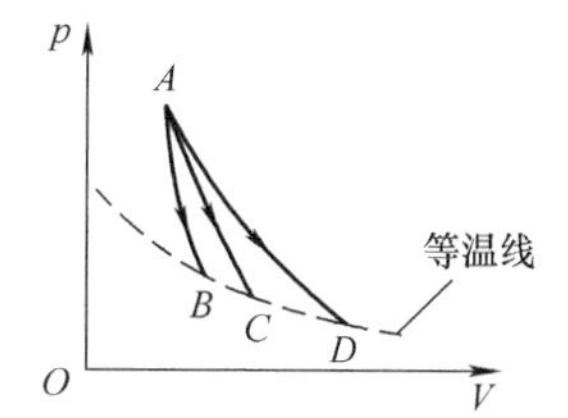

图 14-26 思考题 14.9 用图

习 题

14.1 一定量的某种理想气体在等压过程中对外做功为 200J。若此种气体为单原子分子气体，则该过程中需吸热多少？若为双原子分子气体，则需吸热多少？

14.2 2mol 单原子分子理想气体，从平衡态 1 经一等体过程后达到平衡态 2，温度从 200K 上升到 500K，若该过程为准静态过程，气体吸收的热量为多少焦耳？若为不平衡过程，气体吸收的热量为多少焦耳？

14.3 分别通过下列过程把标准状态下的 0.014kg 氮气压缩为原体积的一半：（1）等温过程；（2）绝热过程；（3）等压过程，试分别求出在这些过程中气体内能的改变，传递的热量和外界对气体所做的功。设氮气可看作理想气体。且 $C_{V,\mathrm{m}}=\frac{5}{2}R$。

14.4 在标准状态下的 0.016kg 的氧气，分别经过下列过程从外界吸收了 80cal 热量。（1）若为等温过程，求末态体积；（2）若为等容过程，求末态压强；（3）若为等压过程，求气体内能的变化。设氧气可看作理想气体，且 $C_{V,\mathrm{m}}=\dfrac{5}{2}R$。

14.5　对于室温下的双原子分子理想气体，在等压膨胀的情况下，系统对外所做的功与从外界吸收的热量之比 A/Q 是多少？

14.6　温度为25℃，压强为1atm的1mol刚性双原子分子理想气体，经等温过程体积膨胀至原来的3倍。普适气体常数 $R=8.31\mathrm{J/(mol\cdot K)}$，$\ln 3=1.0986$。(1) 计算这个过程中气体对外所做的功；(2) 若气体经绝热过程体积膨胀为原来的3倍，那么气体对外做的功又是多少？

14.7　0.0080kg氧气，原来温度为27℃，体积为 $0.41\times10^{-3}\mathrm{m}^3$，若 (1) 经过绝热膨胀体积增加为 $4.1\times10^{-3}\mathrm{m}^3$；(2) 先经过等温过程再经过等体过程达到与 (1) 同样的末态。试分别计算在以上两种过程中外界对气体所做的功。设氧气可看作理想气体，且 $C_{V,\mathrm{m}}=\dfrac{5}{2}R$。

14.8　一定量氢气在保持压强为 $4.00\times10^5\mathrm{Pa}$ 不变的情况下，温度由0℃升高到50℃时，吸收了 $6.0\times10^4\mathrm{J}$ 的热量。求：(1) 氢气的量是多少摩尔？(2) 氢气内能的变化是多少？(3) 氢气对外做了多少功？(4) 如果氢气的体积保持不变而温度发生同样变化，它该吸收多少热量？

14.9　一理想气体的准静态卡诺循环，当热源温度为100℃，冷却器温度为0℃时，做净功800J，今若维持冷却器温度不变，提高热源温度，使净功增加为 $1.60\times10^3\mathrm{J}$，则这时：(1) 提高后的热源的温度为多少？(2) 效率增大到多少？设这两个循环都工作于相同的两绝热线之间。

14.10　0.02kg的氦气（视为理想气体），温度由17℃升为27℃。若在升温过程中，(1) 体积保持不变；(2) 压强保持不变；(3) 不与外界交换热量。试分别求出气体内能的改变、吸收的热量、外界对气体所做的功。[普适气体常数 $R=8.31\mathrm{J/(mol\cdot K)}$]

14.11　如图14-27所示。有 ν 摩尔理想气体，进行如图所示的循环过程 $acba$，其中 acb 为半圆弧，b—a 为等压线，$p_c=2p_a$。求此循环过程中气体净吸热量（用图中字母表示）。

14.12　比热容比 $\gamma=1.40$ 的理想气体，进行如图14-28所示的 $ABCA$ 循环，状态 A 的温度为300K。(1) 求状态 B、C 的温度；(2) 计算各过程中气体所吸收的热量、气体所做的功和气体内能的增量。[普适气体常数 $R=8.31\mathrm{J/(mol\cdot K)}$]

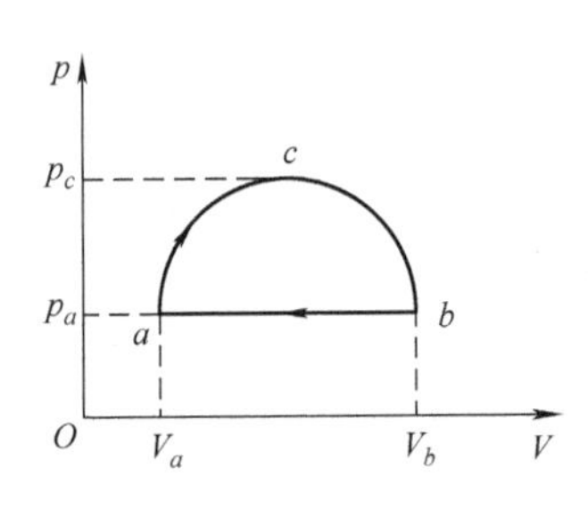

图14-27　习题14.11用图

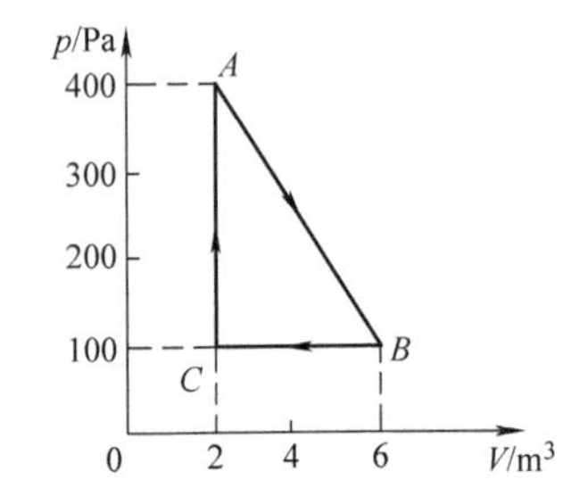

图14-28　习题14.12用图

14.13　1mol双原子分子理想气体进行如图14-29所示的可逆循环过程，其中1—2为直线，其延长线过原点。2—3为绝热线，3—1为等温线。已知 $T_2=2T_1$，$V_3=8V_1$。试求：(1) 各过程中的功、内能的增量和传递的热量（用 T_1 和已知常量表示）；(2) 此循环的效率 η。

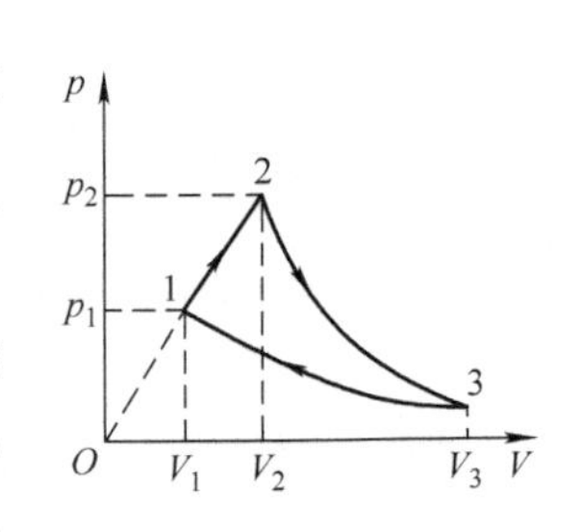

图14-29　习题14.13用图

14.14　如图14-30为理想的狄塞尔内燃机的工作循环过程，其 ab、cd 为两个绝热过程，bc 为等压过程，da 为等体过程。设工作物质为理想气体，试证明：(1) 循环效率为 $\eta=1-\dfrac{1}{\gamma}\left(\dfrac{T_d-T_a}{T_c-T_b}\right)$；(2) 该循环过程对外所作净功为

$$A=\nu C_{V,\mathrm{m}}\left[T_a-T_a\left(\frac{T_b}{T_c}\right)^{-\gamma}\right]-\nu C_{p,\mathrm{m}}(T_b-T_c)$$

式中，T_a、T_b、T_c、T_d分别为 a、b、c、d 各状态的热力学温度；γ 为比热容比；ν 为理想气体的摩尔数；$C_{p,\mathrm{m}}$为定压摩尔热容；$C_{V,\mathrm{m}}$为定容摩尔热容。

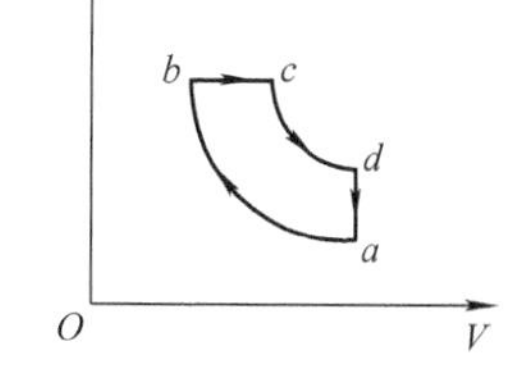

图 14-30　习题 14.14 用图

14.15　一热机工作于 50℃与 250℃的热源之间，在一循环中对外输出的净功为 1.05×10^6J，求该热机在一循环中所吸收和放出的最小热量。

14.16　一卡诺循环的热机，高温热源温度是 400K。每一循环从此热源吸进 100J 热量并向一低温热源放出 80J 热量。求：（1）低温热源温度；（2）这循环的热机效率。

14.17　一制冰机低温部分的温度为 -10℃，散热部分的温度为 35℃，所耗功率为 1500W，制冰机的制冷系数是逆向卡诺循环制冷机制冷系数的 1/3。今用此制冰机将 25℃的水制成 -18℃的冰，问制冰机每小时能制冰多少千克？[冰的熔解热为 80cal/g，冰的比热为 0.50cal/(g·K)]

14.18　一可逆卡诺热机工作于温度为 1000K 与 300K 的两个热源之间，如果（1）将高温热源的温度提高 100K；（2）将低温热源的温度降低 100K，试问理论上热机的效率各增加多少？

14.19　一台电冰箱，为了制冰从 260K 的冷冻室取走热量 209kJ。（1）如果室温是 300K，试问电流做功至少应是多少（假定电冰箱为理想卡诺制冷机）？（2）如果此冰箱能以 209J/s 的速率取出热量，试问所需电功率至少应是多少？

14.20　有一动力暖气装置如图 14-31 所示，热机从温度为 T_1 的高温热库（锅炉）内吸热，对外做功 A 带动一制冷机，制冷机自温度为 t_3 的低温热库（水池）中吸热传给暖气系统（t_2），此暖气系统同时作为热机的冷却机器。若 $t_1=210$℃，$t_2=60$℃，$t_3=15$℃，煤的燃烧值为 $H=2.09\times10^7$J/kg。问锅炉每燃烧 1kg 的煤，暖气中的水得到的热量 Q 是多少？（设两部机器都可看作可逆的卡诺循环）

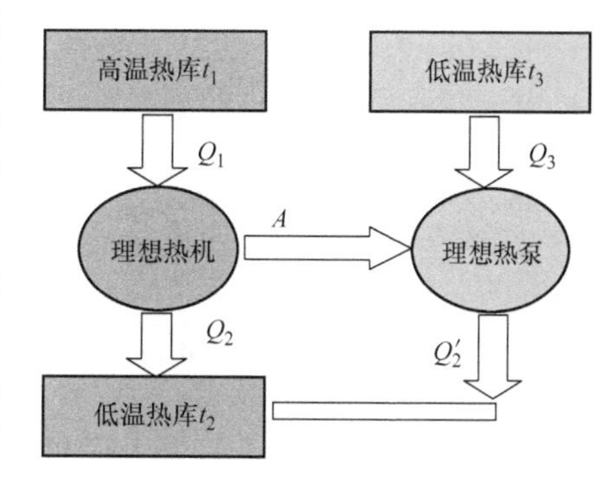

图 14-31　习题 14.20 用图

14.21　有可能利用表层海水和深层海水的温差来制成热机。已知热带水域表层水温约 25℃，300m 深处水温约 5℃。（1）在这两个温度之间工作的卡诺热机的效率多大？（2）如果一电站在此最大理论效率下工作时获得机械功效率是 1MW，则它将以何速率排除废热？（3）此电站获得的机械功和排出的废热均来自由 25℃的水冷却到 5℃的水所放出的热量，问此电站将以何速率取用 25℃的表面水？

习题答案

14.1　500J；700J

14.2　7.48×10^3J，7.48×10^3J

14.3　（1）$\Delta E=0$，$Q=-786$J，$A=786$J；（2）$Q=0$，$\Delta E=906$J，$A=906$J；
（3）$Q=-1985$J，$\Delta E=-1418$J，$A=567$J

14.4　（1）$1.5\times10^{-2}\mathrm{m}^3$；（2）$1.13\times10^5$Pa；（3）$\Delta U=239$J

14.5　2/7

14.6　（1）2.72×10^3J；（2）2.20×10^3J

14.7　（1）-938J；（2）-1435J

14.8　（1）41.3mol；（2）4.29×10^4J；（3）1.71×10^4J；（4）4.29×10^4J

14.9　(1) 473K; (2) 42.3%

14.10　氦气为单原子分子理想气体，$i=3$

(1) $A=0$; $Q=\Delta E=623\text{J}=623\text{J}$;

(2) $Q=1.04\times10^3\text{J}$; ΔE 与 (1) 相同; $A=417\text{J}$;

(3) $Q=0$, ΔE 与 (1) 同; $A=-623\text{J}$ (负号表示外界做功)

14.11　$\frac{1}{4}\pi p_a(V_b-V_a)$

14.12　(1) 75K, 225K;

(2) $C\rightarrow A$: $W_{CA}=0$, $Q_{CA}=\Delta E_{CA}=1500\text{J}$

$B\rightarrow C$: $A_{BC}=-400\text{J}$, $\Delta E_{BC}=-1000\text{J}$, $Q_{BC}=-1400\text{J}$

$A\rightarrow B$: $A_{AB}=1000\text{J}$, $\Delta E_{AB}=-500\text{J}$, $Q_{AB}=500\text{J}$

14.13　(1) 1—2　任意过程 $\Delta E_1=\frac{5}{2}RT_1$, $A_1=\frac{1}{2}RT_1$, $Q_1=3RT_1$

2-3　绝热膨胀过程 $\Delta E_2=-\frac{5}{2}RT_1$, $A_2=\frac{5}{2}RT_1$, $Q_2=0$

3-1　等温压缩过程 $\Delta E_3=0$, $A_3=-2.08RT_1$, $Q_3=-2.08RT_1$

(2) 30.7%

14.14　证明（略）

14.15　$Q_1=2.75\times10^6\text{J}$, $Q_2=1.7\times10^6\text{J}$

14.16　(1) 320K; (2) 20%

14.17　22.9kg

14.18　(1) 2.7%; (2) 10%

14.19　(1) 32.2kJ; (2) 32.2W

14.20　$6.24\times10^4\text{kJ}$

14.21　(1) 6.7%; (2) 14MW; (3) $6.5\times10^2\text{t/h}$

第 15 章 热力学第二定律

上一章讲述了热力学第一定律，它是能量守恒定律在热力学过程中的应用，说明任何热力学过程都满足能量守恒，但满足能量守恒的热力学过程不一定都能自动地发生。一切实际的热力学过程的发生都有一定的方向性。热力学第二定律就是关于自然过程（实际的热力学过程）进行的方向性的规律，是人们在一定生产实践中，在研究热机效率等问题的基础上被发现的，是经验的总结。它也是自然界的一条基本规律。

本章先介绍宏观的热力学第二定律的两种基本表述，然后证明两种表述的等效性。其次说明一切自然过程都是不可逆的，这些不可逆性是相互联系的。再由卡诺定理推导出克劳修斯熵变的宏观表达式及熵增加原理。玻尔兹曼从微观上引进熵的概念，进一步说明热力学第二定律的微观意义是：实际热力学过程总是沿着熵增大的方向进行。最后说明热力学第二定律对能量退降问题的影响。

15.1 热力学第二定律　卡诺定理

15.1.1　热力学第二定律两种基本表述及其等效性

热力学第二定律的表述方式很多，常用的表述方式有两种，即开尔文表述和克劳修斯表述。

热力学第一定律告诉我们，$\eta=\dfrac{A_{净}}{Q_{吸}}>1$ 的热机（第一类永动机）（$A_{净}>Q_{吸}$）是造不成的，那么，$\eta=1$ 的热机（第二类永动机）并不违反能量守恒定律，能否造成呢？如在第 14 章讲过的，热机在一次循环过程中，其热机效率为

$$\eta=\frac{A_{净}}{Q_{吸}}=1-\frac{|Q_{放}|}{Q_{吸}}$$

从上式看出，若热机在一次循环中，向低温热源放出的热量 $Q_{放}$ 越少，则热机的效率就越高。如果 $\eta=1=100\%$，那么 $Q_{放}=0$，那就要求工作物质在一次循环中，把从高温热源吸收的热量全部变为对外有用的机械功，而工作物质本身又回到了原来的状态。大量的事实说明，热机要不断地把吸收的热量变为有用的功，就不可避免地将一部分热量传递给低温热源。在总结大量实践经验的基础上，开尔文于 1851 年提出（后来普朗克又提出了类似的说法）的热力学第二定律的表述为：**不可能从单一热源吸取热量，使之完全变为有用的功，而不引起其他变化**。这就是开尔文表述。

这里所谓“**不引起其他变化**”是指除了吸热做功，不再引起周围的任何其他变化。不能把开尔文表述简单地理解为热量不能全部转变为功。事实上理想气体的等温膨胀过程，

有 $Q=A$，实现了完全的热功转换，也就是将吸入的热量全部转变为功，但该过程使气体的体积增加了，气体不能回到原状态，也就是产生了其他影响。

开尔文表述的另一种说法是：**第二类永动机是不可能实现的**。

所谓第二类永动机是指从单一热源吸热并将热量全部变为有用功的热机或效率 $\eta=1$ 的机器。显然，这是违反热力学第二定律的开尔文表述的。有人曾估算过，如果能制成这种机器的话，那么以海洋作为热源，把全世界海水温度降低 1℃，则它所放出的能量约等于 10^{14}t 煤燃烧时所放出的能量。这是最经济的，因为海洋的内能是取之不尽的。热力学第二定律确立以后，第二类永动机只是一种幻想，是不可能制成的。

热力学第二定律还有另外的表述。在上一章讲到的制冷循环中，外界对工作物质做功 $A_{净}$，使工作物质从低温热源吸收热量 $Q_{吸}$，向高温热源放出热量 $Q_{放}$，而工作物质经历一次循环回到初态。制冷机的目的是使热量从低温物体传到高温物体，它的制冷效能用制冷系数表示：

$$\omega=\frac{Q_{吸}}{|A_{净}|}$$

从式子看出，从低温物体吸收一定的热量，若需要的功越少，则制冷机的效能越高。然而，大量的事实表明，外界必须做功（$A_{净}\neq 0$）。即**热量不能自动地从低温物体传到高温物体**。这就是克劳修斯于 1850 年提出的热力学第二定律的另一种表述。这里特别要注意“**自动地**”的提法。克劳修斯说法并不是说热量不能从低温物体传到高温物体，而是不能“自动地”传到高温物体，外界必须做功。

经验告诉我们，功可以完全转化为热，例如摩擦生热。要把热完全转化为功而不产生其他影响则是不可能的，这是开尔文提出的热力学第二定律。经验还告诉我们，两个不同温度的物体接触时，热量由高温物体传向低温物体，但热量不能自动地由低温物体传向高温物体。这是热力学第二定律的克劳修斯表述。热力学第二定律是独立于热力学第一定律的新规律，是一个能反映过程进行方向的规律。

上述两种热力学第二定律的表述实际上是等效的。下面应用反证法来证明两种表述的等效性，即如果否认克劳修斯表述，也就否认了开尔文表述。反之，否认了开尔文表述，也就必然否认了克劳修斯表述。

假设克劳修斯表述不成立，如图 15-1a 所示，即允许有一种循环Ⅰ，产生的唯一效果是使热量 Q_2 从低温热源 T_2 自动地传向高温热源 T_1。在此二热源之间又有一个卡诺热机Ⅱ，每一次循环它从高温热源吸热 Q_1，向低温热源放热 Q_2，对外做功 $A=Q_1-Q_2$。把这两个循环Ⅰ、Ⅱ看成一部联合机，如图 15-1b 所示，一次循环后，则向低温热源净放热为零，而工作物质从高温热源吸收热量 Q_1-Q_2，全部用来对外做功。这说明联合机循环一次从单一热源吸热完全变为有用功，而没产生其他影响，显然这违背了热力学第二定律的开尔文表述。因此，上面的设计表明，如果克劳修斯表述不成立，那么开尔文表述也就不成立。

假设开尔文表述不成立，如图 15-2 所示，即允许有一热机Ⅰ，循环一次只从单一热源 T_1 吸热 Q_1，并完全变为功 A 而不产生其他影响。在热源 T_1（高温热源）和 T_2（低温热源）之间有一卡诺制冷机Ⅱ，它接受Ⅰ对其做的功 A 使卡诺制冷机Ⅱ本身从低温热源吸热 Q_2，向高温热源放热 Q_1，把这两个循环Ⅰ、Ⅱ总的看成一部联合制冷机，完成一次循环后，则是热量 Q_2 自动从低温热源 T_2 传到高温热源 T_1，显然，这违背了克劳修斯表述。

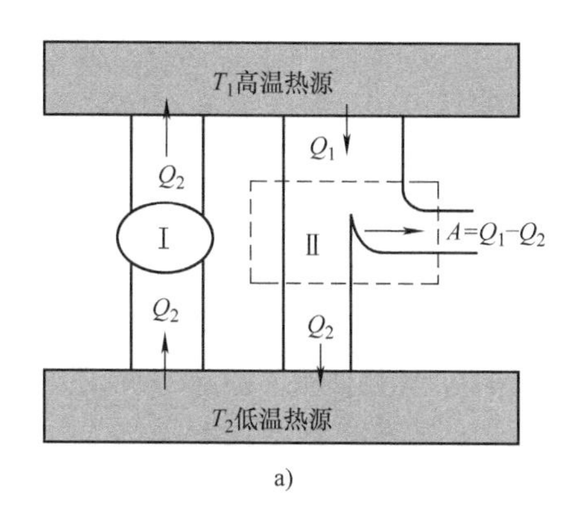

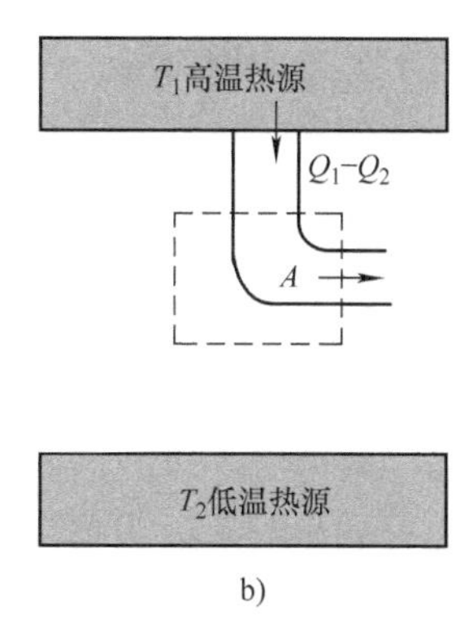

图 15-1 假想的热自动变为功的机构

由此可知，违背克劳修斯表述也违背开尔文表述，违背开尔文表述也违背克劳修斯表述。这说明了两种说法是等效的。

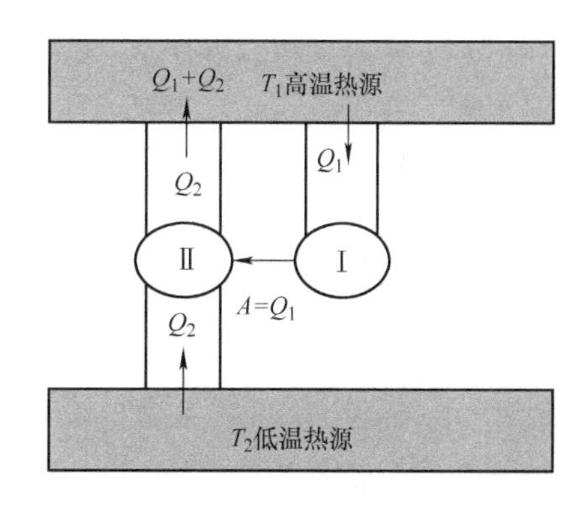

图 15-2 假想的自动传热机构

15.1.2 可逆过程与不可逆过程

若过程 P 中，系统由初态 i 变到终态 f，与此同时外界也发生了变化。如果可以使系统由 f 态回到初态 i，同时外界也恢复到原来的状态，那么称过程 P 为**可逆过程**。如果系统不能恢复到初态 i，或者系统虽能恢复到初态 i，但不能同时使外界恢复到原来状态，则称过程 P 是**不可逆过程**。

自然界的一切实际热力学过程都是不可逆的。下面举几个典型的例子。

例如，用隔板使气体原来只占据容器的部分体积，当抽掉隔板后气体自由膨胀占据了整个容器。气体绝不会自动收缩恢复到原来状态——只占据容器部分体积。当然我们可以用活塞压缩气体，使它恢复到原来状态，但这样做时外界要做功，当气体回到原来状态时外界没有恢复到原来状态。因而气体自由膨胀是不可逆过程。

转动着的飞轮，撤除动力后，总是因轴处的摩擦而逐渐停下来。在这一过程中飞轮的机械能转变为轴和飞轮的内能。相反的过程，即轴和飞轮自动冷却时，其内能转变为飞轮的机械能使飞轮转起来的过程从没发生过，尽管它并不违背热力学第一定律，但违背了热力学第二定律的开尔文表述。这个事实说明，通过摩擦而使功变热的过程是不可逆的。

两个温度不同的物体互相接触（这时二者处于非平衡态），热量总是自动地由高温物体传向低温物体，从而使两物体温度相同而达到热平衡。从未发现过与此相反的过程，即热量自动地由低温物体传给高温物体，而使两物体的温差越来越大，尽管它并不违背热力学第一定律，但违背了热力学第二定律的克劳修斯表述。这个事实说明，热量由高温物体传向低温物体的过程是不可逆的。

自然界中的不可逆过程多种多样，如食盐在水中能自发地溶解而不能自发地凝聚沉淀，这里所谓自发指无外界作用而自行发生，或者说过程进行时外界并不发生变化，当然可使水蒸发或降低温度使食盐沉淀，这都改变了水的状态，未使水盐系统回到初态，因而食盐溶解于水是不可逆过程。再如节流过程也是不可逆过程。

仔细考察自然界的各种不可逆过程，可以总结出不可逆性无外乎来自下述两种效应：

耗散效应：无论是什么过程，只要存在有摩擦、非弹性碰撞、黏滞、电阻和磁滞等耗散因素，就一定是不可逆的。这是因为耗散效应在原过程中使得一部分机械能或电磁能通过做功而转化成了系统或外界的内能，但在反向过程中非但不能从系统或外界抽取出这些内能使之转变为机械能或电磁能以弥补原过程中的损失，而且还要继续为有耗散而付出机械能或电磁能。

不平衡效应：这是指系统内部或系统与外界之间存在有限大小的压强差（非力学平衡）或温度差（非热平衡），或有可能发生化学反应、发生相变（非化学平衡或非相平衡）。任何一种不平衡效应都将导致非准静态过程，它们不符合上述可逆过程的定义。

而仅在无摩擦（代表无耗散）的准静态过程中，因为系统的每一中间态都与外界保持相应的平衡（有极微小的压强差或极微小温度差，或有极缓慢的化学变化或相变），系统与外界状态总是一一对应。所以当外界条件改变一无穷小量，使得过程反向进行时，系统反演原过程所有中间态而复原，外界也一定同时复原（消除了在原过程中给外界造成的所有影响），这样才符合可逆过程的定义。

容易看出准静态过程和可逆过程的关系，可逆过程一定是准静态过程，但准静态过程不一定是可逆过程，只有准静态过程中无耗散现象时才是可逆过程。但是我们知道，准静态过程是一种理想的过程，严格的准静态过程是不存在的，摩擦等耗散现象也不同程度地总是存在，因此我们说自然界中一切涉及热现象的自发过程都是不可逆的。

15.1.3 各种不可逆过程是互相联系的

热力学第二定律的开尔文表述是关于功热转换的不可逆性的，克劳修斯表述是关于热传递的不可逆性的，而且我们证明了开尔文表述和克劳修斯表述是等效的，这表明功热转换的不可逆性是与热传递的不可逆性相联系的。事实上，自然界中的不可逆过程多种多样，但所有不可逆过程都是互相联系的，总可以把两个不可逆过程联系起来，由一个过程的不可逆性推断另一个过程的不可逆性，下面举两个实例。

1. 克劳修斯表述→气体自由膨胀不可逆性

如图 15-3 所示，初态为（p_1, V_1, T_1）的理想气体与高温热源 T_1 接触，经准静态等温膨胀到达终态（p_2, V_2, T_1）。在这过程中气体吸收热量 Q，对外做功 $A = Q$。用此功对工作在高温热源 T_1 和低温热源 T_2 间的制冷机做功，使制冷机从低温热源吸收热量 Q_2，向高温热源 T_1 放出热量 $Q_1 = A + Q_2 = Q + Q_2$。假如气体自由膨胀是可逆的，那么可使气体自动收缩，无需外界做功而回到初态（p_1, V_1, T_1），因气体温度为 T_1，只要体积收缩为 V_1，压强一定为 p_1。若理想

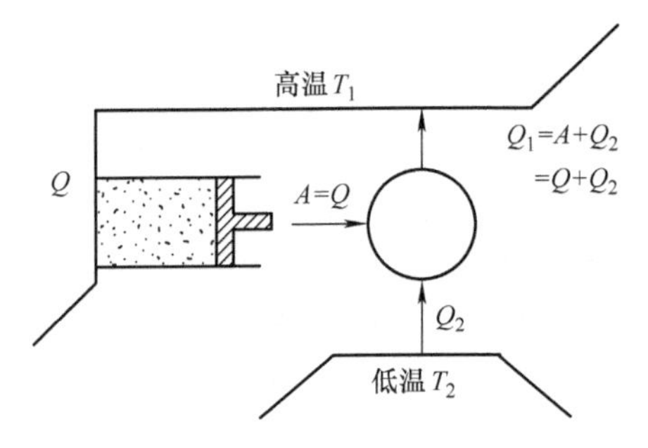

图 15-3 气体自由膨胀不可逆性证明用图

气体和制冷机看作一个整体，则在这过程中热量 Q_2 自动地由低温物体 T_2 传到高温物体 T_1，而未产生其他影响，整个系统回到了原来状态。这是违背克劳修斯表述的，因而气体能自动收缩的假设是错误的，自由膨胀是不可逆的，这里我们由克劳修斯表述推出气体自由膨胀是不可逆的，也就是从热传递的不可逆性推断出气体自由膨胀的不可逆性。

2. 开尔文表述——气体扩散不可逆性

如图 15-4 所示，设一容器内盛有 A 和 B 两种理想气体，容器和热源 T 接触，初始时两种气体混合在一起。假如气体扩散是可逆的，两种气体能自动分离，分离后各占体积 V_A 和 V_B。在两种气体界面处插入用半透膜 α 和 β 做成的活塞。半透膜 α 只允许 A 分子自由通过，B 分子通不过它；半透膜 β 只允许 B 分子自由通过，A 分子通不过它，由于 A 分子进入 α、β 之间而通不过 β，A 分子对 β 有作用力，而 B 分子能透过 β，对 β 无作用力，因而 A 推动 β 向右运动。同样 B 分子进入 α、β 之间而通过不过 α 推动 α 向左运动，气体推动 α、β 运动对外做功。由于过程是等温的，理想气体内能不变，气体要从热源吸收热量，吸收的热量全部转换为功，最后 α、β 被推到边上，A、B 两种气体充分混合，回到初态，总的效果是从单一的热源吸取热量把它全部转换成功。这违背开尔文表述。因而两种气体不可能自行分离，气体扩散不可逆。

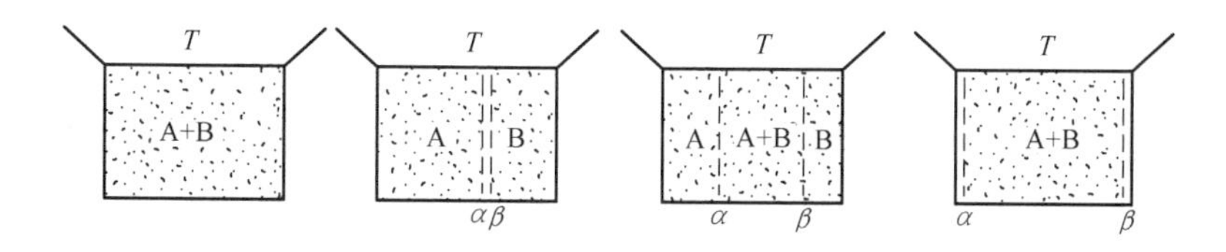

图 15-4　气体扩散不可逆性证明用图

15.1.4　热力学第二定律的实质

克劳修斯表述与开尔文表述是分别挑选了一种典型过程，指出了它们的不可逆性，不可逆性就是过程进行具有方向性。我们已经证明了这两种表述的等效性，而且在上一小节中已经说明了各种不可逆过程都是互相关联的，所以每一个不可逆过程都可以被选为表述热力学第二定律的基础，也就是说，热力学第二定律可以有多种不同的表达方式。而热力学第二定律的熵表述，即熵增加原理，又概括了所有文字表述（见 15.2.4 节）。但不管具体表述方式如何，全都指出：一切与热现象有关的实际宏观过程都是不可逆的。这就是热力学第二定律的实质所在。

15.1.5　卡诺定理

前面讨论的卡诺循环中每个过程不仅都是准静态过程，而且都是可逆过程。因此，卡诺循环是理想的可逆循环，对应的热机称为可逆机。不可逆循环对应的热机称为不可逆机。早在热力学第一定律和第二定律建立之前，在 1824 年，卡诺提出：在温度为 T_1 的高温热库和温度为 T_2 的低温热库之间工作的热机，必须遵守以下两条结论，即**卡诺定理**。

1）在温度为 T_1 的相同高温热库与温度为 T_2 的相同低温热库之间工作的一切可逆热机，

不论用什么工作物质，其效率相等，而且都等于$\left(1-\frac{T_2}{T_1}\right)$。

2）在相同的高温热库 T_1 和相同的低温热库 T_2 之间工作的一切不可逆热机的效率，不可能高于可逆热机的效率，即

$$\eta \leqslant 1-\frac{T_2}{T_1} \tag{15-1}$$

下面我们用热力学第二定律证明卡诺定理。

设有两部可逆热机 E 和 E′，在同一高温热库 T_1 和同一低温热库 T_2 之间工作。这样两个可逆热机必定都是卡诺机。调节两热机的工作过程使它们在一次循环过程中分别从高温热库吸热 Q_1 和 Q_1'，向低温热库放热 Q_2 和 Q_2'，而且两热机对外做的功 A 相等。以 η_c 和 η_c' 分别表示两热机的效率，则有

$$\eta_c=\frac{A}{Q_1},\ \eta_c'=\frac{A}{Q_1'}$$

下面用反证法证明 $\eta_c=\eta_c'$。

设 $\eta_c'>\eta_c$，由于热机是可逆的，我们可以使 E 机倒转，进行卡诺逆循环。在一次循环中，它从低温热库吸热 Q_2，接收 E′机输入的功 A，向高温热库放热 Q_1（见图 15-5）。则

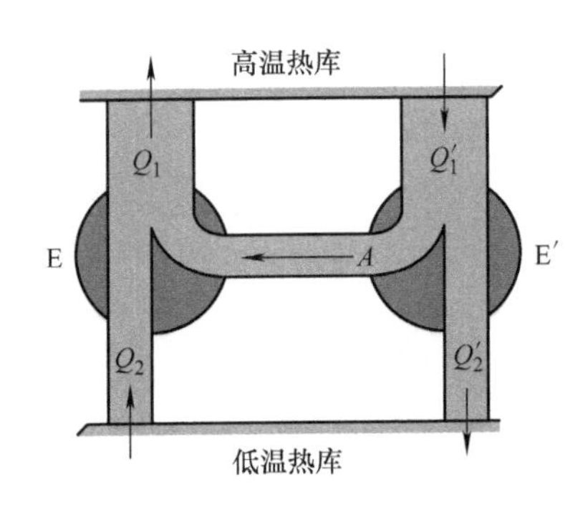

图 15-5　两部热机的联动

$$Q_1>Q_1'$$

因为　$Q_2=Q_1-A,\ Q_2'=Q_1'-A$

所以　$Q_2>Q_2'$

这样，对于由两个热机和两个热库组成的系统来说，在未发生任何其他变化的情况下，进行一次循环后，工质状态都已复原，结果将有 Q_2-Q_2' 的热量（也等于 Q_1-Q_1'，因 A 相等）由低温热库自动地传到高温热库。这就违反了热力学第二定律的克劳修斯表述的，因而是不可能的。因此 η_c' 不能大于 η_c。同理，可以证明 η_c' 不能小于 η_c。于是必然有 $\eta_c'=\eta_c$。注意，这一结论并不涉及工质为何物，这正是要求证明的。

如果 E′是工作在相同热库之间的不可逆热机，则由于 E′不能逆运行，所以如上分析只能证明 η_c' 不能大于 η_c，即 $\eta_c'\leqslant 1-\frac{T_2}{T_1}$，从而得出卡诺热机的效率最高的结论。

上面的卡诺定理提示我们，除在前面已初步讨论的提高热机效率的途径外，应当使实际的不可逆热机尽量地接近可逆热机，这也是提高热机效率的一个重要因素。

15.2　克劳修斯熵公式　熵增加原理

热力学第二定律是有关过程进行方向的规律，它指出，一切与热现象有关的实际宏观过程都是不可逆的。由热力学第二定律可以断定，对于一个孤立系统来说，在其中所进行

的不可逆过程的结果，不可能凭借系统内部的任何其他过程而自动复原。当然，我们可以借助外界的作用使系统从终态回到初态，但同时必然在外界物体中留下不能完全消除的变化。由此可见，热力学系统所进行的不可逆过程的初态和终态之间有重大的差异性，这种差异决定了过程的方向，由此可以预期，根据热力学第二定律有可能找到一个新的态函数，用这态函数在初、终两态的差异来对过程进行的方向做出数学分析。下面，我们将根据克劳修斯等式和热力学第二定律确定一个新的态函数——熵，并用熵作为在一定条件下确定过程进行方向的标志，本节先证明克劳修斯等式，然后再证明态函数熵的存在。

15.2.1 克劳修斯等式

若 T_1、T_2 分别是高、低恒温热源的温度（$T_1 > T_2$），Q_1、Q_2 是工作于这两个高、低恒温热源之间的任何热机（可逆）分别与该两热源交换热量的大小，则由卡诺定理 1）得

$$\eta = 1 - \frac{Q_2}{Q_1} = 1 - \frac{T_2}{T_1}$$

或

$$\frac{Q_2}{Q_1} = \frac{T_2}{T_1}$$

在上式中 Q_1、Q_2 都是正的，是工作物质所吸热量和所放热量的绝对值。如果采用热力学第一定律中对 Q 规定的代数符号，则上式应改写成

$$\frac{Q_1}{T_1} + \frac{Q_2}{T_2} = 0 \tag{15-2}$$

在可逆卡诺机中，由两等温过程和两绝热过程构成一个循环。对于可逆的绝热过程，$Q=0$，从而相应有 $\frac{Q}{T}=0$。因此，可以把上式理解为：当可逆卡诺机的工作物质从某一初态出发，经历了一个循环又回到原来状态后，物理量 $\frac{Q}{T}$（热温比）在整个可逆卡诺循环四个过程中之和为零。下面把这个结论推广到任意的可逆循环过程。我们将证明，对任意的可逆循环过程有

$$\oint \frac{đQ}{T} = 0 \tag{15-3}$$

其中 $đQ$ 表示系统在无穷小过程中（这时温度为 T）所吸收的热量，$\oint$ 表示沿任一可逆循环过程求积分。式（15-3）称为**克劳修斯等式**。

下面来证明克劳修斯等式的普遍性。为此我们设想，在 $p-V$ 图上任一封闭曲线 $ABCDA$ 就表示一任意可逆循环过程，如图 15-6 所示，再画上一簇准静态等温线和一簇准静态绝热线，则任意一个可逆循环过程 $ABCDA$ 可以用 n 个一连串微小的可逆卡诺循环去代替。很容易看出，任意两个相邻的微小可逆卡诺循环总有一段绝热线是共同的，但进行的方向相反，从而效果完全抵消，因此这一连串微小的可逆卡诺循环的总效果就是图 15-6 中锯齿形路径所表示的循环过程，如果使每个微小可逆卡诺循环无限小，从而使卡诺循环的数目 $n\to\infty$，则这锯齿形路径所表示的循环过程就将无限趋近于原来考虑的任意可逆循环过程，对于上

述每一微小的可逆卡诺循环都可列出如式（15-2）所表示的关系。把这些关系式相加可得到，对于一连串微小的可逆卡诺循环的总和应有

$$\sum_{i=1}^{n} \frac{Q_i}{T_i} = 0$$

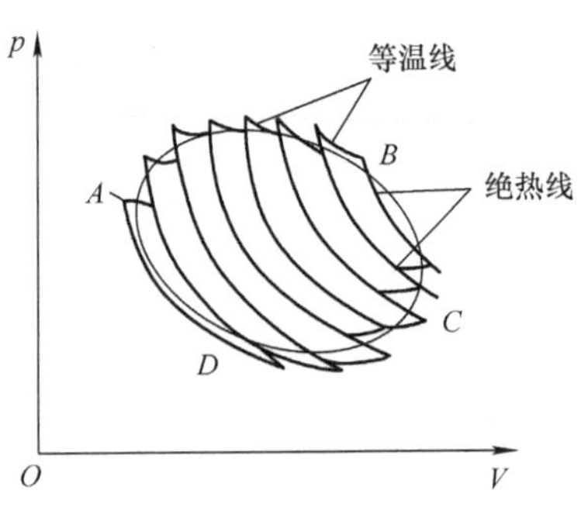

图 15-6　克劳修斯等式证明用图

令 $n\to\infty$，即得到对于任意的可逆循环过程有

$$\oint \frac{đQ}{T} = 0$$

上式含义为：在任意可逆循环过程中，工质可依次与许多热源接触，设在一段元过程中与温度为 T 的热源交换热量为 $đQ$（在可逆过程中热源温度 T 即工质温度；$đQ$ 可大于、小于或等于零），那么在各元过程中的$\frac{đQ}{T}$之累加为零。式（15-3）是克劳修斯在 1854 年建立的，故称为克劳修斯等式。

式（15-3）只适用于可逆循环过程。对于不可逆循环过程，由式（15-1）可知

$$\eta = 1 - \frac{Q_2}{Q_1} \leqslant \eta_c = 1 - \frac{T_2}{T_1}$$

同理可得

$$\oint \frac{đQ}{T} < 0 \tag{15-4}$$

上式称为克劳修斯不等式。式（15-4）表明，系统经过一个不可逆循环过程，其热温比的积分小于零。

15.2.2　克劳修斯熵（态函数熵）公式

下面根据克劳修斯等式$\oint \frac{đQ}{T} = 0$证明存在一个态函数。如图 15-7 所示，在 $p-V$ 图上有任一闭合曲线 $a1b2a$，a、b 是曲线上任意选定的两点，即两个平衡态。由 a、b 两点可把闭合曲线分为两部分，一部分是从 a 点经过路径 1 到达 b 点，另一部分是由 b 点经过路径 2 回到 a 点，则

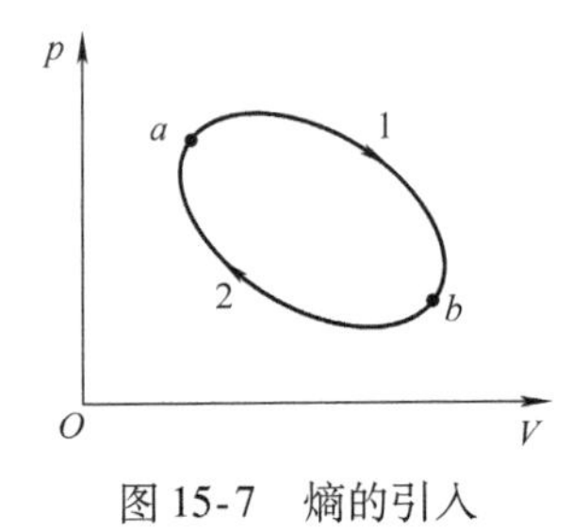

图 15-7　熵的引入

$$\oint \frac{đQ}{T} = \int_{\underset{(1)}{a}}^{b} \frac{đQ}{T} + \int_{\underset{(2)}{a}}^{b} \frac{đQ}{T} = 0$$

考虑路径 2 的逆过程，即从平衡态 a 出发逆着原路径 2 的方向到达 b。由于过程是可逆过程，所以

$$\int_{\underset{(1)}{b}}^{a} \frac{đQ}{T} = -\int_{\underset{(2)}{a}}^{b} \frac{đQ}{T} \tag{15-5}$$

代入上式即得

$$\int_{\underset{(1)}{a}}^{b} \frac{đQ}{T} - \int_{\underset{(2)}{a}}^{b} \frac{đQ}{T} = 0$$

或

$$\int_{\substack{a\\(1)}}^{b} \frac{đQ}{T} = \int_{\substack{a\\(2)}}^{b} \frac{đQ}{T}$$

对于连接 a 与 b 两平衡态的任意其他可逆过程，如图 15-8 所示，都可以得到与上面类似的公式，只是连接态 a、b 两点的路径不同而已，即

$$\int_{\substack{a\\(1)}}^{b} \frac{đQ}{T} = \int_{\substack{a\\(2)}}^{b} \frac{đQ}{T} = \int_{\substack{a\\(3)}}^{b} \frac{đQ}{T} = \cdots$$

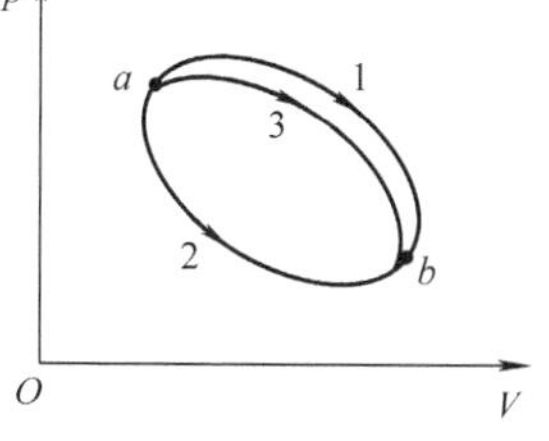

图 15-8 熵与路径无关

上式说明，积分 $\int_a^b \frac{đQ}{T}$ 的值与从平衡态 a 到平衡态 b 的路径无关，只由初、终两平衡态 a、b 所决定。而且这里的 a 和 b 两点又是任意选定的，所以这个结论，对任意选定的初、终两平衡态都成立。

在力学中我们曾证明保守力的功和路径无关，只由质点的初、终位置所决定，据此我们引入了质点在初、终两点的势能差。同样，根据积分 $\int_a^b \frac{đQ}{T}$ 的上述特性可以引入态函数——熵（S），它的定义为

$$S_b - S_a = \int_{\substack{a\\(R)}}^{b} \frac{đQ}{T} \tag{15-6}$$

式中，a、b 表示任意给定的两个平衡态；R 表示积分路径是连接这两平衡态的任意一条可逆路径；S_b称为系统在平衡态 b 的熵；S_a为系统在初态 a 的熵。注意，由式（15-6）只能定出两平衡态的熵之差。实际上，对于热力学问题来说，需要求的也正是在初、终两态熵的变化。克劳修斯就这样从卡诺定理通过克劳修斯等式引进了态函数熵的概念。

根据热力学第一定律，$đQ = \mathrm{d}E + p\mathrm{d}V$，式（15-6）又可写作

$$S_b - S_a = \int_{\substack{a\\(R)}}^{b} \frac{\mathrm{d}E + p\mathrm{d}V}{T} \tag{15-7}$$

如果系统经过无限小的可逆过程，则有

$$\mathrm{d}S = \frac{đQ}{T} \tag{15-8}$$

式（15-8）即熵的微分定义式，说明系统熵的改变是通过分子在热运动中相互碰撞这种热传递过程而发生的。熵的单位是焦耳每开尔文，符号为 J/K。当系统吸热时，$đQ > 0$，$\mathrm{d}S > 0$；系统放热时，$đQ < 0$，$\mathrm{d}S < 0$。

如果系统由状态 a 到状态 b 经历的是不可逆过程，则积分将是什么结果呢？不妨设路径 1 为任一不可逆过程，并记为 1′，路径 2 仍为可逆过程，这样由 1′和 2 组成的循环就是不可逆循环。根据克劳修斯不等式（15-4）得

$$\int_{\substack{a\\(1')}}^{b} \frac{đQ}{T} + \int_{\substack{b\\(2)}}^{a} \frac{đQ}{T} < 0$$

将式（15-5）代入上式，可得

$$\int_{\substack{a\\(1')}}^{b} \frac{đQ}{T} < \int_{\substack{a\\(2)}}^{b} \frac{đQ}{T} = S_b - S_a \tag{15-9}$$

对于不可逆微小变化过程，则有

$$\frac{đQ}{T} < \mathrm{d}S \tag{15-10}$$

式（15-9）和式（15-10）表明，在不可逆过程中，系统的热温比小于该过程熵的增量。

例 15.1　求 ν mol 理想气体在平衡状态（T,V）时的态函数熵。

解：由式（15-8）和热力学第一定律得

$$\mathrm{d}S = \frac{đQ}{T} = \frac{\mathrm{d}E + đA}{T}$$

而理想气体

$$\mathrm{d}E = \nu C_{V,\mathrm{m}}\mathrm{d}T$$

$$pV = \nu RT$$

所以

$$\mathrm{d}S = \frac{\nu C_{V,\mathrm{m}}\mathrm{d}T + p\mathrm{d}V}{T} = \frac{\nu C_{V,\mathrm{m}}\mathrm{d}T}{T} + \nu R\frac{\mathrm{d}V}{V}$$

上式积分得

$$S = \nu C_{V,\mathrm{m}}\ln T + \nu R\ln V + S_0$$

其中 S_0 是与气体状态参量无关的常量，它的值可以由气体在某一特定状态下所规定的熵值确定。

15.2.3　熵变的计算

在热力学中，主要是根据克劳修斯熵变公式（15-6）来计算两平衡态之间熵的变化。计算熵变时应注意以下几点：

1）由式（15-6）、式（15-7）和式（15-8）计算初、终两平衡态熵的改变时，其积分路径代表连接这初、终两平衡态的任一可逆过程（即 $p-V$ 图中的积分路线）。

2）当系统由一平衡初态通过一不可逆过程到达另一平衡终态时，计算在这个不可逆过程中初、终两态熵之差时可设计一个连接同样初、终两态的任一可逆过程，再用式（15-6）、式（15-7）和式（15-8）计算。

3）由式（15-6）、式（15-7）和式（15-8）只能计算出初、终两平衡态熵的改变。要想利用这一公式求某一状态的熵，应先选定某一状态作为参考状态，为了方便起见，常选定参考态的熵值为零，从而就定出了其他态的熵值。例如在热力工程中制定水蒸气性质表时，取0℃时的纯水的熵值为零。

4）熵具有可加性，系统的熵等于系统内各部分的熵的总和，故系统的熵变就等于各部分熵变之和。

例 15.2　试求 1.00kg 的水在标准状态下进行下述过程时熵的增量。

（1）373K 的水（态 b）汽化为 373K 的水蒸气（态 c）；

（2）273K 的水（态 a）变为 373K 的水蒸气（态 c）。

已知水的比热容为 $c=4.18\mathrm{kJ/(kg \cdot K)}$，水的汽化热为 $L=2.25\times10^3\mathrm{kJ/kg}$。

解：（1）为了根据式（15-6）计算熵的增量，需设想系统所发生的状态变化是按某一可逆过程进行的。在标准大气压下，水和水的饱和蒸汽的平衡温度为 $T=373\text{K}$。设想有一恒温热源，其温度比 373K 大一无穷小量，令系统与这热源接触，缓慢地吸收热量而逐渐汽化。由于温差为无限小，状态变化过程进行得无限缓慢，系统在过程的每一步都近似处于平衡态。这个过程是可逆的，且温度不变。由式（15-6）得系统在此过程中熵的增量为

$$\Delta S_{bc} = S_c - S_b = \int_{\substack{b\\(R)}}^{c} \frac{đQ}{T} = \frac{1}{T}\int_b^c đQ = \frac{Q}{T} = \frac{mL}{T}$$

$$= \frac{1\text{kg} \times 2.25 \times 10^3 \text{kJ/kg}}{373\text{K}} = 6.03\text{kJ/K}$$

此结果说明水的汽化过程对应着熵的增加。

（2）ac 过程熵的增量 ΔS_{ac} 可分为两步计算。先求 273K 的水吸热变为 373K 的水这一过程的 ΔS_{ab}，再计算 373K 的水汽化为 373K 的水蒸气过程的 ΔS_{bc}，再求和。

ab 过程一般是不可逆的，为了计算，可以假设这个加热过程是利用从 $T_1=273\text{K}$ 到 $T_2=373\text{K}$ 之间的一系列温度彼此相差无限小的恒温热源对系统无限缓慢地供热而完成的。对于这个设想的可逆过程（称为等温热传导），系统的熵增量为

$$\Delta S_{ab} = S_b - S_a = \int_{\substack{a\\(R)}}^{b} \frac{đQ}{T} = \int_{T_1}^{T_2} \frac{mc\text{d}T}{T}$$

$$= mc\ln\frac{T_2}{T_1}$$

$$= 1.00\text{kg} \times 4.18\text{kJ/(kg} \cdot \text{K)} \ln\frac{373}{273}$$

$$= 1.30\text{kJ/K}$$

由第一问可知 bc 过程熵增量为 $\Delta S_{bc}=6.03\text{kJ/K}$，所以，由 273K 的水变为 373K 的水蒸气，熵增量为

$$\Delta S_{ac} = \Delta S_{ab} + \Delta S_{bc} = (1.30 + 6.03)\text{kJ/K} = 7.33\text{kJ/K}$$

此结果说明水温升高并汽化的过程对应着熵的增加。

例 15.3　ν mol 理想气体经绝热自由膨胀，由初态 $1(V_1,T)$ 变化到末态 $2(V_2,T)$，求熵的增量。

解：这是不可逆过程。绝热容器中的理想气体是一孤立系统，已知理想气体的体积由 V_1 膨胀到 V_2，而始末温度相同，设都是 T，故可以设计一个可逆等温膨胀过程，使气体与温度也是 T 的一恒温热库接触吸热而体积由 V_1 缓慢膨胀到 V_2。得这一过程中气体熵变为

$$\Delta S = S_2 - S_1 = \int_{\substack{1\\(R)}}^{2} \frac{đQ}{T}$$

在等温过程中，$đQ=p\text{d}V$，代入上式得

$$\Delta S = \int_{\substack{1\\(R)}}^{2} \frac{p\text{d}V}{T}$$

由理想气体状态方程得

$$\Delta S = \int_{\substack{V_1\\(R)}}^{V_2} \nu R \frac{\text{d}V}{V} = \nu R \ln\frac{V_2}{V_1}$$

因为 $V_2 > V_1$，所以 $\Delta S > 0$。这说明理想气体经过绝热自由膨胀这个不可逆过程熵是增加的。又因为这时的理想气体是一个孤立系，所以又说明一孤立系经过不可逆过程总的熵是增加的。

例 15.4　1mol 理想气体（$\gamma = 1.4$）的状态变化如图 15-9 所示，其中 1—2 为等压线，2—3 为等容线，1—3 为等温线，1—4 为绝热线，4—3 为等压线。试分别由下列三种过程计算气体的熵的变化 $\Delta S = S_3 - S_1$。（1）1—2—3；（2）1—3；（3）1—4—3。

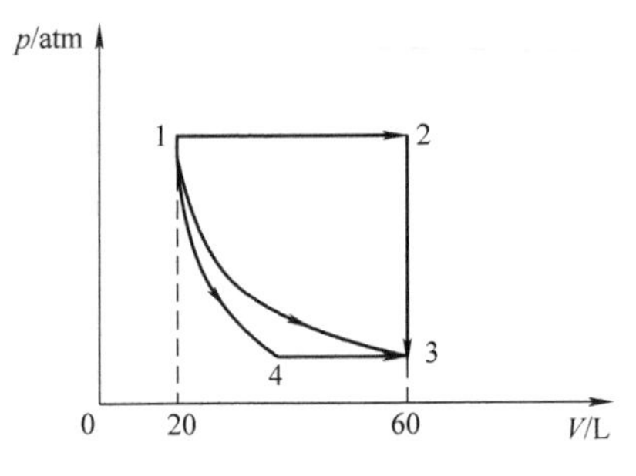

图 15-9　例 15.4 用图

解：（1）1—2—3 过程，是由 1—2 可逆的等压过程和 2—3 可逆的等体过程组成，所以熵变为

$$\begin{aligned}\Delta S &= \Delta S_{12} + \Delta S_{23} \\ &= \int_{T_1}^{T_2} \frac{\nu C_{p,\mathrm{m}} \mathrm{d}T}{T} + \int_{T_2}^{T_3} \frac{\nu C_{V,\mathrm{m}} \mathrm{d}T}{T} \\ &= \nu C_{p,\mathrm{m}} \ln \frac{T_2}{T_1} + \nu C_{V,\mathrm{m}} \ln \frac{T_3}{T_2}\end{aligned}$$

由于 $T_1 = T_3$，$C_{p,\mathrm{m}} = C_{V,\mathrm{m}} + R$ 所以可得

$$\Delta S = \nu R \ln \frac{T_2}{T_1} = \nu R \ln \frac{V_2}{V_1}$$

（2）1—3 过程为可逆的等温膨胀过程，熵变为

$$\Delta S = \frac{Q}{T_1} = \frac{1}{T_1} \nu R T_1 \ln \frac{V_2}{V_1} = \nu R \ln \frac{V_2}{V_1}$$

（3）1—4—3 过程，由 1—4 可逆绝热过程和 4—3 可逆等压过程组成，所以熵变为

$$\Delta S = \Delta S_{14} + \Delta S_{43} = 0 + \int_{T_4}^{T_3} \frac{\nu C_{p,\mathrm{m}} \mathrm{d}T}{T} = \nu C_{p,\mathrm{m}} \ln \frac{T_3}{T_4} = \nu C_{p,\mathrm{m}} \ln \frac{T_1}{T_4}$$

由于 1—3 过程为等温过程，所以 $p_1 V_1 = p_3 V_2$；

又 1—4 过程为可逆绝热过程，有

$$T_1 / T_4 = (p_4 / p_1)^{\frac{1-\gamma}{\gamma}} = (p_3 / p_1)^{\frac{1-\gamma}{\gamma}} = (V_1 / V_2)^{\frac{1-\gamma}{\gamma}}$$

所以有
$$\Delta S = \nu C_{p,\mathrm{m}} \ln \frac{T_1}{T_4} = \nu C_{p,\mathrm{m}} \frac{1-\gamma}{\gamma} \ln \frac{V_1}{V_2} = \nu R \ln \frac{V_2}{V_1}$$

三种过程计算的 ΔS 相等，均为

$$\Delta S = \nu R \ln \frac{V_2}{V_1} = 1\mathrm{mol} \times 8.31 \mathrm{J/mol \cdot K} \ln \frac{60}{20} = 9.13 \mathrm{J/K}$$

以上结果说明，两平衡态间熵的变化只与两平衡态的位置有关，与过程无关。

15.2.4　熵增加原理

把上述关于熵变的结论总结在一起，由式（15-6）和式（15-9），可得

$$S_b - S_a \geqslant \int_{\substack{a \\ (R)}}^{b} \frac{đQ}{T}$$

由式（15-8）和式（15-10）可得

$$\mathrm{d}S \geqslant \frac{đQ}{T}$$

以上两式的等号均用于可逆过程，而不等号则用于不可逆过程。

若系统从初态 a 经绝热过程到末态 b，则因 $đQ=0$，因而有

$$S_b - S_a \geqslant 0 \tag{15-11}$$

或

$$\mathrm{d}S \geqslant 0 \tag{15-12}$$

上式表明，当系统从一平衡态经绝热过程到达另一平衡态时，它的熵永不减少；在可逆绝热过程中熵不变；在不可逆绝热过程中熵增加。这个结论称为**熵增加原理**。

根据熵增加原理可以做出判断：不可逆绝热过程总是向着熵增加的方向进行的；可逆绝热过程则是沿着等熵路径进行的。

对于一个孤立系统来说，由于它和外界不发生任何相互作用，在其内部发生的任何过程都是绝热过程，因而它的熵永不减少。所以熵增加原理又可表述为：**一个孤立系统的熵永不减少**。实际上，在孤立系统内自发进行的涉及热现象的实际过程必然是不可逆过程，而不可逆过程的结果，则是使系统由非平衡态到达平衡态，实现平衡以后就不再变化了。这表明，在系统由非平衡态向平衡态变化的过程中，它的熵总在不断地增加，达到平衡态时，它的熵增加到极大值。因此，我们可以利用熵的变化来判断自发过程进行的方向（沿着熵增加的方向）和限度（熵增加到极大值），这也是熵增加原理的重要意义。

在一般情况下，系统并非孤立系统，但只要扩大系统的边界，把与系统发生相互作用的周围物质与系统一起看作一个复合系统，以致这个新系统成为一个孤立系统，就可应用熵增加原理。

例 15.5　（1）1kg，0℃的水放到 100℃的恒温热库上，最后到达平衡，求这一过程引起的水和恒温热库所组成的系统的熵变，是增加还是减少？（2）如果 1kg，0℃的水，先放到 50℃的恒温热库上使之达到平衡，然后再把它移到 100℃的恒温热库上使之达到平衡。求这一过程引起的整个系统（水和两个恒温热库）的熵变，并与（1）比较。

解：（1）水在炉子上被加热的过程，由于温差较大而是不可逆过程。为了计算熵变需要设计一个可逆过程。设想把水依次与一系列温度逐渐升高，但一次只升高无限小温度 $\mathrm{d}T$ 的热库接触，每次都吸收 $đQ$ 的热量而达到平衡，这样就可以使水经过准静态的可逆过程而逐渐升高温度，最后达到温度 T。

水和每一个热库接触的过程，熵变都可以用式（15-6）求出，因而对整个升温过程有

$$\Delta S_{水} = S_b - S_a = \int_{\substack{a \\ (R)}}^{b} \frac{đQ}{T} = \int_{T_1}^{T_2} \frac{mc\mathrm{d}T}{T}$$

$$= mc\ln\frac{T_2}{T_1} = \left(1.00 \times 4.18 \times 10^3 \ln\frac{273.15+100}{273.15}\right)\mathrm{J/K} = 1.30 \times 10^3\,\mathrm{J/K}$$

由于熵变与水实际上是如何被加热的过程无关，这一结论也就是0℃的水放到100℃的恒温热库上加热到100℃时水的熵变。

100℃的恒温热库供给水热量 $\Delta Q = cm(T_2 - T_1)$。这是不可逆过程，考虑到热库温度未变，设计一个可逆等温放热过程来求炉子的熵变，即有

$$\Delta S_{库} = S_b - S_a = \int_{\substack{a \\ (R)}}^{b} \frac{đQ}{T} = \frac{1}{T_2}\int_a^b đQ$$

$$= \frac{-cm(T_2 - T_1)}{T_2} = \frac{-4.18 \times 10^3 \times 1 \times (273.15 + 100 - 273.15)}{273.15 + 100}\text{J/K} = -1.12 \times 10^3\text{J/K}$$

$$\Delta S = \Delta S_{水} + \Delta S_{库} = 180\text{J/K} > 0$$

熵增加了。

（2）仿照（1）中的分析，0℃的水放到50℃的恒温热库上加热时，水和50℃的恒温热库的熵变分别为 $\Delta S_{水1}$ 和 $\Delta S_{库1}$。然后再把水移到100℃的恒温热库上使之达到平衡，此过程，水和100℃的恒温热库的熵变分别为 $\Delta S_{水2}$ 和 $\Delta S_{库2}$。则总的熵变为

$$\begin{aligned}\Delta S &= \Delta S_{水1} + \Delta S_{水2} + \Delta S_{库1} + \Delta S_{库2} \\ &= cm\ln\frac{T_2}{T_1} + \frac{-cm(T' - T_1)}{T'} + \frac{-cm(T_2 - T')}{T_2} \\ &= \left[4.18 \times 10^3 \times 1 \times \ln\frac{273.15 + 100}{273.15} - \frac{4.18 \times 10^3 \times 1 \times 50}{273.15 + 50} - \frac{4.18 \times 10^3 \times 1 \times 50}{273.15 + 100}\right]\text{J/K} \\ &= 97\text{J/K} > 0\end{aligned}$$

熵也增加了，但比只用一个热库时增加得少。中间热库越多，熵增加得越少。如果中间热库“无限多”，过程就变成可逆的，而系统的熵变为零，即熵将保持不变。

15.3 玻尔兹曼熵及熵的微观意义

15.3.1 热力学第二定律的微观意义

15.1.1小节是从宏观的观察实验和论证得出了热力学第二定律。如何从微观上理解这一定律的意义呢？

从微观上看任何热力学过程总包含大量分子的无序运动状态的变化。热力学第一定律说明了热力学过程中能量要遵守的规律，热力学第二定律则说明大量分子运动的无序程度变化的规律，下面通过已讲过的实例定性说明这一点。

先说热功转换。功转变为热是机械能（或电能）转变为内能的过程。从微观上看，是大量分子的有序（这里是指分子速度的方向）运动向无序运动转化的过程，这是可能的。而相反的过程，即无序运动自动地转变为有序运动，是不可能的。因此从微观上看，在功热转换现象中，自然过程总是沿着使大量分子的运动从有序状态向无序状态的方向进行。

再看热传导。两个温度不同的物体放在一起，热量将自动地由高温物体传到低温物体，最后使它们的温度相同。温度是大量分子无序运动平均动能大小的宏观标志。初态温度高

的物体分子平均动能大，温度低的物体分子平均动能小。这意味着虽然两物体的分子运动都是无序的，但还能按分子的平均动能的大小区分两个物体。到了末态，两物体的温度变得相同，所有分子的平均动能都一样了，按平均动能区分两物体也成为不可能的了。这就是大量分子运动的无序性（这里是指分子的动能或分子速度的大小）由于热传导而增大了。相反的过程，即两物体的分子运动从平均动能完全相同的无序状态自动地向两物体分子平均动能不同的较为有序的状态进行的过程，是不可能的。因此从微观上看，在热传导过程中，自然过程总是沿着使大量分子的运动向更加无序的方向进行的。

最后再看气体绝热自由膨胀。自由膨胀过程是气体分子整体从占有较小空间的初态变到占有较大空间的末态。经过这一过程，从分子运动状态（这里指分子的位置分布）来说是更加无序了。（这好比把一块空地上乱丢的东西再乱丢到更大的空地上去，这时要想找出某个东西在什么地方就更不容易了。）我们说末态的无序性增大了。相反的过程，即分子运动自动地从无序（从位置分布上看）向较为有序的状态变化的过程，是不可能的。因此从微观上看，自由膨胀过程也说明，自然过程总是沿着使大量分子的运动向更加无序的方向进行。

综上分析可知，一切自然过程总是沿着分子热运动的无序性增大的方向进行。这是不可逆性的微观本质，它说明了热力学第二定律的微观意义。

热力学第二定律既然是涉及大量分子的运动的无序性变化的规律，因而它就是一条统计规律。这就是说，它只适用于包含大量分子的集体，而不适用于只有少数分子的系统。例如对功热转换来说，把一个单摆挂起来，使它在空中摆动，自然的结果毫无疑问是单摆最后停下来，它最初的机械能都变成了空气和它自己的内能，无序性增大了。但如果单摆的质量和半径非常小，以至在它周围做无序运动的空气分子，任意时刻只有少数分于从不同的且非对称的方向和它相撞，那么这时静止的单摆就会被撞得摆动起来。空气的内能就自动地变成单摆的机械能，这不是违背了热力学第二定律吗?（当然空气分子的无序运动又有同样的可能使这样摆动起来的单摆停下来。）又例如，气体的自由膨胀过程，对于有大量分子的系统是不可逆的。但如果容器左半部只有 4 个分子，那么隔板打开后，由于无序运动，这 4 个分子将分散到整个容器内，但仍有较多的机会使这 4 个分子又都同时进入左半部，这样就实现了“气体”的自动收缩，这不又违背了热力学第二定律吗?（当然，这 4 个分子的无序运动又会立即使它们散开。）是的！但这种现象都只涉及少数分子的集体。对于由大量分子组成的热力学系统是不可能观察到上面所述的违背热力学第二定律的现象的。因此说，热力学第二定律是一个统计规律，它只适用于大量分子的集体。由于宏观热力学过程总涉及极大量的分子，对它们来说，热力学第二定律总是正确的。也正因为这样，它就成了自然科学中最基本而又最普遍的规律之一。

15.3.2 热力学概率和玻尔兹曼熵

1. 热力学概率

上一小节说明了热力学第二定律的微观意义，下面进一步介绍如何用数学形式把热力学第二定律表示出来。最早把上述热力学第二定律的微观本质用数学形式表示出来的是玻尔兹曼，他的基本概念是：“从微观上来看，对于一个系统的状态的宏观描述是非常不完善的，系统的同一个宏观状态实际上可能对应于非常非常多的微观状态，而这些微观状态是粗略的宏观描述所不能加以区别的。”现在我们以气体自由膨胀中分子的位置分布的经典理解为例来说明这个意思。

设想有一长方形容器，中间有一隔板把它分成左、右两个相等的部分，左面有气体，右面为真空。让我们讨论打开隔板后，容器中气体分子的位置分布。

设容器中有 4 个分子 a、b、c、d。它们在无规则运动中任一时刻可能处于左或右任意一侧。这个由 4 个分子组成的系统的任一微观状态是指出这个或那个分子各处于左或右哪一侧。而宏观描述无法区分各个分子，所以宏观状态只能指出左、右两侧各有几个分子。这样区别的微观状态与宏观状态的分布见表 15-1。

表 15-1　4 个分子的位置分布

<table>
<tr><th colspan="2">微观状态</th><th colspan="2" rowspan="2">宏观状态</th><th rowspan="2">一种宏观状态对应的微观状态数 Ω</th></tr>
<tr><th>左</th><th>右</th></tr>
<tr><td>a b c d</td><td>无</td><td>左 4</td><td>右 0</td><td>1</td></tr>
<tr><td>a b c</td><td>d</td><td rowspan="4">左 3</td><td rowspan="4">右 1</td><td rowspan="4">4</td></tr>
<tr><td>b c d</td><td>a</td></tr>
<tr><td>c d a</td><td>b</td></tr>
<tr><td>d a b</td><td>c</td></tr>
<tr><td>a b</td><td>c d</td><td rowspan="6">左 2</td><td rowspan="6">右 2</td><td rowspan="6">6</td></tr>
<tr><td>a c</td><td>b d</td></tr>
<tr><td>a d</td><td>b c</td></tr>
<tr><td>b c</td><td>a d</td></tr>
<tr><td>b d</td><td>a c</td></tr>
<tr><td>c d</td><td>a b</td></tr>
<tr><td>a</td><td>b c d</td><td rowspan="4">左 1</td><td rowspan="4">右 3</td><td rowspan="4">4</td></tr>
<tr><td>b</td><td>c d a</td></tr>
<tr><td>c</td><td>d a b</td></tr>
<tr><td>d</td><td>a b c</td></tr>
<tr><td>无</td><td>a b c d</td><td>左 0</td><td>右 4</td><td>1</td></tr>
</table>

若容器中有 20 个分子，则与各个宏观状态对应的微观状态数见表 15-2。

表 15-2　20 个分子的位置分布

宏观状态		一种宏观状态对应的微观状态数
左 20	右 0	1
左 18	右 2	190
左 15	右 5	15504
左 11	右 9	167960
左 10	右 10	184765
左 9	右 11	167960
左 5	右 15	15504
左 2	右 18	190
左 0	右 20	1

从表 15-1 及表 15-2 可以看出，对于一个宏观状态，可以有许多微观状态与之对应。系统内包含的分子数越多，和一个宏观状态对应的微观状态数就越多。实际上一般气体系统所包含的分子数的量级为 10^{23}，这时对应于一个宏观状态的微观状态数就非常大了。这还只是以分子的左右位置来区别状态，如果再加上以分子速度的不同作为区别微观状态的标志，那么气体在一个容器内的一个宏观状态所对应的微观状态数就会非常非常大了。

从表 15-1 和表 15-2 中还可以看出，与每种宏观状态对应的微观状态数是不同的。在这两个表中与左、右两侧分子数相等或差不多相等的宏观状态所对应的微观状态数最多，但在分子总数少的情况下，它们占微观状态总数的比例并不大。计算表明，分子总数越多，则左、右两侧分子数相等和差不多相等的宏观状态所对应的微观状态数占微观状态总数的比例越大。

在一定宏观条件下，既然有多种可能的宏观状态，那么，哪一种宏观状态是实际上观察到的状态呢？从微观上说明这一规律时要用到统计理论的一个基本假设：**对于孤立系，各个微观状态出现的可能性（或概率）是相同的**。这样，对应微观状态数目多的宏观状态出现的概率就大。实际上最可能观察到的宏观状态就是在一定宏观条件下出现的概率最大的状态，也就是包含微观状态数最多的宏观状态。对上述容器内封闭的气体来说，也就是左、右两侧分子数相等或差不多相等的那些宏观状态。对于实际上分子总数很多的气体系统来说，这些“位置上均匀分布”的宏观状态所对应的微观状态数几乎占微观状态总数的百分之百，因此实际上观察到的总是这种宏观状态。所以对应于微观状态数最多的宏观状态就是系统在一定宏观条件下的平衡态。气体的自由膨胀过程是由非平衡态向平衡态转化的过程，在微观上说，是由包含微观状态数目少的宏观状态向包含微观状态数目多的宏观状态进行。相反的过程，在外界不发生任何影响的条件下是不可能实现的。这就是气体自由膨胀过程的不可逆性。

一般地说，为了定量说明宏观状态和微观状态的关系，我们定义：**任一宏观状态所对应的微观状态数称为该宏观状态的热力学概率，并用 Ω 表示**。这样，对于系统的宏观状态，根据基本统计假设，我们可以得出下述结论：

1）对孤立系，在一定条件下的平衡态对应于 Ω 为最大值的宏观态。对于一切实际系统来说，Ω 的最大值实际上就等于该系统在给定条件下的所有可能微观状态数。

2）若系统最初所处的宏观状态的微观状态数 Ω 不是最大值，那就是非平衡态。系统将随着时间的延续向 Ω 增大的宏观状态过渡，最后达到 Ω 为最大值的宏观平衡状态。这就是实际的自然过程的方向的微观定量说明。

上一小节从微观上定性地分析了自然过程总是沿着使分子运动更加无序的方向进行，这里又定量地说明了自然过程总是沿着使系统的热力学概率增大的方向进行。两者相对比，可知热力学概率 Ω 是分子运动无序性的一种量度。的确是这样，宏观状态的 Ω 越大，表明在该宏观状态下系统可能处于的微观状态数越多，从微观上说，系统的状态更是变化多端，这就表示系统的分子运动的无序性越大。与 Ω 为极大值相对应的宏观平衡状态就是在一定条件下系统内分子运动最无序的状态。

2. 玻尔兹曼熵

一般来讲，热力学概率 Ω 是非常非常大的，为了便于理论上处理，1877 年玻尔兹曼用下面的关系式定义的熵 S 来表示无序性的大小：

$$S \propto \ln \Omega$$

1900 年，普朗克引进了比例系数 k，将上式写为

$$S = k\ln \Omega \tag{15-13}$$

式中，k 是玻尔兹曼常量。式（15-13）叫作**玻尔兹曼熵公式**。由式（15-13）可知，熵的量纲与 k 的量纲相同，它的 SI 单位（国际单位）是 J/K。式（15-13）表明，熵增加原理的微观实质是：**孤立系统内部发生的过程总是从热力学概率小的状态向热力学概率大的状态过渡。**

玻尔兹曼熵和克劳修斯熵在概念上还是有区别的，由式（15-6）的推导过程可知，克劳修斯熵只对系统的平衡态才有意义，它是系统的平衡状态的函数。但由式（15-13）看出，玻尔兹曼熵表示了系统的某一宏观状态所对应的微观状态数。对于系统的任一宏观状态，哪怕是非平衡态，都有一定的可能微观状态数与之对应，因此，也有一定的熵值和它对应。由于平衡态对应于热力学概率最大的状态，所以可以说，克劳修斯熵是玻尔兹曼熵的最大值。后者的意义更普遍些，但要注意，当我们对熵按照式（15-6）进行宏观计算时（热力学中都是这样），用的都是克劳修斯熵公式。

15.3.3　熵的微观意义

对于系统的某一宏观状态，有一个 Ω 值与之对应，因而也就有一个 S 值与之对应，因此由式（15-13）定义的熵是系统状态的函数。和 Ω 一样，熵的微观意义是系统内分子热运动的无序性的一种量度。对熵的这一本质的认识，现已远远超出了分子运动的领域，它适用于任何做无序运动的粒子系统。甚至对大量的无序地出现的事件（如大量的无序出现的信息）的研究，也应用了熵的概念。

*15.4　熵和能量退降

15.4.1　温熵图

由公式 $\mathrm{d}S = \frac{đQ}{T}$ 可知，在任一微小的可逆过程中，系统从外界吸收的热量 $đQ = T\mathrm{d}S$。对有限的可逆过程，系统从外界吸收的热量 Q 就是上式的积分：

$$Q = \int_a^b T\mathrm{d}S \tag{15-14}$$

在第 14 章中，曾用 $p-V$ 图示法表示准静态过程中的功 $A = \int_{V_1}^{V_2} p\mathrm{d}V$。与此类似，式（15-14）中热量 Q 也可用 $T-S$ 图示法来表示。熵是平衡态状态参量的函数。例如，若系统以 T、p 为独立参量，则 $S = S(T,p)$，于是，也可以选 T、S 为独立参量，而把压强 p 视为 T、S 的函数，因而可作 $T-S$ 图（温熵图），如图 15-10 所示。在 $T-S$ 图上，每一个点代表一个平衡态；每一条曲线代表一个可逆过程。例如，等温过程在 $T-S$ 图中用与水平轴平行的直线表示。式（15-14）

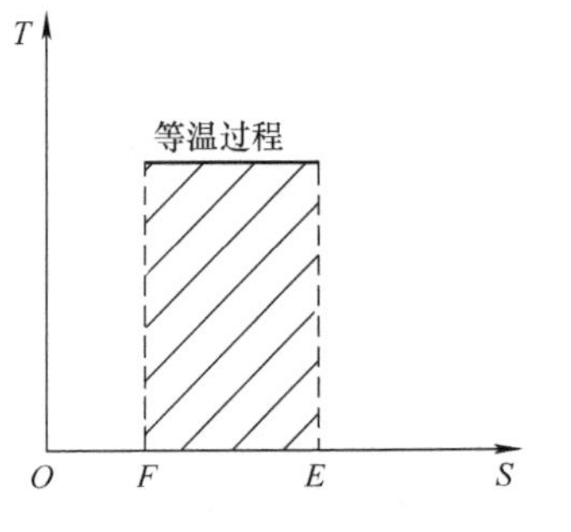

图 15-10　过程的 $T-S$ 图

右方的积分，在 $T-S$ 图上就是积分曲线下的面积，如图 15-10 中画斜线的部分表示。这样，就可把可逆过程中系统所吸收的热量 Q 用 $T-S$ 图上相应曲线下的面积表示出来了。由于 $T-S$ 图有这样特殊的作用，所以 $T-S$ 图也可叫**示热图**。熵作为一个坐标，可以和热力学温度 T 构成示热图这一点，已经很能说明熵这个物理量的用途。实际上，引入熵这一参量后，对热量的分析就方便得多了。

在可逆的绝热过程中 $đQ=0$，所以 $T\mathrm{d}S=0$。又因 $T\neq0$，所以 $\mathrm{d}S=0$。即在可逆绝热过程中熵不变，这是熵这个物理量的一个重要特性。在 $T-S$ 图上，与 T 轴平行的直线就表示可逆绝热过程。例如，图 15-11 中所画矩形 $ABCDA$ 的两条直线 AB 和 CD 就分别代表两个可逆绝热过程。由公式 $đQ=T\mathrm{d}S$ 还可以看出，若系统从外界吸收热量（$đQ>0$），则 $\mathrm{d}S>0$（注意 T 总是大于零），这表示系统的熵增加；若系统向外界放热（$đQ<0$），则 $\mathrm{d}S<0$，这表示系统的熵减小。例如在图 15-11 所示的 BC 过程中，$\mathrm{d}S>0$，所以系统吸热；在 DA 过程中，$\mathrm{d}S<0$，系统放热。在图 15-11 中循环过程 $ABCDA$ 是由两个等温过程和两个绝热过程组成的，因而是可逆卡诺循环。矩形 $ABCDA$ 内所包围的面积就是系统在经历一个可逆卡诺循环后从外界净吸收的热量。由热力学第一定律可知，这净吸收的热量就等于系统经历一循环过程后对外界所做的净功。对于任意的循环过程（见图 15-12）这个结论同样成立，即在 $T-S$ 图上闭合曲线所包围的面积等于系统经历一可逆循环过程后从外界净吸收的热量，而这也就等于在循环过程中系统对外所做的净功。

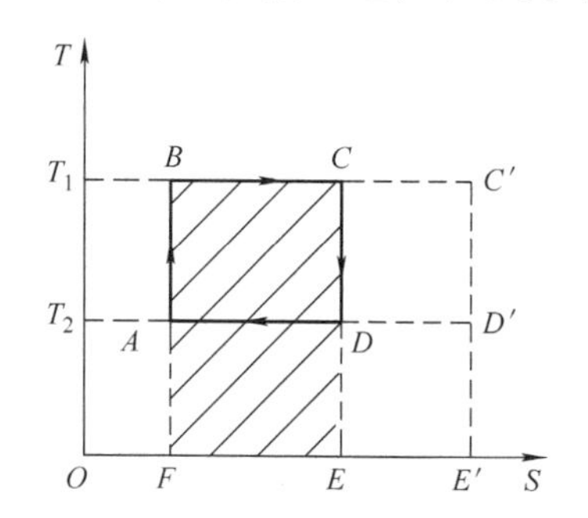

图 15-11　卡诺循环过程的 $T-S$ 图

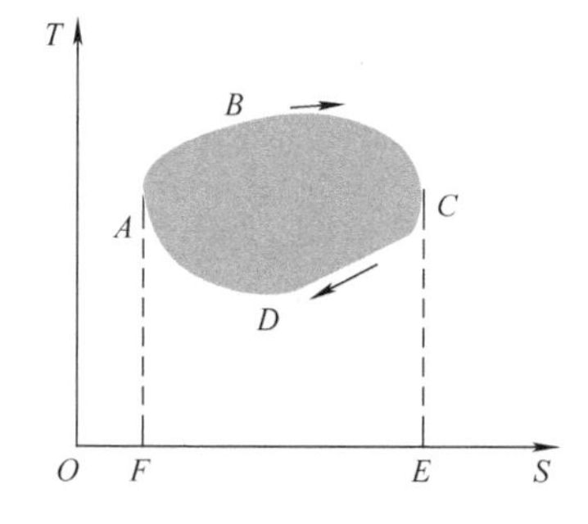

图 15-12　任意循环的 $T-S$ 图

下面借助于图 15-11 中的 $T-S$ 图来研究卡诺循环的效率。设任意工质在只和两个恒温热库交换热量的条件下进行可逆循环过程。根据上面讲的热量和面积的关系可知，这一卡诺循环的效率为

$$\eta_{\mathrm{c}}=\frac{ABCDA\text{ 包围的面积}}{BCEFB\text{ 包围的面积}}=\frac{\overline{BA}}{\overline{BF}}=1-\frac{T_2}{T_1}$$

很容易看出，如果保持 T_1 和 T_2 不变，只是改变等温过程的“长度”，循环输出的有用功会改变，但 η_{c} 保持不变。这就是说：在各具一定温度的两个恒温热库之间工作的一切可逆热机（其工质的循环过程一定是卡诺循环）的效率都相等，只决定于两热库的温度而与它们的工作物质无关。由图 15-11 得出的效率与温度的关系和由式（14-40）给出的用理想气体做工质的效率相同，也是利用熵概念对卡诺定理的说明。

如果过程是不可逆的，例如有明显的摩擦，则会有能量的耗散，输出的有用功将减少，因此，在各具一定温度的两个恒温热库之间工作的一切不可逆热机的效率小于可逆热机的效率。

15.4.2　能量退降

为了说明熵的宏观意义和不可逆过程的后果，我们介绍一下能量退降的规律。这个规律说明：不可逆过程在能量利用上的后果总是使一定的能量 E_d从能做功的形式变为不能做功的形式，即成了“退降的”能量，而且 E_d的大小和不可逆过程所引起的熵的增加成正比。所以，从这个意义上说，熵的增加是能量退降的量度。下面通过理想气体的绝热自由膨胀这个具体例子看 E_d与熵变 ΔS 的关系。

设有 ν mol 的理想气体，温度为 T，体积为 V_1。当它与温度为 T 的热库接触做可逆等温膨胀体积变为 V_2时，可以从热库中吸收热量 Q 并使之全部转化为功 A_i，其值为

$$A_i = Q = \nu RT\ln\frac{V_2}{V_1}$$

如果气体是通过绝热自由膨胀而体积变为 V_2。则在膨胀过程中它并没有做功，热库相应的这一部分能量 Q 也就不可能借助于这气体加以利用了。要利用这能量做功，只好借助于温度为 T_0的低温热库而使用卡诺热机，这时能得到的功将为

$$A_f = Q\left(1-\frac{T_0}{T}\right) = A_i\left(1-\frac{T_0}{T}\right)$$

这样，由于气体自由膨胀而退降的能量就是

$$E_d = A_i - A_f = A_i\frac{T_0}{T} = \nu RT_0\ln\frac{V_2}{V_1}$$

经过自由膨胀这一不可逆过程，（见例 15.3）气体的熵的增量为

$$\Delta S = \nu R\ln\frac{V_2}{V_1}$$

比较上面两式可得

$$E_d = T_0\Delta S$$

上式说明了退降的能量 E_d与系统熵的增加成正比。由于在自然界中所有的实际过程都是不可逆的，这些不可逆过程的不断进行，将使得能量不断地转变为不能做功的形式。能量虽然是守恒的，但是越来越多地不能被用来做功了。这是自然过程的不可逆性，也是熵增加的一个直接后果。

就能量的转换和传递来说，对于自然过程，热力学第一定律告诉我们，能量的数量是守恒的；热力学第二定律告诉我们，就做功来说，能量的质量越来越低了。

小　结

1. 热力学第二定律的宏观表述

热力学第二定律开尔文表述：不可能从单一热源吸收热量，使其完全变为有用功而不产生其他影响（功变热的不可逆性）。

热力学第二定律克劳修斯表述：热量不能自动地由低温物体传向高温物体（热传递的不可逆性）。

两种表述是等效的。

2. 不可逆过程

各种自然的宏观过程都是不可逆的，而且它们的不可逆性又是相互联系的。

实例：功热转换、热传导、气体绝热自由膨胀、气体的扩散等。

3. 可逆过程

外界条件改变无穷小的量就可以使其反向进行的过程（其结果是系统和外界能同时回到初态）。这需要系统在过程中无不可逆因素（内外摩擦和有限的温差热传导）。严格意义上的准静态过程都是可逆过程。

4. 克劳修斯熵和熵增加原理

克劳修斯**熵** S 是系统的平衡态的态函数。

克劳修斯熵公式：$S_b - S_a = \int_{a \atop (R)}^{b} \frac{đQ}{T}$

$$\mathrm{d}S = \frac{đQ}{T}$$

熵增加原理：**一个孤立系统的熵永不减少**。即

$$S_b - S_a \geqslant 0$$

$$\Delta S \geqslant 0 \text{（孤立系，等号用于可逆过程）}$$

5. 玻尔兹曼熵公式

熵的定义：$S = k\ln\Omega$

熵增加原理：对孤立系的各种自然过程，总有 $\Delta S > 0$，这是一条统计规律。

6. 热力学第二定律的微观意义

自然过程总是沿着使分子运动更加无序的方向进行；沿着热力学概率增大的方向进行；沿着熵增大的方向进行。平衡态相应于热力学概率和熵最大的状态，也是最无序的状态。

7. 温熵图

热量由面积表示。

8. 能量的降退

自然界中所有的实际过程的不可逆性引起能量的降退即做功数量的减少。

思　考　题

15.1　瓶子里装一些水，然后密闭起来，忽然表面的一些水温度升高而蒸发成汽，余下的水温变低，这件事可能吗？它违反热力学第一定律吗？它违反热力学第二定律吗？

15.2　一条等温线与一条绝热线是否能有两个交点？为什么？

15.3　一杯热水置于空气中，它总是要冷却到与周围环境相同的温度。在这自然过程中，水的熵减小了，这与熵增加原理矛盾吗？

15.4　据热力学第二定律判断下列哪种说法是正确的？

（1）热量能从高温物体传到低温物体，但不能从低温物体传到高温物体；

（2）功可以全部变为热，但热不能全部变为功；

（3）气体能够自由膨胀，但不能自动收缩；

（4）有规则运动的能量能够变为无规则运动的能量，但无规则运动的能量不能变为有规则运动的能量。

15.5　“理想气体和单一热源接触做等温膨胀时，吸收的热量全部用来对外做功。”对此说法，有如下几种评论，哪种是正确的？

（1）不违反热力学第一定律，但违反热力学第二定律；

（2）不违反热力学第二定律，但违反热力学第一定律；

（3）不违反热力学第一定律，也不违反热力学第二定律；

（4）违反热力学第一定律，也违反热力学第二定律。

15.6　如图 15-13 所示：一定质量的理想气体，从同一状态 A 出发，分别经 AB（等压）、AC（等温）、AD（绝热）三种过程膨胀，使体积从 V_1 增加到 V_2。问哪个过程中气体的熵增加最多？哪个过程中熵增加为零？

15.7　一个能透热的容器，如图 15-14 所示，盛有各为 1mol 的 A、B 两种理想气体，C 为具有分子筛作用的活塞，能让 A 种气体自由通过，不让 B 种气体通过。活塞从容器的右端移到容器的一半处，设过程中温度保持不变，则（1）A 种气体熵的增量 ΔS_A 是多少？（2）B 种气体熵的增量 ΔS_B 是多少？

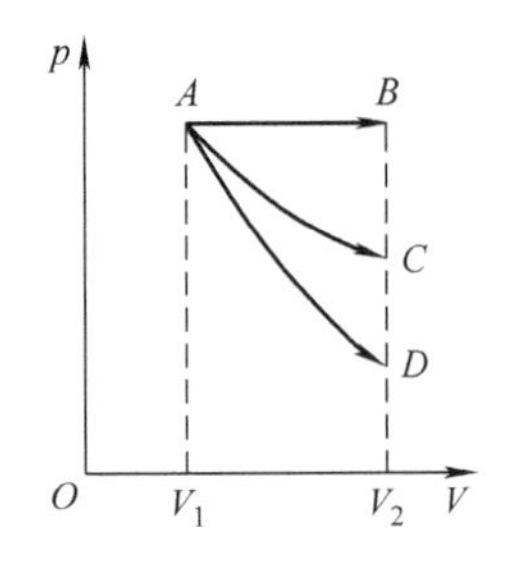

图 15-13　思考题 15.6 用图

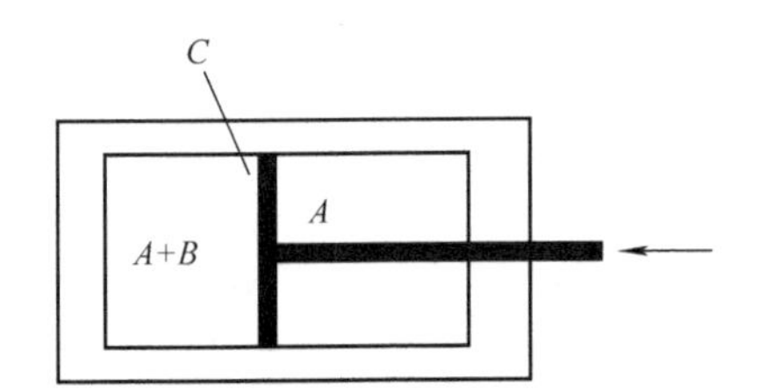

图 15-14　思考题 15.7 用图

习　题

15.1　1mol 单原子分子理想气体，在恒定压强下经一准静态过程从 0℃ 加热到 100℃，求气体的熵的改变。[普适气体常数 $R=8.31\text{J}/(\text{mol}\cdot\text{K})$]

15.2　1mol 理想气体绝热地向真空自由膨胀，体积由 V_0 膨胀到 $2V_0$，试求该气体熵的改变。

15.3　已知 1mol 单原子分子理想气体，开始时处于平衡状态，现使该气体经历等温过程（准静态过程）压缩到原来体积的一半。求气体的熵的改变。[普适气体常量 $R=8.31\text{J}/(\text{mol}\cdot\text{K})$]

15.4　1mol 氧气（当成刚性分子理想气体）经历如图 15-15 所示的过程 a 经 b 到 c。求此过程中气体对外做的功，吸收的热量以及熵变。

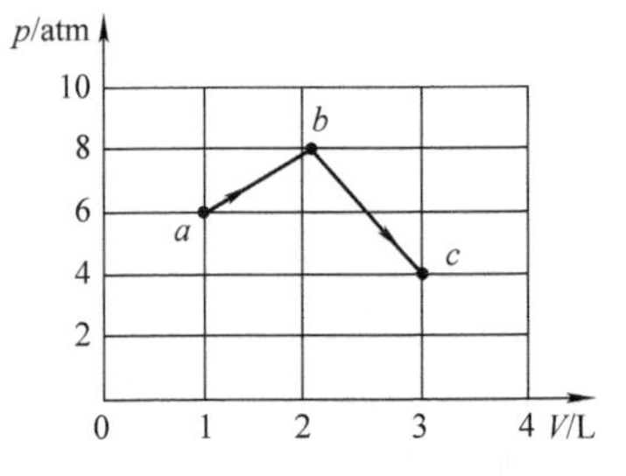

图 15-15　习题 15.4 用图

15.5　已知在三相点（$T=273.16\text{K}$）冰融化为水时，熔解热 $L=3.35\times10^5\text{J/kg}$。试求 $m=2.5\text{kg}$ 的冰化为水时熵的增加量。

15.6　1cm^3 的纯水在压强 $p=1\text{atm}$ 下饱和汽化成 1671cm^3 的水蒸气。已知水的汽化热为 $L=2.26\times10^6\text{J/kg}$，试分别求该系统内能和熵的增量。

15.7　一热力学系统由 2mol 单原子分子理想气体与 2mol 双原子分子（刚性分子）理想气体混合组成。该系统经历如图 15-16 所示的 $abcda$ 可逆循环过程，其中 ab、cd 为等压过程，bc、da 为绝热过程，且 $T_a=300\text{K}$，$T_b=900\text{K}$，$T_c=450\text{K}$，$T_d=150\text{K}$。求：（1）ab 过程中系统的熵变；（2）cd 过程中系统的熵变；（3）整个循环中系统的熵变。[普适气体常数 $R=8.31\text{J}/(\text{mol}\cdot\text{K})$]

15.8　如图 15-17 所示为一循环过程，其中 ab、cd、ef 均为等温过程，其相应的温度分别为 $3T_0$、T_0、$2T_0$；bc、de、fa 均为绝热过程。设该循环过程所包围的面积为 A_1，cd 过程曲线下的面积为 A_2。求 $cdefa$ 过程的熵的增量。

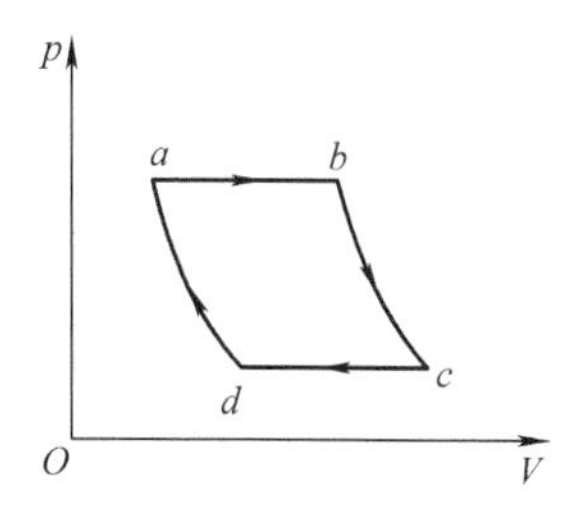

图 15-16　习题 15.7 用图

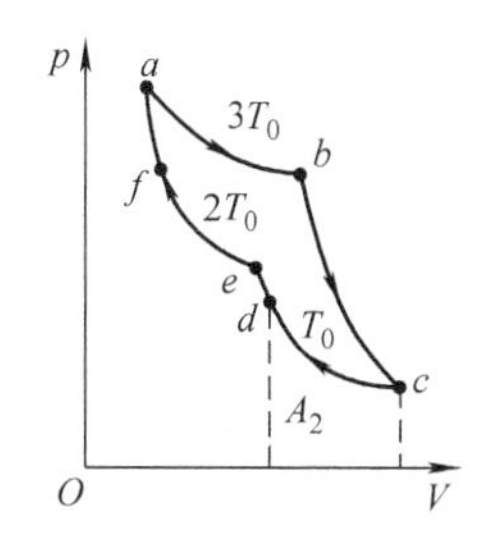

图 15-17　习题 15.8 用图

15.9　气缸内有一定量的氧气（视为刚性分子的理想气体），做如图 15-18 所示的循环过程，其中 ab 为等温过程，bc 为等体过程，ca 为绝热过程。已知 a 点的状态参量为 p_a、V_a、T_a，b 点的体积 $V_b=3V_a$，求：（1）该循环的效率 η；（2）从状态 b 到状态 c，氧气的熵变 ΔS。

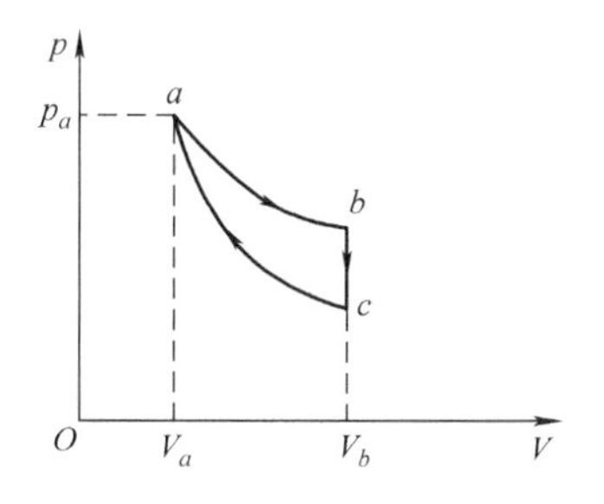

图 15-18　习题 15.9 用图

15.10　10kg 20℃的水，在压强为 1atm 的等压条件下变为 250℃的蒸汽，已知水的定压比热容为 4187J/(kg・K)，蒸汽的定压比热容为 1670J/(kg・K)，水的汽化热为 22.5×10^5J/kg。试计算上述过程中熵的增加量。

15.11　质量 $m_1=1$kg、温度 $T_1=280$K 的冷水，与质量 $m_2=2$kg、温度 $T_2=360$K 的热水通过接触而达到热平衡。设过程中冷、热水系统与外界均无热交换，试分别计算冷水的熵变 ΔS_1、热水的熵变 ΔS_2 以及二者的总熵变 ΔS [水的比热容 $c=4.18\times10^3$J/(kg・K)]。

15.12　质量和材料都相同的两个固态物体，其热容量为 C。开始时两物体的温度分别为 T_1 和 T_2（$T_1>T_2$）。今有一热机以这两个物体为高温和低温热库，经若干次循环后，两个物体达到相同的温度，求热机能输出的最大功 $A_{\max}$。

15.13　1mol 氮气（视为刚性双原子分子的理想气体）遵守状态变化方程 $pV^2=$常量，现由初态 $p_1=10$atm，$V_1=10$L，膨胀至末态 $V_2=40$L。求：（1）氮气对外所做的功；（2）氮气内能的增量；（3）氮气熵的增量。[普适气体常数 $R=8.31$J/(mol・K)]

15.14　你一天大约向周围环境散发 8×10^6J 热量，试估算你和环境一天产生的熵变？忽略你进食时带进体内的熵，环境的温度按 273K 计算，人体温度为 36℃。

15.15　在冬日一座房子散热的速率为 2×10^8J/h。设室内温度是 20℃，室外温度是零下 20℃，这一散热过程产生熵的速率（J/(K・s)）是多大?

15.16　求在一个大气气压下 30g，−40℃的冰变为 100℃的蒸汽时的熵变。已知冰的比热容为 $c_1=2.1$J/(g・K)，水的比热 $c_2=4.2$J/(g・K)，在 1.013×10^5Pa 气压下的冰的融化热 $\lambda=334$J/g，水的汽化热 $L=2260$J/g。

习题答案

15.1　6.48J/K

15.2　$R\ln2$

15.3　−5.76J/K

15.4　$A = 1.3 \times 10^3$ J，$Q = 2.8 \times 10^3$ J，$\Delta S = 23.5$ J/K

15.5　3.07×10^3 J/K

15.6　$\Delta E = 2.09 \times 10^3$ J，$\Delta S = 6.06$ J/K

15.7　（1）1.10×10^2 J/K；（2）-1.10×10^2 J/K；（3）0

15.8　$\dfrac{A_2 - A_1}{T_0}$

15.9　（1）19.0%；（2）$-\dfrac{p_a V_a}{T_a}\ln 3$

15.10　7.61×10^4 J/K

15.11　$\Delta S_1 = 725$ J/K，$\Delta S_2 = -652$ J/K，$\Delta S = 73$ J/K

15.12　$A_{max} = C(T_1 + T_2) - 2C\sqrt{T_1 T_2}$

15.13　（1）$A = 7.6 \times 10^3$ J；（2）$\Delta E = -1.90 \times 10^4$ J；（3）$\Delta S = -17.3$ J/K

15.14　$\Delta S = 3.4 \times 10^3$ J/K

15.15　30J/(K·s)

15.16　268J/K

光学

第16章 振动

物体在一特定位置附近所做的往复运动称为机械振动，简称振动。振动是物体最基本的运动形式之一，在自然界和生活生产实践中到处都可以见到。例如一切发声体、心脏、海浪起伏、地震以及晶体中原子等都在不停地振动。

广义地说，任何一个物理量在某一个数值附近随时间来回往复的变化都可以称为振动（或振荡）。常见的如电流、电压、电功率、电磁场等电磁学量的振动，统称为电磁振荡。这种振动虽然与机械振动有本质的不同，但它们所遵循的基本规律与机械振动的规律在形式上有许多共同点，因此掌握机械振动规律有助于了解其他种类振动的规律，所以本章将着重研究机械振动的规律。

本章主要介绍简谐振动的基本概念和规律，并介绍一些受迫振动的知识。

16.1 简谐振动

机械振动的形式是多种多样的，情况大多比较复杂。即使像琴弦振动这种看起来比较简单的运动，也是由若干个简单振动叠加而成的。简谐振动是一种最简单、最基本的振动。任何复杂的振动，都可以看作是若干个简谐振动的合成，因此掌握简谐振动的规律是研究一般振动的基础。

16.1.1 简谐振动的描述

1. 简谐振动的概念

质点运动时，如果离开平衡位置的位移 x（或角位移 θ）按正弦或余弦函数规律随时间变化，这种运动就叫**简谐振动**（简称谐振动）。弹簧振子的无阻尼振动就是简谐振动。

下面以弹簧振子的无阻尼振动为例来讨论简谐振动的特征及其运动规律。

如图16-1所示，一轻质弹簧的一端固定，另一端系一个质量为 m 的物体，若水平面上所有的摩擦可以忽略，这就是一个无阻尼的弹簧振子。取水平向右为 x 轴正向，以弹簧处于自然长度时物体所在的平衡位置 O 为坐标原点，建立 Ox 坐标轴。

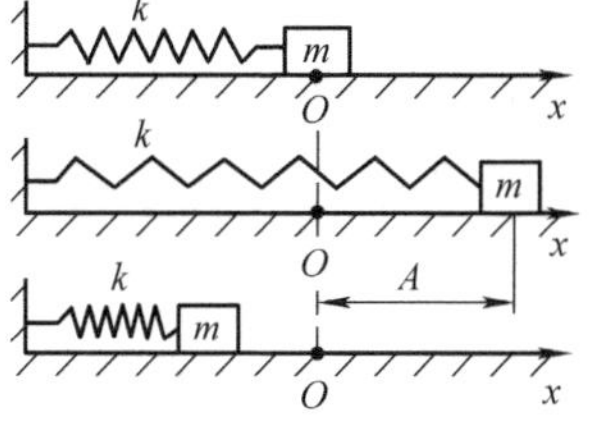

图16-1 水平弹簧振子

现将物体 m 略向右拉到 $x=A$ 处，然后放开，此时，由于弹簧伸长而出现指向平衡位置的弹性力。在弹性力作用下，物体向左运动，当通过位置 O 时，作用在 m 上的弹性力等于零，但是由于惯性作用，m 将继续向原点 O 左边运动，使弹簧压缩。此时，由于弹簧被压缩，而出现了指向平衡位置的弹性力并将阻止物体向左运动，使 m 速率减小，直至物体瞬时静止于 $x=-A$ 处，之后物体在弹性力作用下改变方向，向右运动，迫使物体返回平衡位置。这样物体在弹性力作用下就在其平衡位置附近左右往复运动。把物体当作质点来讨论，可以证明物体对于平衡位置的位移 x 是按余弦函数的规律随时间 t 变化，因此，物体 m 的这种振动就是简谐振动。

简谐振动的运动学方程为

$$x=A\cos(\omega t+\varphi) \tag{16-1}$$

式中，A 叫简谐振动的**振幅**；φ 叫简谐振动的**初相位**，简称**初相**；ω 叫简谐振动的**角频率**（或**圆频率**）。

将式（16-1）关于时间求一阶和二阶导数，即可得到物体运动的速度和加速度为

$$v=\frac{\mathrm{d}x}{\mathrm{d}t}=-A\omega\sin(\omega t+\varphi) \tag{16-2}$$

$$a=\frac{\mathrm{d}^2x}{\mathrm{d}t^2}=-A\omega^2\cos(\omega t+\varphi) \tag{16-3}$$

比较式（16-1）与式（16-3），可得

$$a=\frac{\mathrm{d}^2x}{\mathrm{d}t^2}=-\omega^2x \tag{16-4}$$

式（16-4）说明，简谐振动的加速度和位移的大小成正比而方向相反，这也是简谐振动的一个特点。

2. 简谐振动的特征参量

根据简谐振动的运动方程 $x=A\cos(\omega t+\varphi)$ 来说明式中各量的物理意义。

（1）振幅 A

振幅 A 是做简谐振动的物体离开平衡位置的最大距离。在国际单位制中，振幅的单位是米（m）。振幅为正值，其大小一般由初始条件来决定。

当 $t=0$ 时，有 $x_0=A\cos\varphi$，$v_0=-A\omega\sin\varphi$，则

$$A=\sqrt{x_0^2+\frac{v_0^2}{\omega^2}} \tag{16-5}$$

（2）周期 T、频率 ν 和角频率 ω

振动物体运动状态完全重复一次，称该物体进行了一次全振动。物体做一次全振动所经历的时间就叫作振动的**周期**，用 T 表示。在国际单位制中，周期的单位是秒（s）。因此，每隔一个周期，振动状态完全重复一次，即 $x=A\cos(\omega t+\varphi)=A\cos[\omega(t+T)+\varphi]$。

在单位时间内，物体做的全振动的次数叫作**频率**，用 ν 表示。在国际单位制中，频率的单位是赫兹（Hz）。显然频率与周期的关系为

$$\nu=\frac{1}{T} \tag{16-6}$$

另外，由于角频率

$$\omega=\frac{2\pi}{T}=2\pi\nu \tag{16-7}$$

则角频率表示物体在 2π 秒内完成全振动的次数。在国际单位制中，角频率的单位为弧度每秒（rad/s）。

对于弹簧振子，$\omega=\sqrt{\frac{k}{m}}$，所以弹簧振子的周期和频率为

$$T=\frac{2\pi}{\omega}=2\pi\sqrt{\frac{m}{k}} \tag{16-8}$$

$$\nu=\frac{\omega}{2\pi}=\frac{1}{2\pi}\sqrt{\frac{k}{m}} \tag{16-9}$$

对于给定的弹簧振子，m、k 都是一定的，所以 T、ν 完全由弹簧振子本身的性质所决定，与其他因素无关。因此，这种周期和频率又称为**固有周期**和**固有频率**。

（3）相位 $\omega t+\varphi$

简谐振动运动方程中的 $\omega t+\varphi$ 称为**相位**，它是描述简谐振动物体 t 时刻运动状态的物理量。

从式（16-1）~式（16-3）可看出，当简谐振动的振幅和角频率都确定时，振动物体在任意时刻的位移 x、速度 v、加速度 a 都由相位决定。在简谐振动的一个周期内，物体每一时刻的运动状态均不相同，对应的相位值也各不相同。例如，当 $\omega t+\varphi=0$ 时，$x=A$，$v=0$，$a=-A\omega^2$，此时物体在正向最大位移处，速度为零，加速度值最大指向平衡位置；当 $\omega t+\varphi=\frac{\pi}{2}$时，$x=0$，$v=-A\omega$，$a=0$，此时物体在平衡位置处，速度值最大，方向指向 x 轴负向，加速度为零，物体将向 x 轴负向运动。可见，相位可以表征物体做简谐振动的运动状态。

初始时刻（$t=0$）的相位称为**初相位**，简称**初相**。初相由物体的初始状态决定。当 $t=0$ 时，有 $x_0=A\cos\varphi$，$v_0=-A\omega\sin\varphi$，则

$$\tan\varphi=-\frac{v_0}{\omega x_0} \tag{16-10}$$

由于在 $[0,\ 2\pi]$ 的范围内，同一正切函数值有两个 φ 值，因此仅由式（16-10）还不能确定物体的初相，必须结合物体的初始条件加以分析。

相位的概念还可以用来描述振动物体的振动变化步调。

相位差（简称**相差**）可以用来描述不同振动系统同一物理量的振动变化步调。例如有两个物体做简谐振动，设它们的运动学方程为

$$x_1=A_1\cos(\omega_1 t+\varphi_1)$$

$$x_2=A_2\cos(\omega_2 t+\varphi_2)$$

则任意 t 时刻它们的相位差为

$$\Delta\varphi=[(\omega_2 t+\varphi_2)-(\omega_1 t+\varphi_1)]=(\omega_2-\omega_1)t+(\varphi_2-\varphi_1)$$

若 $\omega_1=\omega_2$，则有 $\Delta\varphi=\varphi_2-\varphi_1$，即两个同频率的简谐振动在任意时刻的相位差都等于其初相差，与时间无关。由这个相位差的值可以分析它们的步调是否相同。

如果 $\Delta\varphi=0$（或者 2π 的整数倍），两振动物体将同时到达同方向的各自最大位移处，并且同时越过各自的平衡位置向同方向运动，它们的步调始终相同，把这种情况称为二者**同相**振动，如图 16-2a 所示。

如果 $\Delta\varphi=\pi$（或者 π 的奇数倍），两振动物体将同时到达相反方向的各自最大位移处，

并且将同时越过各自的平衡位置但向相反方向运动，它们的步调正好相反，这种情况称为二者**反相**振动，如图 16-2b 所示。

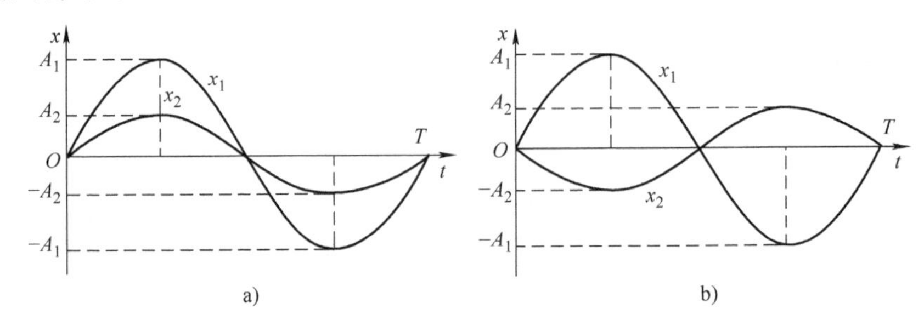

图 16-2 两个同频率的简谐振动的同相与反相振动曲线

当 $\Delta\varphi$ 不是 π 的整数倍，为其他值时，二者称为非同相振动。若 $\Delta\varphi>0$，则称第二个谐振动的相位比第一个谐振动超前；若 $\Delta\varphi<0$，则表示第二个谐振动的相位比第一个谐振动落后。因为相位差以 2π 为周期，所以一般将 $|\Delta\varphi|$ 的值限制在 $[0,\pi]$ 的范围内来判断两振动的超前与落后。

另一方面，相位差也可以用来比较同一系统的不同物理量的振动变化步调。

对于某一确定的简谐振动系统，物体的位移、速度和加速度都随时间做周期性的变化，三者存在一定的相位关系。位移、速度和加速度的表达式如下：

$$x=A\cos(\omega t+\varphi)$$

$$v=-\omega A\sin(\omega t+\varphi)=-v_{\mathrm{m}}\sin(\omega t+\varphi)=v_{\mathrm{m}}\cos(\omega t+\varphi+\pi/2)$$

$$a=-\omega^2A\cos(\omega t+\varphi)=-a_{\mathrm{m}}\cos(\omega t+\varphi)=a_{\mathrm{m}}\cos(\omega t+\varphi+\pi)$$

可见，速度超前位移 $\pi/2$，加速度超前速度 $\pi/2$。它们的相互关系可用图 16-3 中的曲线表示，从图中可以看出，它们的频率相同，相位依次超前 $\pi/2$，因而加速度和位移反相。

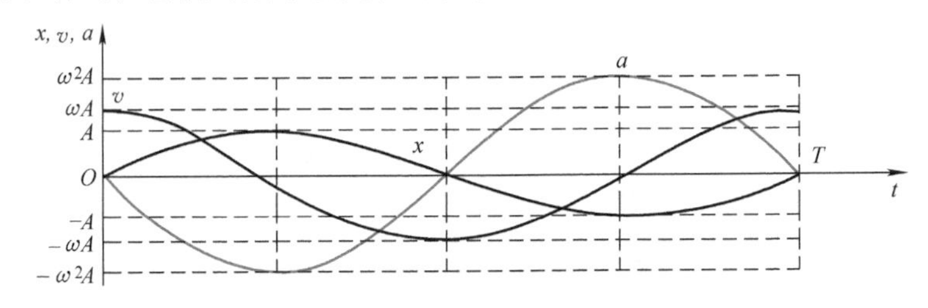

图 16-3 简谐振动的 x、v、a 随时间变化的关系曲线

例 16.1 如图 16-4 所示，一弹簧振子在光滑水平面上，已知 $k=1.60\mathrm{N/m}$，$m=0.4\mathrm{kg}$，将 m 从平衡位置 O 向右移到 $x=0.10\mathrm{m}$ 处，并给以 m 向左的速率，为 $0.20\mathrm{m/s}$。试求 m 的振动方程。

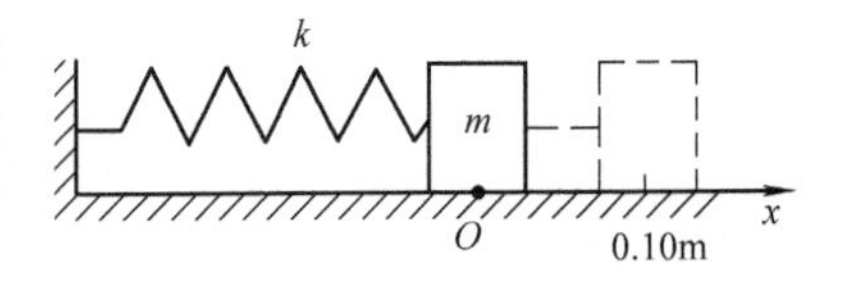

图 16-4 例 16.1 用图

解：设 m 的运动学方程为

$$x=A\cos(\omega t+\varphi)$$

由题意知

$$\omega=\sqrt{\frac{k}{m}}=\sqrt{\frac{1.60}{0.4}}\mathrm{rad/s}=2\mathrm{rad/s}$$

初始条件为 $t=0$ 时，$x_0=0.10\text{m}$，$v_0=-0.20\text{m/s}$，所以

$$A=\sqrt{x_0^2+\frac{v_0^2}{\omega^2}}=\sqrt{0.10^2+\frac{(-0.20)^2}{2^2}}\text{m}=\frac{\sqrt{2}}{10}\text{m}$$

$$\varphi=\arctan\frac{-v_0}{\omega x_0}=\arctan\left(-\frac{-0.20\text{m/s}}{2\text{rad/s}\times 0.10\text{m}}\right)=\arctan 1$$

因为

$$x_0=A\cos\varphi>0,\ v_0=-\omega A\sin\varphi<0$$

所以

$$\cos\varphi>0,\ \sin\varphi>0$$

又因为

$$\varphi\in[0,2\pi)$$

故

$$\varphi=\frac{\pi}{4}$$

因此

$$x=\frac{\sqrt{2}}{10}\cos\left(2t+\frac{\pi}{4}\right)(\text{m})$$

16.1.2　简谐振动的动力学方程

如图 16-5 所示，取物体的平衡位置 O 为坐标原点，向右为 x 轴正方向。根据胡克定律，物体所受的弹性力与弹簧的伸长量或压缩量即物体相对平衡位置的位移 x 成正比，弹性力的方向与位移的方向相反，总是指向平衡位置。即

$$\boldsymbol{F}=-k\boldsymbol{x} \tag{16-11}$$

式中，k 为弹簧的劲度系数，它是由弹簧本身的性质（材料、形状、大小等）所决定；负号表示力 $\boldsymbol{F}$ 与位移 $\boldsymbol{x}$ 方向相反。

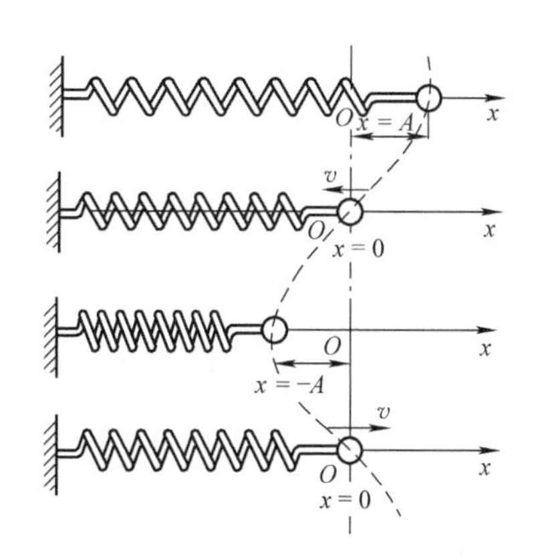

图 16-5　水平放置的弹簧振子的简谐振动

这是简谐振动的一个重要动力学特征，即做简谐振动的质点所受的（沿位移方向）合外力的大小与它对于平衡位置的位移成正比而方向相反。因合外力总有使物体回到平衡位置的趋势，所以将简谐振动中质点（沿位移方向）所受的合外力，称为**回复力**。

根据牛顿第二定律，质量为 m 的质点在 x 方向做简谐振动，它所受的合外力应该是

$$F=ma=m\frac{\mathrm{d}^2x}{\mathrm{d}t^2}$$

将式（16-11）代入上式，整理得

$$\frac{\mathrm{d}^2x}{\mathrm{d}t^2}+\frac{k}{m}x=0$$

因为 k、m 均大于 0，令 $\omega^2=\frac{k}{m}$，则有

$$\frac{\mathrm{d}^2x}{\mathrm{d}t^2}+\omega^2x=0 \tag{16-12}$$

式（16-12）称为**简谐振动的动力学方程**。它是一个二阶常系数齐次线性微分方程，通解为

$$x=A\cos(\omega t+\varphi)$$

上式与式（16-1）相同，即**简谐振动的运动学方程**。

由以上分析可知，只要物体所受合外力满足式（16-11），或者位移满足式（16-12）或者式（16-1），就可判定物体的运动是简谐振动，因此式（16-11）、式（16-12）和式（16-1）可作为物体是否做简谐振动的判定式，满足三者之一即为简谐振动。做简谐振动的物体通常称为谐振子。

下面来说明，在忽略阻力的情况下，单摆的小角度（通常认为在5°以内）振动也是简谐振动。

如图16-6所示，一根不可伸长的轻绳上端固定，下端系一小球，将小球从稍偏离竖直位置的地方释放，小球即在铅垂面内平衡位置附近做振动，这一系统称为**单摆**。

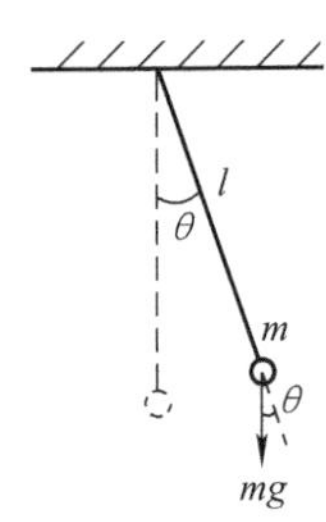

图16-6　单摆的小角度振动

设摆长为l，小球质量为m，当小球悬线与铅垂线夹角为θ时，小球所受的合外力沿圆弧切线方向的分力，即重力在该方向的分力，为$mg\sin\theta$。取逆时针方向为角位移θ的正方向，则由转动定律得

$$\boldsymbol{M}=J\boldsymbol{\alpha}$$

即有

$$(-mg\sin\theta)l=ml^2\frac{\mathrm{d}^2\theta}{\mathrm{d}t^2}$$

整理得

$$\frac{\mathrm{d}^2\theta}{\mathrm{d}t^2}+\frac{g}{l}\sin\theta=0$$

因为式中θ很小，所以$\sin\theta\approx\theta$，并令$\omega=\sqrt{\frac{g}{l}}$，则有

$$\frac{\mathrm{d}^2\theta}{\mathrm{d}t^2}+\omega^2\theta=0 \tag{16-13}$$

式（16-13）与简谐振动的动力学方程（16-12）具有相同的形式，由此可以得出结论：**在忽略阻力的情况下，单摆的小角度振动是简谐振动**。其中$\omega=\sqrt{g/l}$，由单摆谐振动系统的固有属性单摆的长度l和重力加速度g决定，称为单摆谐振动的固有角频率或圆频率。则单摆的周期和频率分别是

$$T=\frac{2\pi}{\omega}=2\pi\sqrt{\frac{l}{g}},\ \nu=\frac{1}{T}=\frac{1}{2\pi}\sqrt{\frac{g}{l}}$$

显然，单摆小角度振动时，固有周期和固有频率也是由其本身的性质决定的。单摆除了可用于计时之外，还可用来测定重力加速度，这在地球物理等学科中有着重要的作用。

例16.2　试证明竖直放置的弹簧振子的振动是简谐振动。

证明：设弹簧劲度系数为k，物体的质量为m，平衡位置为O（距弹簧自然伸长位置的距离为Δx）。根据平衡位置处物体受力平衡得

$$mg = k\Delta x$$

现取物体振动中的任意位置 P，设其距 O 点距离为 x，如图 16-7所示，则根据牛顿第二定律得

$$ma = mg - f = mg - k(x + \Delta x)$$

由以上两式可得

$$ma = -kx$$

而加速度为

$$a = \frac{d^2x}{dt^2}$$

所以

$$\frac{d^2x}{dt^2} + \frac{k}{m}x = 0$$

因为 k、m 均大于 0，令 $\omega = \sqrt{\frac{k}{m}}$，则有

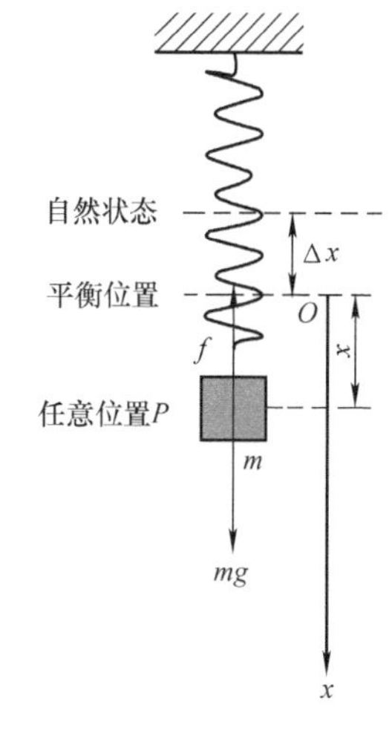

图 16-7 例 16.2 用图

$$\frac{d^2x}{dt^2} + \omega^2 x = 0$$

上式很明显是简谐振动的动力学方程，所以竖直放置的弹簧振子的振动是简谐振动。

显然竖直放置的弹簧振子跟水平放置的弹簧振子做简谐振动的动力学方程和振动角频率都完全一样，只是两者的平衡位置不同。

16.1.3 简谐振动的旋转矢量表示法

为了更直观地领会简谐振动中振幅、相位、角频率等物理量的意义，并为后面简谐振动的叠加提供简捷的方法，我们引进**旋转矢量法**（或叫**相量图法**）来表示简谐振动。图示依据是充分利用匀速圆周运动是周期性运动的特性。

如图 16-8 所示，在一个平面上作一个 Ox 轴，以原点 O 为起点作一个长度为 A 的矢量 $\boldsymbol{A}$，$\boldsymbol{A}$ 绕原点 O 以匀角速度 ω 沿逆时针方向旋转，称为**旋转矢量**，旋转矢量端点在平面上将画出一个圆，称为参考圆。设 $t=0$ 时矢量 $\boldsymbol{A}$ 与 x 轴的夹角（初角位置）为 φ，则任意 t 时刻 $\boldsymbol{A}$ 与 x 轴的夹角（t 时刻角位置）为 $\omega t+\varphi$，则 t 时刻矢量 $\boldsymbol{A}$ 的端点在 x 轴上的投影点 P 的坐标为 $x = A\cos(\omega t + \varphi)$，这一关系式与简谐振动的运动学方程完全相同。

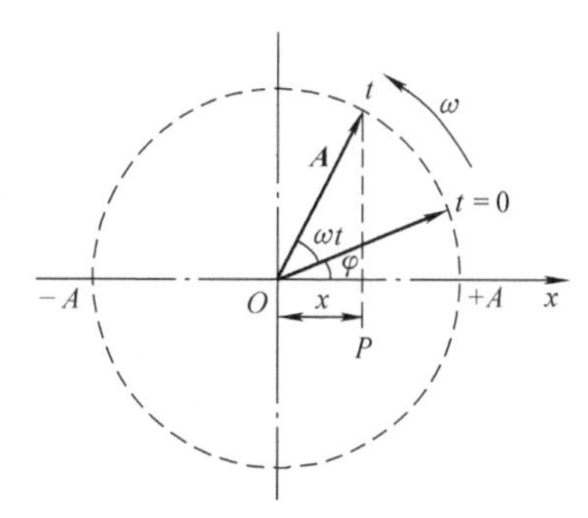

图 16-8 简谐振动的旋转矢量表示法

由此可以得出，旋转矢量的端点在 x 轴上的投影点的运动就是简谐振动。或者说，做匀速圆周运动的矢量 $\boldsymbol{A}$ 的端点在参考圆某一直径上的投影的运动就是简谐振动。显然，一个旋转矢量与一个简谐振动相对应，其对应关系是：旋转矢量的长度就是简谐振动的振幅，因而旋转矢量又称为**振幅矢量**；旋转矢量的角位置就是振动的相位，旋转矢量的初角位置就是振动的初相；旋转矢量的角速度就是振动的角频率，即相位变化的速率；旋转矢量旋转的周期和频率就是振动的周期和频率，即旋转矢量 $\boldsymbol{A}$ 以角速度 ω 旋转一周，相当于谐振动物体在 x 轴上做一次完全振动。

所以，我们在讨论一个简谐振动时，可以采用上述方法用一个旋转矢量来帮助分析，这样会使运动的各个物理量表现得更直观，运动过程显示得更清晰，更有利于问题的解决。

需要强调的是，旋转矢量法只是研究简谐振动的一种方法，而旋转矢量本身的运动并不是简谐振动，而是逆时针方向上的旋转，旋转矢量端点在 x 轴上的投影点的运动才是简谐振动。

旋转矢量与谐振动 $x-t$ 曲线的对应关系（设 $\varphi=0$）如图 16-9 所示。

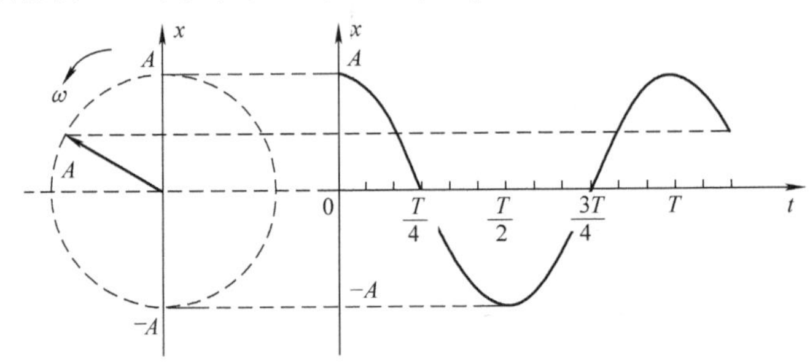

图 16-9　旋转矢量与谐振动位移－时间曲线的对应关系

例 16.3　一物体沿 x 轴做简谐振动，振幅 $A=0.12\text{m}$，周期 $T=2\text{s}$。当 $t=0$ 时，物体的位移 $x=0.06\text{m}$，且向 x 轴正向运动。求：

（1）简谐振动表达式；

（2）$t=T/4$ 时，物体的位置、速度和加速度；

（3）物体从 $x=-0.06\text{m}$ 向 x 轴负方向运动，第一次回到平衡位置所需时间。

解：（1）设物体做简谐振动的运动学方程为

$$x=A\cos(\omega t+\varphi)$$

由题意可知

$$A=0.12\text{m},\ \omega=\frac{2\pi}{T}=\frac{2\pi}{2}\text{rad/s}=\pi\ \text{rad/s}$$

所以

$$x=0.12\cos(\pi t+\varphi)$$

又因为

$$t=0\text{ 时},\ x_0=0.12\cos\varphi=0.06\text{m},\ v_0=-0.12\pi\sin\varphi>0$$

所以

$$\varphi=-\frac{\pi}{3}$$

则简谐振动表达式为

$$x=0.12\cos\left(\pi t-\frac{\pi}{3}\right)$$

（2）$t=\dfrac{T}{4}=0.5\text{s}$ 时，物体的位置、速度和加速度分别为

$$x=0.12\cos(\pi\times0.5-\pi/3)\text{m}=0.104\text{m}$$

$$v=\frac{\mathrm{d}x}{\mathrm{d}t}=-A\omega\sin(\omega t+\varphi)=[-0.12\times\pi\sin(\pi\times0.5-\pi/3)]\text{m/s}=-0.19\text{m/s}$$

$$a=\frac{\mathrm{d}v}{\mathrm{d}t}=-A\omega^2\cos(\omega t+\varphi)=[-0.12\times\pi^2\cos(\pi\times0.5-\pi/3)]\text{m/s}^2=-1.03\text{m/s}^2$$

（3）由题意知，$x_1=-0.06\text{m}$，$v_1<0$，$x_2=0$，$v_2>0$，则它们的旋转矢量如图 16-10 所示。

由上图可知，从 $x_1=-0.06\text{m}$ 处运动到 $x_2=0$ 处所需时间为

$$\Delta t=\frac{\Delta\varphi}{\omega}=\frac{3\pi/2-2\pi/3}{\pi}\text{s}=\frac{5}{6}\text{s}=0.83\text{s}$$

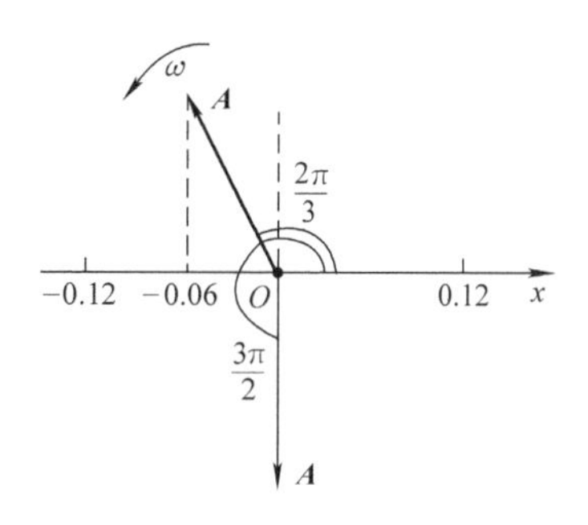

图 16-10　例 16.3 用图

16.1.4　简谐振动的能量

下面以水平方向振动的弹簧振子为例，来研究系统做简谐振动时的能量特征。

设弹簧的劲度系数为 k，物体的质量为 m，在某一时刻 t，物体的位置坐标为 x，速率为 v，则该时刻系统的动能为

$$E_k=\frac{1}{2}mv^2=\frac{1}{2}mA^2\omega^2\sin^2(\omega t+\varphi)\tag{16-14}$$

取坐标原点 $x=0$ 处为弹性势能的零点，则该时刻系统的弹性势能为

$$E_p=\frac{1}{2}kx^2=\frac{1}{2}kA^2\cos^2(\omega t+\varphi)\tag{16-15}$$

则弹簧振子的机械能为

$$E=E_k+E_p=\frac{1}{2}mA^2\omega^2\sin^2(\omega t+\varphi)+\frac{1}{2}kA^2\cos^2(\omega t+\varphi)$$

考虑到 $\omega^2=\dfrac{k}{m}$，则上式可简化为

$$E=\frac{1}{2}mA^2\omega^2=\frac{1}{2}kA^2\tag{16-16}$$

从式（16-14）~式（16-16）中可以看出，弹簧振子**在简谐振动过程中，系统的动能和势能都是随时间周期性变化的**，当系统的动能最大时，势能最小，系统的势能最大时，动能最小。在整个振动过程中，**系统的动能和势能相互转化，但系统的总机械能保持不变**，如图 16-11 所示（设 $\varphi=0$）。

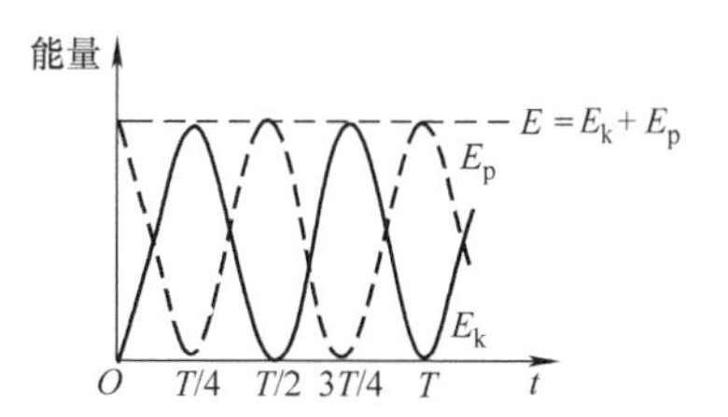

图 16-11　简谐运动能量随时间变化图

简谐振动过程中，弹簧振子的机械能不随时间改变，即机械能守恒。这是因为无阻尼自由振动的弹簧振子是一个孤立系统，在振动过程中没有外力对它做功，仅有保守内力做功。

从式（16-16）还可以看出，对给定的弹簧振子，简谐振动的能量和振幅的二次方成正比，振幅越大，振动的总机械能也越大。这意味着振幅不仅描述简谐振动的运动范围，而且还反映振动系统能量的大小。

由式（16-14）和式（16-15）可计算出简谐振动的动能和势能在一个振动周期 T 内的平均值。

平均动能为

$$\overline{E_k}=\frac{1}{T}\int_0^T E_k\,\mathrm{d}t=\frac{1}{4}kA^2=\frac{E}{2}$$

平均势能为

$$\overline{E_p} = \frac{1}{T}\int_0^T E_p \mathrm{d}t = \frac{1}{4}kA^2 = \frac{E}{2}$$

可见，弹簧振子做简谐振动时，其动能和势能都在谐振（见图 16-11）。动能和势能在一个周期内的平均值相等，且等于总能量的一半。它们的平衡点在系统机械能一半（$E/2 = kA^2/4$）的位置处，能量的振幅亦为 $E/2 = kA^2/4$。动能和势能变化的频率均为位移变化的频率的两倍，它们振动的相位相反，因而它们的总能量不随时间变化，是一常量，即机械能守恒。

*16.2 阻尼振动　受迫振动

16.2.1 阻尼振动

前面所讨论的简谐振动是不考虑阻力情况下的理想振动，这样的简谐振动称为无阻尼自由振动，系统在无限长的时间内总能量保持不变。实际上，振动物体总是要受到各种阻力作用，若系统没有能量补充，则系统的能量会逐渐减少，使得其机械能不断地转化为其他形式的能量，如转化为热能而耗散，或转化为周围介质的能量等。这样，振动物体的振幅会不断减小，振动最后趋于静止。这种现象称为**阻尼**，这种振动称为**阻尼振动**或**减幅振动**。

引起阻尼振动常见的原因有两类：一类是振动系统受到介质的阻力作用（如在空气等介质中振动时受到的介质阻力），使系统的机械能减小；另一类是振动系统与周围介质的相互作用，导致系统的能量向外辐射，减少了机械能。本节讨论前一种情况。在速度不太大时，介质阻力大小可视为与速度成正比，研究这种情况具有很大的实用价值，而且在此情形下，谐振动的动力学方程容易求出准确解。

下面以弹簧振子为例来讨论。

设介质阻力为

$$f_r = -\gamma v = -\gamma \frac{\mathrm{d}x}{\mathrm{d}t}$$

式中，γ 为正的比例常数，它的大小由物体的形状、大小、表面状况以及介质的性质决定。

若以 $-kx$ 表示回复力，振动物体的质量为 m，则应用牛顿第二定律可得

$$-kx - \gamma \frac{\mathrm{d}x}{\mathrm{d}t} = m\frac{\mathrm{d}^2x}{\mathrm{d}t^2}$$

即

$$\frac{\mathrm{d}^2x}{\mathrm{d}t^2} + \frac{\gamma}{m}\frac{\mathrm{d}x}{\mathrm{d}t} + \frac{k}{m}x = 0 \tag{16-17}$$

上式就是阻尼振动的动力学方程。

令

$$\frac{\gamma}{m} = 2\beta, \ \frac{k}{m} = \omega_0^2$$

式中，ω_0 称为振动系统的固有角频率；β 称为**阻尼系数**。将它们代入式（16-17），则有

$$\frac{\mathrm{d}^2x}{\mathrm{d}t^2}+2\beta\frac{\mathrm{d}x}{\mathrm{d}t}+\omega_0^2x=0 \tag{16-18}$$

上式是一个二阶齐次线性常微分方程，它在不同条件下有不同形式的解。

1. 欠阻尼情况

$\beta^2<\omega_0^2$ 时，阻尼较小，称**欠阻尼**。在欠阻尼情况下，微分方程（16-18）的解为

$$x=A\mathrm{e}^{-\beta t}\cos(\omega t+\varphi) \tag{16-19}$$

式中，A、φ 为积分常数，可由位移及速度的初始值 x_0、v_0 决定；ω 为阻尼振动的角频率，它的数值为 $\omega=\sqrt{\omega_0^2-\beta^2}$。

从式（16-19）可看出，在阻尼不大的条件下，系统虽仍能维持振动，但弹簧振子的运动不再是简谐运动，振动的振幅随时间按指数规律衰减，如图 16-12 所示。通常的弹簧振子，不论用什么方法起振，经过若干次振动后都会趋于平衡位置而静止，这种情况就属于衰减振动。

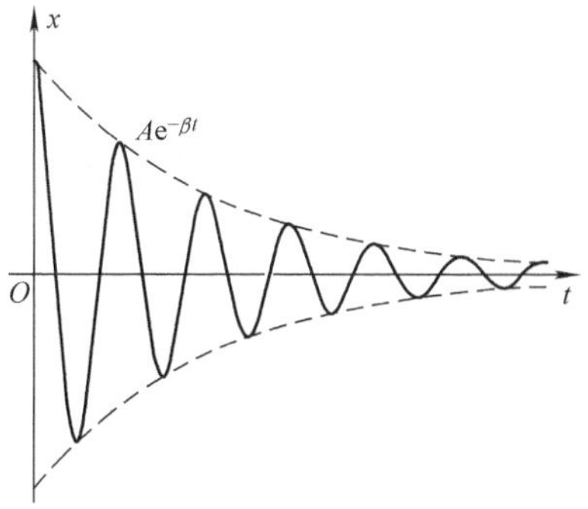

图 16-12　欠阻尼振动的位移 – 时间曲线

2. 过阻尼情况

$\beta^2>\omega_0^2$ 时，阻尼比较大，称为**过阻尼**。在过阻尼情况下，微分方程（16-18）的解为

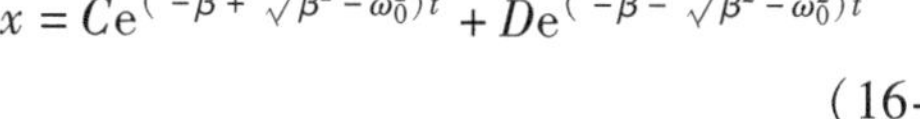

$$x=C\mathrm{e}^{(-\beta+\sqrt{\beta^2-\omega_0^2})t}+D\mathrm{e}^{(-\beta-\sqrt{\beta^2-\omega_0^2})t} \tag{16-20}$$

式中，C 和 D 为积分常数。

在这种情况下，弹簧振子的运动已不再具有振动特征。当一个过阻尼系统突然受到一个冲力作用而偏离平衡位置后，它将十分缓慢地回到平衡位置，而不会在平衡位置附近来回振动，此运动过程只有一个位移极大值，如图 16-13 所示。一个弹簧振子在黏度很大的液体中可产生这种运动。

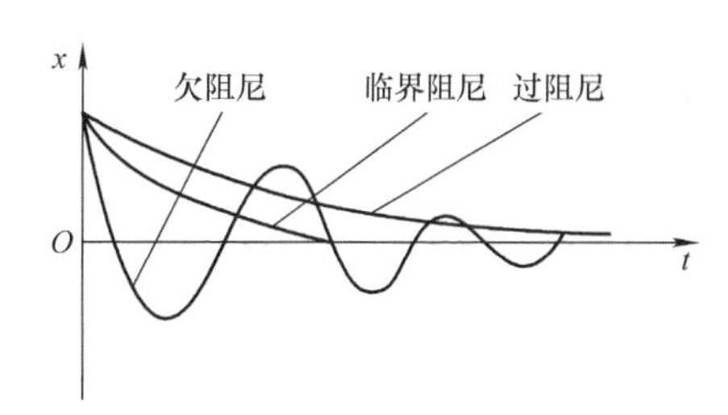

图 16-13　三种阻尼振动的位移 – 时间曲线

3. 临界阻尼情况

$\beta^2=\omega_0^2$ 时，称**临界阻尼**。在临界阻尼情况下，微分方程（16-18）的解为

$$x=(A+Bt)\mathrm{e}^{-\beta t} \tag{16-21}$$

式中，A 和 B 为常数。在这种情况下，弹簧振子的运动完全是非周期的，它已经不再具有来回往复运动的特点。而且处于临界阻尼状态的振动系统受到一个突然的冲击作用而偏离平衡状态时，退回到零点所需的时间是最小的，如图 16-13 所示。

阻尼在工程技术中有非常重要的作用，比如在一些精密仪器（如灵敏电流计、精密天平等）中常有阻尼装置来扼制仪器的振动，减少操作时间，以便仪表等能快速地逼近正确读数或者快速地返回平衡位置。

16.2.2　受迫振动　共振

在实际振动中，阻尼总是不可避免的，这会使系统的振幅随时间不断衰减。为了维持

系统做等幅振动，可以对系统施加周期性变化的外力（称为驱动力）来实现。物体在周期性外力作用下的振动，称为**受迫振动**。例如，秋千的摆动、声带的振动、柴油机和蒸汽机的活塞的振动，就是在驱动力的作用下进行的。

为简单起见，设驱动力为一按正弦函数规律随时间变化的简谐力，即

$$F_{驱}=F_0\cos\omega t$$

式中，F_0 和 ω 分别为驱动力的振幅和角频率。

设作用在振动系统上的弹性力为 $-kx$，阻力为 $-\gamma v$，则系统做受迫振动的动力学方程为

$$-kx-\gamma\frac{\mathrm{d}x}{\mathrm{d}t}+F_0\cos\omega t=m\frac{\mathrm{d}^2x}{\mathrm{d}t^2}$$

令 $\frac{k}{m}=\omega_0^2$，$\frac{\gamma}{m}=2\beta$，$\frac{F_0}{m}=f$ 代入上式，得

$$\frac{\mathrm{d}^2x}{\mathrm{d}t^2}+2\beta\frac{\mathrm{d}x}{\mathrm{d}t}+\omega_0^2x=f\cos\omega t \tag{16-22}$$

上式是一个二阶线性常微分非齐次方程，其解为

$$x=A_0\mathrm{e}^{-\beta t}\cos(\sqrt{\omega_0^2-\beta^2}t+\varphi_0)+A\cos(\omega t+\varphi) \tag{16-23}$$

式（16-23）表明，受迫振动可以看成是由阻尼振动和简谐振动两个振动合成的。经过足够长的一段时间后，阻尼振动（上式第一项）将减弱到可以忽略不计的程度，这时受迫振动便达到稳定状态（只剩下上式第二项），则受迫振动的稳定状态为

$$x=A\cos(\omega t+\varphi)$$

虽然上式与无阻尼自由振动表达式相同，但其实质不同，这时的受迫振动的角频率不是振子的固有频率，而是等于驱动力的角频率。稳态下受迫振动的振幅为

$$A=\frac{f}{\sqrt{(\omega_0^2-\omega^2)^2+4\beta^2\omega^2}} \tag{16-24}$$

稳态下受迫振动与驱动力的相位差为

$$\varphi=\arctan\frac{-2\beta\omega}{\omega_0^2-\omega^2} \tag{16-25}$$

可见，A 和 φ 都与初始条件无关。

受迫振动的振幅 A 与驱动力的角频率 ω、阻尼系数 β 及振动系统的固有频率 ω_0 均有关，根据式（16-24）作出 $A-\omega$ 曲线，如图 16-14 所示。如果驱动力的角频率一定，则系统的 β 值较大者，系统的振幅较小；如果系统的 β 值已定，则驱动力的角频率与系统的固有频率相差较大者（$\omega\gg\omega_0$ 或 $\omega\ll\omega_0$），系统的振幅较小。

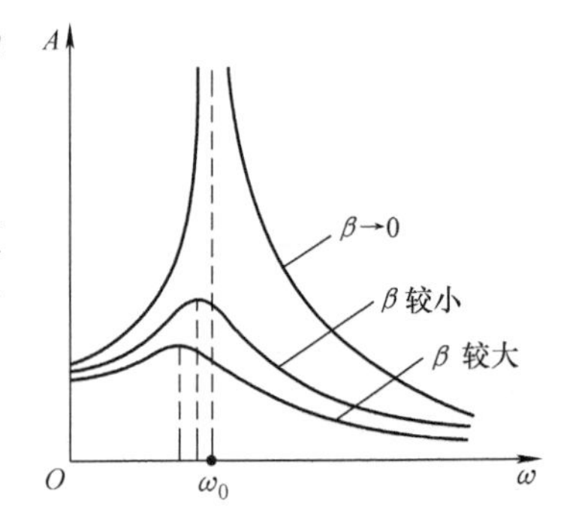

图 16-14　稳态下受迫振动的振幅随驱动力角频率的变化曲线

将式（16-24）关于 ω 求导，并令导数为零，即

$$\frac{\mathrm{d}A}{\mathrm{d}\omega}=\frac{2\omega f}{[(\omega_0^2-\omega^2)^2+4\beta\omega^2]^{3/2}}(\omega_0^2-2\beta^2-\omega^2)=0$$

由此解得

$$\omega=\sqrt{\omega_0^2-2\beta^2} \tag{16-26}$$

所以当驱动力的角频率 $\omega=\sqrt{\omega_0^2-2\beta^2}$ 时，受迫振动的振幅达到极大值，这种现象称为**共振**。其中 $\omega=\sqrt{\omega_0^2-2\beta^2}$ 称为共振角频率，将其代入式（16-24）和式（16-25），则共振时的振幅和初相分别为

$$A=\frac{f}{2\beta\sqrt{\omega_0^2-\beta^2}} \tag{16-27}$$

$$\varphi_0=\arctan\frac{-\sqrt{\omega_0^2-2\beta^2}}{\beta} \tag{16-28}$$

可见，阻尼系数越小，系统共振时的振幅越大，共振越剧烈。理论上，若系统阻尼近似为零（$\beta^2 \ll \omega_0^2$），则共振频率 $\omega=\omega_0$，即驱动力的角频率和系统的固有角频率一致时，系统的共振振幅将趋于无穷大。但实际上，这是不可能的，系统的阻尼不可能为零，共振振幅也不可能无穷大。

共振现象是很普遍的，在声、光、无线电、原子内部及工程技术都经常用到。

共振有有利的一面。例如提琴、琵琶、吉他等乐器都有各种形状、大小不一的木制盒子（共鸣箱），以使琴弦的振动引起共鸣箱中空气的共振，从而产生洪亮的声音。又如收音机收听广播，通过旋转收音机的旋钮来改变收音机电路的固有频率，使之与某个广播信号的电波频率相近，发生电磁共振，达到收听这个广播信号的目的。

但共振也会带来危害。18 世纪中叶，法国昂热市一座 102m 长的大桥上有一队士兵经过。当他们在指挥官的口令下迈着整齐的步伐过桥时，桥梁突然断裂，造成 226 名官兵和行人丧生。造成悲剧的原因是因为大队士兵齐步走的频率正好与大桥的固有频率一致，使桥发生共振，当它的振幅达到最大以至于超过桥梁的抗压力时，桥就断了。实际上，共振的危害程度和范围还远远不止于此。持续发出的某种频率的声音会使玻璃杯破碎；机器的运转可以因共振而损坏机座；行驶着的汽车，如果车轮转动周期正好与弹簧的固有节奏同步，所产生的共振就能导致汽车失去控制，从而造成车毁人亡。现在减振防振工作是工程技术中的一个重要课题。为了减振防振，可以采用使用阻尼器加大阻尼以吸收振动的能量，削弱共振现象，也可以采取使驱动力的频率远离共振频率等措施。

16.3 简谐振动的合成

在实际问题中，常会遇到一个质点同时参与几个简谐振动的情况，那么该质点的运动就是几个简谐振动的合成。振动的合成问题在声学、光学、电工学及无线电技术等领域均有广泛的应用。一般的振动合成问题比较复杂，本节只着重介绍几种简单的情形。

16.3.1 同一直线上同频率简谐振动的合成

设一个质点同时参与 x 轴方向上的两个振动，振动的角频率均为 ω，则任意时刻，这两个振动的位移表达式分别为

$$x_1=A_1\cos(\omega t+\varphi_1)$$

$$x_2=A_2\cos(\omega t+\varphi_2)$$

式中，A_1、A_2 和 φ_1、φ_2 分别为两个简谐振动的振幅和初相。

按运动的叠加原理，在任意时刻合振动的位移为

$$x = x_1 + x_2$$

上式虽然可以利用三角函数的和差化积公式求得结果，但是利用简谐振动的旋转矢量法来分析，可以更简捷直观地得出有关结论。

如图 16-15 所示，$\boldsymbol{A}_1$、$\boldsymbol{A}_2$ 分别表示简谐振动 x_1 和 x_2 的旋转矢量，$t=0$ 时，两旋转矢量与 x 轴的夹角分别为 φ_1 和 φ_2，其转动的角速度均为 ω，则 $\boldsymbol{A}_1$、$\boldsymbol{A}_2$ 在 x 轴上投影的坐标 x_1 和 x_2 即表示两个简谐振动的位移，它们的和 x_1+x_2 即为合振动位移。

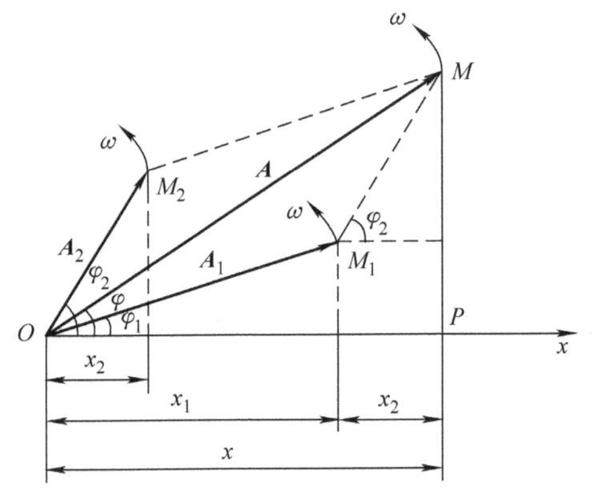

图 16-15　在 x 轴上的两个同频率的简谐振动合成的相量图

由矢量合成的平行四边形法则可知，$\boldsymbol{A} = \boldsymbol{A}_1 + \boldsymbol{A}_2$，我们首先分析 $\boldsymbol{A}$ 的变化规律。由于两个振动的角频率相同，即 $\boldsymbol{A}_1$、$\boldsymbol{A}_2$ 以相同的角速度 ω 绕 O 点做逆时针匀速旋转，所以在旋转过程中图中平行四边形的形状保持不变，因而合矢量 $\boldsymbol{A}$ 的长度 A 保持不变，并以同一角速度 ω 绕 O 点做逆时针匀速旋转。在任意时刻，合矢量 $\boldsymbol{A}$ 的端点在 x 轴上投影的坐标是 $x = x_1 + x_2$，这正好是我们要求的合振动的位移。

$t=0$ 时，合矢量 $\boldsymbol{A}$ 与 x 轴的夹角就是合振动的初相 φ，合振动的振幅 A 等于合矢量 $\boldsymbol{A}$ 的长度，则合振动的位移为

$$x = A\cos(\omega t + \varphi)$$

可见，简谐振动的合振动仍为简谐振动，且合振动的频率与两个分振动的频率相同。参照图 16-15，利用余弦定理可求得合振幅为

$$A = \sqrt{A_1^2 + A_2^2 + 2A_1A_2\cos(\varphi_2 - \varphi_1)} \tag{16-29}$$

$$\varphi = \arctan\frac{A_1\sin\varphi_1 + A_2\sin\varphi_2}{A_1\cos\varphi_1 + A_2\cos\varphi_2} \tag{16-30}$$

式（16-29）表明合振动的振幅不仅与两个分振动的振幅有关，而且还与它们的初相差有关。下面讨论几种特殊情况。

1）当两个分振动同相时，即满足 $\Delta\varphi = \varphi_2 - \varphi_1 = 2k\pi(k=0, \pm1, \pm2, \cdots)$，相量图如 16-16a 所示，则得

$$A = \sqrt{A_1^2 + A_2^2 + 2A_1A_2} = A_1 + A_2$$

上式说明，两个分振动相位差为 π 的偶数倍时，合振动的振幅等于两分振动振幅之和，这时合振幅达到最大。此时称两个振动相互加强，如图 16-17a 所示。若 $A_1 = A_2$，则合振幅 $A = 2A_1$。在相量图中，两个分振动的旋转矢量方向始终一致，保持重合，即两个分振动步调一致。

2）当两个分振动反相时，即满足 $\Delta\varphi = \varphi_2 - \varphi_1 = (2k+1)\pi(k=0, \pm1, \pm2, \cdots)$，旋转矢量图如 16-16b 所示，则得

$$A = \sqrt{A_1^2 + A_2^2 - 2A_1A_2} = |A_1 - A_2|$$

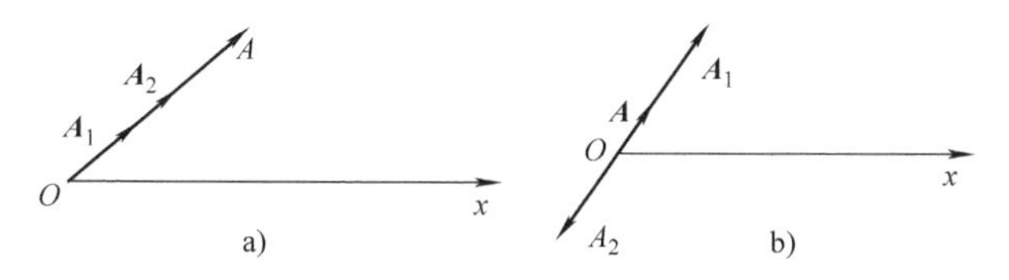

图 16-16 初相位不同的两个简谐振动合成的相量图

a) 两个分振动同相 b) 两个分振动反相

上式说明，两个分振动相位差为 π 的奇数倍时，合振动的振幅等于两个分振动振幅之差的绝对值，这时合振幅最小。此时称两个振动相互减弱，如图 16-17b所示。

若 $A_1=A_2$，则合振幅 $A=0$，说明两个等幅反相的振动合成的结果将使质点保持静止状态。在相量图中，两分振动的旋转矢量方向始终相反，即两个分振动步调始终相反。

3）当两个振动的相位差为其他值时，即满足 $\Delta\varphi=\varphi_2-\varphi_1\neq k\pi(k=0, \pm1, \pm2, \cdots)$，如图 16-17c 所示，则合振动的振幅为

$$|A_1-A_2|<A<A_1+A_2$$

对于这种比较复杂的情况，一般采用旋转矢量法求解问题比较简单。

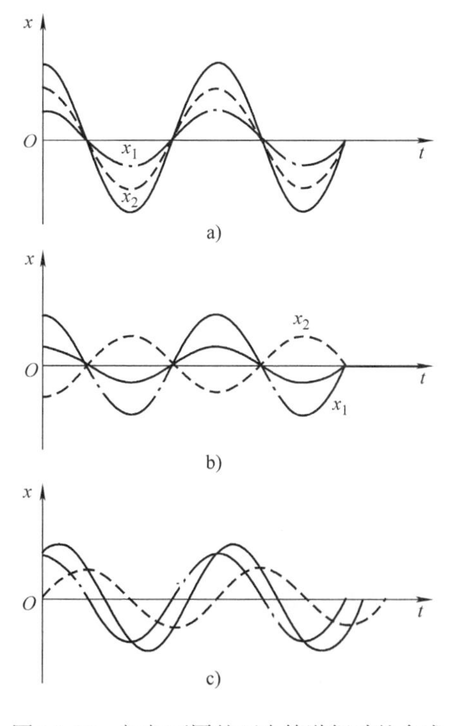

图 16-17 初相不同的两个简谐振动的合成

a) $\varphi_2-\varphi_1=2k\pi \quad A=A_1+A_2$

b) $\varphi_2-\varphi_1=(2k+1)\pi \quad A=A_1-A_2$

c) 任意相位差

例 16.4 同一直线上 n 个同频率的简谐振动，它们的振幅相等，依次间的相位差都等于一恒量 δ，求它们的合振动。

解：设这 n 个简谐振动的位移表达式分别为

$$x_1=a\cos\omega t$$

$$x_2=a\cos(\omega t+\delta)$$

$$x_3=a\cos(\omega t+2\delta)$$

$$\vdots$$

$$x_n=a\cos[\omega t+(n-1)\delta]$$

采用旋转矢量法，对每一个简谐振动作出其相应的旋转矢量 $\boldsymbol{a}_1$，$\boldsymbol{a}_2$，…，$\boldsymbol{a}_n$，如图 16-18 所示，则合振动就是由它们的合成矢量 $\boldsymbol{A}$ 所代表的。设合振动的位移表达式为

$$x=A\cos(\omega t+\varphi)$$

在相量图中，上式中的 A 和 φ 分别对应着合矢量 $\boldsymbol{A}$ 的大小及 $\boldsymbol{A}$ 与 x 轴的夹角。

接下来求合矢量 $\boldsymbol{A}$ 的大小和方向。

在相量图中，分别作出 $\boldsymbol{a}_1$，$\boldsymbol{a}_2$，…，$\boldsymbol{a}_n$ 的垂直平分线，所有的垂直平分线都交于一点 C。分别连接 C 点和矢量 $\boldsymbol{a}_1$，$\boldsymbol{a}_2$，…，$\boldsymbol{a}_n$ 的两个端点，就得到 n 个全等的等腰三角形。每个等腰三角形的顶角刚好等于 δ，则 $\angle OCM=n\delta$。设等腰三角形的腰长为 R，则在 $\triangle OCM$ 中

可求出 OM 即合矢量 $\boldsymbol{A}$ 的大小为

$$A=2R\sin(n\delta/2) \tag{16-31}$$

在△OCP 中，可表示出 OP 即分振动矢量 $\boldsymbol{a}_1$ 的大小为

$$a=2R\sin(\delta/2) \tag{16-32}$$

把式（16-32）代入式（16-31），可得 $\boldsymbol{A}$ 的大小为

$$A=a\frac{\sin(n\delta/2)}{\sin(\delta/2)} \tag{16-33}$$

而在△OCM 中，$\angle COM=\frac{\pi}{2}-\frac{n\delta}{2}$。在△$OCP$ 中，$\angle COP=\frac{\pi}{2}-\frac{\delta}{2}$。则 $\boldsymbol{A}$ 与 x 轴的夹角为

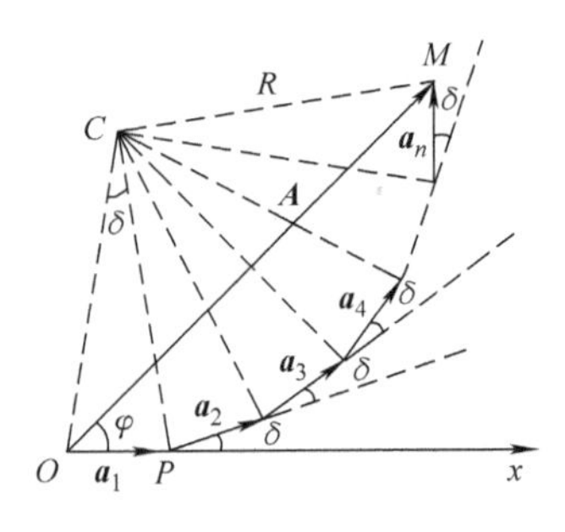

图 16-18　n 个等振幅、同频率、相邻振动相差为 δ 的简谐振动的合成的相量图　例 16.4 用图

$$\varphi=\angle MOP=\angle COP-\angle COM=\frac{n-1}{2}\delta \tag{16-34}$$

所以合振动的位移表达式为

$$x=a\frac{\sin(n\delta/2)}{\sin(\delta/2)}\cos\left(\omega t+\frac{n-1}{2}\delta\right)$$

讨论：

1）当 $\delta=2k\pi(k=0,\pm1,\pm2,\cdots)$ 时，如图 16-19a 所示，则合振动的振幅 $A=na$，振幅最大（主极大）。

2）当 $n\delta=2k'\pi$（k'为整数，但 $k'\neq nk$）时，如图 16-19b 所示，则合振动的振幅 $A=0$，振幅最小。

3）当 $n\delta=(2k+1)\pi(k=0,\pm1,\pm2,\cdots)$ 时，如图 16-19c 所示，则合振动的振幅 $A=2R$，振幅为次极大。

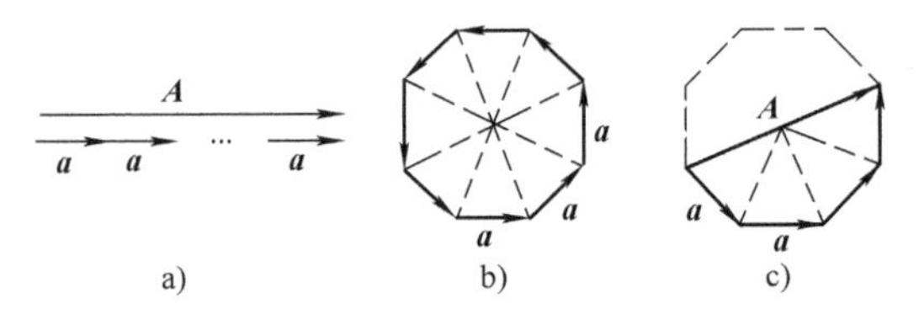

图 16-19　n 个等振幅、同频率、相邻振动相差为 δ 的简谐振动的合成的相量图

a）$\delta=2k\pi(k=0,\pm1,\pm2,\cdots)$　b）$n\delta=2k'\pi$（k'为整数，但 $k'\neq nk$）

c）$n\delta=(2k+1)\pi(k=0,\pm1,\pm2,\cdots)$

4）当 δ 为其他值时，合振动的振幅介于上面几种情况之间。

16.3.2　同一直线上不同频率简谐振动的合成　拍现象

如果一个质点参与两个同一直线上但不同频率的简谐振动，那么合振动的情况比较复杂，一般不再是简谐振动，这一点也可用旋转矢量法加以说明，如图 16-20 所示。

设同一直线上不同频率的简谐振动的表达式为

$$x_1=A_1\cos(\omega_1 t+\varphi_1)$$

$$x_2=A_2\cos(\omega_2 t+\varphi_2)$$

当 $t=0$ 时，$\boldsymbol{A}_1$、$\boldsymbol{A}_2$ 与 x 轴间的夹角分别为 φ_1、φ_2，将矢量 $\boldsymbol{A}_1$ 和 $\boldsymbol{A}_2$ 合成，得合矢量 $\boldsymbol{A}$，由于两个谐振动频率不同，则 $\boldsymbol{A}_1$ 和 $\boldsymbol{A}_2$ 为以不同角速度 ω_1、ω_2 绕 O 点旋转的矢量，因此 $\boldsymbol{A}_1$ 和 $\boldsymbol{A}_2$ 之间的夹角是随时间变化的，这样它们的合矢量 $\boldsymbol{A}$ 的大小也是随时间变化的，并且以不恒定的角速度旋转。因此合矢量 $\boldsymbol{A}$ 在 x 轴上的投影虽是振动，但不再做简谐振动。所以合振动不再是简谐振动，而是比较复杂的运动。

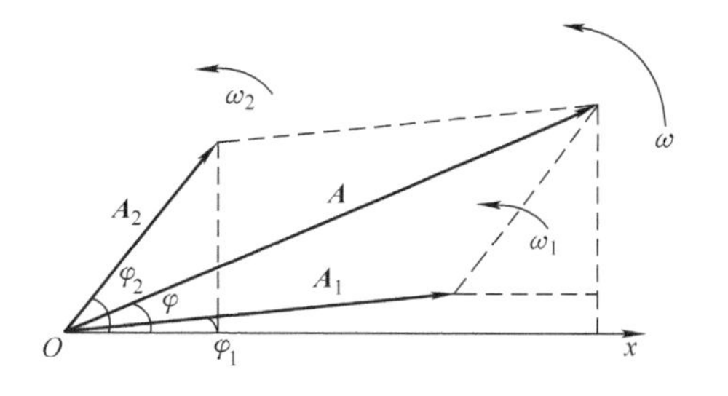

图 16-20　在 x 轴上的两个不同频率的简谐振动合成的相量图

为简单起见，讨论两个简谐振动的频率相差不大，且振幅相等（$A_1=A_2=A$）的特殊情况。

设这两个简谐振动的初相均为 φ，两个分振动的表达式为

$$x_1=A\cos(\omega_1 t+\varphi)$$
$$x_2=A\cos(\omega_2 t+\varphi)$$

则合振动的表达式为

$$\begin{aligned}x&=x_1+x_2=A\cos(\omega_1 t+\varphi)+A\cos(\omega_2 t+\varphi)\\&=2A\cos\left(\frac{\omega_2-\omega_1}{2}t\right)\cos\left(\frac{\omega_2+\omega_1}{2}t+\varphi\right)\end{aligned}\tag{16-35}$$

式中，$\left|2A\cos\left(\frac{\omega_2-\omega_1}{2}t\right)\right|$ 为合振动的振幅；$\frac{\omega_2+\omega_1}{2}$ 为合振动的角频率。

一般情况下，合振动看不出明显的周期性。但当两个分振动的频率都较大而其差很小，即 $|\omega_2-\omega_1|\ll\omega_1+\omega_2$ 时，就会出现明显的周期性。这时合振动表达式中前一个因子 $\cos\left(\frac{\omega_2-\omega_1}{2}t\right)$ 是做缓慢周期性变化的量，表明合振幅随时间做缓慢的周期性变化；后一因子 $\cos\left(\frac{\omega_2+\omega_1}{2}t+\varphi\right)$ 可近似看作随时间快速变化的频率近似为 ω_1 或 ω_2 的量。第一个因子的频率比第二个因子的频率小得多，所以第一个因子的变化比第二个因子的变化慢得多，以致在某一较短的时间内，第二个量已反复变化了多次，而第一个量几乎没有变化。因此，合振动可近似地看成振幅为 $\left|2A\cos\left(\frac{\omega_2-\omega_1}{2}t\right)\right|$，角频率为 $\frac{\omega_2+\omega_1}{2}$ 的简谐振动，振幅变化的频率要低得多。这种由频率都较大而其差很小的两个同方向简谐振动合成时所产生的合振幅时而加强时而减弱的现象称为**拍**。

由图 16-21 可以看到拍的形成：在 t_0 时刻，两个分振动的相位相同，合振幅最大；在 t_1 时刻，两个分振动的相位相反，合振幅最小；从 t_2 到 t_3 时刻，合振幅又从最大缓慢变为最小。可见合振动的振幅是随时间按余弦函数规律从 0 到 $2A$ 周期性缓慢变化的。

若以 T 表示合振幅变化的周期，那么根据余弦函数的规律，有

$$\frac{|\omega_2-\omega_1|}{2}(t+T)=\frac{|\omega_2-\omega_1|}{2}t+\pi$$

那么

$$T=\frac{2\pi}{|\omega_2-\omega_1|}$$

则振幅变化的频率为

$$\nu=\frac{1}{T}=\frac{|\omega_2-\omega_1|}{2\pi}=|\nu_2-\nu_1| \tag{16-36}$$

上式表示单位时间内合振动加强或者减弱的次数，称为**拍频**，拍频为两个分振动的频率之差。

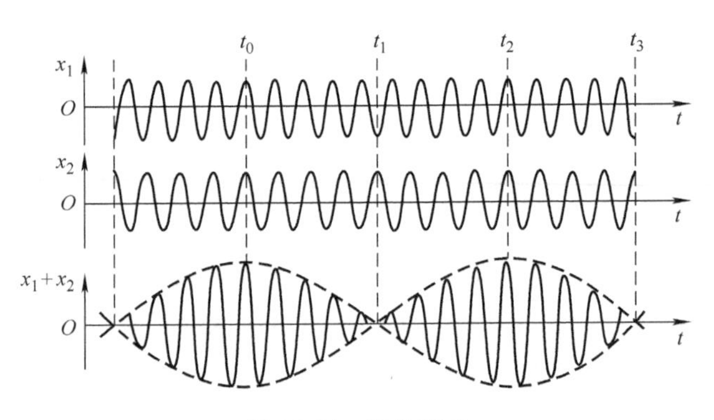

图 16-21　拍的形成

拍现象在日常生活和科学技术中有广泛的应用，比如利用拍现象可以校准乐器，也可利用拍现象来测定超声波或无线电的频率等。

*16.3.3　谐振分析

从 16.3.2 小节可知，两个在同一直线上但频率不同的简谐振动的合成的结果仍然是振动，但一般不再是简谐振动。下面举一个简单的例子，频率比为 1∶2 的两个简谐振动的合成。

为简单起见，设这两个简谐振动的初相均为零，则两个分振动的表达式为

$$x_1=A_1\sin\omega t,\ x_2=A_2\sin2\omega t$$

则合振动的表达式为

$$x=x_1+x_2=A_1\sin\omega t+A_2\sin2\omega t$$

合振动的 $x-t$ 曲线如图 16-22 所示。可以看出合振动不再是简谐振动，但仍是周期性振动。合振动的频率等于那个较低的振动的频率。

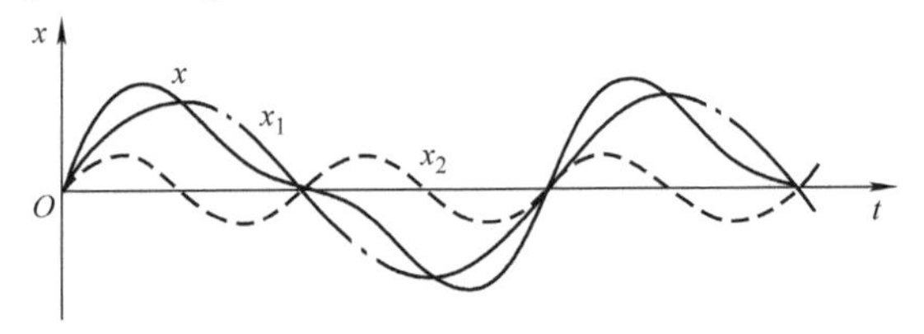

图 16-22　频率比为 1∶2 的两个简谐运动的合成

一般地说，若分振动不是两个，而是两个以上，且各分振动的频率都是其中一个最低频率的整数倍，则上述结论仍成立，即合振动仍是周期性的，其频率等于那个最低的频率。合振动的具体变化规律与分振动的个数、振幅比例关系及相位差有关。图 16-23 是说明由若干个简谐振动合成“方波”的图线。图 16-23a 表示方波的合振动图线，频率为 ν。图 16-23b、c、d 依次表示频率为 ν、3ν、5ν 的简谐振动的图线。这三个简谐振动的合成图线如图 16-23e 所示，它已经和方波振动图线相近，如果再加上频率更高而振幅适当的若干个简谐振动，就可以合成相当准确的方波振动。

以上讨论的是振动的合成，与之相反，任何一个复杂的周期性振动都可以分解为一系列简谐振动之和。这种把一个复杂的周期性振动分解为许多个简谐振动之和的方法称为**谐振分析**。

根据实际振动曲线的形状，或它的位移 - 时间函数关系，求出它所包含的各种简谐振动的频率和振幅的数学方法叫**傅里叶分析**，它指出：一个周期为 T 的周期函数 $F(t)$ 可以表示为

$$F(t) = \frac{a_0}{2} + \sum_{k=1}^{\infty}[A_k\cos(k\omega t + \varphi_k)]$$

其中各分振动的振幅 A_k 与初相 φ_k 可以用数学公式根据 $F(t)$ 求出。这些分振动中频率最低的称为**基频振动**，它的频率就是原周期函数 $F(t)$ 的频率，这一频率也叫**基频**。其他分振动的频率都是基频的整数倍，依次分别称为二次、三次、四次……**谐频**。

不仅周期性振动可以分解为一系列频率为最低频率整数倍的简谐振动，而且任意一种非周期性振动也可以分解为许多简谐振动。不过对非周期性振动的谐振分析要用到傅里叶变换，这里不再介绍。

通常用**频谱**表示一个实际振动所包含的各种谐振成分的振幅和它们的频率的关系。周期性振动的频谱是分立的**线状谱**（见图16-24a、b），而非周期性振动的频谱密集成连续谱（见图16-24c、d）。

谐振分析无论对实际应用或理论研究都是十分重要的方法，因为实际存在的振动大多不是严格的简谐振动，而是比较复杂的振动。在实际现象中，一个复杂振动的特征总跟组成它们的各种不同频率的谐振成分有关。例如，同为C音，音调（基

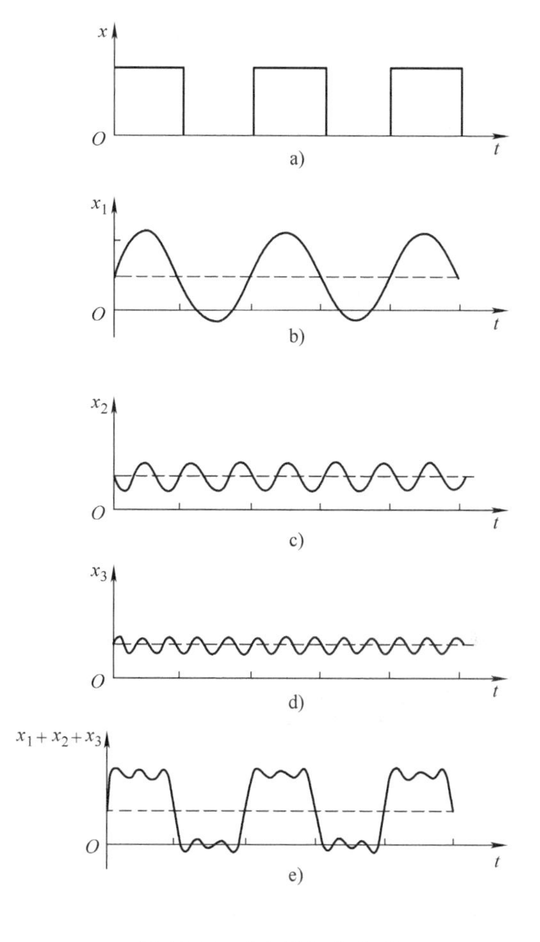

图16-23 “方波”的合成

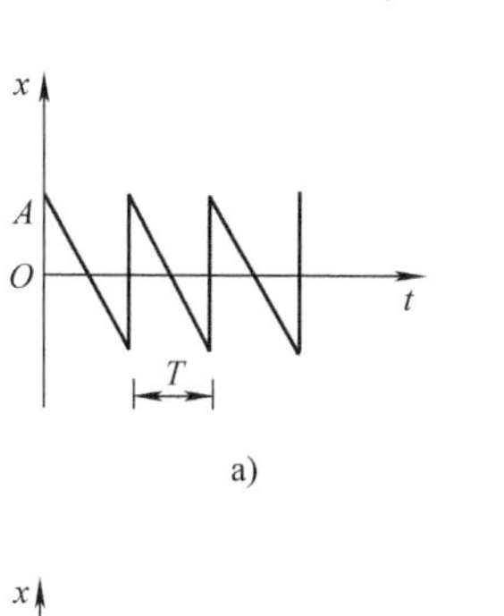

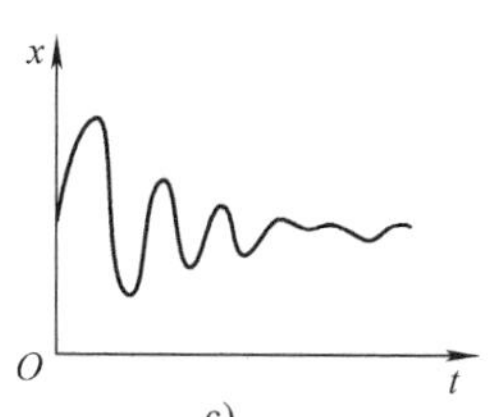

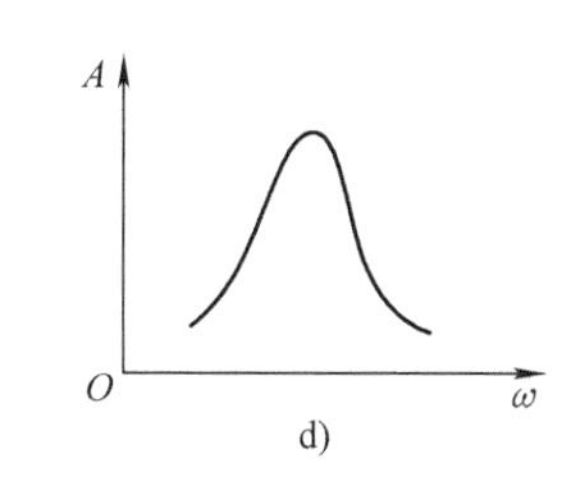

图16-24 振动的频谱

a）锯齿波 b）锯齿波的频谱 c）阻尼振动 d）阻尼振动的频谱

频）相同，但不同乐器发出的C音的音色不同，就是因为它们所包含的高次谐频的个数和振幅不同。

*16.3.4 两个相互垂直的简谐振动的合成 李萨如图形

当一个质点同时参与两个相互垂直方向的简谐振动时，合振动的情况一般较为复杂，但是研究两个同频率或不同频率相互垂直方向的简谐振动的合成，在物理学和工程技术中有重要的应用价值。下面讨论这两种简单的情形。

1. 两个相互垂直的同频率的简谐振动的合成

设质点参与两个相互垂直方向的、同频率的简谐振动，任意时刻两个分振动的运动方程为

$$x = A_1\cos(\omega t + \varphi_1)$$

$$y = A_2\cos(\omega t + \varphi_2)$$

此质点运动的轨迹在 xOy 平面内，从上述运动方程中消去 t，可得质点运动的轨迹方程为

$$\frac{x^2}{A_1^2} + \frac{y^2}{A_2^2} - 2\frac{xy}{A_1A_2}\cos(\varphi_2 - \varphi_1) = \sin^2(\varphi_2 - \varphi_1) \tag{16-37}$$

上式是一个椭圆方程，且质点轨迹被限制在 $x = \pm A_1$、$y = \pm A_2$ 的矩形区域内，这个轨迹形状由两个分振动的振幅和它们之间的相位差决定。下面我们分几种情况进行讨论。

1）当 $\Delta\varphi = \varphi_2 - \varphi_1 = 2k\pi(k = 0, \pm 1, \pm 2, \cdots)$，即两个分振动同相时，由式(16-37）可知质点的轨迹方程为

$$y = \frac{A_2}{A_1}x$$

这表明质点的运动轨迹为通过原点 O、斜率为 $\frac{A_2}{A_1}$ 的一条直线，如图16-25a所示。在任意时刻质点的位矢 $\boldsymbol{r}$ 的大小为

$$r = \sqrt{x^2 + y^2} = \sqrt{A_1^2\cos^2(\omega t + \varphi_1) + A_2^2\cos^2(\omega t + \varphi_2)}$$

$$= \sqrt{A_1^2 + A_2^2}\cos(\omega t + \varphi_1)$$

可见，质点仍做简谐振动，振动频率和原来两振动的频率相同，振幅为 $\sqrt{A_1^2 + A_2^2}$。

2）当 $\Delta\varphi = \varphi_2 - \varphi_1 = (2k+1)\pi(k = 0, \pm 1, \pm 2, \cdots)$，即两个分振动反相时，由式(16-37）可知质点的轨迹方程为

$$y = -\frac{A_2}{A_1}x$$

上式表明质点仍在通过原点 O、斜率为 $-\frac{A_2}{A_1}$ 的直线上做简谐振动，其振动频率、振幅与情形1）相同，如图16-25b所示。

3）当 $\Delta\varphi = \varphi_2 - \varphi_1 = \frac{\pi}{2}$ 时，由式（16-37）可知质点的轨迹方程为

$$\frac{x^2}{A_1^2} + \frac{y^2}{A_2^2} = 1$$

上式表明质点的运动轨迹是以坐标轴为主轴的正椭圆，如图16-25c所示，质点沿轨迹运动

方向为顺时针。

4）当 $\Delta\varphi=\varphi_2-\varphi_1=-\frac{\pi}{2}$ 或 $\frac{3\pi}{2}$，质点的运动轨迹仍为正椭圆，只不过此时质点沿轨迹运动方向为逆时针，如图 16-25d 所示。若两个分振动的振幅相等即 $A_1=A_2$，则合成的质点运动轨迹为圆。

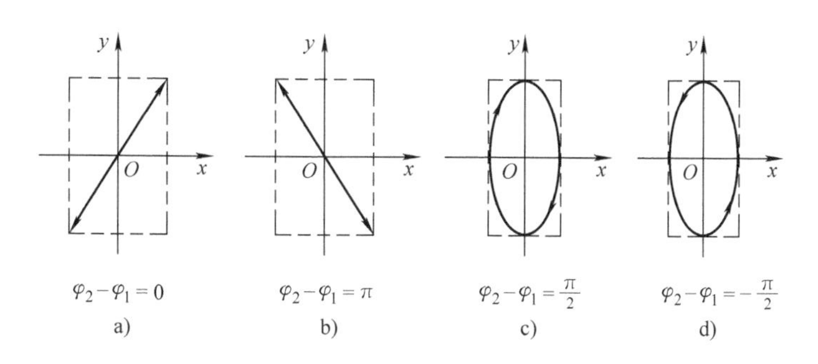

图 16-25　互相垂直的两个简谐振动的合成的轨迹与走向

5）当两个分振动的相位差 $\Delta\varphi$ 为其他任意值时，质点的运动轨迹方程为式（16-37），质点运动轨迹仍为椭圆，只是相对坐标系不再是正椭圆而是斜椭圆，椭圆相对坐标轴的倾斜程度随 $\Delta\varphi$ 的不同而不同。图 16-26 给出了相位差为 $\Delta\varphi=0,\frac{\pi}{4},\cdots$ 各种情况下的质点轨迹曲线，并在曲线上标明了质点沿轨迹的运动方向。

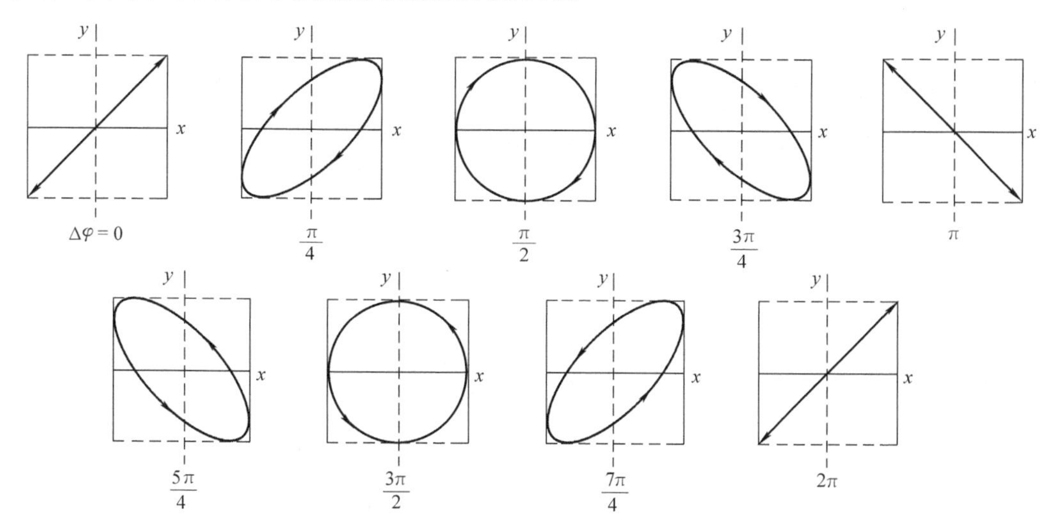

图 16-26　互相垂直的两个简谐振动的合成的轨迹与走向

2. 两个相互垂直的不同频率的简谐振动的合成

从上述讨论可以看出，两个相互垂直的简谐振动的合成是相当复杂的，合成运动轨迹不仅与两个分振动的频率有关，而且与它们的相位差有关。

当两个相互垂直的分振动的频率比为简单的整数比时，合成运动的轨迹才会是稳定的闭合曲线，也就是说合成的运动是周期性的。图 16-27 给出了频率比为不同简单整数比、初相差为特殊角度情况下的两个互相垂直的简谐振动的合成运动轨迹图，这样的轨迹图称为**李萨如图形**。

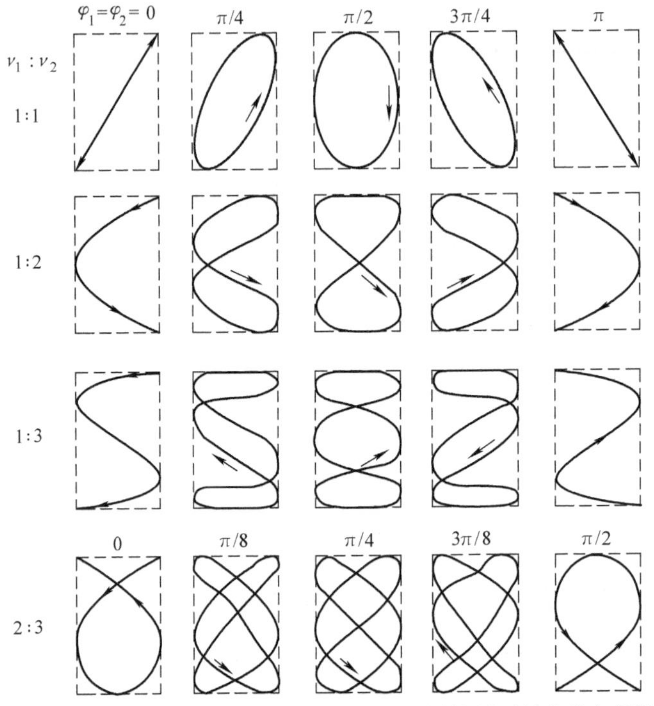

图 16-27　频率具有简单整数比、初相差不同情况下的李萨如图形

各种不同情形的李萨如图形均可在示波器中观察到。利用李萨如图形，我们可以判断出两个分振动的频率之比，从而可由一已知振动的频率求得另一振动的未知频率。

小　　结

1. 简谐振动

运动学方程：$x=A\cos(\omega t+\varphi)$

三个特征量：振幅 A、角频率 ω 和初相 φ。

速度和加速度：$v=\dfrac{\mathrm{d}x}{\mathrm{d}t}=-A\omega\sin(\omega t+\varphi)$，$a=\dfrac{\mathrm{d}^2x}{\mathrm{d}t^2}=-A\omega^2\cos(\omega t+\varphi)$

动力学方程：$\dfrac{\mathrm{d}^2x}{\mathrm{d}t^2}+\omega^2x=0$

弹簧振子的动力学方程：$\dfrac{\mathrm{d}^2x}{\mathrm{d}t^2}+\dfrac{k}{m}x=0$，$\omega=\sqrt{\dfrac{k}{m}}$，$T=\dfrac{2\pi}{\omega}=2\pi\sqrt{\dfrac{m}{k}}$

单摆的小摆角振动的动力学方程：$\dfrac{\mathrm{d}^2\theta}{\mathrm{d}t^2}+\dfrac{g}{l}\theta=0$，$\omega=\sqrt{\dfrac{g}{l}}$，$T=\dfrac{2\pi}{\omega}=2\pi\sqrt{\dfrac{l}{g}}$

初始条件决定振幅 A 和初相 φ：$A=\sqrt{x_0^2+\dfrac{v_0^2}{\omega^2}}$，$\varphi=\arctan\left(-\dfrac{v_0}{\omega x_0}\right)$

简谐振动的能量：机械能保持不变。$E=E_\mathrm{k}+E_\mathrm{p}=\dfrac{1}{2}mv^2+\dfrac{1}{2}kx^2=\dfrac{1}{2}kA^2$

*2. 阻尼振动与受迫振动

（1）阻尼振动：考虑阻尼力作用的振动。阻尼振动的动力学方程：$-kx-\gamma\frac{\mathrm{d}x}{\mathrm{d}t}=m\frac{\mathrm{d}^2x}{\mathrm{d}t^2}$。

欠阻尼情况（阻尼较小）：系统虽仍能维持振动，但不再是简谐振动，振动的振幅随时间按指数规律衰减，经过若干次振动后物体会回到平衡位置而静止。

过阻尼情况（阻尼较大）：物体会慢慢回到平衡位置，不再振动。

临界阻尼情况（阻尼适当）：物体会以最短时间回到平衡位置，不再振动。

（2）受迫振动：在周期性驱动力作用下的振动。

受迫振动的动力学方程：$-kx-\gamma\frac{\mathrm{d}x}{\mathrm{d}t}+F_0\cos\omega t=m\frac{\mathrm{d}^2x}{\mathrm{d}t^2}$

稳态下受迫振动的频率等于驱动力的频率；当驱动力的频率等于振动系统的固有频率时，稳态受迫振动的振幅达到极大值，这种现象称为**共振**。

3. 简谐振动的合成

（1）同一直线上同频率的两个简谐振动的合成：

设 $x_1=A_1\cos(\omega t+\varphi_1)$，$x_2=A_2\cos(\omega t+\varphi_2)$，$x=x_1+x_2$

令 $x=A\cos(\omega t+\varphi)$，则

$$A=\sqrt{A_1^2+A_2^2+2A_1A_2\cos(\varphi_2-\varphi_1)},\ \varphi=\arctan\frac{A_1\sin\varphi_1+A_2\sin\varphi_2}{A_1\cos\varphi_1+A_2\cos\varphi_2}$$

讨论：当 $\Delta\varphi=\varphi_2-\varphi_1=2k\pi(k=0,\pm1,\pm2,\cdots)$时，$A=\sqrt{A_1^2+A_2^2+2A_1A_2}=A_1+A_2$

当 $\Delta\varphi=\varphi_2-\varphi_1=(2k+1)\pi(k=0,\pm1,\pm2,\cdots)$时，$A=\sqrt{A_1^2+A_2^2-2A_1A_2}=|A_1-A_2|$

当 $\Delta\varphi=\varphi_2-\varphi_1$ 为其他值时，$|A_1-A_2|<A<A_1+A_2$

（2）同一直线上不同频率的两个简谐振动的合成：

分振动：$x_1=A\cos(\omega_1t+\varphi)$，$x_2=A\cos(\omega_2t+\varphi)$

合振动：$x=x_1+x_2=2A\cos\left(\frac{\omega_2-\omega_1}{2}t\right)\cos\left(\frac{\omega_2+\omega_1}{2}t+\varphi\right)$

合振动的振幅为：$\left|2A\cos\left(\frac{\omega_2-\omega_1}{2}t\right)\right|$，合振动的角频率为：$\frac{\omega_2+\omega_1}{2}$

两个分振动频率都很大但彼此频率差很小时，产生的合振动的振幅时大时小随时间作周期性变化的现象称为**拍现象**。

拍频：$\nu=\frac{|\omega_2-\omega_1|}{2\pi}=|\nu_2-\nu_1|$

*(3)两个相互垂直的同频率的简谐振动的合成：

分振动：$x=A_1\cos(\omega t+\varphi_1)$，$y=A_2\cos(\omega t+\varphi_2)$

$\Delta\varphi=\varphi_2-\varphi_1=2k\pi(k=0,\pm1,\pm2,\cdots)$，轨迹方程为 $y=\frac{A_2}{A_1}x$

$\Delta\varphi=\varphi_2-\varphi_1=(2k+1)\pi(k=0,\pm1,\pm2,\cdots)$，轨迹方程为 $y=-\frac{A_2}{A_1}x$

$\Delta\varphi=\varphi_2-\varphi_1=\frac{\pi}{2}$，轨迹方程为$\frac{x^2}{A_1^2}+\frac{y^2}{A_2^2}=1$，正椭圆，顺时针方向

$\Delta\varphi = \varphi_2 - \varphi_1 = -\frac{\pi}{2}$或$\frac{3\pi}{2}$，轨迹为正椭圆，逆时针方向。

（4）两个相互垂直的不同频率的简谐振动的合成：

当两个分振动的频率比为简单的整数比时，合成的轨迹形成李萨如图形。

***4. 谐振分析：**

把一个复杂的周期性振动分解为许多个振幅和频率不同的简谐振动之和的方法称为**谐振分析**。

思 考 题

16.1 分别分析下列运动是不是简谐振动：

（1）拍皮球时球的运动；

（2）如图 16-28 所示，一小球在一个半径很大的光滑凹球面内滚动（设小球所经过的弧线很短）。

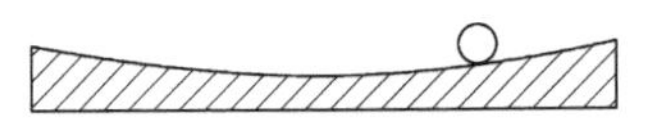

图 16-28 思考题 16.1 用图

16.2 弹簧振子做简谐振动时，在哪些运动阶段中质点的速度和加速度是同号的？在哪些运动阶段中质点的速度和加速度是反号的？加速度为正时，振子是否一定做加速运动？加速度为负时，振子是否一定做减速运动？

16.3 一弹簧振子，在水平面或竖直悬挂运动时均做简谐振动，且有相同的频率，若将其放置在光滑的斜面上，是否仍做简谐振动？其频率是否变化？

16.4 弹簧振子做简谐振动，当其振幅增大一倍时，问下列物理量将受到什么影响：周期、最大速度、最大加速度、总机械能。

16.5 将单摆的摆球从平衡位置拉起一小角度 θ 释放，问 θ 角是否就是单摆的初相？单摆的角速度是否就是振动的角频率？

16.6 有一鸟类学家，他在野外观察到一种少见的大鸟落在一棵大树的细枝上，他想测得这只鸟的质量，但不能捉来称量，于是灵机一动，测得该鸟在 3s 内在树枝上来回摆动了 6 次，等鸟飞走以后，他又用 1kg 的砝码系在大鸟原来落的位置上，测出树枝弯下了 10cm，于是他很快算出了这只鸟的质量。你认为这位鸟类学家是怎样算的？你想到了这种方法吗？这只鸟的质量是多少？

16.7 弹簧振子做简谐振动，振动方程为 $x = A\cos(\omega t + \varphi)$，问：（1）当振子的位移为振幅的一半时，其动能和势能各占总能量的多少？（2）振子在什么位置时其动能和势能各占总能量的一半？

16.8 任何一个实际的弹簧都是有质量的，若考虑弹簧的质量，弹簧振子的振动周期将变大还是变小？

16.9 图 16-29 为两个简谐振动的 $x-t$ 曲线，试分别写出其简谐振动方程。

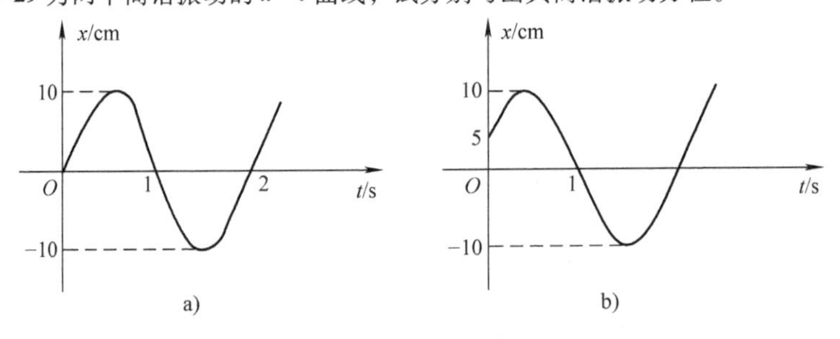

图 16-29 思考题 16.9 用图

16.10 同一直线上、同频率简谐振动的合成结果是否是简谐振动？如果是，其频率等于多少？振幅取决于哪些因素？

*16.11 一般说来，相互垂直的两个同频率的简谐振动的合成结果是什么运动？是不是周期性的？试述当这两个简谐振动的相位差为 0、$\frac{\pi}{2}$、π、$\frac{3\pi}{2}$、2π 时合成运动的特性。

习 题

16.1 一物块在水平面上做简谐振动，振幅为 10cm，当物块离开平衡位置 6cm 时，速度为 24cm/s。问：(1) 物块运动的周期是多少？(2) 速度为 ±12cm/s 时的位移是多少？

16.2 两质点沿水平方向做同频率、同振幅的简谐振动，每当它们经过$\frac{A}{2}$、$-\frac{A}{2}$时都相遇但运动方向相反，求两振动的相位差。

16.3 两个水平弹簧振子的振动周期均为 2s，振幅均为 A。$t=0$ 时刻，振子 1 沿 x 轴反方向运动至平衡位置，而振子 2 沿 x 轴反方向运动至 $x=\frac{A}{2}$处，试求：(1) 振子 1 和振子 2 的相位差；(2) 振子 2 从初始位置沿 x 轴反方向运动至 $x=-\frac{A}{2}$处所经历的最短时间。

16.4 一单摆摆长为 1m，最大摆角为 5°。(1) 求摆的角频率和周期；(2) 如 $t=0$ 时摆角处于正向最大处，写出其振动方程；(3) 当摆至 3°时，问摆球的角速度和线速度各为多少？

16.5 两个完全相同的弹簧振子 B 和 C，并排放在光滑的水平面上，测得它们的周期都是 2s，现将两振子从平衡位置向右拉开 7cm，然后无初速度地先释放 B，经过 0.5s 后，再释放 C，求它们之间的相位差。若以 C 刚开始运动的瞬间开始计时，试写出两振子的运动方程。

16.6 一质量为 10g 的物体做简谐振动，其振幅为 12cm，周期为 4.0s，当 $t=0$ 时，物体的位移为 12cm。试求：(1) $t=0.5$s 时，物体所在的位置；(2) $t=0.5$s 时，物体所受力的大小和方向；(3) 由起始位置运动到 $x=6$cm 处所需的最短时间；(4) 在 $x=6$cm 处，物体的速度、动能。

16.7 一个质量为 m 的小球在一个光滑的半径为 R 的球形碗底做微小振动，如图 16-30 所示。设 $t=0$ 时，$\theta=0$，小球的速度为 v_0，向右运动。在振幅很小情况下，试求小球的振动方程。

16.8 有一立方形的木块浮于静水之中，静止时浸入水中的部分高度为 a。若用力稍稍压下，使其浸入水中部分的高度为 b，如图 16-31 所示，然后松手，任其做自由振动。试证明，如果不计水的黏滞阻力，木块将做简谐振动，并求其振动的周期和振幅。

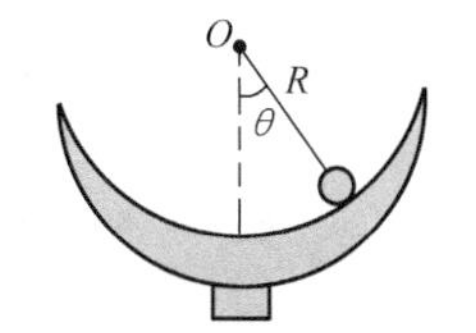

图 16-30 习题 16.7 用图

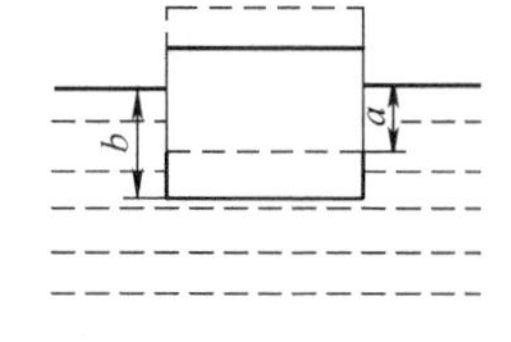

图 16-31 习题 16.8 用图

16.9 如图 16-32 所示，在一平板下装有弹簧，平板上放一质量为 1.0kg 的重物。现使平板沿竖直方向做简谐运动，周期为 0.50s，振幅为 2.0×10^{-2}m，求：(1) 平板到最低点时，重物对平板的作用力；(2) 若频率不变，则平板以多大的振幅振动时，重物会跳离平板？(3) 若振幅不变，则平板以多大的频率振动时，重物会跳离平板？

16.10 一轻弹簧的劲度系数为 k，其下端悬有一质量为 m 的盘子。现有一质量为 M 的物体从离盘 h 高度处，自由下落到盘中并和盘子粘在一起，于是盘子开始振动。求：(1) 此时的振动周期与空盘时的周期有何不同？(2) 此时的振动振幅。(3) 取平衡位置为原点，位移方向以向下为正，并以弹簧开始振动时作为计时起点，求初相，并写出物体与盘子的振动方程。

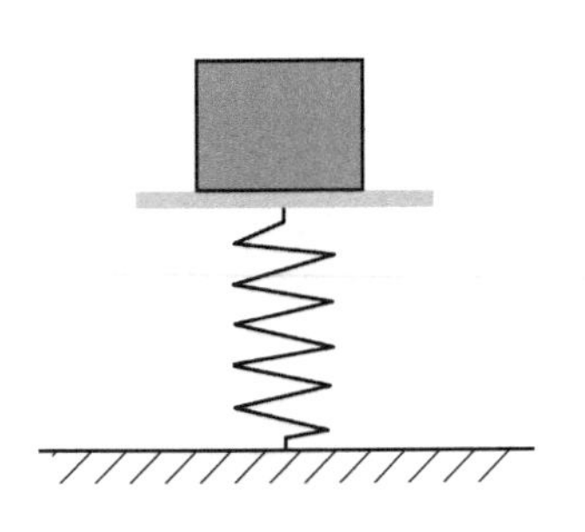

图 16-32　习题 16.9 用图

16.11　两个同方向的简谐振动：

$$x_1 = 5.0\cos\left(10t + \frac{3}{4}\pi\right)\text{cm},\ x_2 = 6.0\cos\left(10t + \frac{1}{4}\pi\right)\text{cm}$$

求：(1) 合振动的振动振幅和初位相；(2) 另有一同方向的简谐振动：$x_3 = 7.0\cos(10t + \varphi_3)\text{cm}$，问当 φ_3 为何值时，$x_1 + x_3$ 振幅最大？当 φ_3 为何值时，$x_2 + x_3$ 振幅最小？

16.12　两个同方向的简谐振动曲线（见图 16-33），求：(1) 合振动的振幅；(2) 合振动的振动表达式。

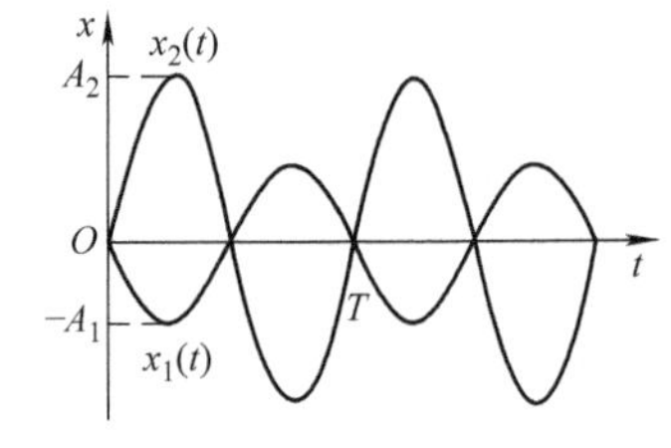

图 16-33　习题 16.12 用图

16.13　两个同方向、同频率的简谐振动，其合振动的振幅为 20cm，与第一个振动的相差为 π/6。若第一个振动的振幅为 $10\sqrt{3}$cm，则 (1) 第二个振动的振幅为多少？(2) 两简谐振动的相位差为多少？

16.14　一定滑轮半径为 R，转动惯量为 J，其上挂一轻绳，绳的一端系一质量为 m 的物体，另一端与一固定的轻弹簧相连，如图 16-34所示，设弹簧的劲度系数为 k，绳与滑轮间无滑动，且忽略轴的摩擦力及空气阻力，现将物体 m 从平衡位置拉下一微小距离后放手，证明物体做简谐振动，并求出其角频率。

16.15　一待测频率的音叉与一频率为 440Hz 的标准音叉并排放置，并同时振动。声音响度有周期性起伏，每隔 0.5s 听到一次最大响度的音（即拍声），问拍频是多少？音叉的频率可能是多少？为了进一步唯一确定其值，可以在待测音叉上滴上一滴石蜡，重做上述实验，若此时拍频变低，则说明待测音叉的频率是多少？

*16.16　火车在铁轨上行驶，每经过铁轨接轨处即受一次振动，使装在弹簧上面的车厢上下振动。设每段铁轨长 12.5m，弹簧平均负重 5.5t，而弹簧每受 1.0t 力将压缩 16mm。试问，火车速度多大时，振动特别强？

*16.17　示波管的电子束受到两个相互垂直的电场的作用，电子在两个方向上的位移分别为 $x = A\cos\omega t$ 和 $y = A\cos(\omega t + \varphi)$，求在 $\varphi = 0°$、$30°$、$90°$ 三种情况下，电子在荧光屏上的轨迹方程。

图 16-34　习题 16.14 用图

*16.18　一弹簧振子系统，物体的质量 $m = 1.0\text{kg}$，弹簧的劲度系数 $k = 500\text{N/m}$。系统振动时受到阻尼作用，其阻尼系数 $\beta = 0.01\text{s}^{-1}$。为使振动持续，现另外加一周期性驱动外力 $F = \cos 20t\ (\text{N})$。求：(1) 振子达到稳定时的振动角频率；(2) 若外力的角频率可以改变，当其值为多少时系统出现共振现象？其共振的振幅多大？

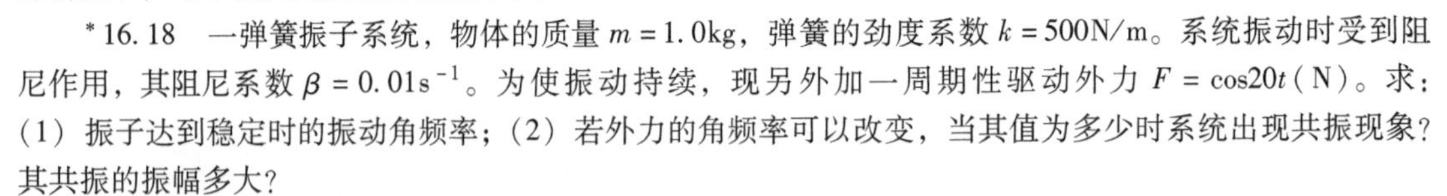

习题答案

16.1　(1) 2.09s；(2) ±9.16cm

16.2　$\pm\frac{2\pi}{3}$或$\pm\frac{4\pi}{3}$

16.3　(1) $-\frac{\pi}{6}$；(2) $\frac{1}{3}$s

16.4　(1) 3.13rad/s，2s；(2) $\theta = 0.087\cos(3.13t)$；(3) ±0.216rad/s，±0.216m/s

16.5　$-\frac{\pi}{2}$；$x_1 = 0.07\cos\left(\pi t + \frac{\pi}{2}\right)$ (m)，$x_2 = 0.07\cos\pi t$ (m)

16.6 （1）0.085m；（2）-2.1×10^{-3}N，方向指向平衡位置；（3）$\frac{2}{3}$s；（4）±0.16m/s，1.28×10^{-4}J

16.7 $\theta=\frac{v_0}{\sqrt{gR}}\cos\left(\sqrt{\frac{g}{R}}t-\frac{\pi}{2}\right)$

16.8 证明略；周期为$2\pi\sqrt{\frac{a}{g}}$，振幅为$b-a$

16.9 （1）12.96N；（2）0.062m；（3）3.52Hz

16.10 （1）周期增大；（2）$\frac{g}{k}\sqrt{M^2+\frac{2m^2kh}{(m+M)g}}$

（3）初相$\arctan\left[\frac{m}{M}\sqrt{\frac{2kh}{(m+M)g}}\right]$，振动方程$x=\frac{g}{k}\sqrt{M^2+\frac{2m^2kh}{(m+M)g}}\cos\left\{\sqrt{\frac{k}{m+M}}t+\arctan\left[\frac{m}{M}\sqrt{\frac{2kh}{(m+M)g}}\right]\right\}$

16.11 （1）7.8×10^{-2}m，1.48rad；（2）$2k\pi+\frac{3}{4}\pi(k=0,\pm1,\pm2,\cdots)$，$(2k+1)\pi+\frac{1}{4}\pi(k=0,\pm1,\pm2,\cdots)$

16.12 （1）A_2-A_1；（2）$x=(A_2-A_1)\cos\left(\frac{2\pi}{T}t-\frac{\pi}{2}\right)$

16.13 （1）10cm；（2）$\frac{\pi}{2}$

16.14 证明略，角频率$\sqrt{\frac{kR^2}{J+mR^2}}$

16.15 拍频2Hz；音叉的频率可能是442Hz或438Hz；待测音叉的频率是442Hz

*16.16 20.8m/s

*16.17 $y=x$，$x^2+y^2-\sqrt{3}xy=\frac{A^2}{4}$，$x^2+y^2=A^2$

*16.18 （1）20rad/s；（2）17.3rad/s，2.5×10^{-3}m

17

第17章 波动

一定扰动的传播称为**波动**，简称**波**。常见的波有机械波、电磁波和物质波。机械振动在介质中的传播称为**机械波**，如声波、水波、地震波等。变化的电场磁场在空间的传播称为**电磁波**，如无线电波、光波等。微观粒子运动时具有的波叫**物质波**。各类波的本质不同，各有其特殊的性质和规律，如声波需要介质才能传播，电磁波却可在真空中传播，至于光波有时可以直接把它看作粒子——光子的运动等。各类波也具有许多共同的特征和规律，如都具有时空周期性，传播过程中都伴随着能量的传播，都能产生反射、折射、衍射以及干涉等波的特征现象。

本章主要讨论机械波中最基本、最简单的波——简谐波，先介绍机械波，特别是简谐波的产生过程、波函数及其特征，再说明波的传播速度与弹性介质性质之间的关系及波动传送能量的规律，接着介绍波的传播规律——惠更斯原理以及波的一种叠加现象——驻波，最后介绍多普勒效应等。

17.1 简谐波

17.1.1 行波

1. 机械波的产生

要产生机械波，首先要有**波源**，即产生形变和位移的振动系统。其次要有能够传播机械振动的媒介——**弹性介质**，即质量连续分布、在内部发生形变时能产生弹性力的物质，可以是固体、液体、气体或等离子体等。这样波源处质元的振动会通过弹性介质里的弹性力的作用，将振动以一定的速度由近及远地传播出去，从而形成机械波。由此可见，波源和弹性介质是机械波产生的两个必要条件。

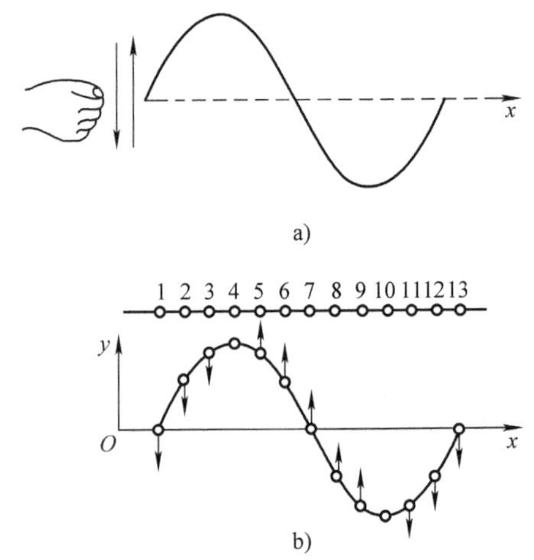

图 17-1　绳上横波的产生

a）某一时刻绳的图形　b）各质点的振动情况

例如，如图 17-1a 所示，有一个水平拉直的柔软的细绳，用手使绳子的一端垂直地上下振动，绳中各质元因相互间的弹性力作用也将上下振动，从而在绳上形成凹凸相间沿绳传播的波。这里，波源是绳端的质元，而弹性介质是细绳。

这种扰动的向前传播叫**行波**，取其“行走”之意。抖动一次的扰动叫**脉冲**，脉冲的传播叫**脉冲**

波。行波的特点：在波传播的过程中，介质中各质元均在自身平衡位置附近振动，并没有随波前进，因此波动只是振动状态在介质中的传播；介质中各质元的振动频率与波源的振动频率相同，沿着波的传播方向，后面的质元依次重复前面质元的振动过程，其振动时间和相位均依次落后。

2. 横波和纵波

依据介质中质元振动方向和波在介质中传播方向之间的关系，可以把波动分成横波和纵波。

介质中质元振动方向和波的传播方向相互垂直，这种波称为**横波**。例如图 17-1 表示了绳上横波的形成过程。从图 17-1b 可看出，横波的外形特征是振动在介质中传播形成凸起的“**波峰**”和凹下的“**波谷**”。实质上，机械横波的传播是由于介质内部发生剪切形变（即介质各层之间发生平行于这些层的相对移动）并产生使质元恢复原状的剪切弹性力而实现的。否则一个质元的振动，不会牵动附近质元，离开平衡位置的质元，也不会在弹性力的作用下回到平衡位置。固体有切变弹性，液体和气体没有切变弹性，所以横波只能在固体中传播。日常所见的绳波、电磁波都属于横波。

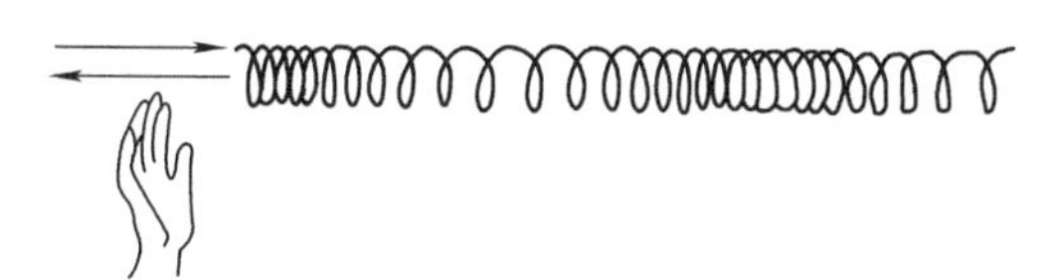

图 17-2 弹簧上纵波的产生

介质中质元振动方向和波的传播方向相互平行，这种波称为**纵波**。例如图 17-2 给出了弹簧上纵波的形成过程。将弹簧的一端轻微拉伸后释放，这部分质元开始做周期性的振动，由于弹性力的作用，带动邻近的质元也做相同的振动，这样振动依次引起其他质元的振动，在弹簧上产生交替变化的伸长和压缩形变，由近到远地传播出去，就形成了波动。由于质元的振动方向与波的传播方向相互平行，所以形成的波为纵波。从图 17-2 可看出，纵波的特征是在介质中传播方向上产生“**疏部**”和“**密部**”。实质上，机械纵波的传播是由于介质中各质元发生压缩或拉伸的形变，并产生使质元恢复原状的纵向弹性力而实现的。一般的固体、液体、气体都具有拉伸和压缩弹性，所以它们都能传递纵波。如声波在空气中传播时，空气微粒的振动方向与波的传播方向一致，因此声波是纵波。

3. 波的几何描述

我们常用几何图形的方法来形象地表示波在空间传播的情况，如波的传播方向、各质点的振动相位等。在波动传播过程中，在同一时刻所有振动相位相同的点连成的面叫作**波面**（或**波阵面**），同一波面上各点相位相同。在任何时刻，波面有无穷多个，波动传播到最前面的波面叫**波前**，即任何时刻，波源最初振动状态在各方向上刚传到的点所连成的面。因此在任何时刻，波前只有一个。若由一个点源发出的波，在各向同性的均匀介质中的波面是球面，这样的波称为**球面波**，如图 17-3a 所示。而在离波源很远的地方，对某一局部区域而言，波面趋于平面，这种波称为**平面波**，如图 17-3b 所示。沿波的传播方向绘出一些带箭头的线，它们每点的切线方向代表该点波动传播的方向，这样的线簇称为**波线**。在各向同性均匀介质中，波线总是与波面垂直，如图 17-3 所示。所以，球面波的波线是以波源为中心沿半径方向的直线，平面波的波线是垂直于波阵面的平行直线。我们把用波面或波线描绘波传播情况的方法统称为**波的几何描述**。

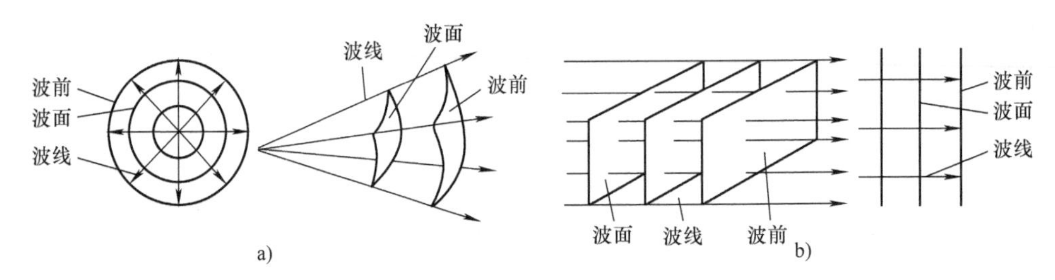

图 17-3　波的几何描述

a）球面波　b）平面波

4. 描述波的特征物理量

机械波在传播过程中具有周期性的特征，可用一组物理量来描述。

（1）波长（λ）

沿波的传播方向上，相邻的两个振动状态完全相同的质元间的距离（一个完整波的长度），即相位差为 2π 的两质元间的距离，称为**波长**，用 λ 表示，其国际制单位为米（m）。波长描述了波在空间传播的周期性。在横波的情况下，波长是两相邻波峰之间或两相邻波谷之间的距离；而在纵波情形下，波长等于两相邻密部中心或两相邻疏部中心之间的距离。

（2）周期（T）和频率（ν）

在波传播过程中，波前进一个波长所需的时间，或一个完整波通过介质中某点所需的时间，称为波的**周期**，用 T 表示，其国际制单位为秒（s）。一个完整波通过某点的过程中，该处的质元完成了一次全振动，所以波的周期等于该质元的振动周期，也等于波动介质中所有质元的振动周期。

周期的倒数称为**频率**，用 ν 表示，即

$$\nu = \frac{1}{T} \tag{17-1}$$

波的频率表示单位时间内波向前传播的完整波的数目，其单位为赫兹（Hz）。波的频率等于波动介质中所有质元的振动频率。

波的周期和频率描述了波在时间上传播的周期性。波的周期和频率只取决于波源的振动周期和频率，与介质的性质无关。

（3）波速（u）

波速是波传播的速度，即单位时间波所传播过的距离。波速又称**相速度**，即某一振动相位的传播速度。波速用 u 表示，其国际制单位为米每秒（m/s）。

由波速的定义可知，它与波长、周期和频率的关系为

$$u = \frac{\lambda}{T} = \lambda\nu \tag{17-2}$$

从上式可看出，波速将波的时间周期性和空间周期性联系了起来。

波速是常量（不随时间变化），只取决于介质的性质，如介质的弹性（弹性模量）和密度等。至于波速与介质的弹性模量、密度等之间的关系式将在 17.2 节具体讨论，这里不

做介绍。

17.1.2 简谐波的波函数

所传播的扰动形式是简谐振动的波称为**简谐波**。它的特点是波源及波所传到的各处质元均做同频率、同振幅的简谐振动。简谐波是最简单、最基本的波，可以证明，任何复杂的波都可以看作是由许多不同频率的简谐波叠加而成的，因此研究简谐波的波动规律是研究更复杂波的基础。

波面为平面的简谐波称为**平面简谐波**。对于在无吸收的均匀介质中传播的平面简谐波，各质元的振幅相等，相位沿波的传播方向依次落后。根据波阵面的定义，在任一时刻处在同一波阵面上的各点有相同的相位，因而有相同的位移。因此，只要知道了任意一条波线上波的传播规律，就可以知道整个平面波的传播规律。

简谐波可以是横波，也可以是纵波。下面以简谐横波为例来推导简谐波的波函数。

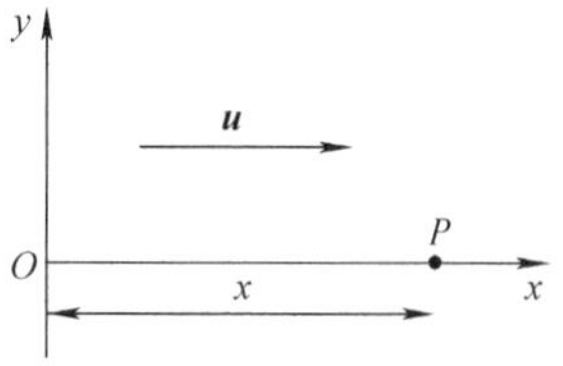

设一平面简谐波在无限大、无吸收的均匀介质中沿 x 轴正向传播，波速为 $\boldsymbol{u}$，角频率为 ω。介质中各质元的振幅均 A，振动方向沿 y 轴方向。取任意一条波线为 x 轴，在其上任选一点作为坐标原点 O，如图17-4所示，设 O 点的振动方程为

$$y_0(t)=A\cos(\omega t+\varphi) \tag{17-3}$$

图17-4　推导简谐波波函数用图（波沿 x 轴正向传播）

O 点振动传到波线上距离坐标原点为 x 的 P 点处，需要用的时间是 $\frac{x}{u}$。P 点的振动状态要比原点 O 的振动状态落后，亦即相位要比原点 O 的落后。因此 t 时刻 P 点处质元的位移等于 O 点处质元在 $\left(t-\frac{x}{u}\right)$ 时刻的位移。于是，t 时刻 P 点处质元的位移为

$$y(x,t)=A\cos\left[\omega\left(t-\frac{x}{u}\right)+\varphi\right] \tag{17-4}$$

这里的 t 和 x 是任意的，所以式（17-4）给出了波在传播过程中，任意时刻波线上任意点做简谐振动的位移，该式叫作**平面简谐波的波函数**。

利用关系式 $T=\frac{1}{\nu}=\frac{2\pi}{\omega}$ 和 $\lambda=uT$，可以将平面简谐波方程式（17-4）改写成以下几种形式：

$$y(x,t)=A\cos\left[2\pi\left(\frac{t}{T}-\frac{x}{\lambda}\right)+\varphi\right] \tag{17-5}$$

$$y(x,t)=A\cos\left[2\pi\left(\nu t-\frac{x}{\lambda}\right)+\varphi\right] \tag{17-6}$$

$$y(x,t)=A\cos(\omega t-kx+\varphi) \tag{17-7}$$

式中，$k=\frac{2\pi}{\lambda}$，称为**波数**，表示单位长度上波的相位变化，它的数值等于 2π 长度内所包含的完整波的个数。

对于沿 x 轴正向传播的简谐波，式（17-4）~式（17-7）是完全等价的，在应用时可视具体问题的需要选用适合的形式。

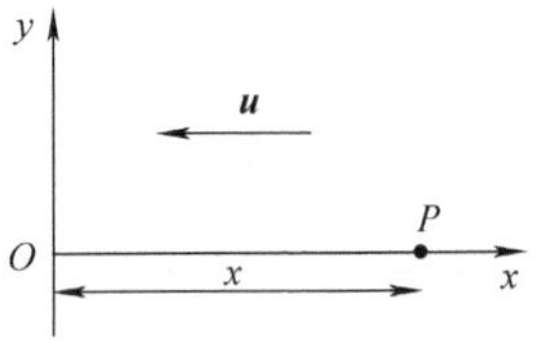

如果波动是沿着 x 轴的负向传播的，如图 17-5 所示，则 P 点处质元的振动超前于原点 O 处质元的振动，即 P 点处质元的相位超前。

设原点 O 处质元的振动方程为

$$y_0(t)=A\cos(\omega t+\varphi)$$

图 17-5　推导简谐波波函数用图（波沿 x 轴负向传播）

则振动从 P 点处传到原点 O 处需要用的时间是$\frac{x}{u}$。而在 t 时刻，O 点处质元的相位为 $\omega t+\varphi$，所以 P 点处质元的相位就应是 $\omega\left(t+\frac{x}{u}\right)+\varphi$，则在 t 时刻 P 点处质元的位移应为

$$y(x,t)=A\cos\left[\omega\left(t+\frac{x}{u}\right)+\varphi\right] \tag{17-8}$$

式（17-8）即为沿 x 轴负向传播的平面简谐波的波函数。同样此式也可写为以下三种形式：

$$y(x,t)=A\cos\left[2\pi\left(\frac{t}{T}+\frac{x}{\lambda}\right)+\varphi\right] \tag{17-9}$$

$$y(x,t)=A\cos\left[2\pi\left(\nu t+\frac{x}{\lambda}\right)+\varphi\right] \tag{17-10}$$

$$y(x,t)=A\cos(\omega t+kx+\varphi) \tag{17-11}$$

17.1.3　描述简谐波的物理量

1. 波函数中物理量的含义

从上面的简谐波波函数表达式中，可以看出，常用的物理量有以下几个。

1）A：简谐波的振幅，与质元振动方程里的振幅一样，即简谐波的振幅等于波动所传过的介质中每一个质元的振动振幅。

2）$\varphi'=\omega\left(t-\frac{x}{u}\right)+\varphi$：简谐波的相位，但与质元振动方程里的相位不同，这里的 φ' 表示的是不同质元在不同时刻的相位。

3）ω，$T=\frac{2\pi}{\omega}$，$\nu=\frac{1}{T}$：简谐波的角频率、周期、频率，与质元振动方程里的相应量一致。

从波函数中可看出来，t 每变化一定值 $T=2\pi/\omega$ 振动会重复一次，同理，x 每变化一定值振动也会重复一次。把 x 变化使振动重复一次的这个变化距离叫波长，$\lambda=uT$，即一个周期内波走的距离。T 是波的时间周期，而 λ 是波的空间周期。

2. 波函数的物理意义

为进一步理解平面简谐波波函数的物理意义，下面分三种情况来讨论。

1）当 x 给定，如 $x=x_0$，则位移 y 仅是时间 t 的函数，如图 17-6a 所示。此时波函数表示给定 x_0 处质元在不同时刻的位移，即

$$y(t)=A\cos\left(\omega t-\frac{2\pi}{\lambda}x_0+\varphi\right) \tag{17-12}$$

式中，x_0 可取任意值，表明波线上任意给定点均做同（振动）方向、同频率、同振幅的简

谐振动。

式（17-12）中，$\frac{2\pi}{\lambda}x_0$ 为 x_0 处质元落后原点 O 处质元的相位，而 $-\frac{2\pi}{\lambda}x_0+\varphi$ 项可看作 x_0 处质元振动的初相。沿波线方向，x_0 值增大，相位落后值也逐渐增大，所以 $-\frac{2\pi}{\lambda}x_0+\varphi$ 可以定量描述波线上各质元之间振动相位的内在联系，这种相位联系是相位传播的体现。

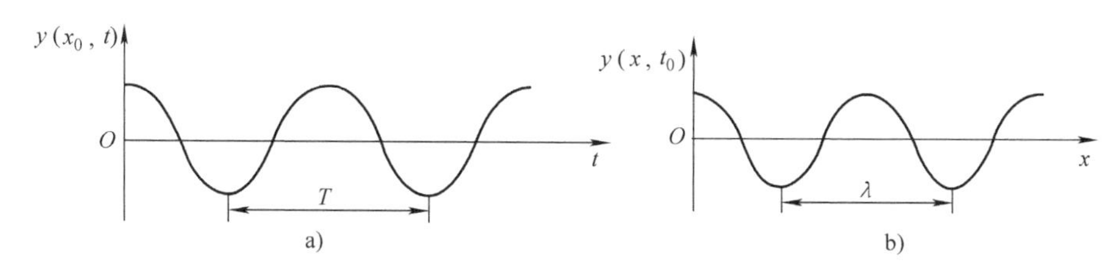

图 17-6　振动曲线和波形曲线

a）$x=x_0$ 处质元的振动曲线　b）$t=t_0$ 时刻的波形曲线

2）当 t 给定，如 $t=t_0$，则位移 y 仅是 x 的函数，即有

$$y(x)=A\cos\left(\omega t_0-\frac{2\pi}{\lambda}x+\varphi\right) \tag{17-13}$$

此时波函数表示在给定的 t_0 时刻波线上各质元偏离平衡位置的位移分布情况，即 t_0 时刻的波形曲线（或叫**波形图**），作出的 $y-x$ 曲线为空间周期为 λ 的余弦曲线，如图 17-6b 所示。

3）当 x 和 t 都变化，则波函数表示波线上所有质元在各个时刻的位移分布情况。从波函数 $y=A\cos\left[\omega\left(t-\frac{x}{u}\right)+\varphi\right]=A\cos\left[2\pi\left(\frac{t}{T}-\frac{x}{\lambda}\right)+\varphi\right]$ 可看出，t 每增加 T 或 x 每增加λ，相位重复出现一次，波函数反映了波的时间和空间的周期性。

以 x、y 为坐标轴，取不同时刻，将能得到一组波形曲线。如图 17-7 所示，实线表示 t_0 时刻的波形曲线，虚线表示 $t_0+\Delta t$ 时刻的波形曲线。在 Δt 时间内，波形曲线沿波的传播方向移动了 $u\Delta t$ 的距离，因此，波函数反映了波形的传播，描述的是移动的波，称为**行波**。

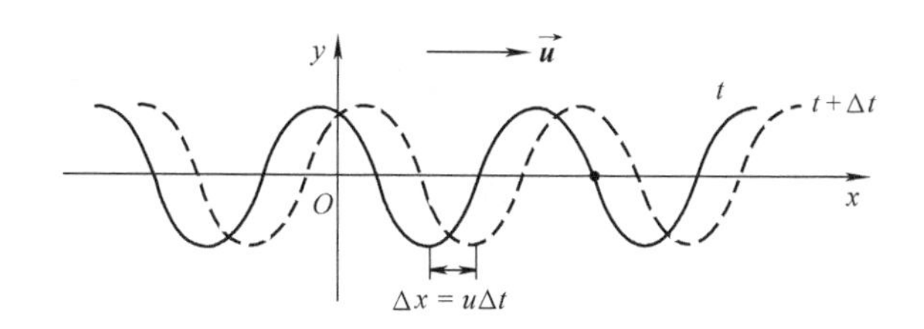

图 17-7　简谐波的波形曲线及其随时间的平移

3. 质元的振动速度和振动加速度

波线上各个质元的位置 x 不随时间变化，所以各个质元做简谐振动的速度、加速度都是 y 对 t 的偏导。以常用的波函数式（17-4）为例，质元的振动速度为

$$v=\frac{\partial y}{\partial t}=-A\omega\sin\left[\omega\left(t-\frac{x}{u}\right)+\varphi\right] \tag{17-14}$$

质元的振动加速度为 y 对 t 的二阶偏导数，即

$$a=\frac{\partial^2 y}{\partial t^2}=-A\omega^2\cos\left[\omega\left(t-\frac{x}{u}\right)+\varphi\right]=-\omega^2 y \tag{17-15}$$

注意：质元的振动速度、振动加速度随时间变化，波的速度由介质决定，质元的振动速度和波的速度是两个完全不同的概念。

例 17.1　一简谐波沿着 x 轴负方向传播，波速 $u=8.0\text{m/s}$。设 $t=0$ 时刻的波形曲线如图 17-8 实线所示。

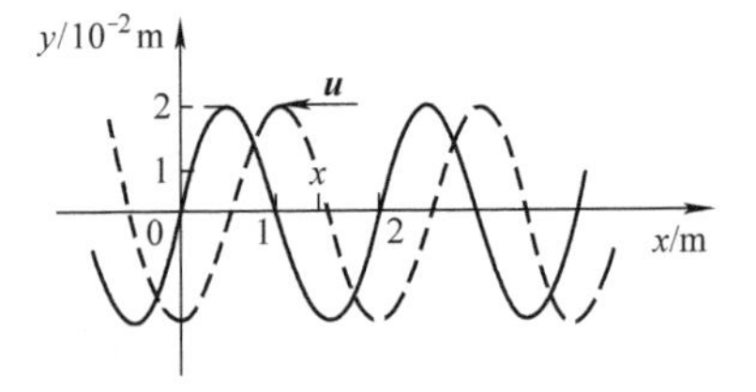

图 17-8　例 17.1 用图

求：

（1）原点处质元的振动方程；

（2）简谐波的波函数；

（3）质元的振动速度表达式；

（4）$t=\frac{3}{4}T$ 时刻的波形曲线。

解：（1）由波形曲线图可看出，波的振幅 $A=0.02\text{m}$，波长 $\lambda=2.0\text{m}$，故波的频率为

$$\nu=\frac{u}{\lambda}=\frac{8.0\text{m/s}}{2.0\text{m}}=4.0\text{Hz}$$

角频率为

$$\omega=2\pi\nu=8\pi\ \text{rad/s}$$

从 17-8 图中还可以看出，$t=0$ 时原点处质元的位移为零，速度为正值，可知其初相为 $-\frac{\pi}{2}$，故原点处质元的振动方程为

$$y_0=0.02\cos\left(8\pi t-\frac{\pi}{2}\right)$$

（2）根据沿 x 轴负方向传播的波动方程的一般表达式，波动方程为

$$y=0.02\cos\left[8\pi\left(t+\frac{x}{8}\right)-\frac{\pi}{2}\right]$$

（3）质元的振动速度表达式为

$$\nu=\frac{\partial y}{\partial t}=-0.16\pi\sin\left[8\pi\left(t+\frac{x}{8}\right)-\frac{\pi}{2}\right]$$

（4）经过 $3T/4$ 后的波形曲线应比图中的波形曲线向左平移 $3\lambda/4$，也相当于向右平移 $\lambda/4$，如图 17-8 中虚线所示。

17.2　弹性介质中的波速

17.2.1　物体的弹性形变

固体、液体和气体在受到外力作用时，形状或体积会发生或大或小的变化，这种变化称为**形变**。当外力不太大因而引起的形变也不太大时，去掉外力，形状或体积仍能复原。这个外力的限度叫**弹性限度**。在弹性限度内的形变叫**弹性形变**，它和外力具有简单的关系。

按外力施加方式的不同，弹性形变可以分为：线变、切变和体变。

1. 线变

一段固体棒，当在其两端沿轴的方向加以方向相反大小相等的外力时，其长度会发生改变，称为**线变**，如图 17-9 所示。

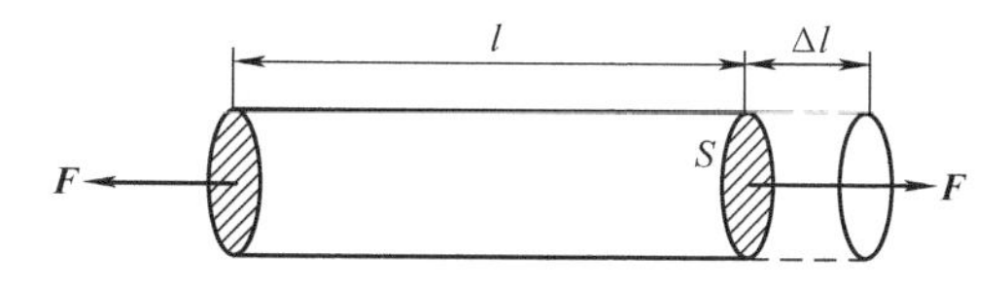

图 17-9　线变

若用 F 表示外力的大小，用 S 表示棒的横截面面积，则 F/S 叫作**线应力**。用 l 表示棒原来的长度，用 Δl 表示棒在外力的作用下的长度变化，则相对变化 $\Delta l/l$ 叫作**线应变**。根据胡克定律，弹性限度内，线应力和线应变成正比，即

$$\frac{F}{S}=E\frac{\Delta l}{l} \tag{17-16}$$

式中，比例系数 E 叫**弹性模量**，它的大小取决于材料的特性，与外力及物体的形状大小无关。式（17-16）可改写成

$$F=\frac{ES}{l}\Delta l=k\Delta l \tag{17-17}$$

上式中，在外力不太大时，Δl 较小，S 基本不变，ES/l 近似为一常量，可用 k 表示。k 称为**劲度系数**。式（17-17）表明外力与棒的长度变化成正比。

材料发生线变时，它会具有弹性势能。类比弹簧的弹性势能公式，由式（17-17）可得到线变物体的弹性势能为

$$W_{\mathrm{p}}=\frac{1}{2}k(\Delta l)^2=\frac{1}{2}\frac{ES}{l}(\Delta l)^2=\frac{1}{2}ESl\left(\frac{\Delta l}{l}\right)^2$$

式中，$Sl=V$，为材料的总体积。则发生线变的物体，单位体积的弹性势能等于弹性模量与线应变二次方的乘积的一半，即

$$w_{\mathrm{p}}=\frac{1}{2}E\left(\frac{\Delta l}{l}\right)^2 \tag{17-18}$$

在纵波形成时，介质中各质元都发生线变，如图 17-10 所示，各质元具有如式（17-18）给出的弹性势能。

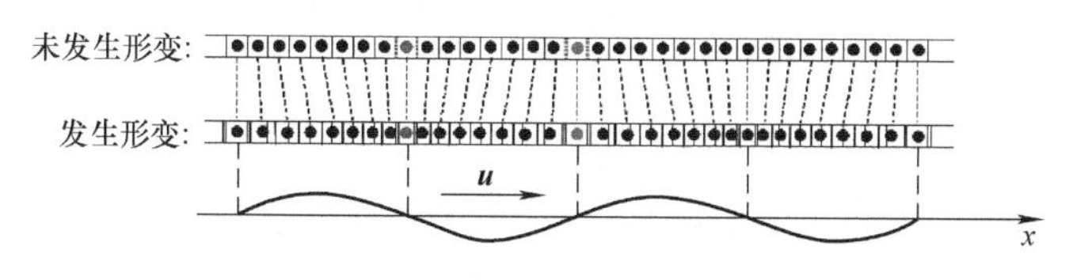

图 17-10　弹性棒中纵波的形成过程

2. 切变

一块矩形材料，当它的两个侧面受到与侧面平行的大小相等方向相反的力作用时，形状将发生改变，这种形变称为**切形变**，简称**切变**，如图 17-11 所示。

若用 F 表示外力的大小，用 S 表示施力面积，则 F/S 叫作**切应力**。施力面积相互错开

而引起材料角度的变化，即 $\varphi = \Delta d/D$，叫作**切应变**。根据胡克定律，弹性限度内，切应力和切应变成正比，即

$$\frac{F}{S} = G\varphi = G\frac{\Delta d}{D} \tag{17-19}$$

式中，G 称为**切变模量**，它是由材料性质决定的常量。式（17-19）可改写成

$$F = GS\varphi = \frac{GS}{D}\Delta d$$

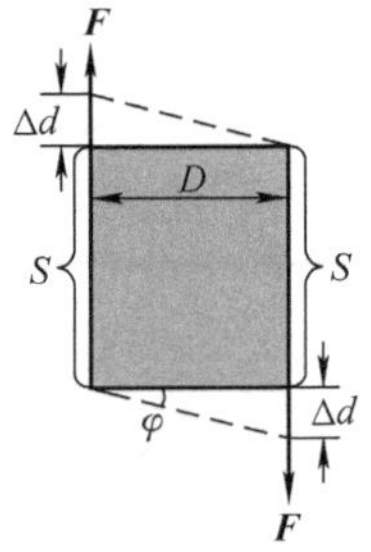

图 17-11　剪切形变

材料发生切形变时，它也会具有弹性势能。可以证明：发生切形变的物体，单位体积的弹性势能等于切变模量与切应变二次方的乘积的一半，即

$$w_{\mathrm{p}} = \frac{1}{2}G\left(\frac{\Delta d}{D}\right)^2 \tag{17-20}$$

在横波形成时，介质中各质元都发生切形变，如图 17-12 所示，各质元具有式（17-20）给出的弹性势能。

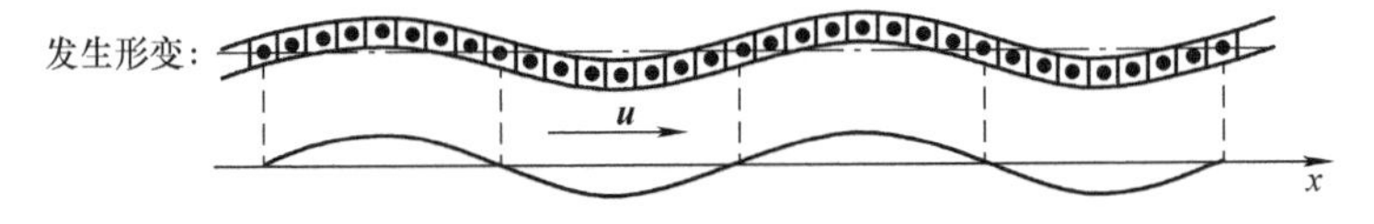

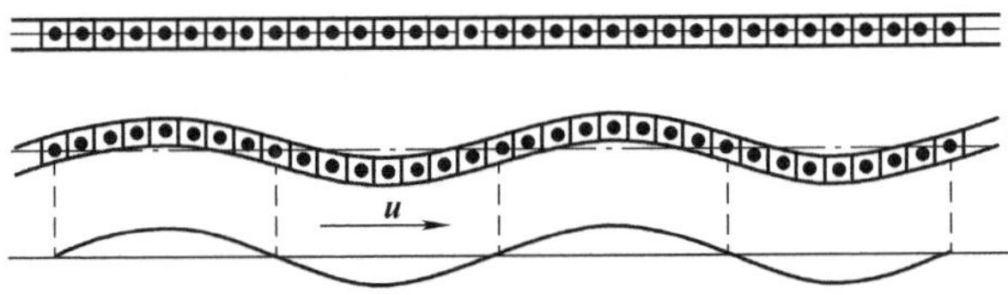

图 17-12　弹性棒中横波的形成过程

3. 体变

一块物质周围受到的压强改变时，其体积也会发生改变，这种形变称为**体变**，如图 17-13 所示。

若用 Δp 表示压强的改变量，用 $\Delta V/V$ 表示体积的相对变化即**体应变**，则根据胡克定律，有

$$\Delta p = -K\frac{\Delta V}{V} \tag{17-21}$$

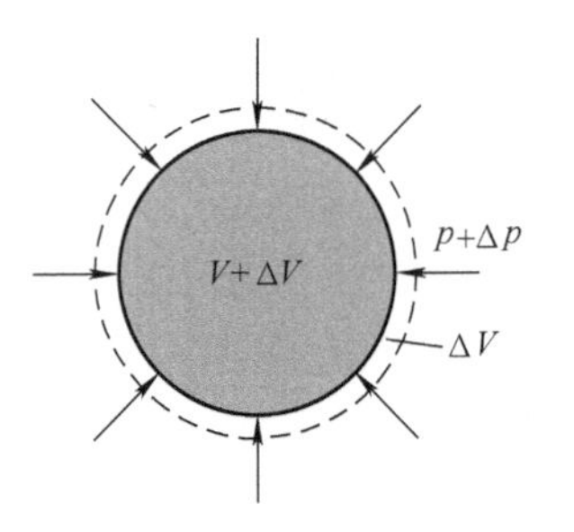

图 17-13　体变

式中，K 称为**体积模量**，总取正数，它的大小与物质种类有关。式（17-21）中的负号表示压强的增大总导致体积的缩小。

体积模量的倒数叫**压缩率**，用 κ 表示，则有

$$\kappa = \frac{1}{K} = -\frac{1}{V}\frac{\Delta V}{\Delta p}$$

材料发生体变时，它也会具有弹性势能。可以证明：发生体变的物体，单位体积的弹性势能等于体积模量与体应变二次方的乘积的一半，即

$$w_{\mathrm{p}} = \frac{1}{2}K\left(\frac{\Delta V}{V}\right)^2 \tag{17-22}$$

固体既能传播与切变有关的横波，又能传播与线变和体变有关的纵波。液体和气体可发生弹性体变但不能发生切形变，所以只能传播纵波而不能传播横波。

表 17-1 给出了几种材料的三种弹性模量。

表 17-1 几种材料的弹性模量（单位：10^{11}N/m^2）

材料	E	G	K
玻璃	0.55	0.23	0.37
铝	0.7	0.30	0.70
铜	1.1	0.42	1.4
铁	1.9	0.70	1.0
钢	2.0	0.84	1.6
水	—	—	0.02
酒精	—	—	0.0091

17.2.2 弹性介质中的波速

弹性介质中的波是靠介质各质元间弹性力作用而形成的。因此弹性越大（弹性模量越大）的介质，在其中形成的波动传播速度就会越大。另外，波的速度还和介质的密度有关。密度越大的介质，在其中形成的波动传播速度就越小。下面我们推导一下弹性介质中的波速与介质的弹性模量及密度之间的定量关系。

首先我们来简单推导一下平面波的波动方程。

设平面简谐波的波函数为

$$y = A\cos\left[\omega\left(t - \frac{x}{u}\right) + \varphi\right]$$

波函数关于 t 求二阶偏导，得

$$\frac{\partial^2 y}{\partial t^2} = -\omega^2 A\cos\left[\omega\left(t - \frac{x}{u}\right) + \varphi\right]$$

波函数关于 x 求二阶偏导，得

$$\frac{\partial^2 y}{\partial x^2} = -\frac{\omega^2}{u^2}A\cos\left[\omega\left(t - \frac{x}{u}\right) + \varphi\right]$$

比较上面两式，得

$$\frac{\partial^2 y}{\partial x^2} = \frac{1}{u^2}\frac{\partial^2 y}{\partial t^2} \tag{17-23}$$

上式就是**波动方程**，它是各种平面波（不限于平面简谐波）必须满足的线性偏微分方程。可以说，任何物理量 y（无论力学量、电学量或其他的量），只要它与时间和位置坐标的关系满足波动方程式（17-23），则这个物理量一定按（平面）波的形式传播。而且$\frac{\partial^2 y}{\partial t^2}$前面的系数的倒数的平方根就是波速。

接下来我们将以在棒中传播的平面简谐纵波为例，利用牛顿第二定律推导出平面波的波动方程，进而求出波速。

如图 17-14 所示，在棒上任取长度为 Δx 的质元。没有波传播时，质元两端面的（平衡位置）坐标分别为 x 和 $x+\Delta x$。有波传播时，t 时刻质元两端面离开平衡位置的位移分别为 y 和 $y+\Delta y$，则 t 时刻质元长度的增量为 Δy，质元的线应变为$\frac{\Delta y}{\Delta x}$。令 $\Delta x \to 0$，则平衡位置坐

标为 x 的微小质元在 t 时刻的线应变为$\frac{\partial y}{\partial x}$。

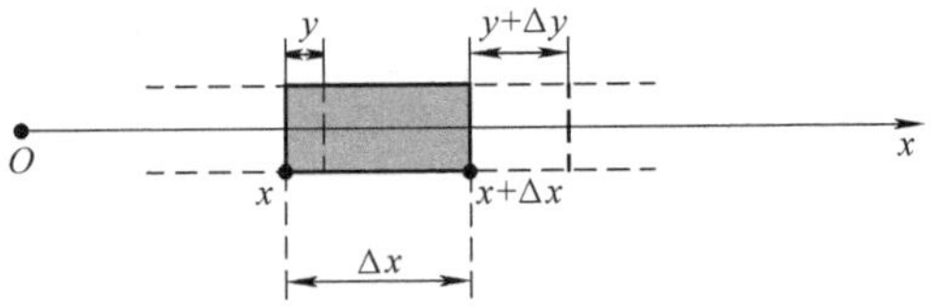

那么，由胡克定律，质元左右端面受到的线应力为

$$F_1=SE\left(\frac{\partial y}{\partial x}\right)_x,\ F_2=SE\left(\frac{\partial y}{\partial x}\right)_{x+\Delta x}$$

图 17-14　推导波的速度用图

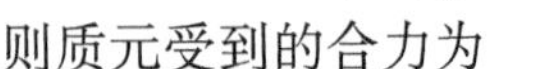

则质元受到的合力为

$$F_2-F_1=SE\left[\left(\frac{\partial y}{\partial x}\right)_{x+\Delta x}-\left(\frac{\partial y}{\partial x}\right)_x\right]=SE\frac{\mathrm{d}}{\mathrm{d}x}\left(\frac{\partial y}{\partial x}\right)\Delta x=SE\frac{\partial^2 y}{\partial x^2}\Delta x$$

由于此合力的作用，质元在 x 方向产生振动加速度$\frac{\partial^2 y}{\partial t^2}$。

设棒的密度和横截面面积分别为 ρ 和 S，则质元的质量 $\Delta m=\rho S\Delta x$。则根据牛顿第二定律，得

$$F_2-F_1=\Delta m\frac{\partial^2 y}{\partial t^2}$$

即

$$SE\frac{\partial^2 y}{\partial x^2}\Delta x=\rho S\Delta x\frac{\partial^2 y}{\partial t^2}$$

整理得

$$\frac{\partial^2 y}{\partial x^2}=\frac{\rho}{E}\frac{\partial^2 y}{\partial t^2}$$

上式就是弹性棒中纵波满足的波动方程，将其与平面波波动方程的通式（17-23）比较，可得**弹性棒中纵波的波速**为

$$u=\sqrt{\frac{E}{\rho}} \tag{17-24}$$

用类似的方法可以推导出**弹性棒中横波的波速**为

$$u=\sqrt{\frac{G}{\rho}} \tag{17-25}$$

同种材料的切变模量 G 总小于其弹性模量 E，如表 17-1 所示，因此在同一种介质中，横波的波速比纵波的波速要小一些。

至于拉紧的绳索或细线中，横波的波速可表示为

$$u=\sqrt{\frac{T}{\rho_l}} \tag{17-26}$$

式中，T 为绳索或细线中的张力；ρ_l 为绳索或细线的质量线密度，即单位长度的质量。

在固体中，既能传播横波，也能传播纵波。在液体和气体中，由于不可能发生切变，所以不能传播横波。但因为它们可以发生体变，所以能传播纵波。液体和气体中的纵波波速为

$$u=\sqrt{\frac{K}{\rho}} \tag{17-27}$$

式中，K 为体积模量；ρ 为液体或气体质量体密度。

对于理想气体，把声波中的气体过程作为绝热过程近似处理，根据分子动理论和热力

学，可推导出声波波速公式为

$$u=\sqrt{\frac{\gamma RT}{M}}$$

式中，M 为气体的摩尔质量；γ 为气体的比热容比；T 为热力学温度；R 为普适气体常数。

例 17.2 频率为 $\nu=12.5\times10^3$ Hz 的平面余弦纵波沿细长的金属棒传播，棒的弹性模量 $E=1.9\times10^{11}\text{N/m}^2$，棒的密度 $\rho=7.6\times10^3\text{kg/m}^2$，已知波源的初相为零，振幅 $A=0.1\text{mm}$。求：

（1）波源的振动方程；

（2）波的表达式；

（3）离波源 0.10m 处质点的振动方程；

（4）在波源振动 0.0021s 时波的表达式。

解：棒中速率
$$u=\sqrt{\frac{E}{\rho}}=\sqrt{\frac{1.9\times10^{11}}{7.6\times10^3}}\text{m/s}=5\times10^3\text{m/s}$$

波长
$$\lambda=\frac{u}{\nu}=\frac{5\times10^3}{12.5\times10^3}=0.4\text{m}$$

周期
$$T=\frac{1}{\nu}=8\times10^{-5}\text{s}$$

（1）波源的振动方程为

$$y_0=A\cos\omega t=A\cos(2\pi\nu t)=0.1\times10^{-3}\cos(2\pi\times12.5\times10^3t)=0.1\times10^{-3}\cos(2.5\times10^4\pi t)$$

（2）波的表达式为

$$y=A\cos\left[\omega\left(t-\frac{x}{u}\right)\right]=0.1\times10^{-3}\cos\left[2.5\times10^4\pi\left(t-\frac{x}{5\times10^3}\right)\right]$$

（3）$x=0.1\text{m}$ 处质点的振动方程为

$$y=0.1\times10^{-3}\cos\left[2.5\times10^4\pi\left(t-\frac{0.1}{5\times10^3}\right)\right]=0.1\times10^{-3}\cos\left(2.5\times10^4\pi t-\frac{\pi}{2}\right)$$

可见，该点的振动落后于波源$\frac{\pi}{2}$的相位，或者说落后$\frac{1}{4}$周期。

（4）$t=0.0021\text{s}$ 时波的表达式为

$$\begin{aligned}y&=0.1\times10^{-3}\cos\left[2.5\times10^4\pi\left(0.0021-\frac{x}{5\times10^3}\right)\right]\\&=0.1\times10^{-3}\cos(52.5\pi-5\pi x)\\&=0.1\times10^{-3}\cos\left(\frac{\pi}{2}-5\pi x\right)\\&=0.1\times10^{-3}\sin5\pi x\end{aligned}$$

17.3 波的能量

17.3.1 波的能量和能量密度

1. 波的能量

在波传播的过程中，介质中各点均在自身平衡位置附近振动，具有动能，同时弹性介质要产生形变，因而具有势能。因此随着波的传播，就伴随着机械能的传播，这是波动的一个重要特征。

本小节将以棒中横波为例来推导波动的能量表达式。

设一平面简谐波在均匀的弹性棒中传播，介质密度为ρ，波的传播方向沿x轴，介质中质点振动方向沿y轴，简谐波的波函数为

$$y=A\cos\left[\omega\left(t-\frac{x}{u}\right)+\varphi\right]$$

在介质中取一质元，它的平衡位置坐标为x，体积为ΔV，质量为$\Delta m=\rho\Delta V$。质元在t时刻的振动速度为

$$v=\frac{\partial y}{\partial t}=-A\omega\sin\left[\omega\left(t-\frac{x}{u}\right)+\varphi\right]$$

则质元的动能为

$$\Delta W_{\mathrm{k}}=\frac{1}{2}\Delta mv^2=\frac{1}{2}\rho\Delta VA^2\omega^2\sin^2\left[\omega\left(t-\frac{x}{u}\right)+\varphi\right] \tag{17-28}$$

可以证明，此质元发生的切应变为

$$\frac{\partial y}{\partial x}=-\frac{A\omega}{u}\sin\left[\omega\left(t-\frac{x}{u}\right)+\varphi\right]$$

则质元的弹性势能为

$$\Delta W_{\mathrm{p}}=\frac{1}{2}G\left(\frac{\partial y}{\partial x}\right)^2\Delta V=\frac{1}{2}\frac{G}{u^2}\omega^2A^2\sin^2\left[\omega\left(t-\frac{x}{u}\right)+\varphi\right]\Delta V$$

由于棒中横波的波速为$u=\sqrt{\dfrac{G}{\rho}}$，因而上式又可写为

$$\Delta W_{\mathrm{p}}=\frac{1}{2}\rho\Delta VA^2\omega^2\sin^2\left[\omega\left(t-\frac{x}{u}\right)+\varphi\right] \tag{17-29}$$

质元的总机械能等于动能和弹性势能之和，即

$$\Delta W=\Delta W_{\mathrm{k}}+\Delta W_{\mathrm{p}}=\rho\Delta VA^2\omega^2\sin^2\left[\omega\left(t-\frac{x}{u}\right)+\varphi\right] \tag{17-30}$$

从式（17-28）~式（17-30）可以看出，在波传播的过程中，任一质元的动能和弹性势能均随时间变化，而且在任何时刻它们都是相同的，即相位相同、量值相同。动能和弹性势能同时达到最大值，同时为零。波动中质元的动能和弹性势能的这种关系，与弹簧振子（孤立系统）振动中的动能、势能互为补偿（动能增加，则势能减少）的关系完全不同。另外，波动传播过程中质元的总机械能也不是一个常量，而是随时间做周期性变化，这与弹簧振子（孤立系统）的总机械能保持不变也完全不同。

分析式（17-30）知，质元的总机械能周期性变化，并以速率u在介质中随波一起传播。在均匀、各向同性介质中，能量传播的速度和传播方向与波的传播速度和传播方向总是相同的。波的传播过程也就是能量的传播过程。在波动中，每个质元不断从前一质元吸收能量，而向后一质元释放能量。因此对于局部介质而言，由于它要和外界发生能量的交换，故局部能量是不守恒的。

2. 波的能量密度

为了精确描述能量分布的情况，引入能量密度的概念。波传播时，介质单位体积内的能量叫**波的能量密度**，用w表示。则介质中x处质元在t时刻的能量密度为

$$w = \lim_{\Delta V \to 0} \frac{\Delta W}{\Delta V} = \rho A^2 \omega^2 \sin^2\left[\omega\left(t - \frac{x}{u}\right) + \varphi\right] \tag{17-31}$$

可见，波的能量密度也是随时间变化的物理量。

能量密度在一个周期内的平均值称为平均能量密度，用 $\overline{w}$ 来表示。由于正弦函数的二次方在一个周期内的平均值为$\frac{1}{2}$，因此有

$$\overline{w} = \frac{1}{T}\int_0^T w\mathrm{d}t = \frac{1}{T}\int_0^T \rho A^2 \omega^2 \sin^2\left[\omega\left(t - \frac{x}{u}\right) + \varphi\right]\mathrm{d}t = \frac{1}{2}\rho A^2 \omega^2 \tag{17-32}$$

由以上讨论可知，波的能量、能量密度、平均能量密度的大小都与波动振幅的二次方、角频率的二次方及介质密度成正比。

17.3.2 能流密度

能量伴随着波的传播而流动，物理学中用能流来反映能量流动的特征。单位时间内通过某一面积的能量，称为通过该面积的**能流**，用 P 表示。单位时间内垂直通过某一面积的平均能量，称为通过该面积的**平均能流**，用 $\overline{P}$ 表示。单位时间内垂直通过单位面积的平均能量叫**平均能流密度**，平均能流密度又称**波的强度**（简称**波强**），是一个矢量，用 $\boldsymbol{I}$ 来表示，其国际制单位是 $\mathrm{W/m^2}$。在各向同性的均匀介质中，能流密度矢量的方向和波速的方向相同，它的大小反映了波的强弱。

设在均匀介质中，垂直于波的传播方向取一面积 S，如图 17-15 所示，若已知介质中的平均能量密度为 $\overline{w}$，则在 $\mathrm{d}t$ 的时间内通过面积 S 的能量就是此面积后方体积为 $u\mathrm{d}tS$ 的立方体内的能量，即 $\mathrm{d}W = \overline{w}u\mathrm{d}tS$。因此平均能流密度即波强的大小为

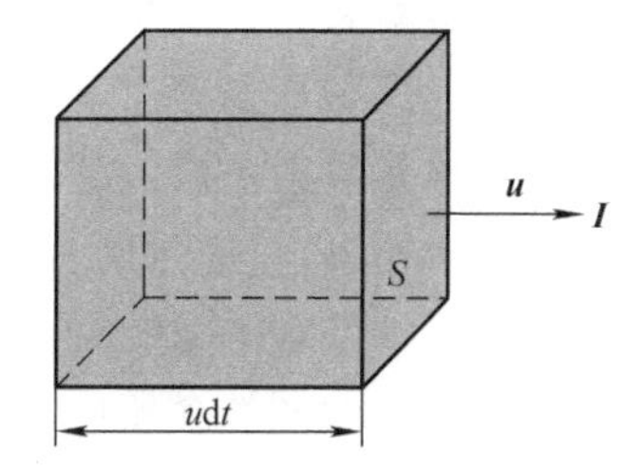

图 17-15 波强的计算用图

$$I = \frac{\overline{w}u\mathrm{d}tS}{\mathrm{d}tS} = \overline{w}u$$

把式（17-32）的 $\overline{w}$ 值代入上式，可得

$$I = \frac{1}{2}\rho u A^2 \omega^2 \tag{17-33}$$

其中 ρu 是一个表征介质特性的常量，称为介质的**特性阻抗**。从上式可看出，波的强度大小与波的振幅的二次方成正比，这一结论不仅对简谐波有用，而且具有更加普遍的意义。

例 17.3 用聚焦超声波的方法，可以在液体中产生强度达 $120\mathrm{kW/cm^2}$ 的超声波。该超声波的频率为 500kHz，波速为 1500m/s，水的密度为 $10^3\mathrm{kg/m^3}$，求这时液体质点的位移振幅、速度振幅和加速度振幅。

解：因波强 $I = \frac{1}{2}\rho u A^2 \omega^2$，所以有

$$A = \frac{1}{\omega}\sqrt{\frac{2I}{\rho u}} = \frac{1}{2\pi \times 5 \times 10^5}\sqrt{\frac{2 \times 120 \times 10^3}{1 \times 10^3 \times 1.5 \times 10^3}}\mathrm{m} = 1.27 \times 10^{-5}\mathrm{m}$$

$$v_{\mathrm{m}} = \omega A = (2\pi \times 500 \times 10^3 \times 1.27 \times 10^{-5})\mathrm{m/s} = 40\mathrm{m/s}$$

$$a_{\mathrm{m}} = \omega^2 A = [(2\pi \times 500 \times 10^3)^2 \times 1.27 \times 10^{-5}]\mathrm{m/s^2} = 1.25 \times 10^8\mathrm{m/s^2}$$

可见液体中超声波的位移振幅是极小的，但其加速度振幅却可以很大。上述结果中的加速度振幅约为重力加速度的 1.28×10^7 倍，这意味着介质的质元受到的作用力要比重力大 7 个数量级。可见超声波的机械作用是很强的，其在机械加工、粉碎技术、清除垢污等方面有广阔的应用前景。

17.4 惠更斯原理

17.4.1 惠更斯原理概述

波在弹性介质中传播时，任意一点 P 的振动，将会引起邻近质点的振动。就此特征而言，振动着的 P 点与波源相比，除了在时间上有延迟外，并无本质区别。因此，P 点可视为一个新的波源。例如，如图 17-16 所示，水波传播时，如果没有遇到障碍物，波形将保持不变，但如果在传播途中用一个带小孔的隔板挡在波的前面，不论原来的波是什么形状，只要小孔的线度小于波长，就可以看到，通过小孔后的波面是以小孔为中心的圆形，好像这个小孔是点波源一样。

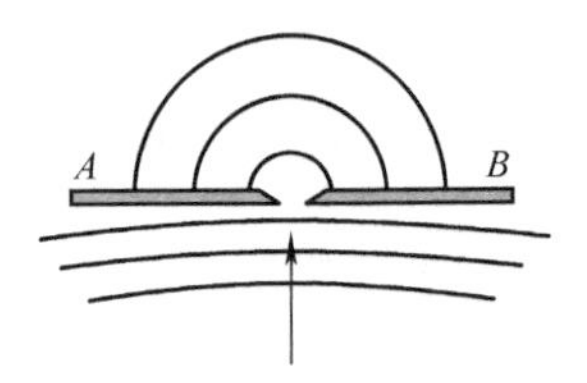

图 17-16　障碍物的小孔成为新的波源

通过观察和研究大量类似的现象，惠更斯于 1679 年总结出一条有关波传播特性的重要原理，称为**惠更斯原理**。其内容如下：在研究波动现象时，**介质中任一波阵面上的各点，都可以看作是发射子波的波源，在这之后的任意时刻，这些子波的包络面就是该时刻的波前**。惠更斯原理适用于任何波动过程，无论是机械波或是电磁波。

根据这一原理，只要知道了某一时刻的波面，就可用几何作图法来确定以后任意时刻的波前。在各向同性介质中，只要知道了波阵面的形状，就可以按照波线与波阵面垂直的规律，作出波线来。因而惠更斯原理解决了波的传播方向问题。

例如，图 17-17a 是球面波传播的示意图。设在 O 点的点波源发出球面波，以速度 $\boldsymbol{u}$ 在均匀的各向同性介质中传播。已知 t 时刻的波前 S_1 是以半径为 $r_1=ut$ 的球面，根据惠更斯原理，S_1 上的各点都可以看作是发射子波的点波源。以 S_1 上各点为中心，以 $r=u\Delta t$ 为半径画出许多球形的子波面，再作出这些子波的包络面，就得到 $t+\Delta t$ 时刻的波前 S_2。显然，波前 S_2 是以 O 点为中心，以 $r_2=u(t+\Delta t)$ 为半径的球面。

图 17-17b 是平面波传播的示意图。设平面波以速度 $\boldsymbol{u}$ 在均匀的各向同性介质中传播。已知 t 时刻的波前为平面 S_1，根据惠更斯原理，用上述同样的方法，也可作出 $t+\Delta t$ 时刻的新的波前 S_2，显然此波前仍然为平面。

17.4.2 波的衍射

当波在传播过程中遇到障碍物时，波的传播方向会发生改变，并能绕过障碍物的边缘继续向前传播，这种现象称为波的衍射。应用惠更斯原理，可以定性地解释波的衍射现象。

如图 17-18 所示，当一平面波垂直入射到障碍物上的一条狭缝时，根据惠更斯原理，狭缝上各点都可看作是发射子波的波源，作出这些子波的包络面，就可得到新的波前。这时波前已不再是原来那样的平面了，在靠近障碍物的边缘处，波前发生了弯曲，也就是波

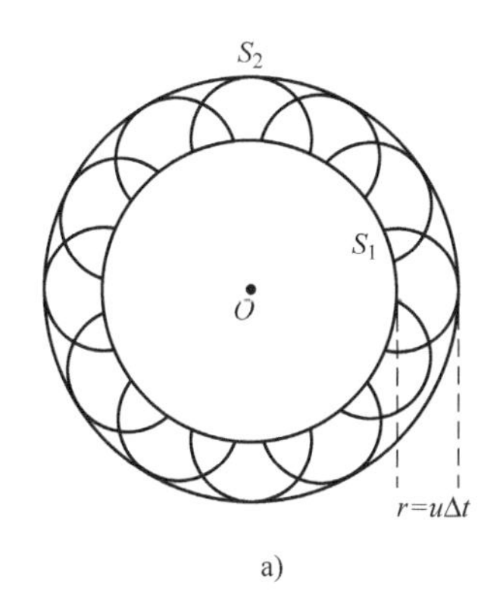

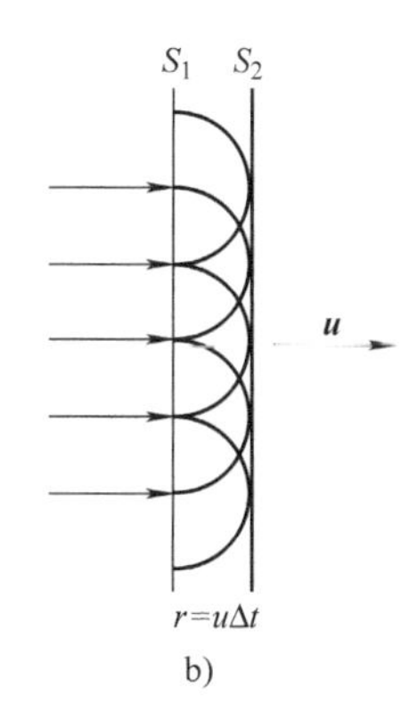

图 17-17 用惠更斯作图法求新波阵面

a）球面波 b）平面波

的传播方向发生了改变，波绕过了障碍物向前传播。如果障碍物的狭缝更窄一些，观察到的衍射现象就更显著一些。

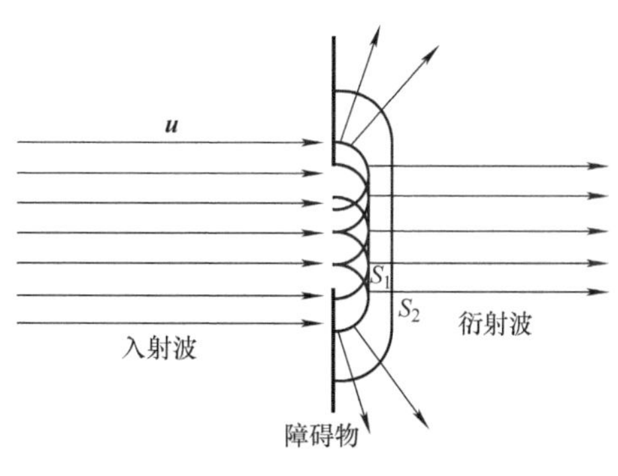

图 17-18 波的衍射

需要指出，惠更斯原理的子波假设不涉及子波的振幅、相位等分布规律，因此对衍射现象只能做粗略的定性解释。后来，菲涅尔发展了惠更斯的思想，提出了惠更斯 - 菲涅尔原理才可以定量讨论波的衍射问题。关于这方面的问题将在光学部分进行讨论。

应用惠更斯原理不但能说明波在介质中的传播问题及波的衍射现象，而且还可以说明波在两种介质分界面上发生的反射、折射现象。

17.4.3 波的反射

当波从一种介质传到另一种介质时，在介质的分界面上要发生反射现象，波的传播方向随之改变。下面根据惠更斯原理利用几何作图法来推导波的反射定律。

在图 17-19 中，一平面波以波速 $\boldsymbol{u}$ 入射到两种介质的分界面 MN 上，入射波的波阵面和介质的分界面均与图面垂直。设在 t 时刻，入射波的波阵面与图面的交线到达 AB 所在位置，此时波阵面上的 A 点先到达分界面。随后，波阵面上的 A_1、A_2、… 各点陆续到达分界面上 E_1、E_2、… 各点，直到 $(t+\Delta t)$ 时刻，B 点到达 C 点。

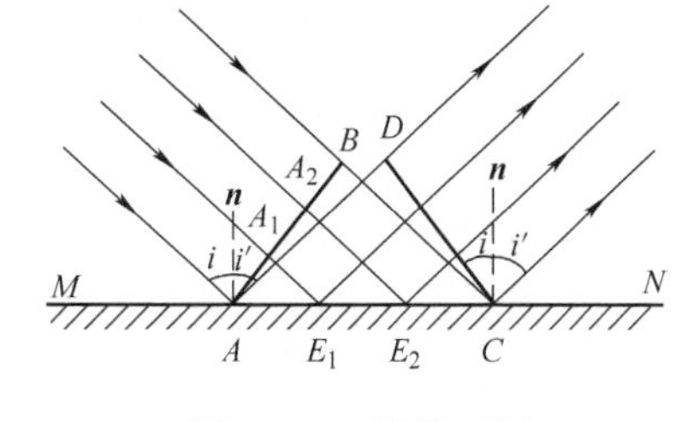

图 17-19 波的反射

入射波到达分界面上的各点作为反射波的子波源发出子波，设图 17-19 中各波线的间距相等，当 $t+\Delta t$ 时刻，从 A、E_1、E_2、… 各点发射的反射波的子波面均为半球面，与图面的交线是圆弧，半径分别为 $u\Delta t$、$2u\Delta t/3$、$u\Delta t/3$、… 这些圆弧的包迹就是通过 C 点并与这些圆弧相切的平面，该平面即此时反射波的波阵面，它与图面垂直，交线为 CD。图中与波阵面 AB 垂直的射线，是入射波的波线，称为**入射线**。与波阵面 CD 垂直的射线，是反射波的波线，称为**反射线**。用 $\boldsymbol{n}$ 表示分界面的法线方向，入射线与法线的夹角 i 称为入射角，反射线与法线的夹角 i' 称为反射角。从图中可以看出，直角三角形 $\triangle BAC$ 和 $\triangle DCA$ 是全等的。因此 $\angle BAC = \angle DCA$，所以 $i = i'$，即入射角等于反射角。从图 17-19 中还可以看出，入射线、反射线和分界面的法线均在同一平面内。以上两个结论称为波的**反射定律**。

17.4.4　波的折射

当波从一种介质进入另一种介质时，由于在两种介质中的波速不同，在分界面上要发生折射现象。用 $\boldsymbol{u}_1$ 表示波在第一种介质中的波速，$\boldsymbol{u}_2$ 表示波在第二种介质中的波速，MN 为两种介质的分界面，如图 17-20 所示。入射的情况与推导反射定律时的分析相同，入射波到达分界面上的各点 A、E_1、E_2、…仍然是子波的波源。但折射是在第二种介质中进行的，所以子波的波速应为 $\boldsymbol{u}_2$，因此在 $t+\Delta t$ 时刻，从 A、E_1、E_2、…各点发出的折射波的子波与图面的交线分别为半径等于 $u_2\Delta t$、$2u_2\Delta t/3$、$u_2\Delta t/3$、…的圆弧。这些圆弧的包迹就是通过 C 点并与这些圆弧相切的平面，该平面即此时折射波的波阵面，它与图面垂直，交线为 CD。与波阵面 CD 垂直的射线是折射波的波线，称为**折射线**。折射线与分界面的法线 $\boldsymbol{n}$ 的夹角 r 称为折射角。

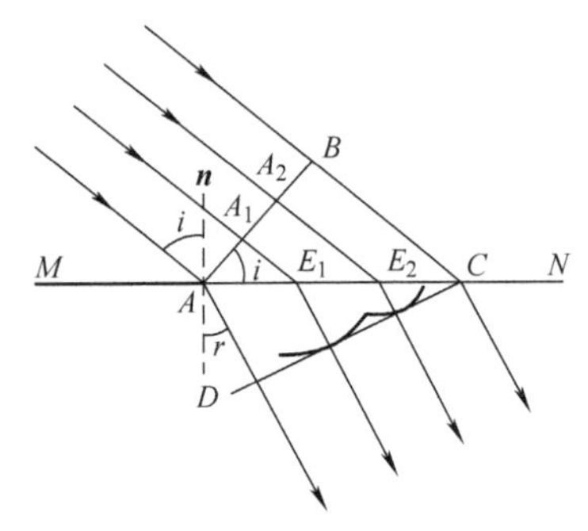

图 17-20　波的折射

从图中可以看出，$\angle BAC = i$，$\angle ACD = r$，而 $BC = u_1\Delta t = AC\sin i$，$AD = u_2\Delta t = AC\sin r$，则

$$\frac{\sin i}{\sin r}=\frac{BC}{AD}=\frac{u_1}{u_2}=\frac{n_2}{n_1}=n_{21} \tag{17-34}$$

此式表明，入射角与折射角的正弦之比等于波在第一、二两种介质中的波速之比，比值 n_{21} 称为第二种介质对于第一种介质的**相对折射率**。从图中还可以看出，入射线、折射线和分界面的法线均在同一平面内。以上两个结论称为**波的折射定律**。

17.5　波的叠加

17.5.1　波的叠加原理

大量观察和研究表明，当几列波在传播过程中在某一区域相遇，各波能保持各自的原有特性（频率、波长、振动方向等）不变，继续沿着原来的传播方向前进，其传播情况与未相遇一样，互不干扰，这一结论称为**波传播的独立性**。比如人们听乐队的演奏，能从中分辨出各种乐器的声音，这就是声波传播具有独立性的缘故。天空中同时有许多无线电波在传播，我们能接收到某一电台的广播，这是电磁波传播的独立性的缘故。

在几列波相遇的区域内，任一处质点的振动为各列波单独到达该点所引起的振动的叠加，即该处质点的位移是各波单独存在时在该点引起位移的矢量和。这一规律称为**波的叠加原理**。

应该注意，波的叠加原理并不是在任何情况下都普遍成立的。实践证明，只有在波的强度不太大时，描述波动过程的波动方程是线性的情况下，波的叠加原理才是成立的。对于强度很大的波，波的叠加原理就失效了。例如强烈的爆炸很明显对其他波的传播有影响。

17.5.2　波的干涉

在一般情况下，几列波在空间相遇而叠加的问题是很复杂的。下面讨论一种最简单也是最重要的波的叠加情况，即波的干涉。

当两列频率相同、振动方向相同、相位差恒定的波在介质中相遇时，使介质中某些质点的振动始终加强、某些质点的振动始终减弱的现象称为**波的干涉**。能产生干涉现象的波称为**相干波**，其波源称为**相干波源**。下面从波的叠加原理出发，应用振动合成的结论来讨论波的干涉加强和减弱的条件。

如图 17-21 所示，设两相干波源 S_1 和 S_2 的振动方程分别为

$$y_{10} = A_1\cos(\omega t + \varphi_1)$$

$$y_{20} = A_2\cos(\omega t + \varphi_2)$$

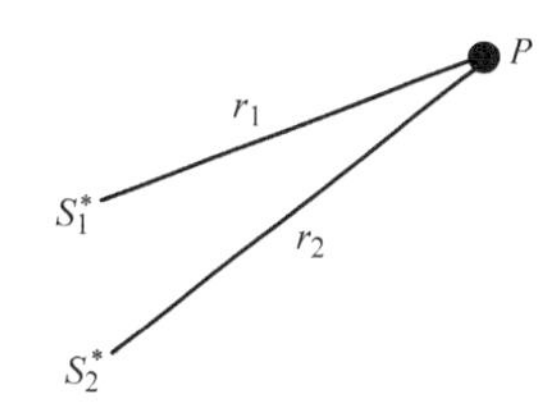

图 17-21　两相干波在 P 点的干涉

波源 S_1 和 S_2 发出的两列波在空间任一点 P 相遇，两列波分别引起 P 点的振动，相应的振动方程为

$$y_1 = A_1\cos\left(\omega t - \frac{2\pi}{\lambda}r_1 + \varphi_1\right)$$

$$y_2 = A_2\cos\left(\omega t - \frac{2\pi}{\lambda}r_2 + \varphi_2\right)$$

可见 P 点的振动实际上是两个同方向、同频率的简谐振动的合成，所以 P 点的振动仍为同方向、同频率简谐振动，则合振动的方程为

$$y = y_1 + y_2 = A\cos(\omega t + \varphi)$$

式中，A 和 φ 分别为合振动的振幅和初相，由式（16-29）和式（16-30）可得

$$A = \sqrt{A_1^2 + A_2^2 + 2A_1A_2\cos\left[(\varphi_2 - \varphi_1) - \frac{2\pi}{\lambda}(r_2 - r_1)\right]}$$

$$\varphi = \arctan\frac{A_1\sin\left(\varphi_1 - \frac{2\pi}{\lambda}r_1\right) + A_2\sin\left(\varphi_2 - \frac{2\pi}{\lambda}r_2\right)}{A_1\cos\left(\varphi_1 - \frac{2\pi}{\lambda}r_1\right) + A_2\cos\left(\varphi_2 - \frac{2\pi}{\lambda}r_2\right)} \tag{17-35}$$

因波的强度正比于振幅的二次方，若以 I_1、I_2 和 I 分别表示两相干波的强度和合成波的强度，则根据式（17-35）有

$$I = I_1 + I_1 + 2\sqrt{I_1I_2}\cos\Delta\varphi \tag{17-36}$$

上式中 $\Delta\varphi$ 为两相干波在 P 点处的相位差，即

$$\Delta\varphi = (\varphi_2 - \varphi_1) - \frac{2\pi}{\lambda}(r_2 - r_1) \tag{17-37}$$

式中，$\varphi_2 - \varphi_1$ 为两波源的初相之差；$2\pi(r_2 - r_1)/\lambda$ 是由于两列波从波源到 P 点传播路程（称为**波程**）不同而产生的相位差。对任意空间给定点，由于波程差是一定的，两波源的初相之差也是一定的，因而在该点处的相位差 $\Delta\varphi$ 也是恒定的。而对于空间不同的点，将有不同的恒定相位差 $\Delta\varphi$，进而有不同的恒定振幅和不同的恒定波强度。从以上讨论可以看出，两列频率相同、振动方向相同、相位差恒定的相干波在空间区域叠加的结果，使空间各点

处的合振幅 A 和合强度 I 形成一种稳定的分布，即某些点处振幅和强度最大，振动始终加强，而某些点处振幅和强度最小，振动始终减弱。

由式（17-35）和式（17-36）可看出，当相位差满足

$$\Delta\varphi=(\varphi_2-\varphi_1)-\frac{2\pi}{\lambda}(r_2-r_1)=\pm 2k\pi\ (k=0,1,2,\cdots) \tag{17-38}$$

时，合振幅和强度最大，分别为

$$A_{max}=A_1+A_2,\ I_{max}=I_1+I_1+2\sqrt{I_1I_2}$$

当相位差满足

$$\Delta\varphi=(\varphi_2-\varphi_1)-\frac{2\pi}{\lambda}(r_2-r_1)=\pm(2k+1)\pi\ (k=0,1,2,\cdots) \tag{17-39}$$

时，合振幅和强度最小，分别为

$$A_{min}=|A_1-A_2|,\ I_{min}=I_1+I_1-2\sqrt{I_1I_2}$$

若两列波的初相相同，即 $\varphi_2=\varphi_1$，则相位差 $\Delta\varphi$ 只取决于**波程差** $\delta=r_2-r_1$，上述合振动振幅最大和振幅最小的条件可简化为

$$\delta=r_2-r_1=\pm k\lambda\ (k=0,1,2,\cdots),A_{max}=A_1+A_2 \tag{17-40}$$

$$\delta=r_2-r_1=\pm(2k+1)\frac{\lambda}{2}\ (k=0,1,2,\cdots),A_{min}=|A_1-A_2| \tag{17-41}$$

上面两式说明，若两相干波源为同相波源，当两列波干涉时，在波程差等于波长的整数倍的各点，振幅最大，干涉相长；在波程差等于半波长的奇数倍的各点，振幅最小，干涉相消。

波的干涉可用水波演示，如图 17-22a所示。两个相干源由同一个振源驱动，它们在水面上不停地拍打水面，产生水波，在水面上产生干涉现象。图 17-22b 是干涉的示意图，S_1 和 S_2 是两个同相位的相干波源，两列相干波的波峰用实线圆弧表示，波谷用虚线圆弧表示，两相邻波峰或波谷之距是一个波长。干涉相长和相消的地方已在图中标出，呈线状分布，称为干涉条纹。按照干涉条件，在干涉相长的地方肯定是两列相干波的波峰相遇或波谷相遇（振动同相）的地方，而干涉相消的地方肯定是两列相干波的波峰和波谷相遇（振动反相）的地方。在图 17-22a 中，干涉相长的地方是振动激烈的地方，图中表现为明暗反差显著，干涉相消的地方是振动平缓的地方，图中的明暗反差模糊。

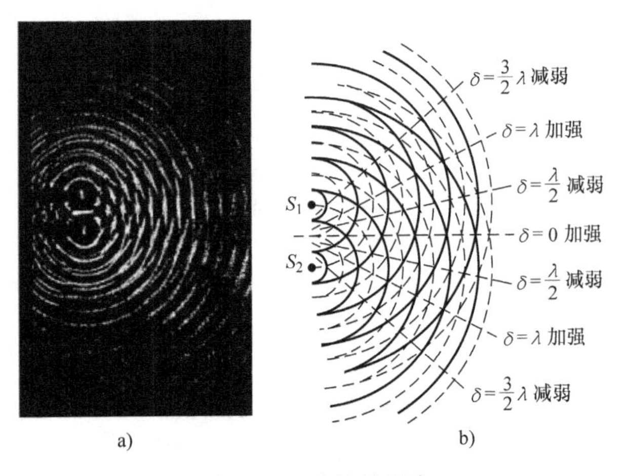

图 17-22　水波的干涉

干涉现象是波动最重要的特征之一，它对于光学、声学、电磁学等都非常重要，对于近代物理学的发展也有重大的作用。

例 17.4　如图 17-23 所示，两波源分别位于同一介质中的 A 和 B 处，振动方向相同，振幅相等，频率均为 100Hz，但 A 处波源比 B 处波源相位落后 π。若 A、B 相距 10m，波速

为400m/s，试求 A、B 之间连线上因干涉而静止的各点位置。

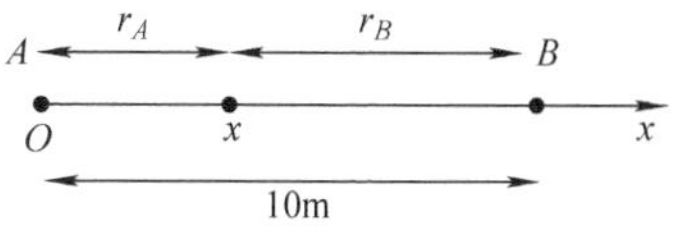

图 17-23　例 17.4 用图

解：根据题意两波源为相干波源，而且它们发出的波的振幅相同。现取 A 点为坐标原点，沿 AB 连线方向为 x 轴正向，在 A、B 连线之间任取一点，坐标为 x，则两波到该点的波程分别为 $r_A = x$，$r_B = 10 - x$，两波在该点处的相位差为

$$\Delta\varphi = (\varphi_B - \varphi_A) - \frac{2\pi}{\lambda}(r_B - r_A) = \pi - \frac{2\pi\nu}{u}[(10 - x) - x] = \pi - \frac{2\pi \times 100}{400}(10 - 2x) = \pi x - 4\pi$$

因干涉而静止不动的点，满足干涉相消条件，有 $\Delta\varphi = \pi x - 4\pi = \pm(2k+1)\pi$（$k = 0, 1, 2, \cdots$），可得到 $x = 2k + 1$（$k = 0, 1, 2, \cdots$），故因干涉而静止的点的位置为

$$x = 1, 3, 5, 7, 9, \cdots \text{(m)}$$

例 17.5　两相干波源 A、B 同相位，它们发出的波的波长均为2m。问：

（1）空间某点 P 距离波源 A 为50m，距离波源 B 为45m，那么两波在 P 点是干涉相长还是相消？

（2）若保持 P 点距波源 A 的距离不变，则当它距离波源 B 为多远时，才能得到最大的合振幅？

解：（1）两波源同相位，令 P 点到波源 A 的距离为 $r_1 = 50\text{m}$，P 点到波源 B 的距离为 $r_2 = 45\text{m}$，则两波源到 P 点的波程差为

$$\delta = r_2 - r_1 = 50\text{m} - 45\text{m} = 5\text{m}$$

波源发出的波的波长为2m，因此 $\delta = 5 \times \frac{\lambda}{2}$，为半个波长的奇数倍，故 P 点干涉相消。

（2）要在 P 点处得到最大的合振幅，则 P 点到两波源的波程差应满足

$$\delta = r_2 - r_1 = \pm k\lambda \quad (k = 0, 1, 2, \cdots)$$

所以有

$$r_2 = r_1 \pm k\lambda = 50 \pm 2k\text{(m)} \quad (k = 0, 1, 2, \cdots)$$

17.5.3　驻波

1. 驻波现象

驻波是一种特殊的干涉现象。当振幅相同、频率相同、振动方向相同的两列同类波，在同一条直线上沿相反方向传播时叠加就形成了**驻波**。驻波具有一系列不同于行波的特性，在建筑学等许多工程技术领域以及声学、电子学、原子物理等学科均有重要的应用。

驻波可用图 17-24 所示的装置来演示。

左边放一电音叉，音叉末端系一水平的细绳 AB，B 处有一尖劈，可左右移动以调节 AB 间的距离。细绳绕过滑轮 P 后，末端悬一重物 m，使绳上产生张力。音叉振动时，细绳随之振动，调节尖劈的位置，当 AB 间距满足一定条件时，AB 间就会形成稳定的分段振动，波形并不前进，即驻波。

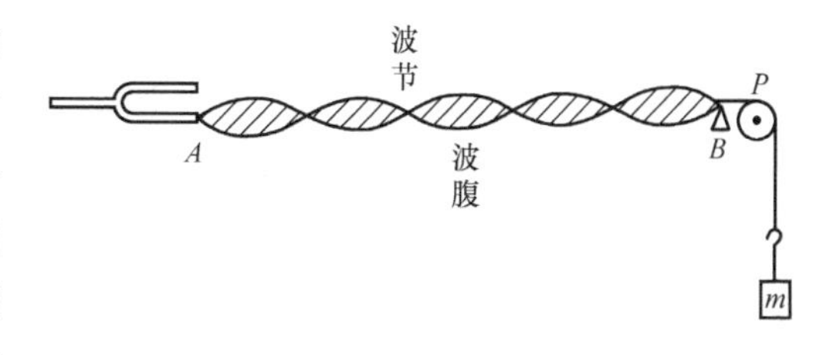

图 17-24　驻波实验

2. 驻波方程

下面我们定量地来分析一下驻波现象。

设有频率相同、振幅相同、振动方向相同的两列平面余弦波，波列 1 沿 x 轴正向传播，其波函数为

$$y_1 = A\cos\left(\omega t - \frac{2\pi}{\lambda}x\right)$$

波列 2 沿 x 轴负向传播，其波函数为

$$y_2 = A\cos\left(\omega t + \frac{2\pi}{\lambda}x\right)$$

按波的叠加原理，合成波的波函数为

$$y = y_1 + y_2 = A\left[\cos\left(\omega t - \frac{2\pi}{\lambda}x\right) + \cos\left(\omega t + \frac{2\pi}{\lambda}x\right)\right]$$

利用三角函数的和差化积公式，上式可简化为

$$y = 2A\cos\frac{2\pi}{\lambda}x\cos\omega t \tag{17-42}$$

上式称为**驻波方程**。式中，振动因子 $\cos\omega t$ 说明形成驻波后各质点都在做同频率的简谐运动。而振幅分布因子 $2A\cos2\pi\frac{x}{\lambda}$ 说明每一质点的振幅为 $\left|2A\cos\frac{2\pi}{\lambda}x\right|$，振幅与位置 x 有关，如图 17-25 所示。

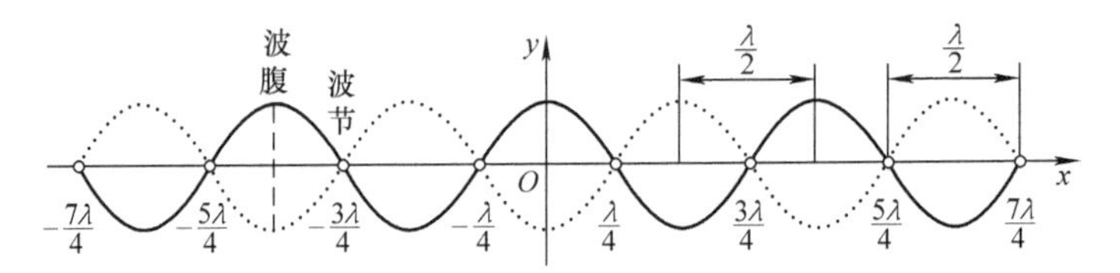

图 17-25 驻波

振幅最大的各点称为**波腹**，对应于使 $\left|\cos\frac{2\pi}{\lambda}x\right| = 1$ 即 $\frac{2\pi}{\lambda}x = k\pi$ $(k = 0, \pm1, \pm2, \cdots)$ 的各点。则波腹的位置为

$$x = k\frac{\lambda}{2} \quad (k = 0, \pm1, \pm2, \cdots) \tag{17-43}$$

振幅为零的各点称为**波节**，对应于使 $\left|\cos\frac{2\pi}{\lambda}x\right| = 0$ 即 $\frac{2\pi}{\lambda}x = (2k+1)\frac{\pi}{2}$ $(k = 0, \pm1, \pm2, \cdots)$ 的各点。则波节的位置为

$$x = (2k+1)\frac{\lambda}{4} \quad (k = 0, \pm1, \pm2, \cdots) \tag{17-44}$$

由式（17-43）和式（17-44）两式可算出相邻的两个波腹和相邻的波节之间的距离均为

$$\Delta x = x_{k+1} - x_k = \frac{\lambda}{2} \tag{17-45}$$

而相邻的一个波腹和一个波节之间的距离为 $\Delta x = \frac{\lambda}{4}$。

图 17-26 画出了驻波的形成过程，其中虚线表示向左传播的波，细实线表示向右传播的波，粗实线表示合成的波。图中各行依次表示 $t=0$、$T/8$、$T/4$、$3T/8$、$T/2$ 各时刻的两列波以及它们合成的波的波形。从图中可以看到，驻波中的每一点的振幅不同。有些点振幅始终最大，为波腹；有些点振幅始终为零，为波节，波腹和波节均等间距排列。按波节的位置可以把驻波分成若干段。**每一段内质点振动**的振幅虽然不同，但它们的**相位相同**，它们同时到达各自的正向最大位移，然后同时沿同一方向经过平衡位置，并同时到达负向最大位移。**相邻的两段质点的振动相位相反**，一段的质点到达正向最大位移时，另一段的质点却到达负向最大位移，并同时沿相反的方向经过平衡位置。

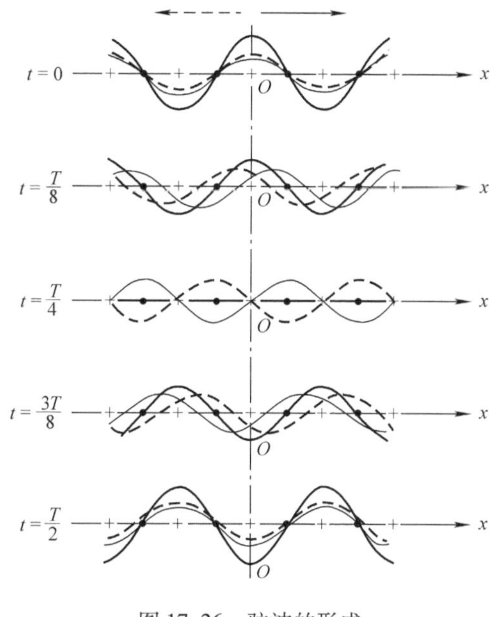

图 17-26　驻波的形成

从图 17-26 中还可以看到，驻波是一种特殊的波，每一时刻都有一定的波形，其波形不随时间传播，各点以确定的振幅在各自平衡位置附近振动，没有振动状态的传播，故称为驻波。在驻波进行过程中，没有波形和振动状态（相位）的定向传播，因而也没有能量的定向传播，这也是驻波和行波的重要区别。

3. 半波损失

在图 17-24 所示的驻波实验中，入射波在 B 点反射并生成反射波，反射波和入射波是同振幅、同频率、同振动方向、沿相反方向传播的波，这两列波叠加就形成驻波。B 点是一个特殊的点，对于入射波它是最后一点，称为入射点，对于反射波它是最开始的一点，称为反射点。入射波和反射波在 B 点的叠加，实际上就是入射点振动和反射点振动的叠加。如果简单地认为，反射点的振动就是入射点的振动，那么在该点实现的就是两个完全相同的振动的叠加，理应形成波腹。但在实验中，B 点是固定不动的，在该处形成的是驻波的一个波节。而要形成波节，反射点的振动必须与入射点的振动相位相反。这意味着，B 点的反射波在反射的时候，发生了相位突变，变化了一个 π，最终的结果是形成了波节。因为 π 的相位突变相当于波程差为半个波长，所以这种入射波在反射时发生 π 的相位突变的现象一般形象地称为“**半波损失**”。当波在自由端反射时，没有相位突变，形成的驻波在此端出现波腹。

但并不是所有的反射点都会形成波节。一般情况下，当入射波在两种介质的分界面处反射时是否发生半波损失，取决于两种介质的性质以及入射角的大小。通常，将介质的密度 ρ 与波速 u 的乘积称为波阻，波阻较大的介质称为**波密介质**，波阻较小的介质称为**波疏介质**。当波从波疏介质垂直入射到波密介质的界面上反射时，有半波损失，形成的驻波在界面处出现波节；当波从波密介质垂直入射到波疏介质的界面上反射时，没有半波损失，形成的驻波在界面处出现波腹。

半波损失不仅在机械波反射时可能存在，在电磁波包括光波反射时也可能存在。对于光波，我们把折射率 n 较大的介质称为**光密介质**，折射率 n 较小的介质称为**光疏介质**，当光从光疏介质入射到光密介质表面反射时，在反射点有半波损失，以后在光学中还要反复地讨论这个问题。

4. 弦线上的驻波

在范围有限的介质内产生的驻波有很多重要的特征。例如将一根弦线的两端拉紧固定，拨动弦线时，波经两端反射，形成两列反向传播的波，叠加后就能形成驻波。但并不是所有的波长都能在弦线上形成驻波。由于弦线的两个端点固定，所以这两点必须是波节，因而驻波波长必须满足下列条件：

$$L=n\frac{\lambda}{2}\ (n=1,2,3\cdots) \tag{17-46}$$

以 λ_n 表示与某一 n 值对应的波长，则由上式可得

$$\lambda_n=\frac{2L}{n}\ (n=1,2,3\cdots) \tag{17-47}$$

上式说明在长度为 L 的弦线上能形成驻波的波长是不连续的，或者说波长是“量子化”的。

由关系式 $\nu=u/\lambda$ 可知，弦线上形成驻波的频率也是量子化的，频率

$$\nu_n=n\frac{u}{2L}\ (n=1,2,3,\cdots) \tag{17-48}$$

上式中的频率叫作弦振动的**本征频率**，也就是它发出声波的频率。其中最低频率 ν_1 称为**基频**，其他较高频率 ν_2，ν_3，…都是基频的整数倍，依次称为二次、三次……**谐频**。比如在乐器中，音调主要由该乐器的基频确定，而音色则由各谐频振幅的相对大小确定。每一种频率对应一种可能的驻波模式。各种允许频率所对应的驻波模式（即简谐振动方式）称为**简正模式**。简正模式的频率由驻波系统的结构决定，所以称为系统的**固有频率**。可见，一个驻波系统有许多个固有频率。图 17-27 画出了两端固定弦上的频率为 ν_1、ν_2、ν_3 的 3 种简正模式。

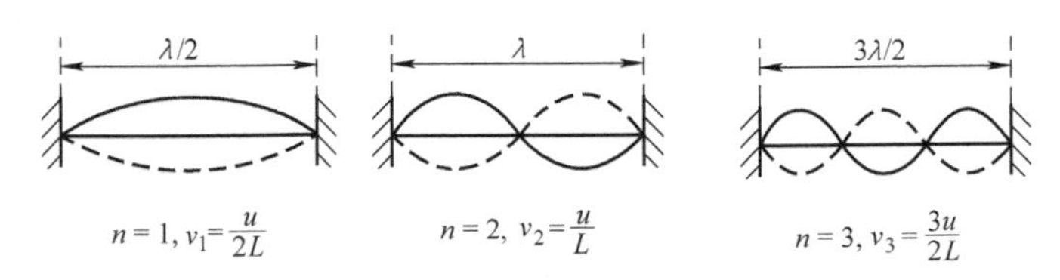

图 17-27　两端固定弦的几种简正模式

例 17.6　两列波在一根很长的细绳上传播，它们的波函数分别为

$$y_1=0.06\cos\pi(x-4t),\quad y_2=0.06\cos\pi(x+4t)\,(\mathrm{m})$$

（1）求各波的频率、波长、波速和传播方向；

（2）试证此细绳做驻波振动，求波节的位置和波腹的位置；

（3）波腹处振幅多大？在 $x=1.2\mathrm{m}$ 处振幅多大？

解：（1）

$y_1=0.06\cos\pi(x-4t)=0.06\cos4\pi\left(t-\dfrac{x}{4}\right)$，为沿 x 轴正向传播的横波。

$y_2=0.06\cos\pi(x+4t)=0.06\cos4\pi\left(t+\dfrac{x}{4}\right)$，为沿 x 轴负向传播的横波。

所以

$$\omega=4\pi,\ u=4\mathrm{m/s},\ \nu=\frac{\omega}{2\pi}=2\mathrm{Hz},\ \lambda=\frac{u}{\nu}=\frac{4}{2}\mathrm{m}=2\mathrm{m}$$

（2）$y=y_1+y_2=0.06\cos4\pi\left(t-\frac{x}{4}\right)+0.06\cos4\pi\left(t+\frac{x}{4}\right)=0.12\cos(\pi x)\cos(4\pi t)$

上式即驻波方程。所以细绳是在做驻波振动。

当满足 $\cos\pi x=0$ 即 $\pi x=k\pi+\frac{\pi}{2}$的各点就是波节，则

$$x=k+\frac{1}{2}\ (k=0,\pm1,\pm2,\pm3,\cdots)\quad 即\quad x=\pm\frac{1}{2},\pm\frac{3}{2},\pm\frac{5}{2},\cdots\mathrm{m}$$

当满足 $|\cos\pi x|=1$ 即 $\pi x=k\pi$ 的各点就是波腹，则

$$x=k\ (k=0,\pm1,\pm2,\pm3,\cdots)\quad 即\quad x=0,\pm1,\pm2,\pm3,\cdots\mathrm{m}$$

（3）波腹处的振幅为 0.12m。在 $x=1.2\mathrm{m}$ 处振幅为

$$A=|0.12\cos\pi x|_{x=1.2}=|0.12\cos1.2\pi|\ \mathrm{m}=0.097\mathrm{m}$$

例 17.7　一平面简谐波沿 x 轴正向传播，如 17-28 图所示。已知振幅为 A，频率为 ν，波速为 u。

（1）若 $t=0$ 时，原点 O 处质元正好由平衡位置向位移正方向运动，试写出此入射波的波函数；

（2）若经分界面反射的波的振幅与入射波振幅相等，试写出反射波的波函数，并求 x 轴上因入射波与反射波叠加而静止的各点的位置。

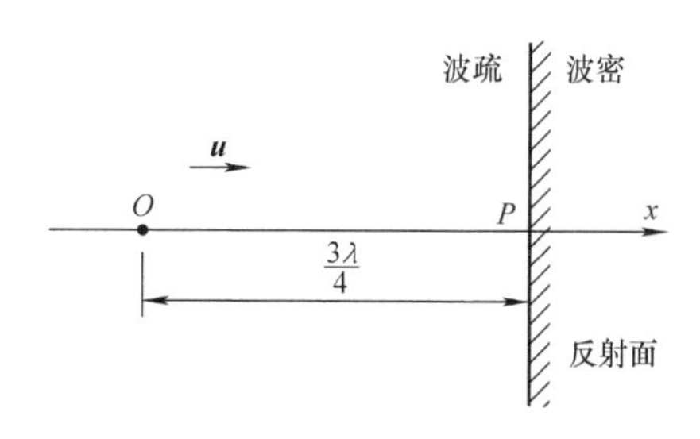

图 17-28　例题 17.7 用图

解：

（1）由于 $t=0$ 时，$y_0=0$，$v_0>0$，所以 $\varphi_0=-\frac{\pi}{2}$。故入射波的波函数为

$$y_{入}=A\cos\left[2\pi\nu\left(t-\frac{x}{u}\right)-\frac{\pi}{2}\right]$$

（2）$t=0$ 时，入射波传到反射面时的振动相位为（即将 $x=\frac{3}{4}\lambda$ 代入）

$$-\frac{2\pi}{\lambda}\times\frac{3}{4}\lambda-\frac{\pi}{2}$$

再考虑到波由波疏介质入射在波密介质界面上反射，存在半波损失，所以反射波在界面处的相位为

$$-\frac{2\pi}{\lambda}\times\frac{3}{4}\lambda-\frac{\pi}{2}+\pi=-\pi$$

若仍以 O 点为原点，则反射波在 O 点处的相位为

$$-\frac{2\pi}{\lambda}\times\frac{3\lambda}{4}-\pi=\frac{-5}{2}\pi$$

因只考虑 2π 以内的相位角，则反射波在 O 点的相位为 $-\frac{\pi}{2}$。故反射波的波函数为

$$y_{反} = A\cos\left[2\pi\nu\left(t + \frac{x}{u}\right) - \frac{\pi}{2}\right]$$

此时驻波方程为

$$\begin{aligned} y &= A\cos\left[2\pi\nu\left(t - \frac{x}{u}\right) - \frac{\pi}{2}\right] + A\cos\left[2\pi\nu\left(t + \frac{x}{u}\right) - \frac{\pi}{2}\right] \\ &= 2A\cos\frac{2\pi\nu x}{u}\cos\left(2\pi\nu t - \frac{\pi}{2}\right) \end{aligned}$$

故波节位置为

$$\frac{2\pi\nu x}{u} = \frac{2\pi}{\lambda}x = (2k+1)\frac{\pi}{2}$$

即

$$x = (2k+1)\frac{\lambda}{4}\ (k = 0, \pm 1, \pm 2, \cdots)$$

根据题意，k 只能取 0 和 1，即

$$x = \frac{1}{4}\lambda,\ \frac{3}{4}\lambda$$

*17.6 几种常见的波

17.6.1 声波

1. 声波

声波通常是指声振动在弹性介质（如空气）中形成的纵波。频率在 20 ~ 20000Hz 的声波，能引起人听觉，称为**可闻声波**，也简称**声波**；频率低于 20Hz 的称为**次声波**；频率高于 20000Hz 的称为**超声波**。

描写声波的强弱常用声压和声强两个物理量。

介质中有声波传播时的压力与无声波时的静压力之间有一差值，这一差值称为**声压**，用 p 表示。声波是疏密波，在稀疏区域，实际压力小于原来静压力，声压为负值；在稠密区域，实际压力大于原来静压力，声压为正值。显然，由于介质中各点的声振动是周期性变化。声压也在做周期性变化。可以证明，平面余弦波的声压表示为

$$p = -\rho u\omega A\sin\left[\omega\left(t - \frac{x}{u}\right) + \varphi\right]$$

式中，ρ 是介质的密度；u 是声速；ω 是角频率；A 是声振动的振幅；φ 是初相。因此，声压的振幅为

$$p_{\mathrm{m}} = \rho u\omega A \tag{17-49}$$

声强是声波的平均能流密度，根据式（17-33），声强为

$$I = \frac{1}{2}\rho uA^2\omega^2 = \frac{1}{2}\frac{p_{\mathrm{m}}^2}{\rho u} \tag{17-50}$$

由上式可知，声强与频率的二次方以及振幅的二次方成正比。

引起人的听觉的声波，不仅有一定的频率范围，还有一定的声强范围。能够引起人的

听觉的声强（可闻声强）范围大约在 $10^{-12}\sim 1\mathrm{W\cdot m^{-2}}$。声强太小不能引起听觉；声强太大，将引起痛觉。

由于可闻声强的数量级相差悬殊，通常用**声级**来描述声波的强弱，声级 L 定义为

$$L=\lg\frac{I}{I_0}$$

声级 L 的单位是贝尔，国际符号为 B。因为贝尔单位太大，通常取其 1/10 为分贝，国际符号为 dB。用分贝表示声级时，

$$L=10\lg\frac{I}{I_0} \tag{17-51}$$

上式中由于 $I_0=10^{-12}\mathrm{W/m^2}$ 是确定的，所以若已知声级 L 就可求出声强 I；反之，若已知声强 I，也可求出声级 L。

可闻声强对应的声级 L 在 0 ~ 120dB。0dB 称为听觉阈，120dB 称为痛觉阈。

声音响度是人对声音强度的主观感觉，它与声级有一定的关系，声级越大，人感觉越响。表 17-2 给出了经常遇到的一些声音的声级。

表 17-2　几种声音的声强、声强级和响度

声源	声强/($\mathrm{W\cdot m^{-2}}$)	声强级/dB	响度
聚焦超声波	10^5	210	
炮声	1	120	
痛觉阈	1	120	
铆钉机	10^{-2}	100	震耳
闹市车声	10^{-5}	70	响
平常谈话	10^{-5}	60	正常
室内轻声收音机	10^{-5}	40	较轻
耳语	10^{-10}	20	轻
树叶沙沙声	10^{-11}	10	极轻
听觉	10^{-12}	0	

声波可以由振动的弦线（如提琴弦线、人的声带等），振动的空气柱（如风琴管、单簧管等），振动的板与振动的膜（如鼓、扬声器等）产生。近似周期性或者少数几个近似周期性的波合成的声波，当强度不太大时引起愉快悦耳的**乐音**；波形不是周期性的或者由个数很多的一些周期波合成的声波，听起来是**噪声**。

2. 超声波

超声波是很普通的声音，只是它的频率高一些，由于人耳的生理结构，对于这种高频的“声音”听不见。但是超声波的高频率却给超声带来一些附加的、派生的性能，带来一些超常的本领。如超声波容易形成窄小的声束，能够发出一束声，而且可以规定这束声的发射方向，这样，就很容易判断，哪个方向有回声，则那个方向就有障碍物。所以，白鳍豚利用发射的超声波来探路、觅食和避敌。另外，自然界中的蝙蝠、老鼠、蚱蜢、蝗虫等动物也跟超声波有缘，都能发射和利用超声波。如蝙蝠的超声定位原理被广泛应用于现代雷达中。

超声波一般用具有磁致伸缩或压电效应的晶体的振动产生，超声波具有以下特征：

1）超声波频率高，波长短，容易聚成细波束，具有很好的直线定向传播的特性。发射的超声频率越高，方向性就越好，导向能力越强。如蝙蝠可发射 80kHz 的超声波，它的耳朵可接收到从 0.1mm 的金属丝反射回来的波。

2）高频的超声波，具有较大的功率。近代超声技术能够产生几千瓦的功率，如用聚焦超声波的方法，可以在液体中产生声强达 $120kW/cm^2$ 的大幅度超声波。另外，利用声聚焦透镜，还能在局部得到更大功率的超声束，这种超声振动的作用力很大，可用来对硬性材料进行超声加工。

3）超声波与目标或障碍物相遇时，衍射作用小，反射波束扩散也小，便于接收以探测目标。

4）超声波是一种弹性振动的机械波，可进入任何弹性介质材料，不论气体、液体或固体，包括人体，而且不受材料的导电性、导热性、透光性等的影响。这些特点使超声波检测具有广泛应用。

5）超声波在物体中的传播与介质材料的弹性密切相关。超声波在传播过程中遇到介质弹性情况发生变化时，则在界面处会产生波的反射和透射。医学上所用的 B 超正是通过测量这种反射的超声波来了解人体内脏器官的病变情况，具有无损伤、断层检测的优点。

6）超声波在固体、液体中传播时衰减很小。超声波在空气中衰减较快，而在固体液体中衰减很小。如 5kHz 的超声波透过约 5cm 的空气后声强衰减 1%，而透过 1m 多的钢才能衰减 1%，可见高频超声波很难透过气体，但极易透过固体，这正好与电磁波相反，因此在海洋中应用超声波最为适宜。常用它探测水下目标，如侦察潜艇、海底暗礁和寻找鱼群等。

3. 次声波

次声波又称为亚声波，一般指频率在 10^{-4} ~ 20Hz 之间的机械波，人耳听不到。在大自然的许多活动中，常可接收到次声波的信息，如火山爆发、地震、陨石落地、大气湍流、雷暴、磁暴等自然活动中，都有次声波的发生。次声波可以把自然信息传播到很远很远，所经历的时间也很长。因此次声波已经成为研究地球、海洋、大气等大规模运动的有力工具。

次声波的频率低，衰减极小，具有远距离传播的特点。在大气中传播几千米后，吸收还不到万分之几分贝。因此关于次声波的研究和应用受到越来越多的重视，已形成现代声学的一个新的分支——次声学。

17.6.2 地震波

地震是一种严重的自然灾害，它常常造成大量人员伤亡，能引起火灾、水灾、有毒气体泄漏、细菌及放射性物质扩散，还可能造成海啸、滑坡、崩塌、地裂缝等次生灾害。据统计，地球上每年约发生几百万次地震，但其中绝大多数太小或太远，以至于人们感觉不到，必须用地震仪才能记录下来，只有少数（几十次）能造成或大或小的灾害。

地震起源于地壳内岩层的突然破裂。地震开始发生的地点称为震源，震源正上方的地面称为震中。地震发生时，震源区的介质发生急速的破裂和运动，这种扰动就构成一个波源。由于地球介质的连续性，这种波动就向地球内部及表层各处传播开去，形成了连续介质中的弹性波。地震波按传播方式分为三种类型：纵波、横波和面波。纵波在地壳中传播速度为 5.5 ~ 7km/s，最先到达震中，又称 P 波，它使地面发生上下振动，破坏性较弱。横波在地壳中的传播速度为 3.2 ~ 4.0km/s，第二个到达震中，又称 S 波，它使地面发生前后、左右抖动，破坏性较强。面波，又称 L 波，是由纵波与横波在地球表面相遇后激发产生的混合波，其波长大、振幅强，只能沿地表面传播，是造成建筑物强烈破坏的主要因素。面波传播速度小于横波，所以跟在横波的后面。不管是哪种地震波的到达都可以用地震仪记录下来，如图 17-29 所示。

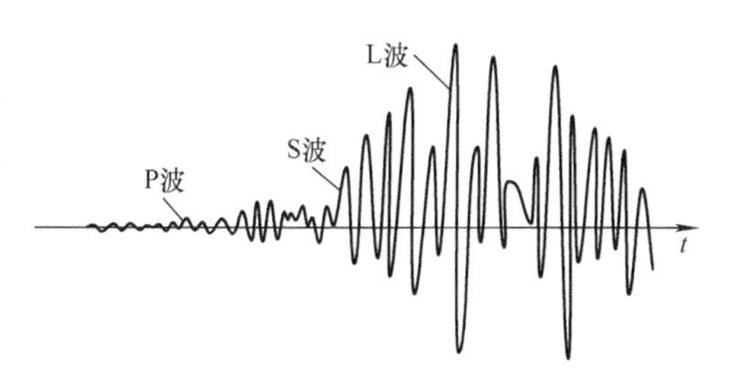

图 17-29 地震波的记录

地震波的 P 波可以在固体、液体内传播，而 S 波只能在固体内传播，它们又都能在固体和液体交界面处反射或折射。因此，对地震波的详细分析可以推知它们传播所经过的介质分布情况。例如人造地震可以帮助分析地壳内地层的分布，它是石油和天然气勘探的一种重要手段。此外，对地震波分析也可以用来检测地下核试验。

17.6.3 水波

水波是日常生活经常见到的现象，水波很容易被认为是横波，实际上并非如此。在平衡的情况下，水的表面是水平的。水面发生扰动时，使水面恢复水平的力有两个，一个是重力，另一个是表面张力。水波在波长很短时，表面张力起主要作用，这种波叫作**表面张力波**。例如微风拂过时水面形成的涟漪就是表面张力波。这种波的速度由波长 λ、表面张力系数 σ 和密度 ρ 决定，即有

$$u=\sqrt{\frac{2\pi\sigma}{\rho\lambda}} \tag{17-52}$$

对于波长很长的波，表面张力的作用可以忽略，波动主要是重力作用的结果，这种波叫作**重力波**。例如海面飓风吹起的大波或洋底地震引起的海啸都是重力波。

水有深浅之别。这里水的深浅是相对于水波波长来说的。若水的深度 h 不超过 0.05 倍的波长 λ 时为浅水。浅水水面上水波的波速 u 与波长 λ 无关，只由深度决定 h，即有

$$u=\sqrt{gh}\ (h<0.05\lambda) \tag{17-53}$$

若水的深度 h 大于 0.5 倍的波长 λ 时为深水。深水水面上水波的波速 u 与波长 λ 有关，关系式为

$$u=\sqrt{\frac{g\lambda}{2\pi}}\ (h>0.5\lambda) \tag{17-54}$$

不管深水还是浅水，水面上下水的质元的运动都不是简谐运动。对于浅水，水面上水的质元在其平衡位置附近做圆周运动。水面下水的质元在其平衡位置附近做椭圆运动，随着水深度的增加，椭圆运动的长轴几乎不变，而短轴迅速减小，近水底处质元几乎只在水平方向做周期性往复运动，如图 17-30a 所示。对于深水，水面上下水的质元都在其平衡位置附近做圆周运动。水质元的运动速度和轨迹圆的半径都随深度的增加而呈指数减小。当水深 $h=\lambda$ 时，波动几乎消失。如图 17-30b 所示。

由于水的质元在其平衡位置附近做圆周运动或椭圆运动，造成水波的波形并不是正弦曲线，而是谷宽峰尖的形状（见图 17-31a）。浪高太大时，峰尖就要崩碎（见图 17-31b），形成白浪滔天的景象。

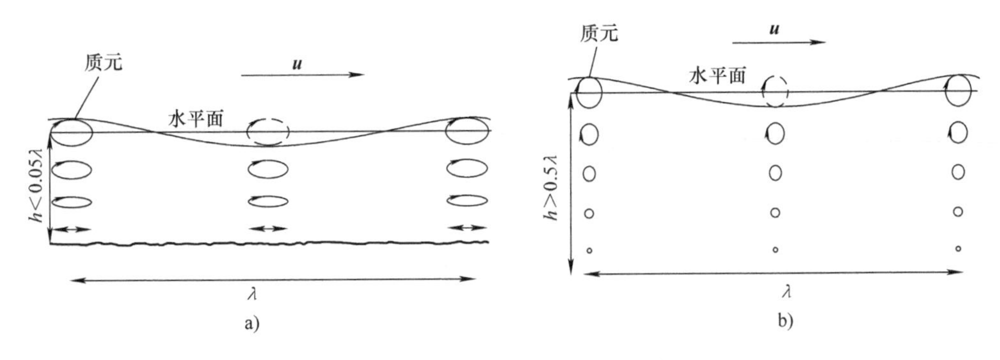

图 17-30　水波中水的质元的运动

a）浅水　b）深水

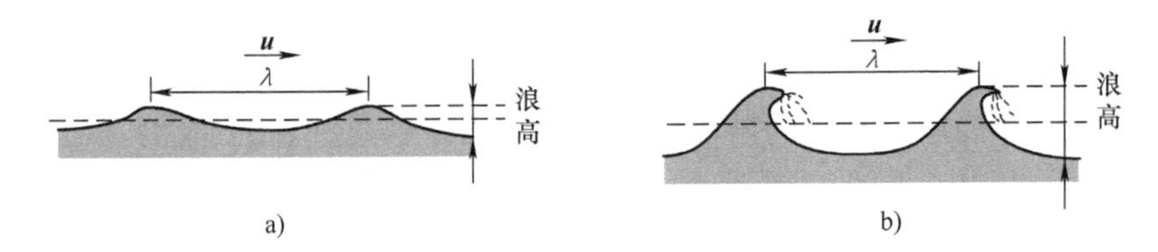

图 17-31　海面波的波形

a）浪高较小　b）浪高较大

17.7 多普勒效应

在前面几节对机械波的讨论中，波源和观察者相对于介质都是静止的。所以波的频率和波源的频率相同，观察者接收到的频率和波的频率也相同。若波源与观察者发生相对运动，则这时观察者接收到的频率与波源的频率就不相同了。这种由于观察者（或波源、或二者）相对于介质运动，而使观察者接收到的频率发生变化的现象，称为**多普勒效应**，它是多普勒于 1842 年最先发现的。例如，当高速行驶的火车鸣笛而来时，人们听到的鸣笛音调变高；当它离去时，收听到的音调变低，这种现象是声学上的多普勒效应。本节讨论这一效应的规律。

1. 机械波的多普勒效应

为简单起见，设波源和观察者在同一直线上运动。波源相对于介质的运动速度用 v_S 表示，观察者相对于介质的运动速度用 v_R 表示，波相对于介质的速度用 u 表示。波源的频率、观察者接收到的频率和波的频率分别用 ν_S、ν_R 和 ν 表示。在这里，我们要清楚区别 ν_S、ν_R 和 ν 三者的意义：波源的频率 ν_S 是波源单位时间内的振动次数或单位时间内发出完整波的个数；观察者接收到的频率 ν_R 是接收器单位时间接收到的振动次数或完整波的个数；波的频率 ν 是介质质元单位时间内的振动次数或单位时间内通过介质中某点的完整波的个数，它等于波速 u 除以波长 λ。这三个频率可能互不相同。下面分几种情况讨论。

（1）波源相对于介质静止不动，观察者以速度 v_R 相对于介质运动（见图 17-32）

设观察者向着静止的波源运动，观察者在单位时间内接收到的完整波的数目比它静止时接收的要多。

因为波源发出的波以速度 u 向观察者传播，同时观察者以速度 v_R 向着静止的波源运动，在单位时间内观察者接收到的完整波的数目等于分布在 $u+v_R$ 距离内波的数目，即观察者接收的频率为

$$\nu_R=\frac{u+v_R}{\lambda}=\frac{u+v_R}{\frac{u}{\nu}}=\frac{u+v_R}{u}\nu$$

式中，ν 是波的频率。由于波源在介质中静止，所以波源的频率就等于波的频率。因此

$$\nu_R=\frac{u+v_R}{u}\nu_S=\left(1+\frac{v_R}{u}\right)\nu_S \tag{17-55}$$

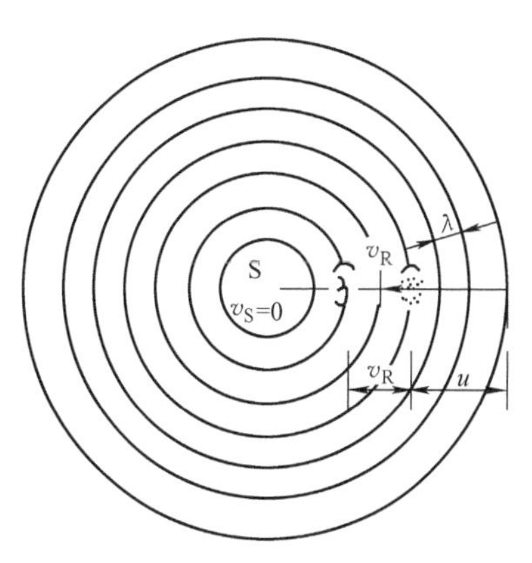

图 17-32　波源静止时的多普勒效应

可见，当观察者向着静止的波源运动时，接收到的频率为波源频率的 $\left(1+\frac{v_R}{u}\right)$ 倍，此时观察者接收到的频率大于波源的频率。

同理，当观察者背离波源运动时，观察者接收到的频率为

$$\nu_R=\frac{u-v_R}{u}\nu_S \tag{17-56}$$

即此时接收到的频率低于波源的频率。

（2）观察者相对于介质不动，波源以速度 v_S 向着观察者运动（见图 17-33a ）

波源运动时，波的频率不再等于波源的频率。

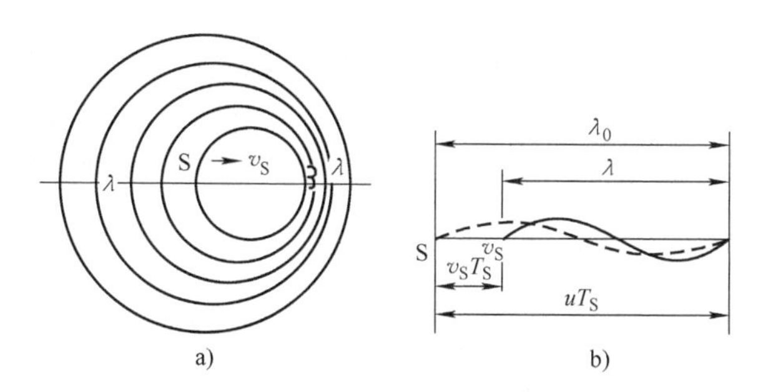

图 17-33　波源运动时的多普勒效应

当波源运动时，它所发出的相邻的两个同相振动状态是在不同地点发出的，这两个地点相隔的距离为 $v_S T_S$（T_S 为波源的周期），如图 17-33b 所示。如果波源是向着接收器运动的，这后一地点到前方最近的同相点之间的距离就是现在介质中的波长。设波源静止时介质中的波长为 λ_0，$\lambda_0=uT_S$，波源向着观察者运动时的波长为

$$\lambda=\lambda_0-v_S T_S=(u-v_S)T_S=\frac{u-v_S}{\nu_S}$$

此时波的频率为

$$\nu=\frac{u}{\lambda}=\frac{u}{u-v_S}\nu_S$$

由于观察者是静止的，因此波的频率也就等于观察者接收的频率，即

$$\nu_R = \frac{u}{u - v_S}\nu_S \tag{17-57}$$

式中，$\frac{u}{u - v_S} > 1$。所以当波源向着观察者运动时，观察者接收到的频率大于波源的频率。

同理，当波源远离观察者运动时，观察者接收到的频率为

$$\nu_R = \frac{u}{u + v_S}\nu_S \tag{17-58}$$

即观察者接收到的频率小于波源的频率。

（3）波源和观察者相对于介质同时运动

综合上述两种情况，当波源和观察者相向运动时，观察者接收到的频率为

$$\nu_R = \frac{u + v_R}{u - v_S}\nu_S \tag{17-59}$$

当波源和观察者彼此离开时，观察者接收到的频率为

$$\nu_R = \frac{u - v_S}{u + v_R}\nu_S \tag{17-60}$$

总之，当观察者与波源相向运动时，接收到的频率增高；反之，当观察者与波源彼此离开时，接收到的频率降低。

机械波的多普勒效应有很多应用，例如交通警察用多普勒效应检测车辆行驶速度；用多普勒效应制成的流量计可以测量人体内血管中血液的流速、工矿企业管道中污水或有悬浮物的液体的流速等。

2. 电磁波的多普勒效应

多普勒效应不仅仅适用于声波，也适用于所有类型的波，包括电磁波（如光）。与声波不同的是，电磁波的传播不需要什么介质，因此只由光源和接收器的相对速度 v 决定接收到的频率。可以用相对论证明，当光源和观察者在同一直线上运动时，如果二者互相接近，则观察者接收到的频率为

$$\nu_R = \sqrt{\frac{1 + v/c}{1 - v/c}}\nu_S \tag{17-61}$$

如果二者互相远离，则观察者接收到的频率为

$$\nu_R = \sqrt{\frac{1 - v/c}{1 + v/c}}\nu_S \tag{17-62}$$

可见，光源远离观察者运动时，接收到的频率变小了，因而波长变长，这种现象叫作“红移”。

3. 冲击波

上面讲过，当波源向着观察者运动时，观察者接收到的频率大于波源的频率，它的值由式（17-57）给出。但当 $v_S > u$ 时，这个公式将失去意义，因为这种情况下任一时刻波源本身将超过它此前所发出波的波前，在波源前方不可能有任何波动产生，如图 17-34 所示。

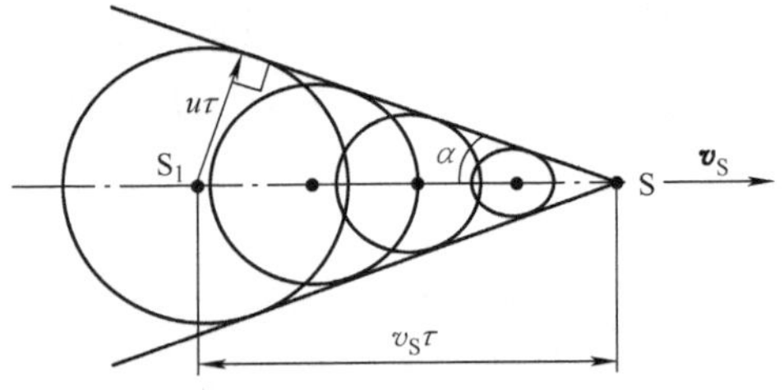

图 17-34 冲击波的产生

当波源经过 S_1 位置时发出的波在其后 τ 时到波前为半径等于 $u\tau$ 的球面，但此时波源已前进了 $v_S\tau$ 的距离到达 S 位置。在整个 τ 时间内，波源发出的各波的波前的切面形成一个圆锥面，叫**马赫锥**。其半顶角由下式决定：

$$\sin\alpha = \frac{u}{v_S} \tag{17-63}$$

飞机、炮弹超声速飞行时，都会在空气中激起这种圆锥形的波，如图 17-35 所示，这种波叫**冲击波**。冲击波面到达的地方空气压强突然增大。过强的冲击波掠过物体时甚至会造成损害（如使窗玻璃碎裂），这种现象叫**声爆**。飞行速度与声速的比值 v_S/u 称**马赫数**，可决定 α 角。

类似的现象在水波中也可以看到。当船速超过水波的波速时，在船后激起以船为顶端的 V 形波，称为**艏波**，如图 17-36 所示。

图 17-35 超声速飞机

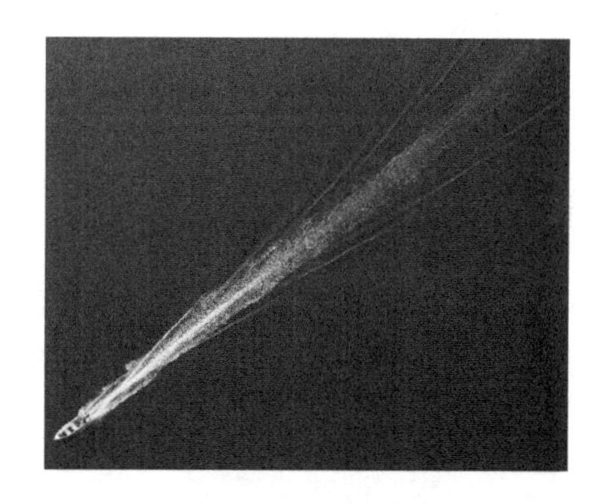

图 17-36 艏波

例 17.8 一声源振动频率为 1000Hz，问：

（1）当它以 20m/s 的速率向静止的观察者运动时，此观察者接收到的声波频率是多大？

（2）如果声源是静止的，而观察者以 20m/s 的速率向声源运动，此时观察者接收到的声波频率又是多大？（设空气中的声速为 340m/s）

解：（1）声源向观察者运动的情况中，$v_R = 0$，$v_S = 20\text{m/s}$，由式（17-57），观察者接收到的声波频率为

$$\nu = \frac{u}{u - v_S}\nu_S = \frac{340\text{m/s}}{340\text{m/s} - 20\text{m/s}} \times 1000\text{Hz} = 1063\text{Hz}$$

（2）在观察者向声源运动情况中，$v_R = 20\text{m/s}$，$v_S = 0$，由式（17-49），观察者接收到的声波频率为

$$\nu = \left(1 + \frac{v_R}{u}\right)\nu_S = \left(1 + \frac{20\text{m/s}}{340\text{m/s}}\right) \times 1000\text{Hz} = 1059\text{Hz}$$

小 结

1. 行波

扰动的向前传播叫**行波**，取其“行走”之意。

行波的特点：在波传播的过程中，介质中各质元均在自身平衡位置附近振动，并没有随波前进，因此波动只是振动状态在介质中的传播；介质中各质元的振动频率与波源的振动频率相同，沿着波的传播方向，后面的质元依次重复前面质元的振动过程，其振动时间和相位均依次落后。

2. 简谐波

所传播的扰动形式是简谐振动的波称为**简谐波**。它的特点是波源及波所传到的各处质元均做同频率、同振幅的简谐振动。

简谐波的波函数：

$$y(x,t)=A\cos\left[\omega\left(t\mp\frac{x}{u}\right)+\varphi\right]=A\cos\left[2\pi\left(\frac{t}{T}\mp\frac{x}{\lambda}\right)+\varphi\right]=A\cos(\omega t\mp kx+\varphi)$$

上式中的负正号“∓”分别代表沿 x 轴正向和负向传播的波。

描述简谐波的物理量：

波长（λ）：沿波的传播方向上，相邻的两个振动状态完全相同的质元间的距离，即一个完整波的长度。

周期（T）：在波传播过程中，波前进一个波长所需的时间，或一个完整波通过介质中某点所需的时间。

频率（ν）：周期的倒数，表示单位时间内波向前传播的完整波的数目。

波速（u）：单位时间波所传播过的距离。波速又称相速度，即某一振动相位的传播速度。

周期、频率和波速关系：$u=\dfrac{\lambda}{T}=\lambda\nu$

3. 弹性介质中的波速

弹性棒中纵波的波速：$u=\sqrt{\dfrac{E}{\rho}}$。其中 E 为弹性模量，ρ 为弹性棒的质量体密度。

弹性棒中横波的波速：$u=\sqrt{\dfrac{G}{\rho}}$。其中 G 为切变模量，ρ 为弹性棒的质量体密度。

拉紧的绳索或细线中的横波的波速：$u=\sqrt{\dfrac{T}{\rho_l}}$。其中 T 为绳索或细线中的张力，ρ_l 为质量线密度。

液体和气体中的纵波波速：$u=\sqrt{\dfrac{K}{\rho}}$。其中 K 为体积模量，ρ 为液体或气体的质量体密度。

4. 简谐波的能量

在波传播的过程中，任一质元的动能和弹性势能均随时间变化，而且在任何时刻它们都是相同的，即相位相同、量值相同。

平均能量密度：$\overline{w}=\dfrac{1}{2}\rho A^2\omega^2$

平均能流密度即波强：$I=\overline{w}u=\dfrac{1}{2}\rho uA^2\omega^2$

5. 惠更斯原理

惠更斯原理：在研究波动现象时，介质中任一波阵面上的各点，都可以看作是发射子波的波源，在这之后的任意时刻，这些子波的包络面就是该时刻的波前。

惠更斯原理适用于任何波动过程，无论是机械波或是电磁波。

应用惠更斯原理的几何作图法可以定性地解释波的衍射现象、反射、折射现象。

波的衍射：当波在传播过程中遇到障碍物时，波的传播方向会发生改变，并能绕过障碍物的边缘继续向前传播的现象。

波的独立性：当几列波在传播过程中在某一区域相遇，各波能保持各自的原有特性（频率、波长、振动方向等）不变，继续沿着原来的传播方向前进，其传播情况与未相遇一样，互不干扰。

叠加原理：在几列波相遇的区域内，任一处质点的振动为各列波单独到达该点所引起的振动的叠加，即该处质点的位移是各波单独存在时在该点引起位移的矢量和。

波的干涉：当两列频率相同、振动方向相同、相位差恒定的波在介质中相遇时，使介质中某些质点的振动始终加强、某些质点的振动始终减弱的现象。

若两个同方向、同频率的简谐振动的振动方程为

$$y_1 = A_1\cos\left(\omega t - \frac{2\pi}{\lambda}r_1 + \varphi_1\right),\ y_2 = A_2\cos\left(\omega t - \frac{2\pi}{\lambda}r_2 + \varphi_2\right)$$

则它们叠加后的合振动的振幅：$A = \sqrt{A_1^2 + A_2^2 + 2A_1A_2\cos\left[(\varphi_2 - \varphi_1) - \frac{2\pi}{\lambda}(r_2 - r_1)\right]}$

合振动的初相：$\varphi = \arctan\dfrac{A_1\sin\left(\varphi_1 - \frac{2\pi}{\lambda}r_1\right) + A_2\sin\left(\varphi_2 - \frac{2\pi}{\lambda}r_2\right)}{A_1\cos\left(\varphi_1 - \frac{2\pi}{\lambda}r_1\right) + A_2\cos\left(\varphi_2 - \frac{2\pi}{\lambda}r_2\right)}$

合成波的强度：$I = I_1 + I_1 + 2\sqrt{I_1I_2}\cos\Delta\varphi$

（1）当相位差 $\Delta\varphi = (\varphi_2 - \varphi_1) - \frac{2\pi}{\lambda}(r_2 - r_1) = \pm 2k\pi\ (k = 0,1,2,\cdots)$，合振幅和强度分别为

$$A_{\max} = A_1 + A_2,\ I_{\max} = I_1 + I_1 + 2\sqrt{I_1I_2}$$

（2）当相位差 $\Delta\varphi = (\varphi_2 - \varphi_1) - \frac{2\pi}{\lambda}(r_2 - r_1) = \pm(2k+1)\pi\ (k = 0,1,2,\cdots)$，合振幅和强度分别为

$$A_{\min} = |A_1 - A_2|,\ I_{\min} = I_1 + I_1 - 2\sqrt{I_1I_2}$$

若 $\varphi_2 = \varphi_1$，则上述合振动振幅最大和振幅最小的条件可简化为

1）当 $\delta = r_2 - r_1 = \pm k\lambda(k = 0,1,2,\cdots)$ 时，$A_{\max} = A_1 + A_2$，$I_{\max} = I_1 + I_1 + 2\sqrt{I_1I_2}$

2）当 $\delta = r_2 - r_1 = \pm(2k+1)\frac{\lambda}{2}(k = 0,1,2,\cdots)$ 时，$A_{\min} = |A_1 - A_2|$，$I_{\min} = I_1 + I_1 - 2\sqrt{I_1I_2}$

6. 驻波

当振幅相同、频率相同、振动方向相同的两列同类波，在同一条直线上沿相反方向传

播时叠加就形成了**驻波**。驻波是一种特殊的波，没有振动状态的传播，波形不随时间向前传播，也没有能量的定向传播。

驻波方程：$y = 2A\cos\frac{2\pi}{\lambda}x\cos\omega t$

振幅最大的各点称为**波腹**，对应于使 $\left|\cos\frac{2\pi}{\lambda}x\right| = 1$ 的各点。

振幅为零的各点称为**波节**，对应于使 $\left|\cos\frac{2\pi}{\lambda}x\right| = 0$ 的各点。

相邻的两个波腹和相邻的波节之间的距离 $\Delta x = \frac{\lambda}{2}$

两端固定的弦线上能形成驻波的波长是“量子化”的。

半波损失：入射波在反射时发生 π 的相位突变的现象。当波从波疏介质垂直入射到波密介质的界面上反射时，有半波损失，形成的驻波在界面处出现波节；当波从波密介质垂直入射到波疏介质的界面上反射时，没有半波损失，形成的驻波在界面处出现波腹。

7. 多普勒效应：由于观察者（或波源、或二者）相对于介质运动，而使观察者接收到的频率发生变化的现象。

机械波的多普勒效应：

波源和观察者在同一直线上运动时，

（1）波源静止，观察者运动：$\nu_R = \frac{u + v_R}{u}\nu_S$，观察者向着波源运动时 v_R 取正值；

（2）观察者静止，波源运动：$\nu_R = \frac{u}{u - v_S}\nu_S$，波源向着观察者运动时 v_S 取正值；

（3）波源和观察者同时运动：$\nu_R = \frac{u + v_R}{u - v_S}\nu_S$，观察者向着波源运动时 v_R 取正值，波源向着观察者运动时 v_S 取正值。

电磁波的多普勒效应

光源和观察者在同一直线上运动时，

（1）二者互相接近：$\nu_R = \sqrt{\frac{1 + v/c}{1 - v/c}}\nu_S$

（2）二者互相远离：$\nu_R = \sqrt{\frac{1 - v/c}{1 + v/c}}\nu_S$

冲击波：当波源速度超过它发出的波的速度时，就会产生冲击波。

思考题

17.1　机械波从一种介质进入另一种介质时，其波长、频率、周期、波速等物理量中，哪些量会发生变化？哪些不变？

17.2　简谐振动的振动方程和简谐波的波函数有什么不同和联系？振动曲线和波动曲线有什么区别？

17.3　图 17-37a 是 $t = 0$ 时的简谐波的波形图，波沿 x 轴正方向传播，图 17-37b 为一质点的振动曲线。则图 17-37a 中所表示的 $x = 0$ 处质点振动的初相与图 17-37b 所表示的振动的初相分别为多少？

17.4　介质中波的传播方向上有两个质点 P 和 Q，它们的平衡位置相距 2m，且大于一个波长。介质中的波速为 2m/s，P 和 Q 的振动曲线如图 17-38 所示，求振动周期的可能值。

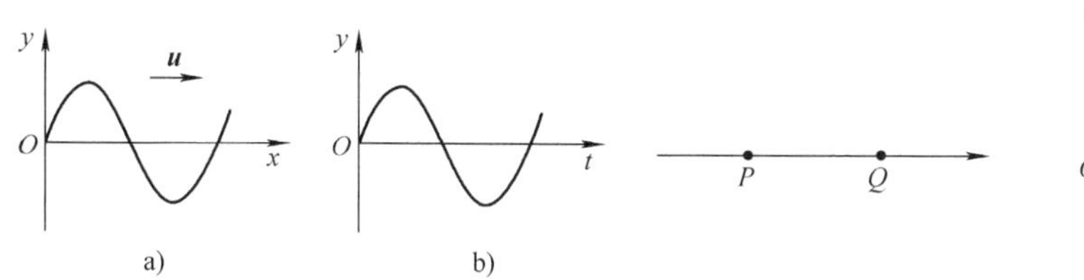

图 17-37 思考题 17.3 用图

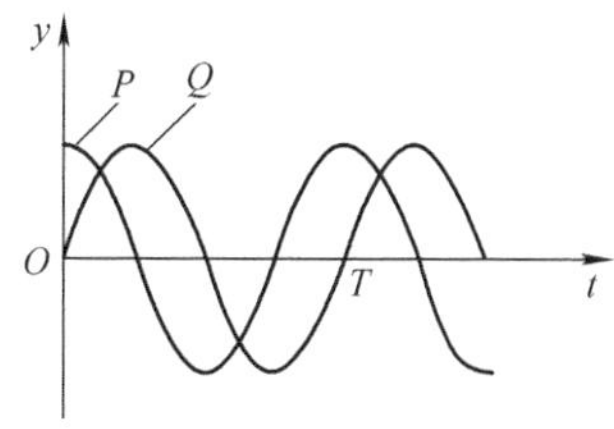

图 17-38 思考题 17.4 用图

17.5 一列横波在某一时刻的波形如图 17-39 所示，P 点经 $\Delta t=0.4$s 第一次到达波峰，则这列波的波速多大？

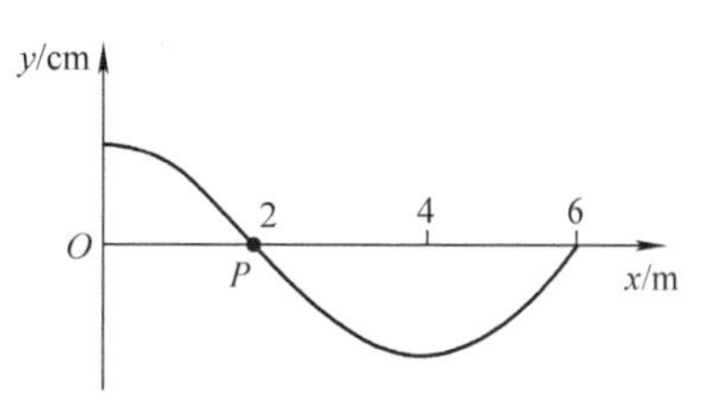

图 17-39 思考题 17.5 用图

17.6 驻波形成后，介质中各质点的振动相位有什么关系？为什么说驻波中相位没有传播？

17.7 试解释弦乐器的以下现象：

（1）较松的弦发出的音调较低，而较紧的弦则音调较高；

（2）较细的弦发出的音调较高，而较粗的弦则音调较低（古人称之为“小弦大声，大弦小声”）；

（3）正在振动的两端固定的弦，若用手指轻按弦的中点时，音调变高到两倍，若改按弦的三分之一处时，音调增至三倍；

（4）用力弹拨琴弦（而非用手指按弦）时，能同时听到若干音调各异的声音。（提示：音调高低与弦振动的频率成正比。此外，在（4）情形中弦以基频振动的同时还以若干泛频振动。）

17.8 波动过程中，体积元中总能量随时间而改变，这与能量守恒定律是否矛盾？为什么？

17.9 一平面简谐波在弹性介质中传播，在波线上某质元从最大位移处向平衡位置运动的过程中，下列哪些说法是错误的：

（1）它的势能转换成动能；

（2）它的动能转换成势能；

（3）它从相邻介质质元中获得能量，其能量逐渐增加；

（4）它把自己的能量传给相邻介质质元，其能量逐渐减小。

17.10 什么叫多普勒效应？波源向着观察者运动和观察者向着波源运动，都会产生频率增高的多普勒效应，这两种情况有何区别？

习 题

17.1 如图 17-40 所示，曲线（a）和（b）分别表示某一平面简谐波在 $t=0$ 和 $t=2.0$s 时的波形图，试写出此平面简谐波的表达式。

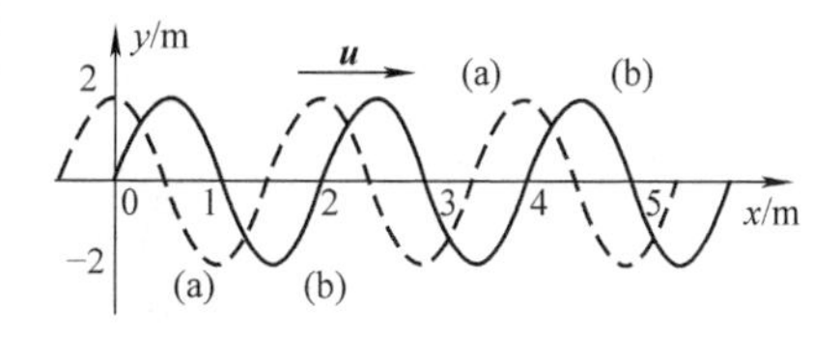

图 17-40 习题 17.1 用图

17.2 横波在弦上传播，波函数为 $y=0.02\cos\pi(200t-5x)$(m)。求：（1）此波的振幅、波长、频率、周期和波速；（2）画出 $t=0.0025$s，0.005s 时的波形图。

17.3 频率为 $\nu=2.5\times10^{4}$Hz 的平面简谐纵波沿细长的金属棒传播，棒的弹性模量为 $E=1.90\times10^{11}\text{N/m}^2$，棒的密度为 $\rho=7.6\times10^{3}\text{kg/m}^3$。求该纵波的波长。

17.4 如图 17-41 所示，一平面简谐波沿 x 轴正方向传播，波速为 20m/s，在传播路径的 A 点处，质

点的振动方程为 $y=0.03\cos 4\pi t(\mathrm{m})$，试求分别以 A、B、C 为坐标原点的波函数。

17.5　已知一沿 x 轴正方向传播的平面简谐波，$t=\dfrac{1}{3}\mathrm{s}$ 时的波形如图 17-42 所示，且周期为 2s。(1) 写出 O 点的振动表达式；(2) 写出该平面简谐波的波函数；(3) 写出 A 点的振动表达式；(4) 计算 A 点距 O 点的距离。

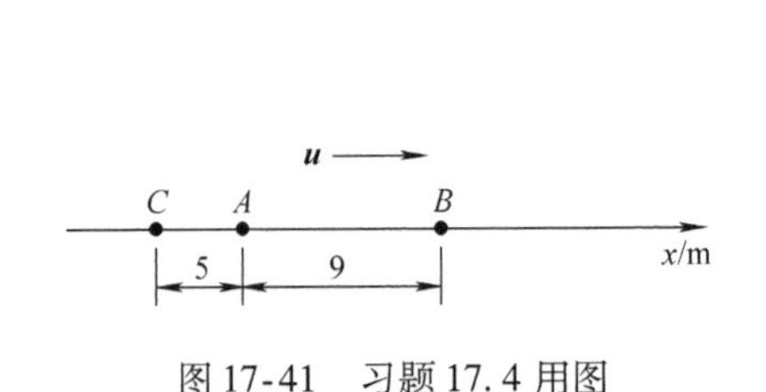

图 17-41　习题 17.4 用图

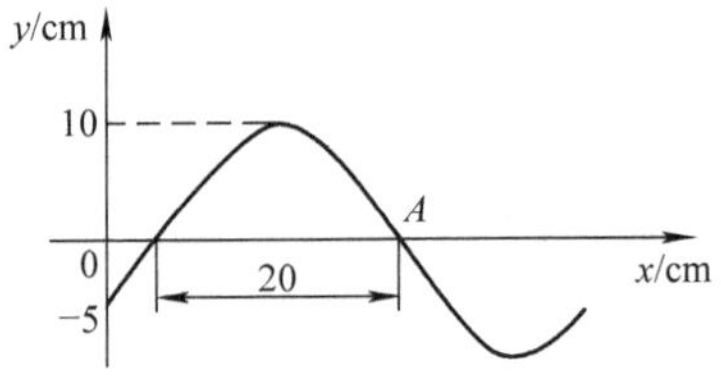

图 17-42　习题 17.5 用图

17.6　图 17-43 为平面简谐波在 $t=0$ 时的波形图，设此简谐波的频率为 250Hz，且此时图中质点 P 的运动方向向上。

求：(1) 该波的波函数；(2) 在距离原点 O 为 7.5m 处质点的运动方程，及 $t=0$ 时刻该点的振动速度。

17.7　平面简谐波以波速 $u=0.50\mathrm{m/s}$ 沿着 Ox 轴负向传播，$t=2\mathrm{s}$ 时的波形如图 17-44 所示。求原点的振动方程。

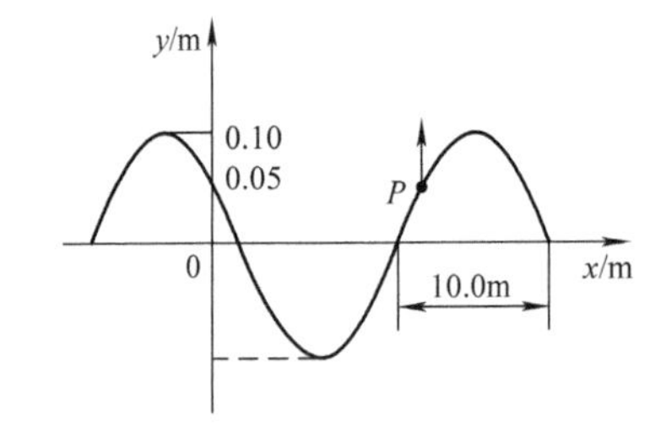

图 17-43　习题 17.6 用图

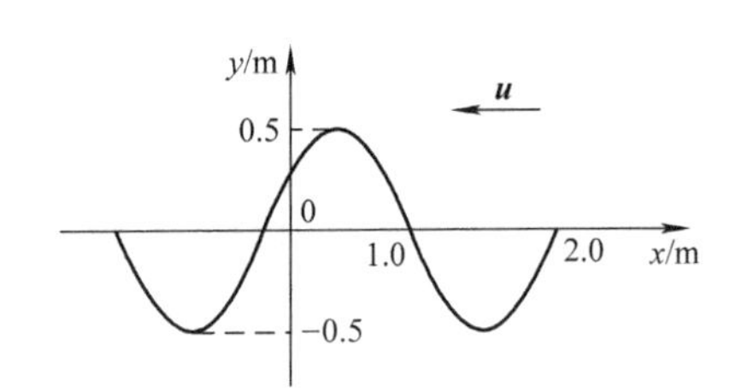

图 17-44　习题 17.7 用图

17.8　有一列波在介质中传播，其波速 $u=1.0\times10^{3}\mathrm{m/s}$，振幅 $A=1.0\times10^{-4}\mathrm{m}$，频率 $\nu=1.0\times10^{3}\mathrm{Hz}$。若介质的密度为 $\rho=8.0\times10^{2}\mathrm{kg/m^{3}}$，求：(1) 该波的平均能流密度；(2) 1 分钟内垂直通过 $2.0\times10^{-4}\mathrm{m^{2}}$ 的总能量。

17.9　设入射波的波函数为 $y_1=A\cos\left[2\pi\left(\dfrac{t}{T}+\dfrac{x}{\lambda}\right)\right]$，在 $x=0$ 处发生反射，反射点为一自由端。(1) 写出反射波的波函数；(2) 写出反射波和入射波叠加的驻波方程；(3) 说明哪些点是波腹？哪些点是波节？

17.10　一弦上的驻波方程为 $y=3.0\times10^{-2}\cos(1.6\pi x)\cos(550\pi t)\,(\mathrm{m})$，(1) 若将此驻波看成是由振动方向相同、传播方向相反、振幅及频率均相同的两列简谐波叠加而成的，求它们的振幅及波速；(2) 求相邻波节之间的距离；(3) 求 $t=3.0\times10^{-3}\mathrm{s}$ 时，位于 $x=0.625\mathrm{m}$ 处质点的振动速度。

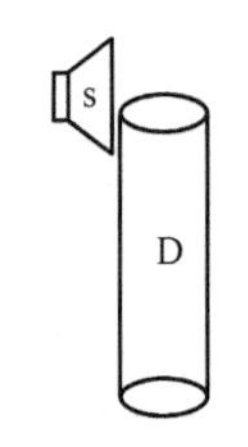

图 17-45　习题 17.11 用图

17.11　如图 17-45 所示，S 是一个由音频振荡和放大器驱动的小喇叭，音频振荡器的频率可调范围为 1000 ~ 2000Hz，D 是一段用金属薄板卷成的圆管，长 45cm。(1) 如果在所处温度下空气中的声速是 340m/s，试问当喇叭发出的频率从 1000Hz 改变到 2000Hz 时，在哪些频率上会发生共鸣？(2) 试画出各次共鸣时管的位移波节、波腹图（忽略末端效应）。

17.12 若在同一介质中传播的频率为1200Hz和400Hz的两声波有相同的振幅。求：（1）它们的强度之比；（2）两声波的声级差。

17.13 一警车以25m/s的速度在静止空气中行驶，假设车上警笛的频率为800Hz。求：（1）静止站在路边的人听到警车驶近和离去时的警笛声波频率；（2）如果警车追赶一辆速度为15m/s的客车，则客车上的人听到的警笛声波的频率为多少？（设空气中的声速 $u=330\text{m/s}$）

17.14 蝙蝠在洞穴中飞来飞去，利用超声脉冲导航非常有效（这种超声脉冲是持续1ms或不到1ms的短促发射，并且每秒重复发射多次）。假设蝙蝠所发超声频率为 $39\times10^3\text{Hz}$，在朝着表面平直的墙壁飞扑的期间，它的运动速率为空气中声速的1/40，试问它听到的从墙壁反射回来的脉冲波频率是多少？

习题答案

17.1 $y=2\cos\left[\pi\left(k+\frac{1}{4}\right)t-\pi x\right]$

17.2 （1）$A=0.02\text{m}$，$\lambda=0.4\text{m}$，$f=100\text{Hz}$，$T=0.01\text{s}$，$u=40\text{m/s}$；

（2）

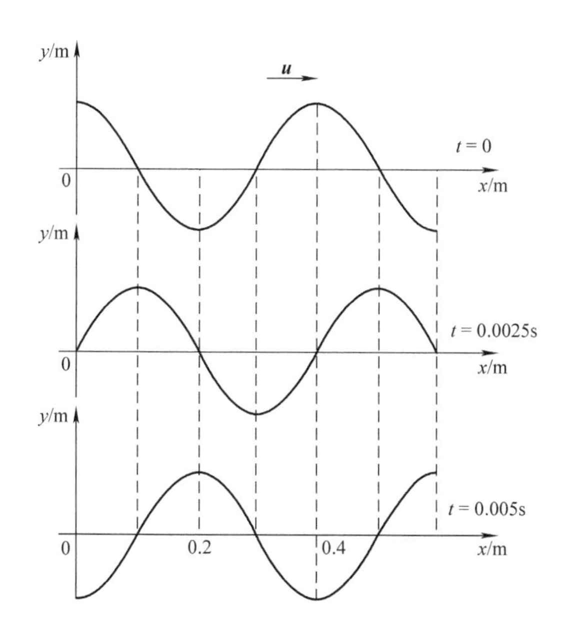

17.3 0.2m

17.4 $y=0.3\cos\left[2\pi\left(t-\frac{x}{20}\right)\right]$（m），$y=0.3\cos\left[2\pi\left(t-\frac{x}{20}\right)-\frac{9\pi}{10}\right]$（m），$y=0.3\cos\left[2\pi\left(t-\frac{x}{20}\right)+\frac{\pi}{2}\right]$（m）

17.5 （1）$y=0.1\cos\left(\pi t+\frac{\pi}{3}\right)$（m）；（2）$y=0.1\cos\left(\pi t-5\pi x+\frac{\pi}{3}\right)$（m）；（3）$y=0.1\cos\left(\pi t-\frac{5\pi}{6}\right)$（m）；（4）0.23m

17.6 （1）$y=0.1\cos\left[500\pi\left(t+\frac{x}{5000}\right)+\frac{\pi}{3}\right]$（m）；（2）$y=0.1\cos\left(500\pi t+\frac{13}{12}\pi\right)$（m），$-50\pi\sin\frac{13}{12}\pi\text{m/s}$

17.7 $y=A\cos(\omega t+\varphi)=0.5\cos\left(\frac{\pi}{2}t+\frac{\pi}{2}\right)(\text{m})$

17.8 （1）$1.58\times10^5\text{W/m}^2$；（2）1896J

17.9 （1）$y_2=A\cos\left[\frac{2\pi}{T}\left(t-\frac{x}{\lambda/T}\right)\right]=A\cos\left[2\pi\left(\frac{t}{T}-\frac{x}{\lambda}\right)\right]$；

（2）驻波方程为 $y=2A\cos\left(\frac{2\pi}{\lambda}x\right)\cos\left(\frac{2\pi}{T}t\right)$；

（3）坐标为 $x=k\frac{\lambda}{2}$，$(k=0,\pm1,\pm2,\cdots)$ 的点为波腹；坐标为 $x=(2k+1)\frac{\lambda}{4}$ $(k=0,\pm1,\pm2,\cdots)$ 的点为波节

17.10　（1）1.5×10^{-2}m，343.8m/s；（2）0.625m；（3）−46.2m/s

17.11　（1）1133Hz，1511Hz，1889Hz；

（2）

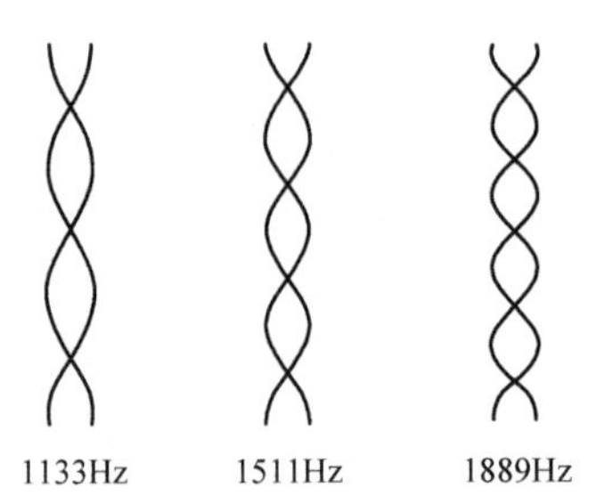

17.12　（1）9∶1；（2）9.54dB

17.13　（1）865.6Hz，743.7Hz；（2）826.2Hz

17.14　4.1×10^{4}Hz

第18章 光的干涉

光波是一种电磁波，在真空中的传播速度 $c \approx 3 \times 10^8 \mathrm{m/s}$，通常能引起人的视觉感应的光波为可见光，其在真空中的波长约在 760 ~ 400nm 之间，频率范围约在 $3.9 \times 10^{14} \sim 7.5 \times 10^{14}$ Hz 之间。

光波具有波的共性特征，服从波的叠加原理。满足一定条件的若干束光波在空间相遇时，若在叠加区域出现稳定的强弱分布，这种现象称为**光的干涉**。

本章重点讲述光波的干涉规律，包括干涉条件、典型的干涉实验及其相应的条纹分布。

18.1 相干光

18.1.1 相干条件

光波是电场和磁场相互作用形成的电磁波，习惯上用电场强度 $\boldsymbol{E}$ 和磁场强度 $\boldsymbol{H}$ 表示电场和磁场的场量，而在人的视觉和光化学反应中，起到感光作用和光化学效应的场量主要是电场强度 $\boldsymbol{E}$，所以，通常用电场强度 $\boldsymbol{E}$ 表示光波，并且称 $\boldsymbol{E}$ 为**光矢量**，$\boldsymbol{E}$ 的振动则称为**光振动**。

设两列振动方向相同、频率相同的两列光波在空间某点 P 相遇，相遇处光波的叠加分析方法可参考前面 17.5.2 节。如图 18-1 所示，设 1、2 两个光源在某个时刻发出的光振动 E_1、E_2 分别为

$$E_1 = E_{10}\cos(\omega t + \varphi_{10})$$
$$E_2 = E_{20}\cos(\omega t + \varphi_{20})$$

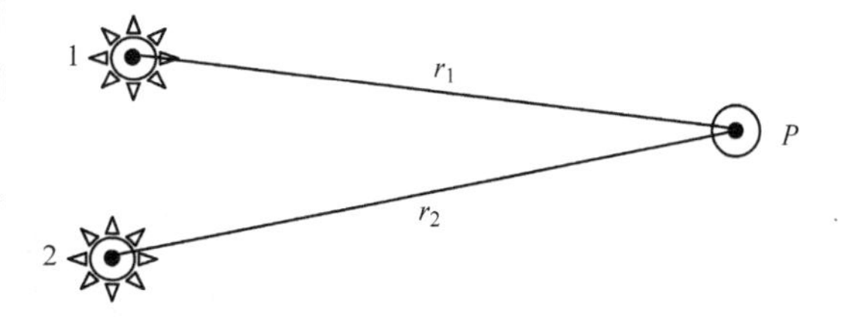

图 18-1 光波的叠加

设两光源振动方向垂直于纸面，则振动形态传播到 P 点时，

$$E_{1P} = E_{10}\cos\left(\omega t + \varphi_{10} - \frac{2\pi}{\lambda}r_1\right),\ E_{2P} = E_{20}\cos\left(\omega t + \varphi_{20} - \frac{2\pi}{\lambda}r_2\right)$$

P 点叠加后的光矢量的振幅

$$E_0 = \sqrt{E_{10}^2 + E_{20}^2 + 2E_{10}E_{20}\cos\Delta\varphi} \tag{18-1}$$

式中，E_{10}、E_{20}、E_0 分别为两束光波传播到 P 点的振幅和叠加后光波的振幅；$\Delta\varphi$ 为两束光波传播到 P 点的相位差：

$$\Delta\varphi = \varphi_{20} - \varphi_{10} - \frac{2\pi}{\lambda}(r_2 - r_1)$$

根据 $I \propto A^2$，两束光波叠加后的光强和原来两束光波的强度关系为

$$I = I_1 + I_2 + 2\sqrt{I_1 I_2}\cos\Delta\varphi \tag{18-2}$$

式中，I_1、I_2 分别表示两束光波单独存在时在 P 点产生的光强，当

$$\Delta\varphi = \begin{cases} 2k\pi\ (k=0, \pm1, \pm2, \cdots), & I_{\max} = I_1 + I_2 + 2\sqrt{I_1 I_2} \\ (2k+1)\pi\ (k=0, \pm1, \pm2, \cdots), & I_{\min} = I_1 + I_2 - 2\sqrt{I_1 I_2} \end{cases} \tag{18-3}$$

由以上分析可知，当两束光波在空间相遇时，要想在空间任意叠加点 P 处形成稳定的强弱分布现象，两列波必须满足**振动方向相同**、**频率相同**和**相位差恒定**，这些要求称为波的**相干条件**，振动方向相同和频率相同保证叠加时的振幅由式（18-1）决定，从而使叠加区域的合振动有强弱之分，相位差恒定则是保证叠加区域强弱分布稳定的必要条件。满足相干条件的光波称为**相干波**，满足相干条件的光源称为**相干光源**。相干条件对于机械波来说，比较容易满足，但要从普通光源获得相干光波就复杂了，这和普通光源的发光机理有关，下面我们来说明这一点。

18.1.2　普通光源的发光机理

能够发射光波的物体称为**光源**。从光源是否相干的角度来说，光源可以分为普通光源和激光光源，像太阳、白炽灯、各种气体放电管等都属普通光源。本小节主要讨论传统的普通光源，如钨丝灯、钠光灯的发光机理。普通光源的发光是组成物体的大量分子或原子所进行的一种微观过程。现代物理学理论给出组成光源的分子或原子的状态分布可以用能级理论来描述，不同状态的分子或原子的能量只能具有离散值，“相同”能量的分子或原子分布在同一**能级**上（实际上能级有一定的宽度，即使同一能级上的原子能量也可能不同）。图 18-2 为氢原子的能级及发光跃迁图示，能量最低的状态称为**基态**，其他较高的能量状态称为**激发态**。由于外界条件的激励，如碰撞作用，可以使原子的运动状态发生变化，即原子就可以处于激发态，而处于激发态的原子状态是不稳定的，它会自发地回到低激发态或者基态，这一过程称为原子从高能级向低能级的**跃迁**，在跃迁过程中，原子将以电磁波的形式向外辐射一定的能量，而辐射的电磁波就携带着原子减少的能量。这个跃迁过程所经历的时间是非常短暂的，约为10^{-8}s，这也就是一个原子一次发光所经历的时间。而且，一个原子一次发光都只能发出一段**长度有限**、**频率一定**（实际上，由于每个能级都有一定的宽度，频率在一个很小的范围内）和**振动方向一定**的电磁波，这一段光波称为一个**波列**。

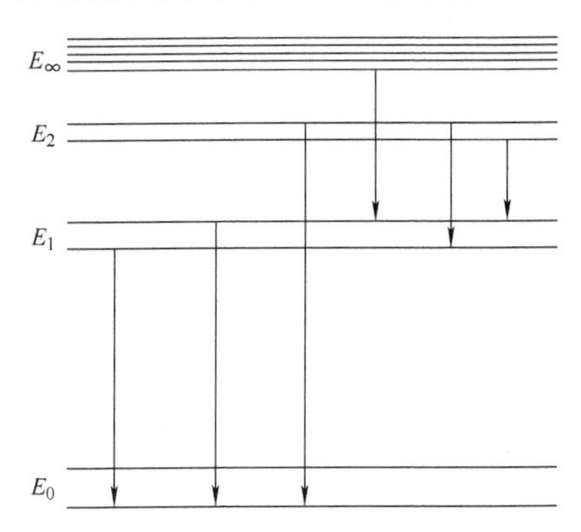

图 18-2　氢原子的能级及跃迁

当然，跃迁到低能级的原子还可以因为外界的激励被激发到较高的能级，因而可以再次跃迁，再次发光，所以，一个原子的发光都是断续的。

从物质组成的角度来说，普通光源由大量的分子或原子构成，同一时刻有非常多的原子会发生跃迁。这些原子的发光**不是同步的**，这是因为处于激发态的原子向低能级跃迁完全是**自发的**，是按照一定的概率发生的。一般情况下，这些原子在跃迁中辐射的电磁波是

彼此独立的、互不相关的，即各次跃迁发出的波列的频率和振动方向都可能不同，而且跃迁的时间也是完全不确定的，因而相位具有不确定性，即使发生在相同能级上的原子跃迁，由于能级有一定的宽度，它们发出电磁波的频率和振动方向也不一定相同。所以，任意瞬时不同原子发射的电磁波或同一原子先后发射的电磁波，其频率、振动方向和初相很难做到完全相同，相位差恒定更是难以保证。即使是频率、振动方向相同的两个波列，由于各原子辐射的波列之间或同一原子先后辐射的波列之间没有固定的相位关系，相位差恒定也很难满足。由以上分析可知，两个独立的普通光源或同一光源的不同部分发出的光波在空间相遇时，叠加区域的任意一点，相位差不可能保持恒定，叠加点的合振幅就不可能保持稳定，也就不可能在叠加区形成稳定强弱分布的干涉现象。

18.1.3　相干光的获得

本小节重点阐述怎样利用普通光源获得相干光。根据普通光源的发光机理，为了满足相干条件，如果能把同一发光原子的同一次发光分成两部分，即把同一波列的光波分为两束光波，则它们必然满足相干条件，因此，当这两列波在空间相遇时就可以观察到稳定的干涉现象。这就是从普通光源获得相干光的基本原理，称之为“**一分为二**”。

根据这一思想，可以将获得相干光的方法归纳为两类。

1. 分波阵面法

这种方法巧妙地将单个波阵面分解成了两个波阵面以锁定两光源之间的相位差获得相干光，典型实验就是杨氏双缝干涉实验、菲涅尔双面镜实验以及劳埃德镜实验，在 18.2 节将详细阐述这些实验现象。下面以双缝干涉实验原理分析该方法的实现过程。如图 18-3 所示，单缝 S、双缝 S_1 和 S_2 的长度方向垂直于纸面，单缝 S 所在的屏、双缝 S_1、S_2所在的遮光屏 G 及观察屏 H 彼此平行。用单色光照射单缝 S，它发出的光照射到开有双缝 S_1、S_2 的遮光屏 G 上，这两个缝中心间距很小且到 S 的距离相等。根据惠更斯原理，双缝 S_1、S_2 处子波源源于同一个波阵面，因此它们为相干光源，则在其后的两列波的重叠区域可以观察

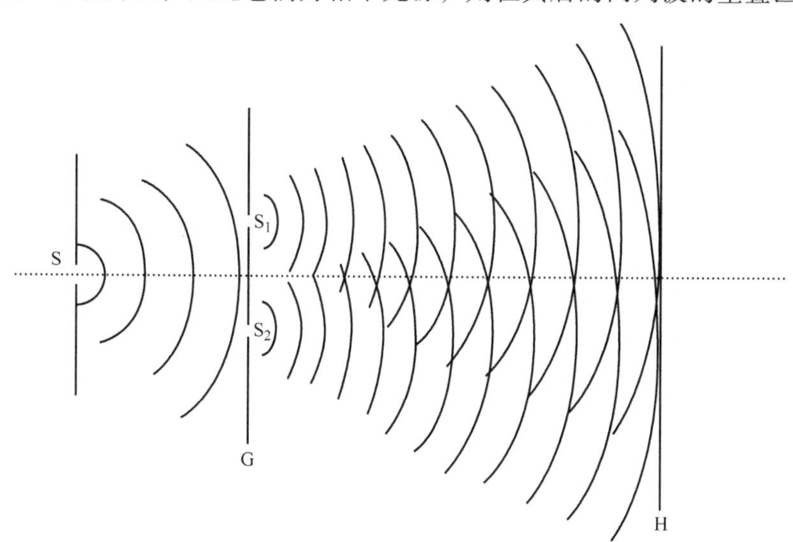

图 18-3　分波振面获得相干光

到干涉现象，即明暗相间的干涉条纹分布。

如果光源是含有多种频率的复色光源，如白色光源，则同一波长的光波发生干涉并产生该种波长的干涉条纹，观察屏 H 上就能够得到多种颜色干涉条纹的混合图像。

2. 分振幅法

分振幅方法是利用薄膜的上、下两个表面对入射光进行反射和折射，将入射光分解为若干部分，再使它们在空间相遇形成干涉。图 18-4 是典型的利用该方法获得相干光的实验。

如图 18-4 所示，从光源 S 发出的一束光沿某一方向投射到一个膜厚各处相等的薄膜上，在薄膜的上表面，入射光分成反射光束 1 和折射光束，而折射光束经薄膜的下表面反射后，又经薄膜上表面折射出来仍在原来的介质中传播，成为透射光束 2，根据反射和折射定律，两束光 1、2 为平行光，利用透镜 L 的作用，在这两束光叠加区域放置一个观察屏 H，则在 H 上可以观察到干涉条纹。因为 $I \propto E_0^2$，这样获得相干光的方法称为**分振幅法**。在 **18.3** 节将具体阐述利用分振幅法获得相干光的实验——薄膜干涉。

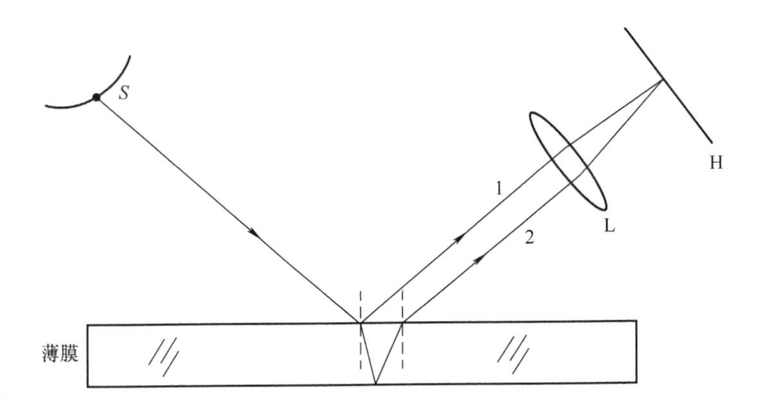

图 18-4　分振幅法获得相干光

在我们的日常生活以及自然界中，可以观察到很多光的干涉现象。如在阳光的照射下，水面上的油膜会呈现五彩缤纷的美丽图样；在我们洗衣服的时候，肥皂泡在阳光下也会呈现五光十色的彩纹，这些都是我们比较常见的薄膜干涉图样。

以上说明的是利用普通光源获得相干光的传统和经典方法，自从 20 世纪 60 年代激光器诞生后，现代的干涉实验都利用激光光源来做了。不同于传统的普通光源，激光光源为相干光源，激光光源的发光截面（即激光管的输出端面）各点发出的都是频率相同、振动方向相同且同相的相干光（基模的输出光），因此，利用一个激光光源发光面的两部分直接叠加或者使用两个同频率的激光光源发出的光束直接叠加，都可以产生明显的干涉现象。激光光源已经广泛应用于现代研究领域，特别是现代精密技术中都采用激光光源替代普通光源。

18.1.4　光程

在波动光学领域有关光学现象的研究和应用中，经常涉及光波通过不同介质传播的问题。为了方便地比较和计算光波通过不同介质时引起的相位差变化，引入了**光程**的概念。

已知频率为 ν 的单色光，在折射率为 n 的介质中的波长为

$$\lambda' = \frac{u}{\nu} = \frac{c}{n\nu} = \frac{cT}{n} = \frac{\lambda}{n} \tag{18-4}$$

式中，λ 为频率为 ν 的单色光在真空中的波长。

考虑在相同时间 t 内，光波在不同介质中传播的几何路程不同。设频率为 ν 的单色光在时间 t 内在折射率为 n 的介质中传播速度为 u，传播的几何路程为 r，则在相应时间内，光在真空中传播距离为

$$L = ct = \frac{cr}{u} = nr \tag{18-5}$$

上式说明，在相同的时间内，光在折射率为 n 的介质中传播的几何路程可以折合为光在真空中路程 L，L 就定义为**光程**。

引入**光程**的概念后，就可以用光程变化来讨论相位差变化。设频率为 ν 的单色光在折射率为 n 的介质中传播的几何路程 r，光振动的相位落后

$$\Delta\varphi = \frac{2\pi}{\lambda'}r$$

将式（18-4）代入上式，得

$$\Delta\varphi = \frac{2\pi}{\lambda}nr = \frac{2\pi}{\lambda}L$$

上式的右侧表示频率为 ν 的单色光在真空中传播 L 时引起的相位落后。由以上分析可知，同一频率的光在折射率为 n 的介质中传播几何路程 r 时引起的相位落后和在真空中传播 nr 的距离引起的相位落后相同，nr 就叫作与几何路程 r 相应的**光程**。由此可知，**光程**是一个折合量，是将光在介质中传播的几何路程按照相位变化相同折合为真空中的路程。这样折合的好处在于，光在不同介质中传播时可以统一地用光在真空中的波长 λ 来计算引起的相位变化。

如果两列初相相同的相干光波，分别在折射率为 n_1、n_2 的介质中传播了几何路程 r_1、r_2 后到达空间某一点相遇，设它们所行进的光程分别为 L_1、L_2，则它们的**光程差**用 δ 表示，满足

$$\delta = L_2 - L_1 = n_2 r_2 - n_1 r_1$$

当两束光同时在真空或空气中传播，即 $n_1 = n_2 = 1$ 时，可得 $\delta = r_2 - r_1$。引入光程的概念后，光程差 δ 与相位差 $\Delta\varphi$ 之间的关系满足

$$\Delta\varphi = \frac{2\pi}{\lambda}\delta \tag{18-6}$$

根据式（18-3）知

$$\delta = \begin{cases} k\lambda\,(k = 0, \pm 1, \cdots), & I_{\max} = I_1 + I_2 + 2\sqrt{I_1 I_2} \\ (2k+1)\dfrac{\lambda}{2}\,(k = 0, \pm 1, \cdots), & I_{\min} = I_1 + I_2 - 2\sqrt{I_1 I_2} \end{cases} \tag{18-7}$$

在光学研究中，由于光程和光程差便于运算，用光程差讨论干涉条纹的分布及变化规律是分析干涉问题的常用和基本方法。

例 18.1 如图 18-5 所示，S_1、S_2 为两同相相干光源，由两光源发出的两束光在空气中传播几何路程 r_1、r_2 到达 P 点相遇，今在 S_1 光路中插入折射率为 n、厚度为 d 的介质，在

这种情况下，求两束光由 S_1、S_2 传播到 P 点的相位差 $\Delta\varphi$。

解：
$$\begin{aligned}\Delta\varphi &= \frac{2\pi}{\lambda}\delta = \frac{2\pi}{\lambda}(L_2 - L_1)\\ &= \frac{2\pi}{\lambda}[r_2 - (r_1 - d + nd)]\\ &= \frac{2\pi}{\lambda}[(r_2 - r_1) - (n-1)d]\end{aligned}$$

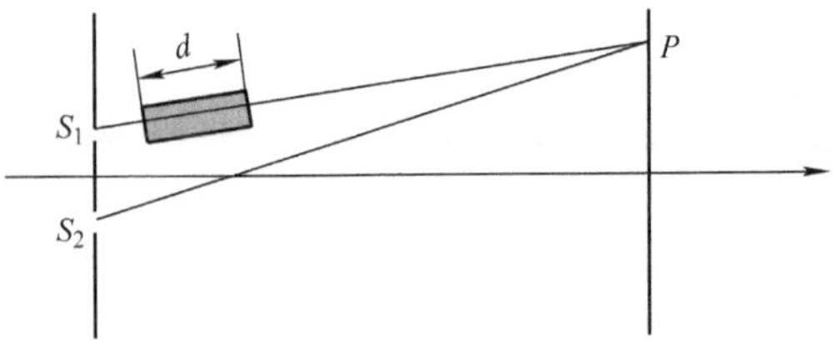

图 18-5　光程计算　例 18.1 用图

在光学干涉和衍射装置中，经常会借助于薄透镜来完成光路设计，除了透镜可以改变光的传播方向外，还有一个重要原因就是**透镜具有等光程性**。下面简单说明一下这种性质。

平行光束入射到透镜将汇聚于焦平面上，若平行光为相干光，则汇聚点彼此加强形成亮点，如图 18-6a、b 所示。为了分析会聚点 F、F' 的干涉情况，必须计算相干光到达该点的光程差，而透镜各处的厚度并不相同，往往折射率也不知道，按光程的定义来计算就有些困难，但利用光程和相位的概念来分析可以使计算简化。设 A、B、C 三点为垂直于入射光束的同一波阵面上的点，所以，三点相位相同，到达焦点 F 或焦平面上任意一点 F' 时，由于 F、F' 都位于焦平面上，而焦平面是等相面，光束在 F 或 F' 由于干涉加强形成亮点，所以，A、B、C 三点到 F 或 F' 点的光程都相等。这一等光程性可以通过光程的定义来理解。从光程来看，从同一波阵面到达像点的光线中，通过透镜中心的光线传播的几何路程要短一些，通过透镜边缘的光线传播的几何路程要长一些；从折射的角度来看，通过透镜中心的光线在透镜中传播的距离要长一些，通过透镜边缘的光线在透镜中传播的距离要短一些。由于透镜的折射率大于空气的折射率，将几何路程折算成光程，则各光线的光程相等，这一结论叫作**平行光经薄透镜汇聚不产生附加光程差**。

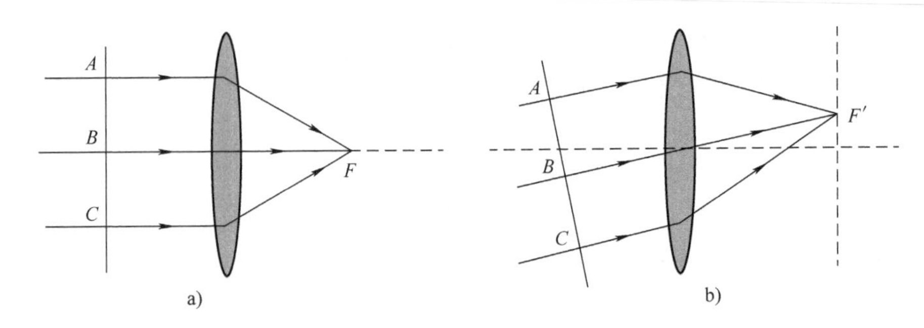

图 18-6　平行光经透镜汇聚不产生附加光程

正是因为以上原因，在现代光学实验装置中，研究人员经常利用薄透镜来设计各种各样的实验光路，以此达到不同的实验要求和实验目的。下面我们研究几个典型的干涉实验。

18.2　杨氏双缝干涉

1801 年，英国物理学家托马斯·杨巧妙地设计了一个说明光波具有波动性的关键性实验，成功地观察到光波的干涉条纹，为光波的波动理论确立提供了参考性依据。

该实验是利用分波阵面法获得相干光的典型实验，一开始托马斯·杨利用小孔观察干涉现象，现在类似的实验都是用缝代替小孔获得相干光源，因此称为杨氏双缝干涉实验，其基本原理图如图 18-7 所示。图中 S 是单缝屏以获得线光源，G 是有两个狭缝 S_1、S_2 的遮光屏，双缝 S_1、S_2 和单缝 S 的长度方向垂直于纸面，入射光的波长为 λ，单缝屏、遮光屏 G 和观察屏 H 的平面彼此平行。双缝 S_1 和 S_2 的中心间距为 d，且 d 很小约为$10^{-4} \sim 10^{-5}$ m，遮光屏 G 和观察屏 H 之间的距离为 D，且满足 $D >> d$。P 为观察屏 H 上距离 O 点为 x 的任意观察位置，对应的角位置用 θ 表示。r_1、r_2 分别为 S_1、S_2 到 P 点的几何路程，则光线从 S_1、S_2 传播到 P 点的光程差

$$\delta = r_2 - r_1$$

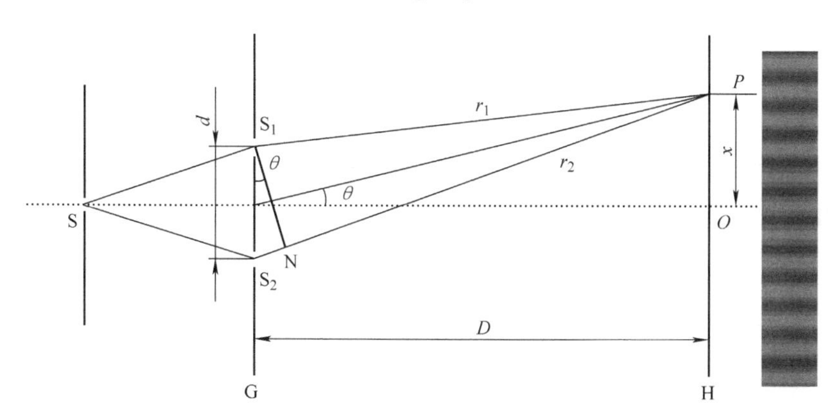

图 18-7　杨氏双缝干涉实验

从 S_1 向 S_2P 作垂线 S_1N，S_1S_2 和 S_1N 间的夹角近似地等于 θ，由于 $D >> d$，所以 θ 角很小，$S_1P \approx PN$，$\sin\theta \approx \tan\theta = \frac{x}{D}$，所以

$$\delta = r_2 - r_1 \approx d\sin\theta = \frac{d}{D}x \tag{18-8}$$

由于相干波传播到 S_1 和 S_2 处相位相同，因此，两列波传播到 P 点的相位差 $\Delta\varphi$ 完全决定于光程差 δ，由式（18-7）可知，当 S_1、S_2 到 P 点的光程差为波长的整数倍，即

$$\delta = \pm k\lambda \ (k = 0,1,2,\cdots) \tag{18-9}$$

两束光在 P 处叠加的合振幅最大，因而，合成光强最大，就形成干涉明条纹，这种合成振幅最大的叠加称为**相长干涉**，也称为**干涉加强**。上式结合式（18-8）可求出明纹中心的角位置 θ。k 称为明纹的级次，$k = 0$ 的明纹称为**中央明纹**或**零级明纹**，$k = 1$，2，…明纹分别称为第 1 级、第 2 级……明纹，± 号表示各级明纹的位置分布关于中央明纹是对称的。联合式（18-8）和式（18-9）可以求得观察屏 H 上明纹的中心位置到中央明纹中心的距离

$$x = \pm k\frac{D}{d}\lambda \ (k = 0,1,2,\cdots) \tag{18-10}$$

当 S_1、S_2 到 P 点的光程差为半波长的奇数倍，即

$$\delta = \pm(2k-1)\frac{\lambda}{2} \ (k = 1,2,3,\cdots) \tag{18-11}$$

时两束光在 P 点叠加的合振幅最小，因而，合成光强最小形成暗纹，这种合成振幅最小的

叠加称为**相消干涉**，也称为**干涉减弱**，上式结合式（18-8）可求出暗纹中心的角位置 θ。k 称为暗纹的级次，$k=1$，2，…暗纹分别称为第 1 级、第 2 级……暗纹。联合式（18-8）和式（18-11）可以求得观察屏 H 上暗纹的中心位置到中央明纹中心的距离

$$x=\pm(2k-1)\frac{D}{2d}\lambda\ (k=1,2,\cdots)\tag{18-12}$$

相邻两条明纹或暗纹中心间的距离均为

$$\Delta x=x_{k+1}-x_k=\frac{D}{d}\lambda\tag{18-13}$$

上式表明 Δx 与干涉条纹的级次 k 无关，干涉条纹是**等间距**排列的。而相邻明纹与暗纹中心之间的距离为$\frac{D\lambda}{2d}$。应用中可以利用式（18-13）测定未知单色光的波长，例如，已知 d 和 D 的值，则可根据相邻条纹间距或 k 级条纹与中央明纹中心的距离计算出单色光的波长 λ 值。

总之，杨氏双缝干涉的条纹分布特点可以概括为：**中央为零级明纹，两侧对称分布着较高级次的明暗相间等间距的直条纹**。

下面分析观察屏 H 上的光强分布特点，根据式（18-2）可以得出双缝干涉的强度分布曲线，如图 18-8 所示。为了描述干涉条纹的对比程度，引入了**衬比度**的概念，用 V 表示衬比度，将其定义为

$$V=\frac{I_{\max}-I_{\min}}{I_{\max}+I_{\min}}\tag{18-14}$$

当 $I_1=I_2$ 时，明纹中心光强 $I_{\max}=4I_1$，暗纹中心光强 $I_{\min}=0$，这种情况下，衬比度 $V=1$，干涉条纹的明暗对比鲜明，如图 18-8a 所示。当 $I_1\neq I_2$ 时，$I_{\min}\neq 0$，衬比度 $V<1$，干涉条纹的衬比度差，如图 18-8b 所示。因此，实验中为了获得衬比度较高的干涉条纹，应该使形成干涉的两相干光在各处的光强都相等。为了做到这一点，通常在双缝干涉实验中，应使双缝 S_1、S_2 的宽度相等且都很窄，仅在较小的范围内观测干涉条纹，这些条件一般是能够满足的。

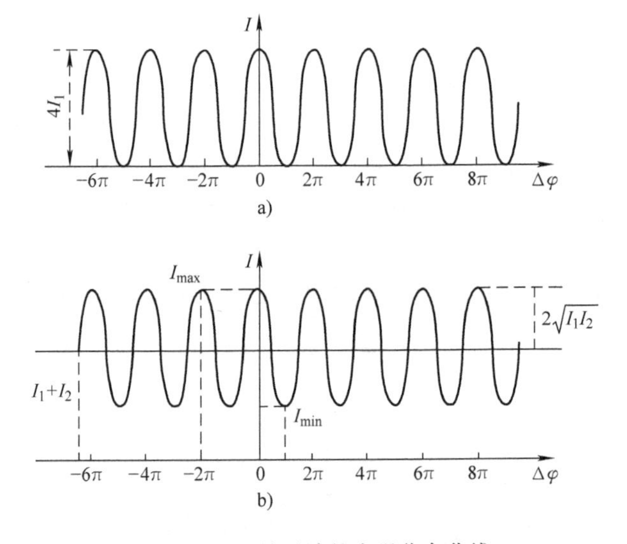

图 18-8　双缝干涉的光强分布曲线

利用分波阵面法获得相干光形成干涉现象的典型实验还有菲涅尔双面镜实验和劳埃德镜实验。下面简要介绍这两个实验。

菲涅尔双面镜实验装置如图 18-9 所示，平面镜 M_1 和 M_2 交线方向垂直于纸面与纸面交点为 C 且交角很小，线光源 S 的长度方向平行于两镜面的交线垂直于纸面。由 S 发出的光波的波阵面经两平面镜反射分成两部分，两束反射光满足相干条件且它们的波阵面也有部分重叠，在观察屏 H 上能够观察到明暗的条纹分布。这种情况下，如果两束相干光看作是由两个虚光源 S_1、S_2 发出的，则杨氏双缝干涉实验的分析仍适用于菲涅尔双面镜实验。

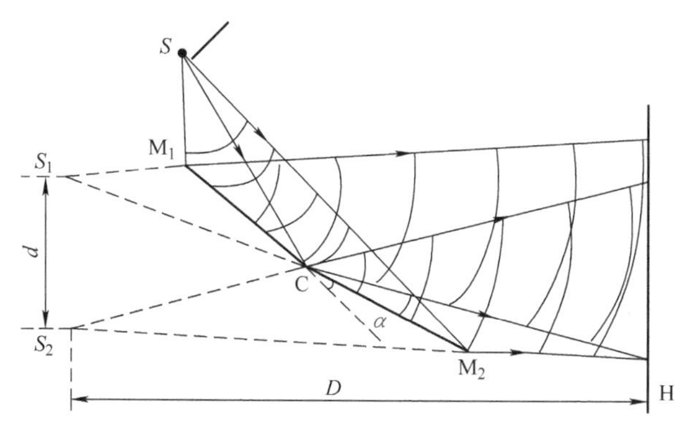

图 18-9 菲涅尔双面镜

劳埃德镜实验（见图 18-10）使用一个平面镜观察干涉图样。光源 S_1 发出的光一部分直接照射到观察屏 H 上，另一部分则照射在平面镜 M 上经其反射后再照射到观察屏 H 上，这两部分光也满足相干条件，在屏 H 上的重叠区域也能产生干涉条纹。由于虚光源 S_2 是实光源 S_1 的像，若把反射光看作是由虚光源 S_2 发出的，则前面的双缝干涉分析同样适用于劳埃德镜实验。这种情况下，S_1、S_2 两个光源是反相的相干光源，原因在于玻璃与空气介质相比较，玻璃是波密介质，而光波由波疏介质射向波密介质表面发生反射时在反射波中存在半波损失（或 π 的相位跃变）。所以，在平面镜 M 与屏 H 的交汇处 O 这个位置是暗纹。

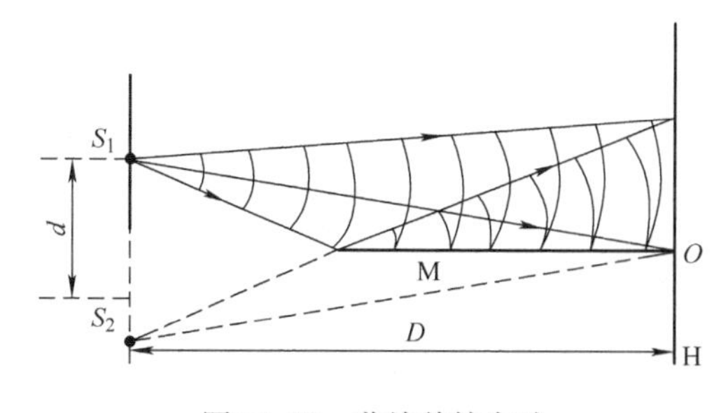

图 18-10 劳埃德镜实验

例 18.2 在杨氏双缝干涉实验中，用波长未知的某种单色光垂直照射双缝，已知双缝的中心间距 $d=0.2\text{mm}$，双缝屏与观察屏的距离 $D=1.5\text{m}$，如果观察屏上第二级明纹到同侧第四级明纹之间的距离为 7.5mm，求单色光的波长。

解：根据双缝干涉明纹的条件式（18-10），

$$x_k = k\frac{D}{d}\lambda(k=0,1,2,\cdots)$$

用 $k=2$ 和 $k=4$ 代入上式得

$$\Delta x_{24} = x_4 - x_2 = \frac{D}{d}(k_4 - k_2)\lambda$$

所以
$$\lambda = \frac{d}{D}\frac{\Delta x_{24}}{k_4 - k_2} = \frac{0.2\times10^{-3}\times7.5\times10^{-3}}{1.5\times(4-2)}\text{m} = 500\text{nm}$$

18.3 薄膜干涉

本节开始讨论利用分振幅法获得相干光的干涉实验，现实生活中的肥皂液膜及油膜在日光照射下产生的彩色条纹都是薄膜干涉的结果。根据产生干涉元件膜厚的差别可以将这类干涉分为等厚干涉和等倾干涉。

18.3.1 等厚干涉

产生干涉的部件是放在空气中的劈尖形状的介质薄片或膜，称为**劈形膜**或**劈尖膜**，如图18-11a所示，它的两个表面为平面，夹角 θ 很小，约 $10^{-4} \sim 10^{-5}$ rad，膜厚为零的位置称为劈形膜的**棱边**，当波长为 λ 的平行单色光垂直入射时，在劈形膜的上、下两个表面的反射光几乎沿原光路被反射回来，汇聚于劈形膜的上表面附近而发生干涉。为了详细地说明劈形膜的条纹分布特点，我们分析入射到劈形膜上表面且与棱边平行的直线 PM 上的入射光线，A 点为 PM 上的任意一点，如图18-11b所示。当波长为 λ 的单色光入射到 A 点时，一部分在 A 点发生反射，成为反射光线1，另一部分则射入介质内部在介质中传播并在介质下表面发生反射，然后再通过介质膜上表面透射出来，成为反射光线2。由于 θ 很小，入射光线、反射光线1和反射光线2几乎重合，所以，反射光线1和反射光线2几乎在介质上表面 A 点相遇。由于两条反射光线源于同一条入射光线或者说是源于入射光的波阵面上的同一部分，所以，1、2两束光必然是相干光。它们的能量也是从那同一条入射光线分出来的，由于波的能量和振幅有关，因此，这种产生相干光的方法称为**分振幅法**。

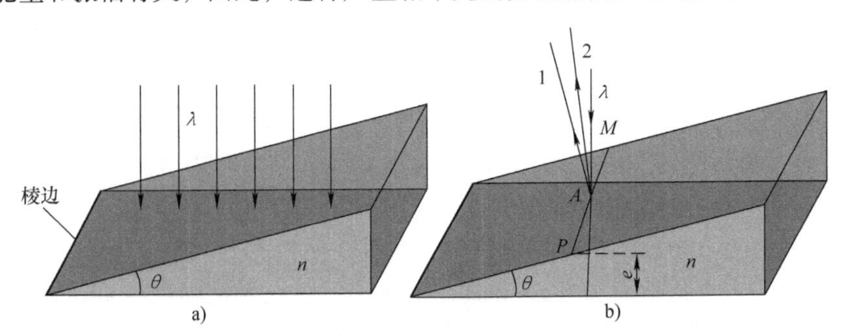

图18-11　劈尖薄膜干涉

下面分析图18-11所示的劈形膜的条纹分布特点，以 e 表示入射点 A 处对应的膜厚，则反射光线1、2在相遇时的光程差

$$\delta = 2ne + \frac{\lambda}{2} \tag{18-15}$$

上式中右侧的前一项是由于光线2在薄膜介质中行进了 $2e$ 的几何路程引起的光程，后一项 $\lambda/2$ 则是由于反射本身引起的，由于介质膜相对于周围的空气介质为波密介质，这样，当光波在介质上表面发生反射（即反射光线1）时存在半波损失，在介质膜下表面反射时

则没有半波损失，这种反射的差别就引起了附加的光程差 $\lambda/2$。

由于劈形膜各处的膜厚不同，所以各处对应的光程差也不同，因而会产生干涉条纹，明纹的条件为

$$2ne_k+\frac{\lambda}{2}=k\lambda\ (k=1,2,3,\cdots) \tag{18-16}$$

式中，k 为干涉条纹的级次。第 k 级明纹中心对应的膜厚

$$e_k=(2k-1)\frac{\lambda}{4n}\ (k=1,2,3,\cdots)$$

暗纹的条件为

$$2ne_k+\frac{\lambda}{2}=(2k+1)\frac{\lambda}{2}\ (k=0,1,2,\cdots) \tag{18-17}$$

第 k 级暗纹中心对应的膜厚

$$e_k=k\frac{\lambda}{2n}\ (k=0,1,2,\cdots)$$

以上四个表达式表明，每一级明纹或暗纹都有一定的厚度相对应，即相同级次的条纹位于介质膜上表面的同一等厚线上，所以，这样形成的条纹称为**等厚条纹**，这样的薄膜干涉则称为**等厚干涉**。因为劈形膜的等厚线是一簇平行于棱边的直线，所以干涉条纹是与棱边平行的明暗相间的直条纹。

在棱边处 $e=0$，但是由于存在半波损失，两束相干光相位差为 π，光程差为 $\lambda/2$，因而，棱边为暗纹。利用上面的表达式可以求得相邻两条明纹或暗纹中心的膜厚差。如图 18-12，以明纹为例，对于相邻的两条明纹，利用式（18-16）得

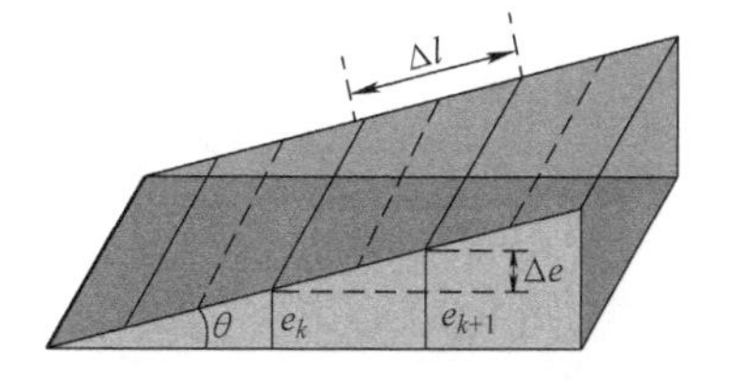

图 18-12 劈尖膜的等厚条纹

$$\begin{cases}2ne_{k+1}+\dfrac{\lambda}{2}=(k+1)\lambda\\[2ex]2ne_k+\dfrac{\lambda}{2}=k\lambda\end{cases}$$

两式联立，得相邻两条明纹中心对应的膜厚差

$$\Delta e=\frac{\lambda}{2n} \tag{18-18}$$

以 Δl 表示相邻两条明纹或暗纹中心在劈形膜上表面的距离，根据图 18-12 可以求得

$$\Delta l=\frac{\Delta e}{\sin\theta}=\frac{\lambda}{2n\sin\theta} \tag{18-19}$$

由于 θ 角很小，满足 $\sin\theta\approx\theta$，上式又可以改写为

$$\Delta l=\frac{\lambda}{2n\theta} \tag{18-20}$$

式（18-19）和式（18-20）表明，劈形膜的干涉条纹是**等间距**的，条纹间距与劈形膜的劈尖角 θ 相关，θ 角越大，相邻条纹间距越小，干涉条纹分布越密集，当 θ 角增大到一定程度时，干涉条纹就密不可分了，所以劈形膜的干涉条纹只有在劈尖角 θ 很小的情况下才能观察到。

根据劈尖干涉的特点，若已知劈形膜介质的折射率 n 和入射的单色光波长 λ，则利用

式（18-19）或式（18-20）可求得劈形膜的劈尖角 θ。在工程应用中，常利用这一原理测定细丝或微粒的直径以及薄片厚度等。另外，利用等厚条纹的特点还可以检验工件表面的平整度，一般情况下，可以检查出不超过 $\lambda/4$ 的不平整度，即测量精度可达 0.1mm 量级。总之，根据实际要求，利用劈形膜干涉可以设计出多种干涉测量装置。

例 18.3 如图 18-13 所示，两个相同的玻璃片一端相互接触，一端放置一个直径为 D 的细钢丝构成空气劈尖膜，细钢丝的长度方向垂直于纸面，使单色光垂直照射劈尖膜表面形成等厚干涉条纹，用读数显微镜测量出干涉明纹或暗纹中心的距离，就可以求出细钢丝的直径 D。设单色光的波长 $\lambda=589.5\text{nm}$，$L=45.125\text{mm}$，第一条明纹与第 7 条明纹的间距为 2.250mm，利用上述已知条件求：

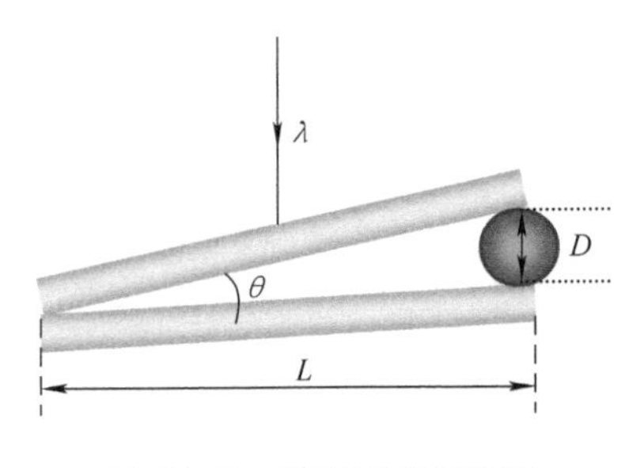

图 18-13 劈尖干涉测细丝直径 例 18.3 用图

（1）相邻两条干涉明纹中心所对应的空气膜的膜厚差；

（2）两玻璃片间的夹角 θ；

（3）细钢丝的直径 D。

解：（1）根据式（18-18），相邻两条明纹中心之间的膜厚差

$$\Delta e=\frac{\lambda}{2n}=\frac{589.5\text{nm}}{2}=294.75\text{nm}\approx 2.95\times 10^{-7}\text{m}$$

（2）设相邻两条明纹的间距为 l，依题意

$$\sin\theta=\frac{\Delta e}{l}=\frac{\lambda}{2nl}$$

由于 θ 很小，满足 $\sin\theta\approx\theta$，所以

$$\theta\approx\frac{\lambda}{2nl}=\frac{589.5\times 10^{-9}}{2\times 2.250\times 10^{-3}/(7-1)}\text{rad}=7.86\times 10^{-4}\text{rad}$$

（3）由图 18-13 可知，$\tan\theta=\dfrac{D}{L}$，由于 θ 很小，满足 $\tan\theta\approx\theta$，于是

$$D=L\theta=(45.125\times 10^{-3}\times 7.86\times 10^{-4})\text{m}=3.55\times 10^{-2}\text{mm}$$

例 18.4 如图 18-14a 所示，在工件上放一个平晶玻璃，使其形成一个空气劈尖膜，平晶玻璃表面可看成理想的光学平面。在显微镜视场中观察到的干涉条纹如图 18-14b 所示，试根据条纹的弯曲方向判断工件表面是下凹的还是上凸的？若已知单色光的波长为 λ，相邻明条纹中心间距为 L，条纹的最大弯曲畸变量为 a，求纹路深度 h。

解：根据题意，平晶玻璃的下表面和工件的上表面构成了一个空气劈尖系统，若工件表面是“平整”的，则显微镜视场中观察到的干涉条纹应该是平行于棱边的明暗相间等间距的直条纹，现在显微镜视场中观察到的条纹局部向着棱边弯曲，说明工件表面的相应位置处有一条垂直于棱边的“不平整”的纹路。而对于劈尖膜干涉，其条纹之所以称为等厚条纹，是因为同一条等厚条纹对应相同的厚度，所以在同一条干涉条纹上，弯向棱边的部分和直条纹部分对应的膜厚度应该相等；越靠近棱边对应膜的厚度应该越小，而现在显微镜视场下观察到同一条干涉条纹上近棱边处和远棱边处厚度相等，说明该工件表面是下

凹的。

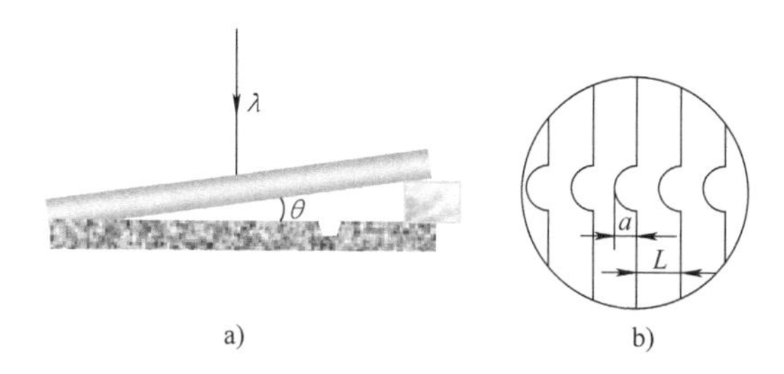

图 18-14　检测工件表面示意图　例 18.4 用图

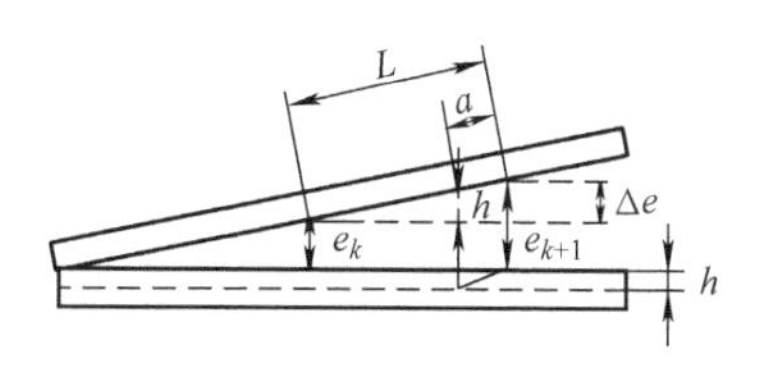

图 18-15　计算纹路深度示意图　例 18.14 用图

为了计算工件下凹的纹路深度，参考图 18-15，图中 L 表示相邻条纹间距，a 是条纹弯曲深度，也称为条纹的最大弯曲畸变量，e_k 和 e_{k+1} 分别是 k 级条纹和 $k+1$ 级条纹对应的正常空气膜厚度，以 Δe 表示相邻两条纹对应的空气膜的厚度差，即相邻两明条纹中心对应的膜厚差，h 为纹路深度，则由相似三角形关系可得

$$\frac{h}{\Delta e}=\frac{a}{L}$$

根据式（18-18），对于空气膜，$\Delta e=\lambda/2$，代入上式，即可得到纹路深度

$$h=\frac{\lambda a}{2L}$$

例 18.5　如图 18-16 所示，把微小的圆形钢球夹在两块平板玻璃之间，形成空气劈尖膜，平板玻璃的表面可以看成理想的光学平面，已知钢球中心到棱边距离 $b=8.250\text{mm}$，用波长 $\lambda=589.3\text{nm}$ 的钠黄光垂直照射平板玻璃表面观察等厚条纹，在 b 的长度范围内，显微镜视场下刚好观察到 19 条明条纹。根据以上条件，（1）判断劈棱处是明纹还是暗纹？（2）求相邻条纹间距 L？（3）求钢球直径 d？

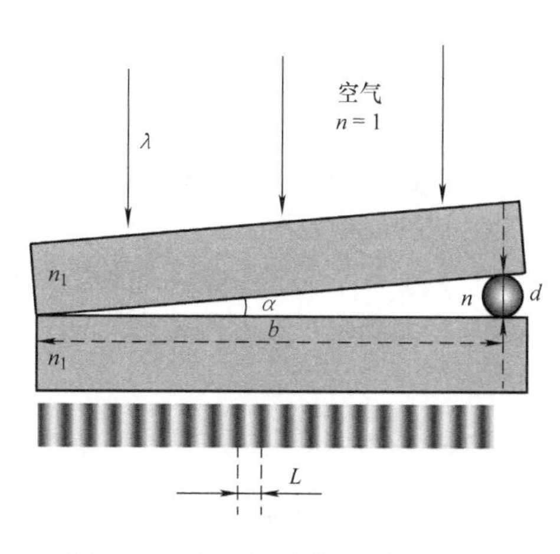

图 18-16　钢球直径测定　例 18.5 用图

解：（1）根据题意，在劈棱处，光波在下面平板玻璃的上表面反射时引入半波损失，因此，劈棱处为暗条纹。

（2）如图 18-16 所示，相邻条纹间距指的是相邻明条纹或者暗条纹中心的距离，根据题意，相邻条纹间距 L 满足

$$\frac{L}{2}+(19-1)L=b$$

$$L=\frac{b}{1/2+18}=\frac{8.250\times10^{-3}\text{m}}{18.5}=4.46\times10^{-4}\text{m}$$

（3）由图示几何关系可得

$$d=b\tan\alpha$$

式中，α 为劈尖角。因为 α 角很小，满足 $\tan\alpha\approx\sin\alpha\approx\alpha$，所以，相邻两明条纹间距和劈尖

角之间的关系由式（18-19）可得

$$L=\frac{\lambda}{2\alpha}$$

于是

$$d=\frac{b\lambda}{2L}=\frac{8.250\times10^{-3}\mathrm{m}\times589.3\times10^{-9}\mathrm{m}}{2\times\frac{8.250\times10^{-3}\mathrm{m}}{18.5}}=5.45\times10^{-6}\mathrm{m}$$

在上面的例题中，如图 18-14a 所示，如果待验平板的表面凹凸不平，则观察到的干涉条纹是不平行的，如图 18-14b 所示，根据条干涉条纹的弯曲程度、弯曲的方向，就可判断待测工件表面是下凹还是上凸，并可由弯曲程度估算出凹凸的不平整度。

等厚干涉的另一个典型实验为牛顿环实验。如图 18-17a 所示为牛顿环实验装置简图。将一曲率半径 R 很大的平凸透镜的曲面与一平晶玻璃接触，触点为 O，其间形成一厚度不断变化的空气薄膜，而这种薄膜厚度相同点的轨迹是以接触点 O 为中心的同心圆，因此，当单色平行光垂直照射平凸透镜时，则会在反射光中观察到一系列以接触点 O 为中心的明暗相间的同心圆环，这种等厚干涉条纹称为**牛顿环**，如图 18-17b 所示。

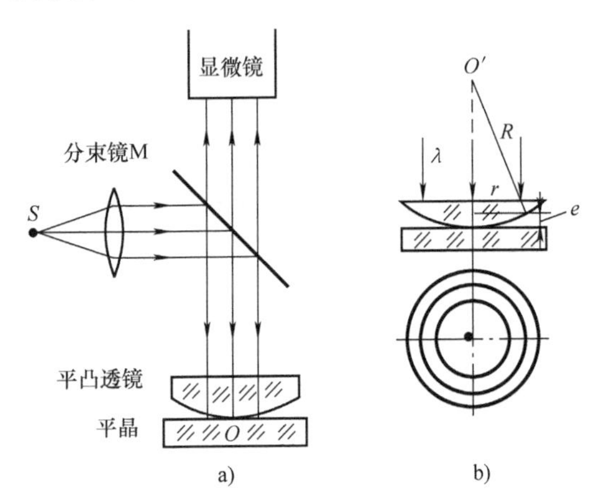

图 18-17　牛顿环实验

a）装置简图　b）计算半径图示

下面分析干涉的起因并给出平凸透镜的曲率半径 R、牛顿环半径 r 及入射光波波长 λ 之间的关系。平凸透镜和平晶玻璃的表面可视为理想的光学表面。

当单色平行光垂直入射到平凸透镜后，在空气层的上、下表面（即平凸透镜的下表面、平晶玻璃的上表面）发生反射的两束相干光在平凸透镜下表面处相遇而发生干涉，这两束光的光程差

$$\delta=2e+\frac{\lambda}{2}$$

式中，e 是空气薄膜的厚度；$\lambda/2$ 是光在空气薄膜的下表面即平晶玻璃的上表面上反射时引起的半波损失。由于这一光程差由空气薄膜层的厚度决定，所以，牛顿环干涉条纹也是一种**等厚条纹**，而空气薄膜层的等厚线是以 O 为中心的同心圆，所以，干涉条纹为明暗相间的同心圆环。形成明条纹的条件为

$$2e+\frac{\lambda}{2}=k\lambda\ (k=1,2,3,\cdots) \tag{18-21}$$

形成暗条纹的条件为

$$2e+\frac{\lambda}{2}=(2k+1)\frac{\lambda}{2}\ (k=0,1,2,\cdots) \tag{18-22}$$

根据式（18-21）和式（18-22）可知，同一级次干涉条纹对应于同一膜厚 e，不同级次干涉条纹对应的膜厚 e 也不同，膜厚越大，对应干涉环的级次越高。

在中心处，膜厚 $e=0$，仅在空气薄膜的下表面（即平晶玻璃的上表面）反射波中产生

了半波损失，两束相干光的光程差为 $\lambda/2$，所以干涉图样的中心为暗斑。

为了求解环半径 r 和平凸透镜的曲率半径 R 之间的关系，参照图 18-17b，在以 r 和 R 为两边的直角三角形中，满足

$$r^2 = R^2 - (R-e)^2 = 2Re - e^2$$

因为 $R >> e$，上式中可略去 e^2，于是得

$$r^2 = 2Re$$

由式（18-21）和式（18-22）可求得 e，代入上式中可得明条纹中心的半径为

$$r = \sqrt{\frac{(2k-1)R\lambda}{2}}\quad (k=1,2,3,\cdots)$$

暗条纹的半径为

$$r = \sqrt{kR\lambda}\quad (k=0,1,2,\cdots)$$

牛顿环半径 r 和环的级次的平方根成正比。结合以上分析，牛顿环实验条纹分布特点为：中央为暗斑，由内向外分布着内疏外密的同心圆环，中央条纹级次最低，越往外延伸干涉条纹的级次越高。此外，也可以适当地调整装置图 18-17a 观察透射光的干涉条纹，它们和反射光的干涉条纹是互补的，即反射光的干涉图样为暗纹处，透射光的干涉图样为明纹。

18.3.2　等倾干涉

等倾干涉是利用分振幅法获得相干光的薄膜干涉，其典型实验简图如图 18-4 所示。本小节重点介绍等倾干涉的干涉机理、条纹分布及应用。

在折射率为 n_1 的均匀介质中放置一个折射率为 n_2、厚度均匀的平膜，如图 18-18 所示，单色光源 S 上一点发出的光线以入射角 i 入射到薄膜上表面的 A 点处，一部分光线在 A 点处发生反射，另一部分进入薄膜介质并在薄膜下表面 B 点处反射，再经上表面折射。显然，1、2 两条出射光线为平行光线，它们只能在无穷远处相交而发生干涉，在实验室中为了在有限远处观察到干涉条纹，使这两束光线射到透镜 L 上，并在透镜的焦平面处放置一个接收屏 H 观察干涉图样。这样，1、2 两条光线经透镜汇聚于接收屏幕 H 上的 P 处而发生干涉，现在我们来计算 1、2 两条光线到达 P 处的光程差。

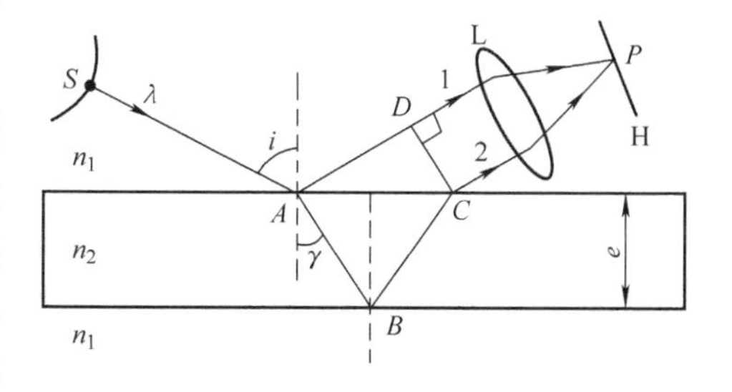

图 18-18　等倾干涉图示

从折射线 AB 反射后的射出点 C 作反射光线 1 的垂线 CD，则从 C、D 到 P 处光线 2 和 1 的光程相等（透镜的介入不引入附加光程差），由图 18-18 可知，两条出射光线的光程差

$$\delta = n_2(AB+BC) - n_1AD$$

下面考虑半波损失问题，我们发现，无论 $n_1 < n_2$ 或是 $n_1 > n_2$，光线在薄膜上、下两表面反射时介质性质总是不同的，若 $n_1 < n_2$，在薄膜上表面反射的出射光束 1 引入了半波损失，由折射定律知，图中画出的就是这种情况；若 $n_1 > n_2$，在薄膜下表面反射的出射光束 2 引入了半波损失。因此，考虑到半波损失以后，两条出射光线 1、2 的光程差最后应表示为

$$\delta = n_2(AB+BC) - n_1AD + \frac{\lambda}{2}$$

由于 $AB=BC=\frac{e}{\cos\gamma}$，$AD=AC\sin i=2e\tan\gamma\sin i$，再利用折射定律 $n_1\sin i=n_2\sin\gamma$，可得

$$\delta=2n_2AB-n_1AD+\frac{\lambda}{2}=2n_2\frac{e}{\cos\gamma}-2n_1e\tan\gamma\sin i+\frac{\lambda}{2}$$

进一步可得到

$$\delta=2n_2e\cos\gamma+\frac{\lambda}{2} \tag{18-23}$$

或

$$\delta=2e\sqrt{n_2^2-n_1^2\sin^2 i}+\frac{\lambda}{2} \tag{18-24}$$

明纹的条件为

$$\delta=2e\sqrt{n_2^2-n_1^2\sin^2 i}+\frac{\lambda}{2}=k\lambda\ (k=1,2,3,\cdots) \tag{18-25}$$

暗纹的条件为

$$\delta=2e\sqrt{n_2^2-n_1^2\sin^2 i}+\frac{\lambda}{2}=(2k+1)\frac{\lambda}{2}\ (k=0,1,2,\cdots) \tag{18-26}$$

式（18-25）和式（18-26）表明，光程差取决于倾角（入射角）i，凡是以相同倾角 i 入射到平膜上的光线，经过平膜上、下两个表面反射后产生的相干光束有相等的光程差，它们将属于同一级次的干涉条纹，这样形成的干涉条纹称为等倾干涉条纹，这样形成的干涉称为**等倾干涉**。

$i=0$，中央条纹。中央条纹级次最高，其明暗视具体情况而定。读者可自行证明等倾条纹也是内疏外密的同心圆环。

若平膜放置在空气介质中，即 $n_1=1$，则式（18-24）将变得更加简单

$$\delta=2e\sqrt{n_2^2-\sin^2 i}+\frac{\lambda}{2} \tag{18-27}$$

实验中观察等倾干涉条纹通常使用面光源，如图 18-19a 所示，L 为透镜，H 为接收屏，为了清晰地接收到干涉信号，H 放在透镜的焦平面上。先考虑面光源上一点发出的光线，这些光线中以相同倾角入射到平膜表面上的应该在同一圆锥面上，它们的反射光经透镜汇聚后应分别相交于焦平面上的同一个圆周上，因此，形成的干涉条纹是一组明暗相间的同心圆环。当考虑面光源上的所有光线时，面光源上每一点发出的光束都产生一组相应的干涉环，由于透镜的作用，方向相同的平行光线将被透镜汇聚到焦平面上的同一干涉环上，而与光线从何而来无关，所以，面光源上不同点发出的光线，凡是相同倾角入射的光线，它们的干涉环都将重叠在一起，这时的总光强等于各个干涉环光强的非相干叠加，从而使明条纹变得更亮，干涉环的明暗对比更加鲜明，这也是等倾干涉使用面光源的原因。

等倾干涉条纹是一组内疏外密的同心圆环，如图 18-19b 所示。另外，透射光也有干涉现象，如果观察从薄膜透射的光线，在图 18-18 中，光线 AB 到达 B 处时，除了一部分直接经界面透射外，还有一部分经 B、C 两次反射后再透射而出，因此，两透射光线的光程差

$$\delta=2e\sqrt{n_2^2-n_1^2\sin^2 i}$$

或

$$\delta=2n_2e\cos\gamma$$

上式与反射光的光程差公式相比较，二者正好相差半个波长，即反射光干涉加强时，

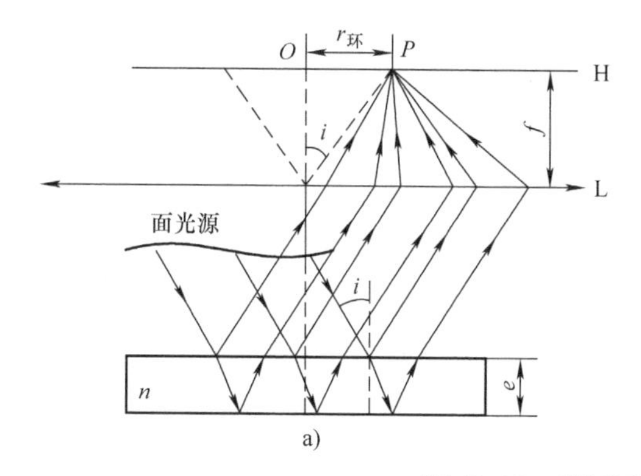

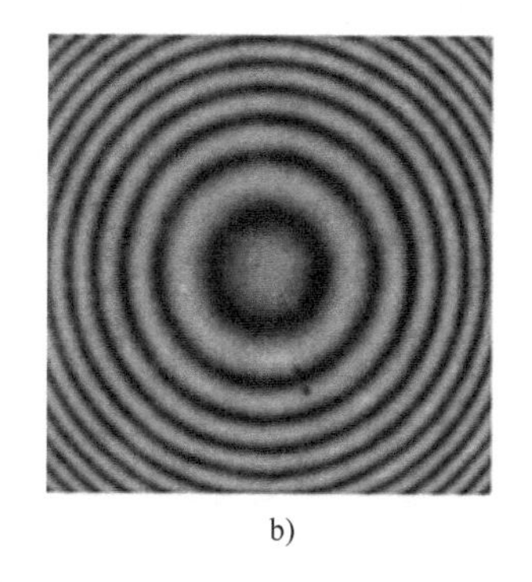

图 18-19 等倾干涉实验

a）实验图 b）条纹图

透射光则干涉相消，反之亦然。显然，这是符合能量守恒定律的。利用这样的特性，在助视光学仪器中经常会使用组合透镜或镀膜来提高透射光能或反射光能。例如，在照相机镜头中，为了减少反射而损失的能量，常在镜头表面涂一层薄薄的介质膜，使其对视觉最灵敏的黄绿光的反射很弱，从而增强透射。

例 18.6 如图 18-20 所示，在折射率为 $n_1=1.5$ 的玻璃表面均匀镀一层折射率为 $n_2=1.38$ 的氟化镁（MgF_2）薄膜，设空气的折射率为 $n_3=1$，使对人眼视觉最敏感的黄绿光由空气垂直入射到 MgF_2 薄膜表面上，设黄绿光的波长 $\lambda=552\text{nm}$，如果要使 MgF_2 薄膜上、下两个表面透射的光干涉相长，MgF_2 薄膜至少应该多厚？

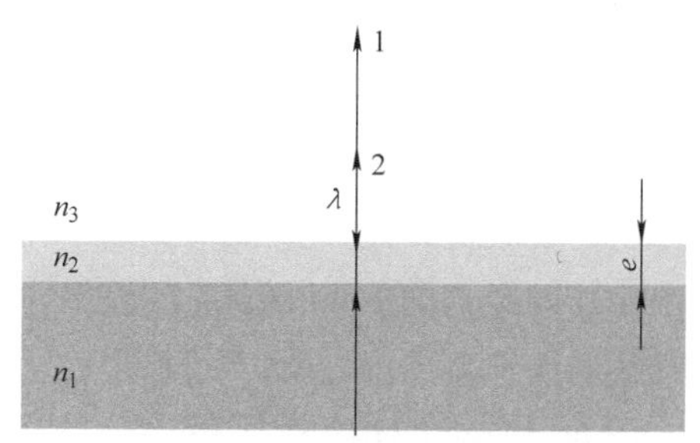

图 18-20 增透膜 例 18.6 用图

解：以 e 表示 MgF_2 薄膜的厚度，依题意，要使 MgF_2 薄膜上、下两个表面透射的光干涉相长，只需要使两反射光 1、2 干涉相消即可，注意 $n_3<n_2<n_1$，在 MgF_2 薄膜上、下表面反射光均有 π 的相位跃变，即半波损失。

考虑到半波损失后，两反射光 1、2 干涉相消的条件为

$$2n_2e=(2k+1)\frac{\lambda}{2}\ (k=0,1,2,\cdots)$$

要使 MgF_2 薄膜的厚度最小应取 $k=0$，则

$$e=\frac{\lambda}{4n_2}=\frac{552\times10^{-9}\text{m}}{4\times1.38}=0.10\mu\text{m}$$

这种利用干涉效应使反射光干涉相消而透射光干涉相长的薄膜，称为**增透膜**。照相机镜头上的蓝紫色膜就是增透膜。需要注意的是，上面的讨论结果仅仅是考虑了反射光的相差对干涉的影响得到的结果，精密研究中还需要考虑反射光的振幅影响。

同理，也可以利用适当的厚度使反射光干涉相长，透射光干涉相消，这样的膜称为**增反膜**，由于反射光一般比较弱，有时为了满足实验需求，也会利用多层介质膜制成**高反射膜**，光学研究中，适应各种要求的**干涉滤光片**（只使单色光通过的光学元件）也是根据类似的原理实现的。

例 18.7　一艘油轮在平静的黄海上行驶，油轮漏出的油污染了该部分海域，在折射率 $n_1 = 1.33$ 海水表面形成一层薄薄的油污，其厚度 $e = 460\text{nm}$，已知油的折射率 $n_2 = 1.20$。

（1）如果太阳正位于该海域上空，一架直升飞机的驾驶员在油膜的正上方从上向下观察，则他看到的油膜呈什么颜色?

（2）如果一个潜水员潜入该油膜正下方区域从水下向上观察，他看到油膜又呈什么颜色?

解：依题意，薄薄的油层可以看作是平膜，驾驶员和潜水员所看到的分别是倾角为零的情况下反射光干涉和透射光干涉的结果，光呈现的颜色应该是那些能实现干涉相长的光的颜色。

（1）设空气的折射率 n_3，已知 $n_3 = 1$，由于 $n_3 < n_2 < n_1$，在油膜上、下表面反射的光均有半波损失，所以，两反射光之间的光程差满足

$$\delta = 2n_2 e = k\lambda \quad (k = 1,2,3,\cdots)$$

解得

$$\lambda = \frac{2n_2 e}{k} \quad (k = 1,2,3,\cdots)$$

把 $n_2 = 1.20$，$e = 460\text{nm}$ 代入上式，可以得到反射光干涉加强的光波波长

$$k = 1,\ \lambda_1 = 2n_2 e = 1104\text{nm}$$

$$k = 2,\ \lambda_2 = n_2 e = 552\text{nm}$$

$$k = 3,\ \lambda_3 = \frac{2}{3}n_2 e = 368\text{nm}$$

$$\vdots$$

其中，只有波长为 $\lambda_2 = 552\text{nm}$ 的绿光在可见范围内，而波长 λ_1 和 λ_3 则分别位于红外线和紫外线的波长范围内，所以，飞机上的驾驶员看到油膜应该呈现绿色。

（2）透射光的光程差满足

$$\delta = 2n_2 e + \frac{\lambda}{2} = k\lambda \quad (k = 1,2,3,\cdots)$$

其中，$\frac{\lambda}{2}$ 为透射到油膜的透射光在油膜和海水分界面发生反射时产生的半波损失，解得

$$\lambda = \frac{2n_2 e}{k - \frac{1}{2}} \quad (k = 1,2,3,\cdots)$$

把 $n_2 = 1.20$，$e = 460\text{nm}$ 代入上式，可以得到透射光干涉加强的光波波长

$$k = 1,\ \lambda_1 = 2208\text{nm}$$

$$k = 2,\ \lambda_2 = 736\text{nm}$$

$$k = 3,\ \lambda_3 = 442\text{nm}$$

$$k = 4,\ \lambda_4 = 315\text{nm}$$

$$\vdots$$

其中，只有波长为 $\lambda_2 = 736\text{nm}$ 的红光和 $\lambda_3 = 442\text{nm}$ 的紫光在可见范围内，而波长 λ_1 和 λ_4 分别位于红外线和紫外线的范围内，所以，潜水员看到的油膜呈紫红色。

18.3.3　迈克耳孙干涉仪

迈克耳孙干涉仪是利用分振幅法产生双光束而实现干涉的典型精密仪器之一，它是集

等倾干涉和等厚干涉于一体的精密光学仪器，在近代物理和近代计量技术的发展中起着重要的作用。

迈克耳孙干涉仪由美国物理学家迈克耳孙在 1881 年最早制成。其干涉仪简图和光路示意图如图 18-21 所示。M_1 和 M_2 为两个精密磨光的平面反射镜，其中 M_2 固定，称为**定臂**，M_1 由螺丝杆控制，可以在移动导轨上做微小移动，称为**动臂**。G_1、G_2 为两块材料、厚度均相同的均匀玻璃板，且 G_1、G_2 平行并与两臂的夹角均为 45°，G_1 的后表面镀有半透半反膜，其作用是使入射光束分成振幅近乎相等的透射光束 2 和反射光束 1，使两束光的强度大致相等，因此，G_1 称为**分光板**。

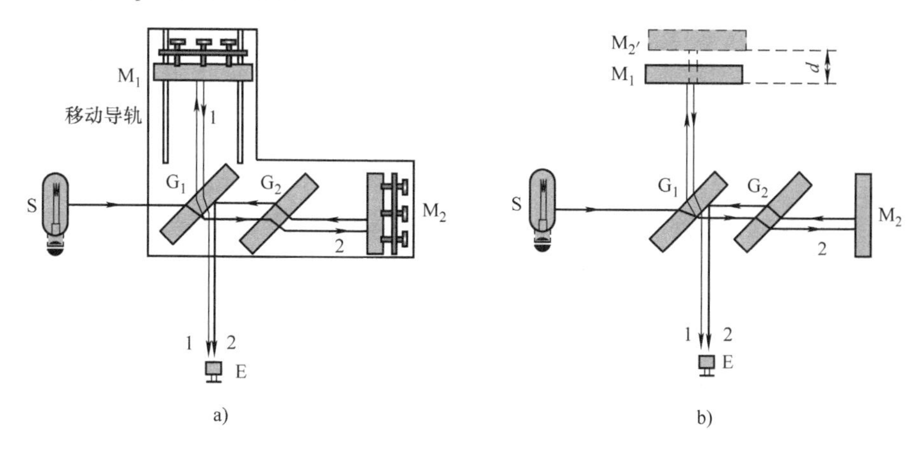

图 18-21　迈克耳孙干涉仪

a）干涉仪装置简图　b）干涉光路图

光源 S 发出的光线，射向分光板 G_1 后分成两部分，一部分在 G_1 反射，形成反射光束 1 向 M_1 传播，经由 M_1 反射后再透过 G_1 向 E 处传播。另一部分则经过 G_1 后成为透射光束 2，透射光束 2 经 G_2（无镀膜）板后向 M_2 传播，M_2 反射后的光束再经由 G_2 透射和 G_1 后表面反射后向 E 处传播。这样，向 E 处传播的两束相干光 1、2 将产生干涉。

由光路图可以看出，由于玻璃板 G_2 的插入，光束 1 和光束 2 都是三次通过同样的玻璃板 G_1 和 G_2，在玻璃板中的光程相互抵消可以不必计算，所以，玻璃板 G_2 称为**补偿板**。

根据上述描述，对 E 处的观察者来说，从 M_2 上反射的光，可看作是从它的虚像 M'_2 处发出的，因而干涉产生的图样就如同由 M'_2 和 M_1 之间的空气膜产生的一样，所以，相干光束 1、2 的光程差仅由 M_1 和 M'_2 的距离之差 d 所决定。

当 M_1 与 M_2 严格垂直时，M_1、M_2'也严格平行，它们之间就相当于厚度为 d 的平行平面空气膜，这时可以观察到等倾干涉条纹；若 M_1 与 M_2 并不严格垂直，那么 M_1 和 M_2'也不严格平行，它们之间形成一个空气劈尖膜，这时可以观察到等厚干涉条纹。所以，迈克耳孙干涉是集等倾干涉和等厚干涉为一体的干涉装置。若单色入射光波长为 λ，调节微调机构使 M_1 在移动导轨上发生平动，则条纹将呈现动态变化，每当 M_1 向前或向后移动 $\lambda/2$ 的距离时，就会观察到干涉条纹平移过一条，因此，如果测出视场中移过的条纹数目 N，就可以计算出平面镜 M_1 移动的距离 Δd，它们满足

$$\Delta d = N\frac{\lambda}{2} \tag{18-28}$$

利用式（18-28），若已知光源的波长，则可精确的测量长度或长度的变化量。

迈克耳孙干涉仪的主要特点是两相干光束在空间上完全分开，只需要移动反射镜 M_1 或在光路中插放另外介质的方法就可以改变两光束的光程差，进而观察到各种干涉现象及其条纹的变动情况，这使干涉仪具有了广泛的用途。它既可以用来对光波及其光谱线的波长和精细结构进行测量，也可以用于测折射率、测长度和检查光学元件的质量等。

小　结

1. 相干光

相干条件：振动方向相同、频率相同、相位差恒定。

利用普通光源获得相干光的方法：分振幅法和分波阵面法。

2. 光程

光程是折合量，将光在介质中传播的几何路程按照相位变化相同折合为真空中的路程。光在折射率为 n 的介质中传播的几何路程 r 相应的光程 $L=nr$，**光程差** δ 与**相位差** $\Delta\varphi$ 之间的关系为

$$\Delta\varphi=\frac{2\pi}{\lambda}\delta$$

光由光疏介质射向光密介质在分界面上发生反射时，存在半波损失，这损失相当于$\lambda/2$的光程，即 π 的相位跃变。

在光学光路中，透镜的介入不引入附加光程。

3. 杨氏双缝干涉

用分波阵面法产生相干光束，干涉条纹是明暗相间等间距的直条纹。

明条纹的条件为

$$\delta=\pm k\lambda\ (k=0,1,2,\cdots)$$

暗条纹的条件为

$$\delta=\pm(2k-1)\frac{\lambda}{2}\ (k=1,2,3,\cdots)$$

相邻明纹或暗纹中心的间距

$$\Delta x=\frac{D}{d}\lambda$$

4. 薄膜干涉

入射光在薄膜上表面由于反射和折射而“分振幅”获得相干光，两束相干光的光程差计算除了考虑两光束的光程外，还要考虑到光束反射时的半波损失情况。

1）等厚干涉：光线垂直入射于薄膜表面时，级次相同的干涉条纹位于薄膜等厚处，称为**等厚条纹**，即薄膜等厚处干涉情况相同。

折射率为 n 的透明介质劈尖膜处于空气中时，干涉条纹是明暗相间等间距的直条纹，劈棱处为暗纹，其他明暗条纹的条件为

$$\begin{cases}2ne_k+\dfrac{\lambda}{2}=k\lambda & (k=1,2,3,\cdots)\ \text{明条纹}\\ 2ne_k+\dfrac{\lambda}{2}=(2k+1)\lambda & (k=0,1,2,\cdots)\ \text{暗条纹}\end{cases}$$

相邻明纹或者暗纹的中心间距为

$$\Delta l = \frac{\lambda}{2n\sin\theta} \approx \frac{\lambda}{2n\theta}$$

相邻明纹或者暗纹中心对应的膜厚差为

$$\Delta e = \frac{\lambda}{2n}$$

2）等倾干涉：薄膜厚度均匀，以相同倾角 i 入射的光线将位于同一干涉级次，称为**等倾条纹**，干涉条纹是内疏外密的同心圆环。

当折射率为 n、厚度为 e 的薄膜处于空气中时，中央条纹的明暗视具体情况而定，其他明暗条纹的条件为

$$\begin{cases} 2e\sqrt{n^2 - \sin^2 i} + \dfrac{\lambda}{2} = k\lambda & (k = 1, 2, 3, \cdots) \quad \text{明条纹} \\ 2e\sqrt{n^2 - \sin^2 i} + \dfrac{\lambda}{2} = (2k+1)\dfrac{\lambda}{2} & (k = 0, 1, 2, \cdots) \quad \text{暗条纹} \end{cases}$$

当倾角为0°时，是视觉正对平膜观察的情形，也是等倾干涉主要考察的情况，此时两相干光束的光程差

$$\delta = 2ne + \frac{\lambda}{2}$$

3）迈克耳孙干涉仪：利用分振幅法获得相干光、集等倾干涉和等厚干涉于一体的精密光学仪器。

思　考　题

18.1　用 I_1、I_2 表示两束光的光强，在不考虑能量损失的条件下，如果它们是相干光，在两束光的叠加区域光强如何计算？若两束光是非相干光，叠加区域的光强又怎样计算？

18.2　在相同的时间内，一束波长为 λ 的单色光在空气中和在玻璃中传播的路程和走过的光程是否都相等？

18.3　用白光做双缝干涉实验时，若在缝 S_1、S_2 后各放一黄色的滤光片，能否观察到干涉条纹？若在缝 S_1 后放一黄色的滤光片，在 S_2 后放一红色的滤光片，又能否观察到干涉条纹？为什么？

18.4　在双缝干涉实验中，当单缝S在垂直于轴线向下或向上稍微移动时，干涉条纹如何变化？当双缝间距 d 不断增大时，干涉条纹如何变化？

18.5　在双缝干涉实验中，如果在上方的缝后面盖上一片很薄的玻璃片，则中央条纹的位置有何变化？干涉条纹的间距有何变化？

18.6　当我们在日光下观察肥皂泡时，发现肥皂泡呈彩色且随着肥皂泡的增大，彩色分布的泡上各处的彩色会发生改变直至彩色消失，如何解释这种现象？

18.7　用图18-22所示的装置做双缝干涉实验，是否都可以观察到干涉条纹？为什么？

18.8　在双缝干涉实验中，为使屏上的干涉条纹间距变大，可以采取哪些办法？试举例说明。

*18.9　假设钠黄光波长为589.6nm，一次发光大约用时 10^{-8}s，则一个波列中的波数是多少？

18.10　一束波长为 λ 的单色光由空气垂直入射到折射率为 n 的透明平膜上，若要使反射光得到干涉加强，计算得到薄膜最小的厚度为 $\lambda/4n$，这个结果正确吗？

18.11　用波长为 λ 的单色光做迈克耳孙干涉实验，在干涉仪的可动反射镜移动距离 d 的过程中，分

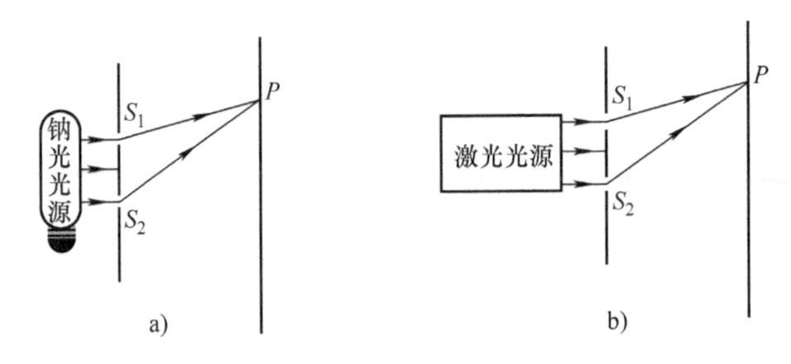

图 18-22　思考题 18.7 用图

析干涉条纹移动了多少条？

18.12　在迈克耳孙干涉实验中，若在其动臂和分光板之间放入一厚度为 d、折射率为 n 的透明薄片，两光路光程差的改变量是多少？

习　题

18.1　如图 18-23 所示，两个相干光源 S_1、S_2 到 P 点的距离分别为 r_1 和 r_2，路径 S_1P 垂直穿过一块折射率为 n_1、厚度为 d_1 的介质板，路径 S_2P 垂直穿过折射率为 n_2、厚度为 d_2 的另一介质板，其余部分可看作真空，计算两束光波传播到 P 点的光程差。

18.2　如图 18-24 所示，两个相干光源 S_1、S_2 发出波长 $\lambda=500\text{nm}$ 的单色光，P 点是它们连线的中垂线上的一点，若在 S_1 与 P 之间插入折射率 $n=1.5$、厚度为 d 的薄玻璃片，此时 P 点恰为第 4 级明纹中心，求薄玻璃片的厚度 d。

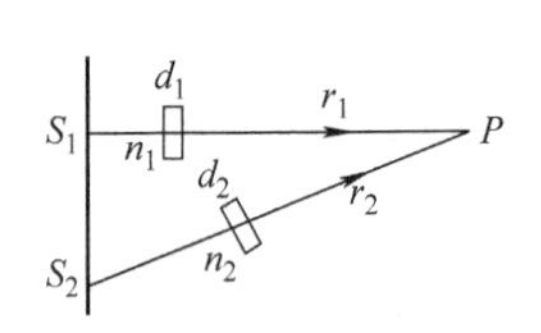

图 18-23　习题 18.1 用图

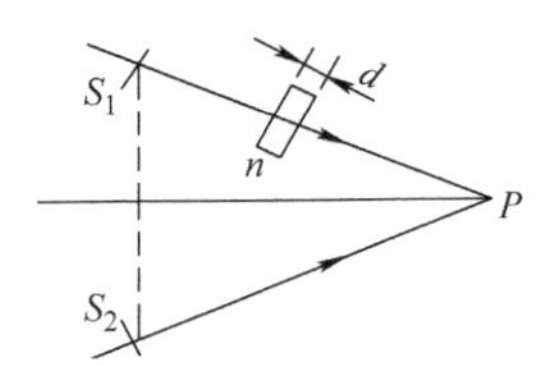

图 18-24　习题 18.2 用图

18.3　在双缝干涉实验中，双缝间距为 d，双缝到屏的距离为 D，且满足 $D>>d$，现测得中央零级明纹与第 4 级明纹之间的距离为 x，求实验中使用的单色光波长。

18.4　在双缝干涉实验中，波长 $\lambda=550\text{nm}$ 的单色平行光垂直入射到缝间距 $d=2\times10^{-4}\text{m}$ 的双缝上，若接收屏到双缝的距离 $D=2\text{m}$，求：(1) 中央明纹两侧的两条第 5 级明纹中心的间距；(2) 用一厚度为 $e=6.6\mu\text{m}$、折射率为 $n=1.50$ 的薄玻璃片覆盖双缝中的一个缝后，零级明纹将移到原来的第几级明纹处？

18.5　在牛顿环干涉实验中，平凸透镜的曲率半径 $R=5.00\text{m}$，当用某种单色光照射时，测得第 k 个暗环半径为 3.84mm，第 $k+5$ 个暗环半径为 5.04mm，求所用单色光的波长。

18.6　在牛顿环干涉实验中，当用波长为 λ_1 的单色光垂直照射时，测得中央暗斑外第 4 和第 9 级暗环半径之差为 d_1，当改用未知波长的单色光垂直照射时，测得第 4 和第 9 级暗环半径之差为 d_2，求未知单色光的波长 λ_2。

18.7　如图 18-25 所示，在折射率 $n_1=3.42$ 的 Si 片表面上镀了一层折射率 $n_2=1.50$、厚度均匀的 SiO_2 薄膜，为了测量 SiO_2 的厚度，将它的一部分腐蚀掉形成劈形膜（示意图中的 OP 段），今用波长为 600nm 的平行光垂直照射，观察反射光形成的等厚干涉条纹。若观察到 OP 段共有 8 条暗纹，且 P 处恰好为暗纹。(1) 分析劈棱处是明纹还是暗纹；(2) 求 SiO_2 薄膜的厚度。

18.8　用波长为 λ 的单色光垂直照射如图 18-26 所示的劈形膜，若这时折射率关系满足条件：

$n_1 > n_2 > n_3$，观察反射光的干涉。（1）分析劈棱处是明纹还是暗纹；（2）从劈棱处开始算起，求第 2 条明条纹中心所对应的膜厚度 e；（3）计算第 2 条明纹与第 5 条明纹所对应的薄膜厚度差。

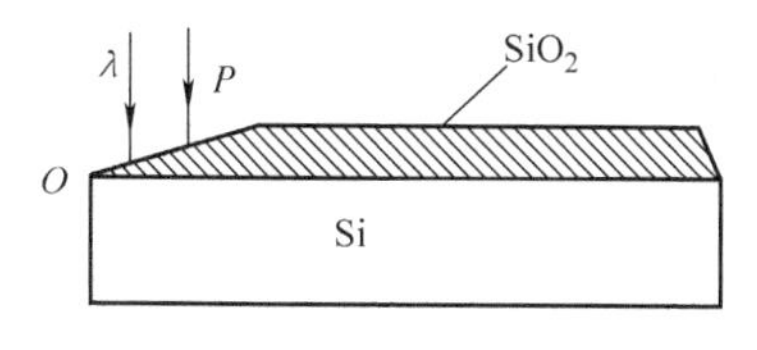

图 18-25　习题 18.7 用图

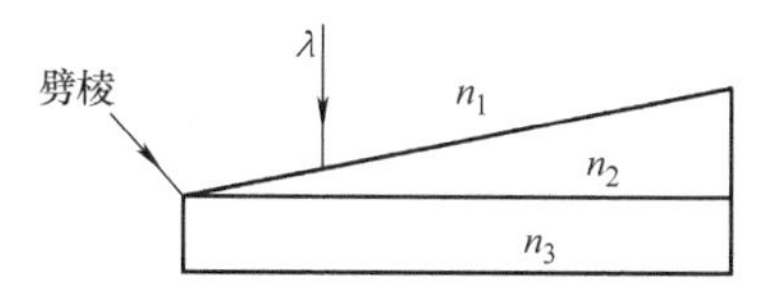

图 18-26　习题 18.8 用图

18.9　用两块玻璃片构造一空气劈形膜，当用波长为 λ_1 的单色光垂直照射空气劈形膜，从反射光干涉条纹中观察到劈形膜装置的某一位置 P 处为暗条纹，若连续改变入射光波长，直到波长变为 λ_2 且满足 $\lambda_2 > \lambda_1$ 时，P 处再次变为暗条纹，求 P 处所对应的空气薄膜厚度。

18.10　波长为 λ_1、$\lambda_2(\lambda_1 > \lambda_2)$ 的复色光垂直照射到放置在空气中的劈形膜上，已知劈形膜的折射率为 $n(n>1)$，观察反射光形成的干涉条纹，求从棱边数起两种单色光的第 5 条暗纹中心所对应的膜厚差。

18.11　波长为 λ 的单色光垂直入射到折射率为 n_2 的劈形膜上，如图 18-27 所示，图中 $n_1 < n_2 < n_3$，观察反射光形成的干涉条纹，求：（1）从劈形膜顶部 O 开始数起，第 5 条暗纹中心所对应的膜厚；（2）相邻明纹所对应的膜厚差。

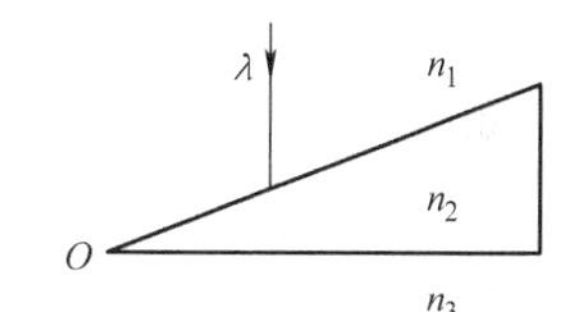

图 18-27　习题 18.11 用图

18.12　在折射率 $n_1 = 1.50$ 的镜头表面镀有一层折射率 $n_2 = 1.38$ 的 MgF_2 的增透膜，若要求此薄膜适用于波长 $\lambda = 589.3\text{nm}$ 的单色光，则 MgF_2 膜的最小厚度应为多少？

18.13　折射率 $n_1 = 1.50$ 的薄玻璃表面附有一层折射率 $n_2 = 1.30$ 的油膜，假设油膜厚度均匀，可视为平膜，现用一波长连续可调的单色光垂直照射油膜表面，当波长为 483nm 时，反射光干涉相消，当波长增为 679nm 时，反射光再次干涉相消，求该油膜的厚度。

18.14　用白光垂直照射放置于空气中的玻璃片，其厚度 $e = 0.50\mu\text{m}$，折射率 $n = 1.50$，则在可见光范围内（400 ~ 750nm），哪些波长的光会使反射光有最大限度的增强？

18.15　在迈克耳孙干涉仪的定臂和补偿板之间放入一片折射率为 n 的透明介质薄膜后，测出光程差改变了一个波长 λ，则薄膜的厚度是多少？

18.16　在迈克耳孙干涉实验中，若动臂反射镜移动 0.16mm，干涉条纹移过 598 条，求实验中使用的单色光波长。

18.17　在迈克耳孙干涉仪的定臂和补偿板之间插入折射率为 1.50 的薄玻璃板，观察到干涉条纹移动了 20 条，若所用的单色光波长 $\lambda = 590\text{nm}$，求薄玻璃板的厚度。

18.18　在迈克耳孙干涉仪的动臂和分光板及定臂和补偿版之间分别插入 $l = 10.0\text{cm}$ 长的玻璃管，其中一个抽成真空，另一个储有压强为 $1.013 \times 10^5\text{Pa}$ 的空气，用以测定空气的折射率 n。设所用光波的波长为 $\lambda = 534.8\text{nm}$，实验时向真空玻璃管中逐渐充入空气，直至压强达到 $1.013 \times 10^5\text{Pa}$ 为止。在此过程中，观察到 109 条干涉条纹的移动，试求空气的折射率 n。

习题答案

18.1　$[r_2 + (n_2 - 1)d_2] - [r_1 + (n_1 - 1)d_2]$ 或者 $[r_1 + (n_1 - 1)d_2] - [r_2 + (n_2 - 1)d_2]$

18.2　$d = 4\lambda/(n-1)$

18.3　$\lambda = xd/4D$

18.4 （1）5.5cm；（2）6

18.5 $\lambda = 426\text{nm}$

18.6 $\lambda_2 = d_2^2 \lambda_1 / d_1^2$

18.7 （1）明纹；（2）1.5μm

18.8 （1）明纹；（2）$\dfrac{\lambda}{2n_2}$；（3）$\dfrac{3\lambda}{2n_2}$

18.9 $e = \dfrac{1}{2}\lambda_1\lambda_2/(\lambda_2 - \lambda_1)$

18.10 $\dfrac{2(\lambda_1 - \lambda_2)}{n}$

18.11 （1）$\dfrac{9\lambda}{4n_2}$；（2）$\dfrac{\lambda}{2n}$

18.12 $1.07 \times 10^{-7}\text{m}$

18.13 650nm

18.14 600nm 和 $\lambda = 428.6\text{nm}$

18.15 $\dfrac{\lambda}{2(n-1)}$

18.16 $\lambda = 535.1\text{nm}$

18.17 $d = 1.18 \times 10^{-5}\text{m}$

18.18 $n = 1.00029$

第19章 光的衍射

第17章指出，衍射是波的共同特征。光波是电磁波，也会发生衍射。当光波在传播过程中遇到障碍物时，它能绕过障碍物的边缘而进入几何阴影区传播，这种现象称为**光的衍射**。

本章重点介绍光的衍射现象，并阐明其衍射机理，进而讨论一些主要衍射现象的规律及其应用。

19.1 光的衍射概述

19.1.1 光的衍射现象

按照几何光学的观点，光波是直线传播的，在通常情况下，光波也是表现出直线传播的特性。但在日常生活中，只要我们细心观察，也可以观察到光的衍射现象。例如，当我们眯着眼睛或者把两个手指并拢，靠近眼睛，通过指缝观看远处发光的灯泡，使光通过指缝进入人眼时，就会看到带有彩色的条纹；取一张不透明的厚纸，用薄薄的刀片刻划一条宽约0.2mm的狭缝，使缝竖直放置，眼睛靠近狭缝观察蜡烛的火焰，可以看到火焰外面带有彩色的明暗条纹，这都是光的衍射现象。

在实验室更容易观察到光的衍射现象。按照观察方式的不同，通常根据光源、遮光屏（带有狭缝或孔等的障碍物）和观察屏三者间的相对位置将衍射分成两类。一类为近场衍射，即光源与观察屏二者或二者之一距离遮光屏有限远，也称为**菲涅尔衍射**。图19-1a为一典型的近场衍射装置，S是一个单色点光源，G为一遮光屏，上面有一个直径为十分之几毫米的小圆孔，圆孔直径为a，H是观察屏，光源S、遮光屏G与观察H都为有限远，实验中观察到H上的中央光斑比圆孔本身大了很多，而且以光斑为中心外围有若干个明暗相间的同心圆环，如图19-1b所示；如果将遮光屏G取走，换成一个与圆孔大小差不多的不透明圆板，也可以在屏H上看到中央为亮斑、外围若干同心圆环的衍射图样。另外一类为**远场衍射**，即光源和观察屏距离遮光屏无限远，也称为**夫琅禾费衍射**，如图19-2所示，遮光屏G上有一个宽度为十分之几毫米的狭缝，光源和观察屏相对于遮光屏G位于无穷远处。实际上，在实验室利用透镜来实现夫琅禾费衍射，如图19-3a所示，光源S位于透镜L′的焦平面上，经过透镜L′会聚后的光为平行光，等效于光源距离遮光屏G无限远，遮光屏G的后方放置另一透镜L，透镜L′、L共轴，观察屏H位于透镜L的焦平面上，等效于观察屏距离遮光屏无限远。可以看出，两个透镜L′、L的应用，相当于把光源和观察屏都放置在了距离遮光屏的无限远处，进而在有限远距离内观察到衍射图样，如图19-3b所示。

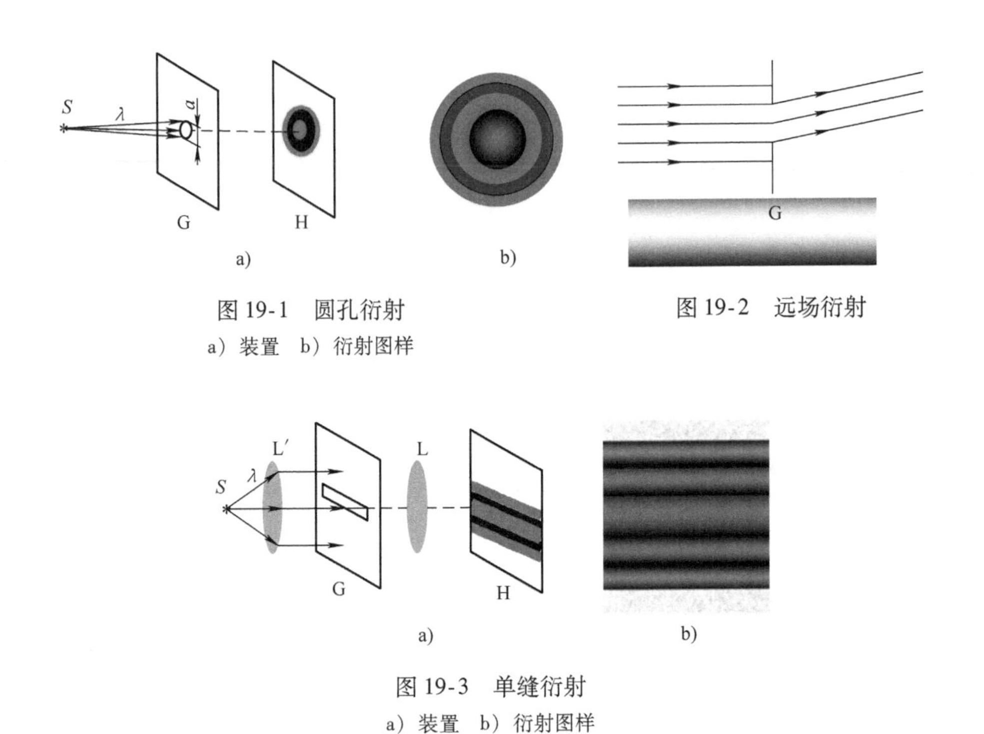

图 19-1　圆孔衍射
a）装置　b）衍射图样

图 19-2　远场衍射

图 19-3　单缝衍射
a）装置　b）衍射图样

在实际应用中，由于夫琅禾费衍射的数学处理比菲涅尔衍射更加简单，因此，我们主要讨论和学习夫琅禾费衍射。

19.1.2　惠更斯－菲涅尔原理

在第 17 章中曾用惠更斯原理解释光波偏离直线传播的现象，它的基本内容是把波阵面上的点看成发射子波的波源，其后任一时刻，这些子波的包迹就是新的波阵面，即波前。应用惠更斯原理可以定性地解释衍射现象中波的传播方向问题，但是不能定量地给出衍射现象中的光强分布问题。为了解释衍射现象中的光强变化，菲涅尔吸取了惠更斯提出的子波的概念，用“子波相干叠加”的思想将所有衍射的情况概括为统一的原理，即经过菲涅尔补充了的**惠更斯－菲涅尔原理**，该原理是研究衍射现象的理论基础。如图 19-4所示，如果波传播过程中某时刻的波前为 S，面元 $\mathrm{d}S$ 为该波前上的任一子波源，该面元的法线方向为 $\boldsymbol{e}_n$，P 点为波场中的任意一点。原理的基本要点可以表述为：**波面 S 上每一个面元都可以看成发射子波的相干波源，这些子波在波面前方某点相遇时，该点的振动是波面 S 上所有子波在该点引起的振动的合成**。根据这一原理，就可以定量地分析出衍射现象中的条纹分布规律。

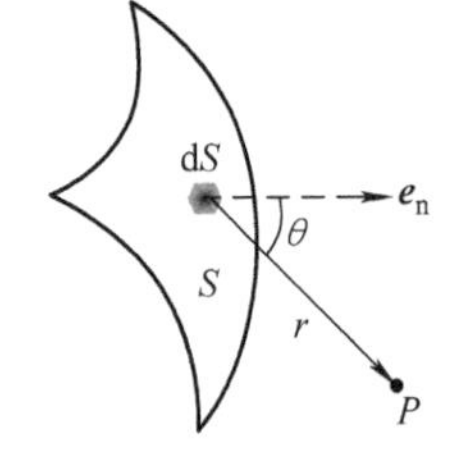

图 19-4　惠更斯－菲涅尔原理图示

假设这些子波在前方 P 点处相遇，一般来说，由于各面元 $\mathrm{d}S$ 到 P 点的光程不同，从而在 P 点引起的振动相位不同，P 点的振动为这些子波在该处的相干叠加，这就是惠更斯－菲涅尔原理的基本思想。

为了具体地定量计算，通常作以下几点假定：

① 波面 S 是等相位面，可以认为所有子波具有相同的初相位，一般假定初相位为零。

② 面元 dS 发出的子波在 P 点引起的振动与面元 dS 的面积成正比，与面元 dS 到 P 点的距离 r 成反比。

③ 面元 dS 发出的子波在 P 点的振幅与倾角 θ 有关，θ 为面元 dS 的法线方向 $\boldsymbol{e}_n$ 与径矢 $\boldsymbol{r}$ 的夹角，引入倾斜因子 $k(\theta)$ 表示这种关系，$k(\theta)$ 随倾角 θ 的增大而减小，当 $\theta=0$ 时，$k(\theta)$ 最大；当 $\theta\geqslant\pi/2$ 时，$k(\theta)=0$（表示没有后退的波）。

基于以上几点假设，面元 dS 在 P 点引起的振动通常为下面的数学表达形式：

$$dE=C\frac{k(\theta)}{r}\cos\left(\omega t-\frac{2\pi}{\lambda}r\right)dS \tag{19-1}$$

式中，C 为比例系数；ω 为角频率；λ 为波长；$\frac{2\pi}{\lambda}r$ 表示子波传播到 P 点时的相位相对于面元 dS 处的相位落后值，这一点，与波的一般表达式相同。于是，整个波阵面 S，即所有面元在 P 点引起振动的叠加即为 P 点的合振动，则

$$E(P)=\int dE=\int_S C\frac{k(\theta)dS}{r}\cos\left(\omega t-\frac{2\pi r}{\lambda}\right)$$

与式（19-1）相应的复振幅

$$d\widetilde{E}=C\frac{k(\theta)}{r}e^{i\frac{2\pi}{\lambda}r}dS$$

因而，P 点合振动的复振幅

$$\widetilde{E}=C\int_S\frac{k(\theta)}{r}e^{i\frac{2\pi}{\lambda}r}dS \tag{19-2}$$

式（19-2）即为惠更斯－菲涅尔原理的定量表达式。在一般情况下，该积分是比较复杂的，只有在某些特殊情况下积分比较简单。

19.2 单缝的夫琅禾费衍射

图 19-3a 所示是单缝的夫琅禾费衍射实验图，图 19-5 所示为单缝的夫琅禾费衍射实验光路图，单缝 AB 所在的遮光屏 G 垂直纸面放置，缝的长度方向垂直于纸面，缝宽为 a，透镜 L′、L 共轴且主光轴垂直于遮光屏 G 和观察屏 H 的平面并通过单缝的法线方向，将单缝分成上、下宽度相等的两部分，光源 S、观察屏 H 分别位于透镜 L′、L 的焦平面上。当波长为 λ 的单色平行光垂直单缝平面入射时，根据惠更斯－菲涅尔原理，单缝处的波阵面 AB 上的各点均可看作发射子波的波源，而且是相干波源，因为这些子波源于同一个波阵面，子波通过狭缝后经透镜会聚到观察屏 H 上形成衍射图样。

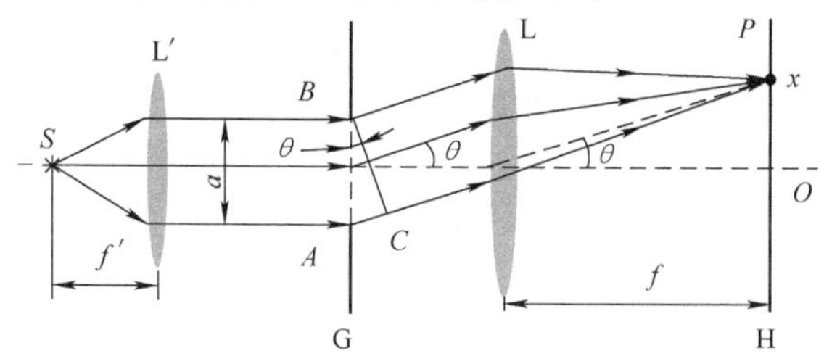

图 19-5 单缝夫琅禾费衍射光路图

根据惠更斯－菲涅尔原理，观察屏 H 上任意一点 P 的明暗取决于单缝处波阵面上所有子波波源发出的子波传播到 P 点的振动的相干叠加，若把光波看成简谐波，P 点的振动合成实际上是 N 个同一直线上同频率的、振幅相等的且初相差恒定的简谐振动的合成，可以利用惠更斯－菲涅尔原理来分析，这种方法读者可自行分析。

这里，我们用惠更斯－菲涅尔原理的简单应用——半波带法研究单缝的夫琅禾费衍射。

我们知道，光波经过单缝的衍射作用后，衍射光可能沿各个方向传播，为了分析沿不同方向传播的子波经透镜会聚后产生的效果，设衍射光线和单缝平面法线（或透镜主光轴）方向的夹角 θ 为**衍射角**，将衍射光线按照衍射角的不同分成若干个组，每组内的衍射光为平行光，即同一组衍射光线具有相同的衍射角 θ，那么观察屏上某一位置的衍射效果（明纹或暗纹）就要通过分析 AB 之间各子波沿该方向发出所有光线的总光程差 AC 来确定。如图 19-6 所示，对应于任一衍射角 θ，将单缝处宽度为 a 的波阵面分成一系列等宽度的纵长条带，近似地认为，所有条带发出子波的强度都相等，并使相邻两条带各对应点发出的光线在 P 点的光程差为半个波长，这样的条带称为**半波带**，利用半波带分析衍射图样的方法称为**半波带法**。

由图 19-6 可以看出，衍射角 θ 不同，单缝 AB 两边缘处衍射光线的光程差 AC 不同，单缝 AB 处波阵面分出的半波带个数也不同。对应于衍射角为 θ、会聚在观察屏 H 上任意一点 P 的衍射光线来说，如果单缝处的波阵面分成 N 个半波带，则单缝两边缘处以 θ 出射的衍射光线的光程差

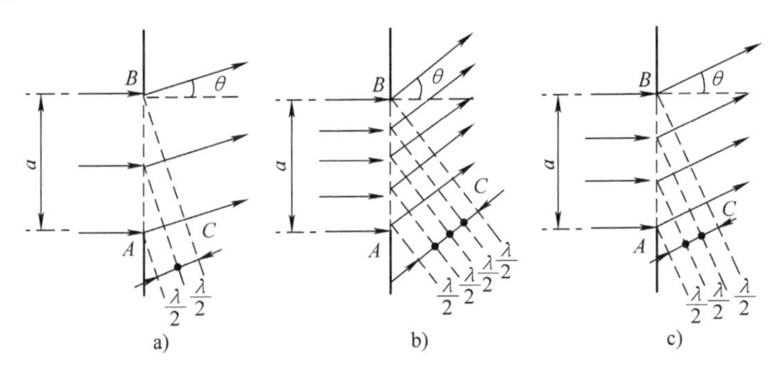

图 19-6　半波带法分析示意图

a）2 个半波带　b）4 个半波带　c）3 个半波带

$$\delta = AC = a\sin\theta = N\frac{\lambda}{2} \tag{19-3}$$

显然，在给定缝宽 a 和入射光波长 λ 的情况下，单缝处半波带的数目仅取决于衍射角 θ。假设对于某一衍射角 θ，单缝处的波阵面恰好能分成偶数个半波带，即光程差 AC 恰好满足等于半波长的偶数倍，如图 19-6a、b 所示，则相邻两半波带各对应点上发出的子波在 P 点的光程差为半个波长，即相位差为 π，它们传播到 P 点合成时将相互抵消，此时，P 点光强为零，为暗条纹的中心；当单缝处的波阵面恰好能分成奇数个半波带时，因相邻两半波带各对应点发出的子波在 P 点彼此抵消后，还剩下一个半波带的衍射光未被抵消，如图 19-6c 所示，因此，P 点近似为明条纹的中心（见本节注释）。由于衍射角 θ 越大，单缝处波阵面分出半波带的数目越多，每个半波带的面积就越小，明条纹的亮度也就越小，所以在式

（19-3）中的半波带数目 N 可以是整数，也可以是小数。

由上述分析知，当平行光垂直单缝平面入射时，单缝衍射形成的明暗条纹位置与衍射角 θ 相关，由以下公式决定：

暗条纹中心

$$a\sin\theta = \pm 2k\frac{\lambda}{2} = \pm k\lambda \ (k=1,2,3,\cdots) \tag{19-4}$$

明条纹的中心（近似）

$$a\sin\theta = \pm(2k+1)\frac{\lambda}{2} \ (k=1,2,3,\cdots) \tag{19-5}$$

中央明纹中心

$$\theta=0$$

式（19-4）和式（19-5）中，$k=1$，2，3，…，称为衍射条纹的级次。

当衍射角 $\theta=0$ 时，各衍射光的光程差为零，通过透镜后会聚在透镜 L 的焦点上，即观察屏 H 上的 O 处为**中央明纹**（也称为**零级明纹**或**主极大明纹**）的中心。所以，中央明纹光强最大，其他明纹（也称为**次极大明条纹**）的亮度随 θ 的增大而迅速下降（单缝衍射光强分布公式及其推导见本节［注］）。对于任意其他的衍射角 θ，若单缝处的波阵面不能恰好分成整数个半波带，即光程差 AC 不能恰好满足等于半波长的整数倍，则衍射光到达观察屏上后将位于最明和最暗之间的中间区域。

综上分析，**半波带法实际上是将惠更斯－菲涅尔衍射积分转化为简单的线性求和运算，简化了复杂的积分运算。**

单缝衍射的光强分布如图19-7所示，其中，I_0 为中央明纹中心处的光强，I 表示各级衍射明纹的光强。

图19-7中各级明条纹都有一定的宽度，通常把相邻暗条纹中心之间的距离定义为明条纹的宽度。把 $k=\pm1$ 级暗条纹中心之间的角距离称为**中央明纹的角宽度**，设第1级暗条纹中心对应的衍射角为 θ_1，θ_1 也称为**中央明纹的半角宽度**，可由式（19-4）求得。

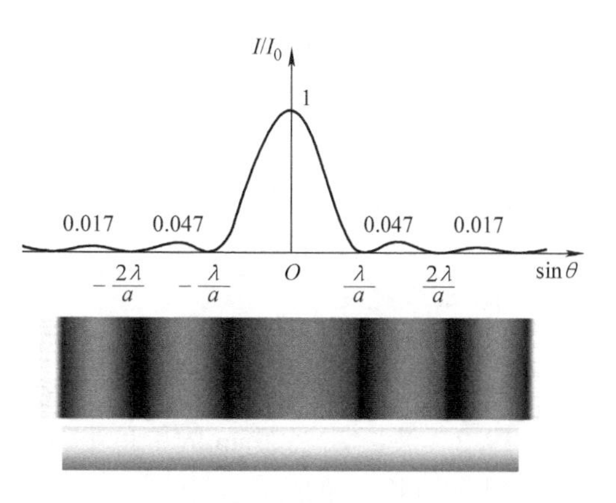

图19-7　单缝的衍射图样和相对光强分布

在单缝的夫琅禾费衍射中，考虑到衍射角 θ 很小，满足小角度情况下的近似条件（近轴条件）：$\theta\approx\sin\theta\approx\tan\theta$，所以，中央明条纹的角宽度

$$\theta_0 \approx 2\theta_1 = 2\frac{\lambda}{a}$$

在观察屏 H 上，$k=\pm1$ 级暗条纹中心之间的距离称为**中央明纹的线宽度**，由几何关系可知为 $2f\tan\theta_1$，f 为遮光屏 G 后方凸透镜 L 的焦距，于是，中央明纹的线宽度

$$\Delta x_0 = 2f\frac{\lambda}{a} \tag{19-6}$$

由式（19-6）和几何关系可得第1级明条纹的线宽度

$$\Delta x = \frac{f\lambda}{a} \tag{19-7}$$

同理，可求得其他次极大明条纹的线宽度都等于 Δx。所以，在单缝的夫琅禾费衍射实验中，**中央明纹的线宽度等于两侧次极大明条纹线宽度的二倍**。

由式（19-6）和式（19-7）可以看出，当缝宽 a 很小时，中央明纹和次极大明条纹较宽，衍射现象较为明显，随着缝宽 a 的增大，各级明条纹变得狭窄而密集，当缝宽 $a >> \lambda$ 时，各级条纹的衍射角 θ 都很小，各级衍射条纹都向中央明条纹靠拢，收缩到中央明纹附近以致分辨不清，只显示单一的明条纹，此时即为几何光学中光沿直线传播的情形。因此，可以认为**几何光学是波动光学在 $\lambda/a \to 0$ 的极限情况**。

此外，当缝宽 a 一定时，入射光的波长越大，同一级衍射明条纹对应的衍射角也越大。如果入射光为白光，则在中央明纹处，各单色光重合后仍呈现为白色条纹，其余各级次极大明条纹则呈现彩色条纹，各单色光的同一级条纹分布由内向外（相对于观察屏上的 O 位置）按波长从小到大排列，在可见光区，从紫光到红光排列，紫光在内侧，红光在外侧。

例 19.1 在一单缝夫琅禾费衍射实验中，缝宽 $a = 4\lambda$，单缝后方的透镜焦距 $f = 32\text{cm}$，求中央明纹和两侧 1 级、2 级次极大明纹的宽度。

解：由式（19-4）可得第 1 级、第 2 级和第 3 级暗条纹的中心分别满足

$$a\sin\theta_1 = \lambda,\ a\sin\theta_2 = 2\lambda,\ a\sin\theta_3 = 3\lambda$$

在观察屏 H 上，第 1 级、第 2 级和第 3 级暗条纹中心距离中央明条纹中心 O 的距离分别为：

$$x_1 = f\tan\theta_1 \approx f\sin\theta_1 = f\frac{\lambda}{a} = 32 \times \frac{\lambda}{4\lambda}\text{cm} = 8\text{cm}$$

$$x_2 = f\tan\theta_2 \approx f\sin\theta_2 = 2f\frac{\lambda}{a} = 2 \times 32 \times \frac{\lambda}{4\lambda}\text{cm} = 16\text{cm}$$

$$x_3 = f\tan\theta_3 \approx f\sin\theta_3 = 3f\frac{\lambda}{a} = 3 \times 32 \times \frac{\lambda}{4\lambda}\text{cm} = 24\text{cm}$$

由此可得中央明纹的线宽度

$$\Delta x_0 = 2x_1 = 16\text{cm}$$

第 1 级明纹的线宽度

$$\Delta x_1 = x_2 - x_1 = 8\text{cm}$$

第 2 级明纹的线宽度

$$\Delta x_2 = x_3 - x_2 = 8\text{cm}$$

可见各级次极大明条纹的线宽度等于中央明条纹线宽度的一半。

例 19.2 波长 $\lambda = 500\text{nm}$ 的单色平行光垂直入射到缝宽 $a = 0.5\text{mm}$ 的单缝上，单缝后方有一焦距 $f = 40\text{cm}$ 的透镜。求：

（1）观察屏上中央明条纹的宽度；

（2）若在观察屏上 P 点处观察到一条明纹，已知其中心距中央明纹中心的距离 $x = 1.4\text{mm}$。问 P 点处是第几级明纹，对 P 点而言单缝处的波阵面可以分成多少个半波带？

解：（1）中央明纹的线宽度

$$\Delta x_0 = 2f\frac{\lambda}{a} = 2 \times 0.4\text{m} \times \frac{500 \times 10^{-9}\text{m}}{0.5 \times 10^{-3}\text{m}} = 0.8 \times 10^{-3}\text{m} = 0.8\text{mm}$$

（2）根据单缝衍射次极大明纹公式（19-5）

$$a\sin\theta = (2k+1)\lambda/2$$

及小角度下的近似公式

$$\sin\theta \approx \tan\theta = \frac{x}{f}$$

联立以上两式得

$$k = \frac{ax}{f\lambda} - \frac{1}{2} = \frac{0.5\times10^{-3}\text{m}\times1.4\times10^{-3}\text{m}}{0.4\text{m}\times500\times10^{-9}\text{m}} - \frac{1}{2} = 3$$

所以，观察屏上的 P 点处为第 3 级明条纹。再根据 $a\sin\theta=(2k+1)\lambda/2$ 可知，当 $k=3$ 时，单缝处的波阵面可分成 $2k+1=7$ 个半波带。

[注] 单缝夫琅禾费衍射的光强分布公式推导

菲涅尔半波带法只能近似地说明单缝夫琅禾费衍射条纹的分布情况，要想定量地给出单缝衍射图样的光强分布，需要考虑子波的相干叠加。下面用惠更斯 - 菲涅尔原理解释单缝夫琅禾费衍射的光强分布。

根据惠更斯 - 菲涅尔原理，单缝处波阵面上的每个面元都可以看成是发射子波的波源，这些子波经透镜 L 后会聚于观察屏 H 上。衍射光与透镜主光轴的夹角为衍射角 θ，平行光经单缝的衍射作用后，衍射光可能沿各个方向传播，沿着相同方向传播的衍射光线具有相同的衍射角 θ，经透镜后将会聚在观察屏 H 上的同一位置。在单缝衍射中，通常讨论衍射角较小的情况（既满足近轴条件），所以 $k(\theta)$ 变化很小，可以视为常数；同理，具有相同衍射角，经过不同路径到达观察屏 H 上的子波的振幅也可以近似地看成相等。在此两点的基础上，以相同衍射角 θ 传播的子波在观察屏 H 上叠加后的合振幅（光强）只决定于衍射光到达观察屏上考察点（如图 19-8 上的 P 点）的光程差。

在图 19-8 上建立坐标系，以单缝中心处作为坐标原点 O'，沿着遮光屏 G 的方向建立 y 轴，在距离原点 O' 为 y 处取宽度为 $\mathrm{d}y$ 面元，面元面积为 $l\mathrm{d}y$，其中 l 为单缝沿垂直纸面方向的长度。考察以相同衍射角 θ 传播的衍射光，它们会聚在观察屏 H 上的 P 点，它与透镜的主光轴和观察屏的交点 O 相距为 x，作 yC 垂直于衍射光，根据等光程原理（透镜不引入附加光程），若设 O' 点到 P 点的光程为 r_0，则该面元到达 P 点的光程差 $r=r_0-y\sin\theta$。当波长为 λ 的平行光垂直入射到单缝时，单缝处的波阵面为平面，设所有子波的初相位为零，则该面元在观察屏 P 点引起的光振动满足

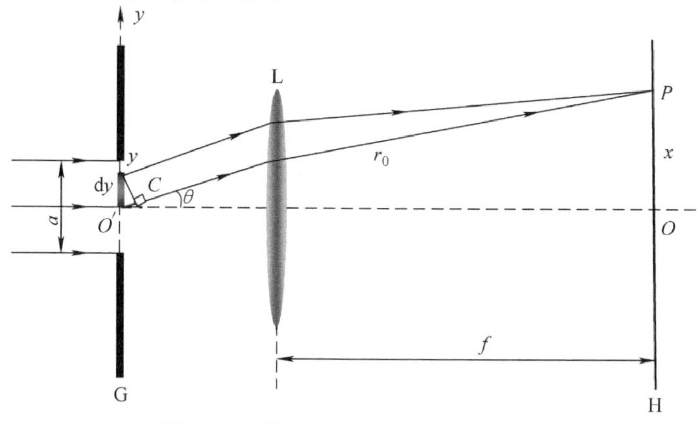

图 19-8　推导单缝衍射光强公式图示

$$dE = C\frac{lk(\theta)}{r}\cos\left[\omega t - \frac{2\pi}{\lambda}(r_0 - y\sin\theta)\right]dy$$

如前所述，在近轴条件下，倾斜因子 $k(\theta)$ 可以视为常数，把振幅分母中的 r 也视为常数，令$\frac{Clk(\theta)}{r} = C_0$，上式简化为

$$dE = C_0\cos\left[\omega t - \frac{2\pi}{\lambda}(r_0 - y\sin\theta)\right]dy$$

相应的复振幅

$$d\widetilde{E} = C_0 e^{i\frac{2\pi}{\lambda}(r_0 - y\sin\theta)}dy$$

面元上所有衍射光在 P 点引起的合振动的振幅

$$\begin{aligned}\widetilde{E} &= C_0\int_{-\frac{a}{2}}^{\frac{a}{2}} e^{i\frac{2\pi}{\lambda}(r_0 - y\sin\theta)}dy \\ &= C_0 e^{2\pi i r_0/\lambda}\frac{\lambda}{-2\pi\sin\theta}e^{-2\pi i y\sin\theta/\lambda}\Big|_{-\frac{a}{2}}^{\frac{a}{2}} \\ &= C_0 e^{2\pi i r_0/\lambda}\frac{\lambda}{-2\pi\sin\theta}\left(e^{-\pi i a\sin\theta/\lambda} - e^{\pi i a\sin\theta/\lambda}\right) \\ &= \frac{C_0 a\lambda}{\pi a\sin\theta}e^{2\pi i r_0/\lambda}\sin\left(\frac{\pi a\sin\theta}{\lambda}\right) = C_0 a e^{2\pi i r_0/\lambda}\cdot\sin\left(\frac{\sin\beta}{\beta}\right)\end{aligned}$$

P 点的光强

$$I = \widetilde{E}\cdot\widetilde{E}^* = I_0\frac{\sin^2\beta}{\beta^2} \tag{19-8}$$

式中，$\beta = \pi a\sin\theta/\lambda$，观察屏上各点对应的衍射角 θ 不同，光强也不同。式（19-8）即为单缝夫琅禾费衍射的光强公式。用相对光强表示，则有

$$\frac{I}{I_0} = \frac{\sin^2\beta}{\beta^2} \tag{19-9}$$

根据式（19-9）就可以画出图 19-7 的相对光强分布曲线。由式（19-8）或式（19-9），令

$$\frac{dI}{d\beta} = \frac{d}{d\beta}\left(\frac{\sin^2\beta}{\beta^2}\right) = \frac{2\sin\beta(\beta\cos\beta - \sin\beta)}{\beta^3} = 0$$

可以求出衍射条纹的极大值、极小值条件及相应的角位置。

（1）主极大

当 $\theta = 0$ 时，$\beta = 0$，而 $\sin\beta/\beta = 1$，这时，$I = I_0$，为中央明纹中心处的光强，称为**主极大**。所以，中央明纹又称**主极大明纹**。

（2）极小值

当 $\beta = k\pi$，$k = \pm1, \pm2, \pm3, \cdots$时，$\sin\beta = 0$，$I = 0$，光强最小。因为 $\beta = \pi a\sin\theta/\lambda$，所以，$\pi a\sin\theta/\lambda = k\pi$，即

$$a\sin\theta = k\lambda\ (k = \pm1, \pm2, \pm3, \cdots)$$

这就是衍射极小的条件，即暗条纹中心满足的条件。这一结论与半波带法分析的结果式（19-4）一致。

（3）次极大

当 $\beta\cos\beta - \sin\beta = 0$，即

$$\tan\beta=\beta$$

解这个方程可以求出次极大的位置和 β 值，利用图解法[㊀]得

$$\beta=\pm1.43\pi,\ \pm2.46\pi,3.47\pi,\cdots$$

相应地有

$$a\sin\theta=\pm1.43\lambda,\ \pm2.46\lambda,3.47\lambda,\cdots$$

这就是单缝衍射次极大的条件，次极大明纹中心几乎在相邻两暗纹的中点，但稍稍向主极大的方向靠近一些，当衍射级数 k 较大时，**次极大**的位置趋向于 $\beta=(2k+1)\pi/2$，即**近似值**为

$$a\sin\theta=\pm(2k+1)\frac{\lambda}{2}\ (k=1,2,3,\cdots)$$

这和利用半波带法分析的次极大明纹式（19-5）一致。所以，半波带法给出的次极大明纹条件是近似结果。把上述公式代入到光强公式（19-9），可以求得各级次极大的强度。计算结果显示，随着级次 k 的增大，次极大明纹的强度迅速减小，第 1 级次极大明纹的光强还不到主极大明纹光强的 5%，第 2 级次极大明纹的光强不到主极大明纹光强的 2%。

19.3 圆孔衍射

19.3.1 圆孔的夫琅禾费衍射

前一节我们讨论了光通过单缝时的衍射现象。光通过小孔也会产生衍射现象，在单缝夫琅禾费衍射装置图 19-5 中，用一个小圆孔来代替单缝，如 19-9a 所示，图中省略了圆孔前的光源和透镜 L′，在透镜 L 焦平面的观察屏 H 上同样可以观察到圆孔的夫琅禾费衍射图样，如图 19-9b 所示。当单色光垂直照射带有小圆孔的遮光屏 G 时，观察屏 H 上观察到中央为圆形亮斑，称为艾里斑，它几乎集中了全部衍射光强的 84%，其中心是几何光学像点，外围为明、暗交替的同心圆环，且强度随级次增大而迅速下降。图中 θ_0 为艾里斑的半角宽度，即圆孔夫琅禾费衍射第 1 级暗环的角半径。衍射光角分布的弥散程度可以用艾里斑的大小，即第 1 级暗环的角半径来度量。设圆孔的直径为 D，透镜的焦距为 f，单色光波长为

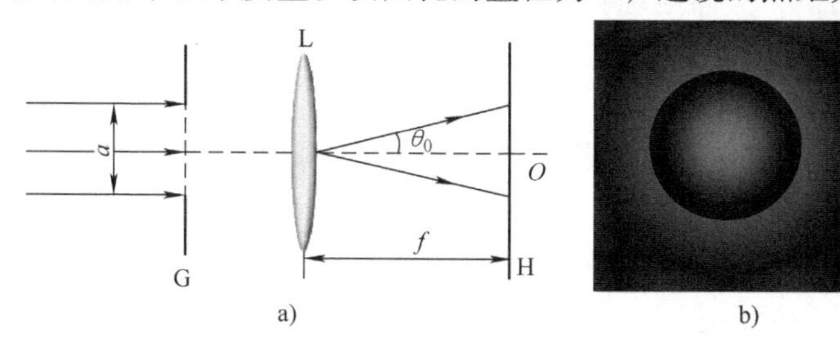

图 19-9　圆孔的夫琅禾费衍射

a）实验装置　b）衍射图样

㊀ 参考梁绍荣、刘昌华、盛正华主编的《普通物理学：光学》（第 3 版）第五章第四节，高等教育出版社，2005 年。

λ，艾里斑的直径为 d，则根据理论计算㊀，艾里斑的半角宽度 θ_0、圆孔直径 D 和单色光波长 λ 之间有如下关系：

$$\theta_0 \approx \sin\theta_0 = 1.22\frac{\lambda}{D} \tag{19-10}$$

即

$$2\theta_0 = \frac{d}{f} = 2.44\frac{\lambda}{D} \tag{19-11}$$

显然，圆孔直径 D 越小，或者入射光波长 λ 越大，衍射现象越明显。

例 19.3　人的瞳孔可以看作是圆孔，其直径可在一定范围内调节，若黄绿光波长 $\lambda=550\text{nm}$，瞳孔直径 $D=2\text{mm}$，估算艾里斑的角宽度 $\Delta\theta$。

解：根据式（19-10），有

$$\Delta\theta = 2\theta_0 = 2\times1.22\frac{\lambda}{D} = 2\times1.22\times\frac{550\times10^{-9}}{2\times10^{-3}}\text{rad} = 6.71\times10^{-4}\text{rad}$$

人眼基本上是球形，新生婴儿眼球直径约为 16mm 左右，成年人的眼球约为 24mm 左右，若给定 $f=20\text{mm}$，则可根据式（19-11）估算出视网膜上艾里斑的直径。

19.3.2　光学仪器的分辨本领

通常，光学仪器中的透镜、光阑等都相当于一个透光的小圆孔。例如眼睛的瞳孔、照相机、显微镜等的物镜，在成像过程中都是一些衍射孔。从几何光学的观点出发，一个物点对应一个像点，但考虑到衍射作用后，像点已经不再是一个几何的点，而是有一定大小的艾里亮斑。所以，两个点光源或同一物体上的两点发的光通过光学仪器成像时，由于衍射作用会形成两个衍射斑，它们的像是这两个衍射斑的非相干叠加，如果两个艾里斑距离过近，则两个物点或同一物体上的两点可能相互重叠甚至无法分辨出两个物点的像。那么，这样的两个物点怎样才算是可以分辨呢？

为了给光学仪器的分辨本领加以评判，现在普遍使用的是**瑞利判据：对于两个强度相等的不相干点光源或物点，当一个点光源衍射图样的主极大中心恰好与另一个点光源衍射图样的第 1 级极小重合时，认为两个衍射斑刚好能够分辨**。此时的光学仪器恰好能分辨两个点光源或物点，如图 19-10b 所示。

下面以薄透镜为例，具体地说明光学仪器的分辨能力和哪些因素相关。在图 19-10 中，两个点光源 S_1、S_2 强度相等，光线经过直径为 D 的透镜后，考虑到圆孔的夫琅禾费衍射效应，其衍射图像成像在观察屏上。

在图 19-10c 中，光源 S_1、S_2 相距很近，两个衍射图样几乎重叠在一起，两个艾里斑中心的距离小于艾里斑的半径，这时，两个物点就很难分辨清楚了。

在图 19-10a 光源中，S_1、S_2 相距较远，两个衍射图样有部分重叠。但两个艾里斑中心的距离大于艾里斑的半径，这时，两个物点的像是可以分辨的。

在图 19-10b 中，两个点光源 S_1、S_2 的距离恰好使两个艾里斑中心的距离等于艾里斑的半径，即 S_1 的艾里斑中心恰好与 S_2 的衍射图样的第 1 级极小重合，S_2 的艾里斑中心恰好与 S_1 的衍射图样的第 1 级极小重合。这时，两个衍射斑重叠部分中心处的光强，约为每个衍射图

㊀ 参考母国光、战元令编著的《光学》第九章第七节，人民教育出版社，1978 年。

样中央最大光强的80%左右，这就是瑞利判据给出的刚好能够分辨的情况。这一临界情况下，S_1、S_2 对透镜光心的张角称为**最小分辨角**，习惯上用 $\delta\theta$ 表示，根据式（19-10）可知

$$\delta\theta = 1.22\frac{\lambda}{D} \tag{19-12}$$

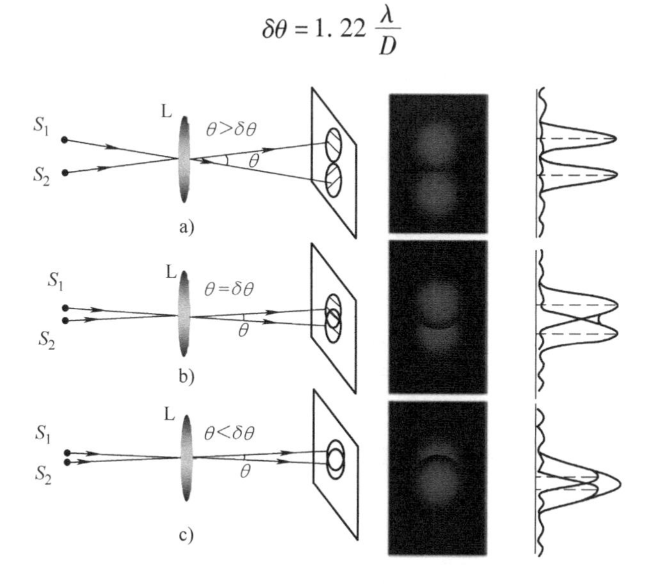

图 19-10　光学仪器的分辨本领

a）能分辨　b）刚好分辨　c）不能分辨

最小分辨角也称为**角分辨率**。在光学中，光学仪器最小分辨角的倒数称为光学仪器的**分辨率**或**分辨本领**，其定义为

$$R = \frac{1}{\delta\theta} = \frac{D}{1.22\lambda} \tag{19-13}$$

上式表明，光学仪器的分辨本领与仪器的通光孔径 D 和光波波长 λ 有关。因此，在天文观察中，采用大口径的物镜对提高望远镜的分辨率有利。

应该强调的是，上述讨论是在非相干光照射的基础上进行的，图 19-10 中两个衍射图样的叠加属于非相干叠加。

例 19.4　设人眼在正常亮度下的瞳孔直径 $D = 3\text{mm}$，在可见光中，人眼视觉最敏感的黄绿光波长 $\lambda = 550\text{nm}$，求：

（1）人眼的最小分辨角是多大？

（2）若远处两根细丝之间的距离为 1.50mm，则细丝距离人眼多远时恰能分辨？

解：（1）根据式（19-12），

$$\delta\theta = 1.22\frac{\lambda}{D} = 1.22 \times \frac{550\times10^{-9}}{3\times10^{-3}}\text{rad} = 2.24\times10^{-4}\text{rad}$$

（2）设两根细丝之间的距离为 Δl，人与细丝相距为 L，则依据题意，两根细丝对人眼瞳孔的张角 θ 满足

$$\tan\frac{\theta}{2} = \frac{\Delta l}{2L}$$

由于 θ 很小，满足小角度下的近似条件：$\theta \approx \tan\theta$，因此，恰能分辨时应满足

$$\delta\theta = \theta = \frac{\Delta l}{L}$$

于是

$$L = \frac{\Delta l}{\delta\theta} = \frac{1.50 \times 10^{-3}}{2.24 \times 10^{-4}}\text{m} = 6.70\text{m}$$

19.4 光栅衍射

19.4.1 光栅衍射概述

光栅是具有一定周期性空间结构的光学元件。等宽的平行狭缝等间距地排列起来就是简单的一维多缝光栅，如图 19-11a 所示，在一块平晶玻璃上用电子束刻蚀出等宽等间距的平行刻痕，刻痕处因为漫反射而不透光，相当于不透光的部分，宽度为 b，未刻蚀过的部分相当于透光的狭缝，宽度为 a，$d = a + b$ 称为**光栅常数**，它是光栅元件的周期性表示。这样的光栅为透射式光栅。如果在表面光洁度很高的金属表面（如铝）刻蚀出一系列等间距的平行细槽，如图 19-11b 所示，则为反射式光栅。

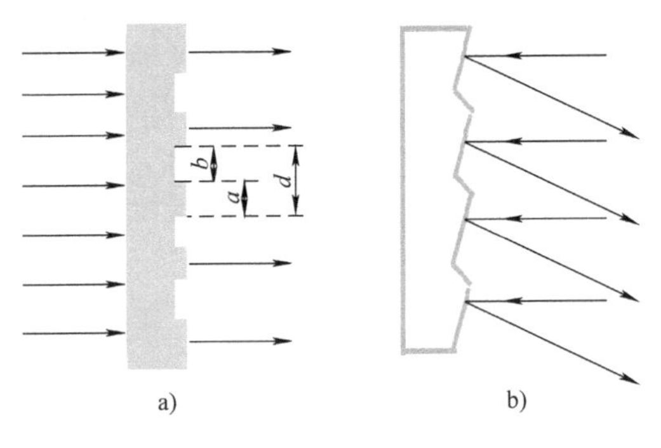

图 19-11　光栅
a）透射式　b）反射式

实际上，实用的光栅每毫米有几十条、几百条、上千条甚至几万条刻痕，这样的光栅是很珍贵的。光栅的种类也很多，有一维光栅、二维光栅和三维光栅；也有黑白光栅和正弦光栅；还有上面的透射和反射光栅。在现代技术高速发展的时代，人们可以根据实际需要制作各种各样符合要求的光栅。利用光栅衍射可以进行光谱分析和结构分析。本节重点讨论平行光入射时透射式光栅衍射的基本规律。

如图 19-12 所示为多缝夫琅禾费衍射图示，与图 19-5 唯一不同的是遮光屏 G 为透射式光栅元件。图中省略了遮光屏 G 前获得平行光的透镜。如何分析平行光通过光栅后的光强分布呢？首先，通过单缝后的衍射光彼此之间会发生干涉；其次，通过每一个缝的衍射光都存在单缝的夫琅禾费衍射。所以，光栅衍射的光强分布应该是多缝干涉和单缝衍射共同作用的结果。

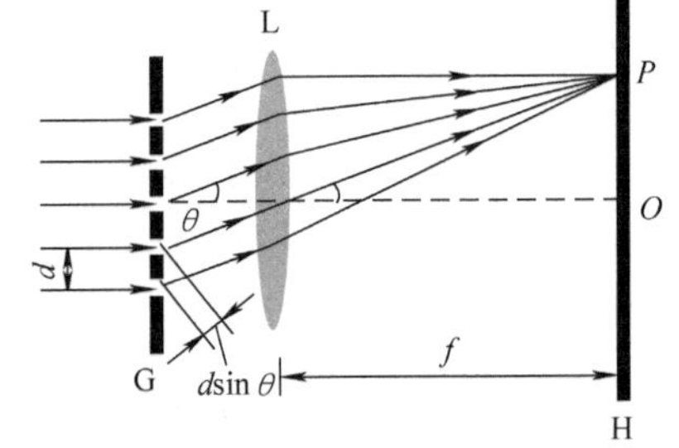

图 19-12　光栅的多光束干涉

1. 多缝干涉作用

（1）主极大明纹

设光栅的缝宽为 a，不透明的部分宽度为 b，则相邻狭缝对应点（例如上边缘和上边缘、下边缘和下边缘或中点和中点）之间的距离为光栅常数 d，用 N 表示光栅元件的总缝数。当平行光到达光栅时，根据惠更斯 - 菲涅尔原理，可认为各个单缝处的波阵面都是同相的子波源，它们沿每一个方向发出的都是频率相同、振幅相同的子波，这些子波在观察屏 H 上的叠加就是多光束干涉的作用。分析过程中将所有衍射光根据衍射角的不同分成若干组，每组内的衍射光衍射角相同。任意选取相邻两缝来分析，考察缝后沿着衍射角 θ 出射的衍射光，任意相邻两缝对应位置发出的衍射光到达观察屏 H 上 P 点的光程差都相等且等于 $d\sin\theta$，由振动合成的规律可知，若这一光程差满足下面的表达式：

$$\mathrm{d}\sin\theta = \pm k\lambda \ (k=0,1,2,\cdots) \tag{19-14}$$

则所有缝沿 θ 方向传播的子波到达观察屏上的 P 点时都是同相的，它们将发生相长干涉形成明条纹，这种由多缝干涉所决定的明条纹称为**主极大明条纹**，式（19-14）中的级次 k 称为主极大明纹的级次，决定主极大明纹中心位置的式（19-14）称为**光栅方程**。除了中央主极大明纹（零级主极大明纹）外，其他级次的主极大明纹对称分布在零级主极大明纹的两侧。

需要注意的是，这时，观察屏 H 上 P 点的合振动的振幅是来自一条缝沿 θ 方向传播的衍射光振幅的 N 倍，而 P 点的光强则是来自一条缝沿 θ 传播的衍射光光强的 N^2 倍。也就是说，由光栅方程所决定的主极大明纹的亮度与单缝的个数 N 相关，光栅上的缝数越多，即 N 越大，主极大明纹越亮。

（2）暗纹和次极大明纹

如果光栅各缝以衍射角 θ 出射的衍射光到达观察屏 H 上某点叠加后完全相消，这时就是光栅衍射的暗纹（极小）。暗纹对应的位置可以由惠更斯 - 菲涅尔原理给出，这里我们用更简单的相量图法给出结论。假设 N 个缝沿 θ 方向传播到观察屏上暗纹位置的光矢量分别为 $\boldsymbol{E}_1$，$\boldsymbol{E}_2$，…，$\boldsymbol{E}_N$，根据相干条件和惠更斯 - 菲涅尔原理，当这些子波传播到观察屏 H 时，它们是振动方向相同、频率相同并且相位差 $\Delta\varphi$ 恒定的 N 个简谐振动的合成。而这 N 个矢量叠加后完全相消，根据相量图分析，意味着它们恰好组成如图 19-13 所示的闭合图形，第 16 章简谐振动的合成中曾经详细讲过这部分内容。已知任意相邻两缝沿 θ 方向传播的衍射光线的相位差为

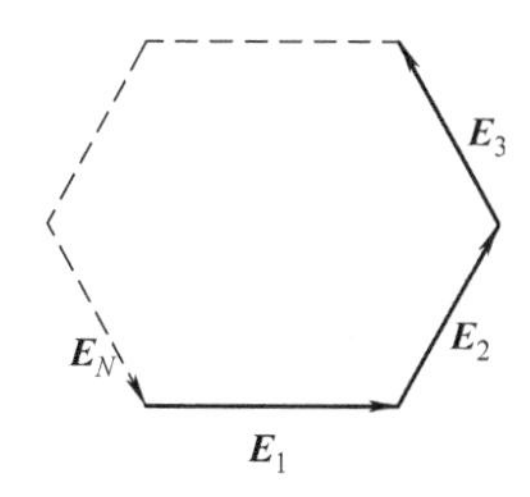

图 19-13　N 个光矢量的合成

$$\Delta\varphi = \frac{2\pi}{\lambda}\mathrm{d}\sin\theta$$

由第 16.3 节的讨论可知，当满足

$$N\Delta\varphi = \pm 2k'\pi \ (k'=1,2,3,\cdots,N-1;N+1,N+2,\cdots)$$

时，这 N 个简谐振动的合成彼此相消，即

$$N\mathrm{d}\sin\theta = \pm k'\lambda \ (k'=1,2,3,\cdots,N-1;N+1,N+2,\cdots) \tag{19-15}$$

时为光栅衍射暗纹（极小）的条件。上式中，k'表示由多缝干涉所决定的暗纹的级次，它可以取除了 $k'\neq kN(k=1,2,3,\cdots)$的任何整数，当 $k'=kN(k=1,2,3,\cdots)$时恰好是由光栅方程所决定的主极大明纹的位置。所以，相邻主极大明纹之间有 $N-1$ 个极小，$N-2$个次极大。另外，在相邻暗纹之间的位置光强不为零，在这些衍射角的方向上将有大部分光彼此相消而剩下很少一部分未被抵消，这样的条纹称为**次极大明纹**。理论计算表明，次极大明纹的光强远远小于主极大明纹的强度，随着缝数 N 的增加，相邻主极大明纹之间的极小个

数增多，主极大明纹将变得又细又亮，而且，次极大明纹和暗纹几乎连成一片，在相邻主极大明纹之间形成微亮的暗背景。所以多缝干涉的总效果是：**在几乎黑暗的背景上呈现了又细又亮的明条纹**。这样的主极大明纹又称为**光谱线**。其相对光强分布曲线如图 19-14b 所示。

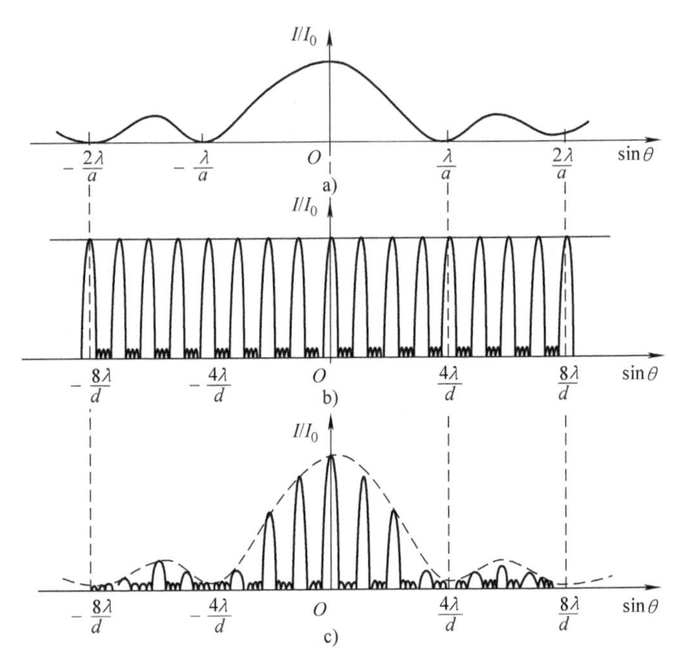

图 19-14　光栅衍射的光强分布

a）单缝衍射的光强分布　b）多光束干涉的光强分布　c）光栅衍射的总光强分布

2. 单缝衍射的调制作用

图 19-14b 中的相对光强分布曲线是假设各个单缝在各方向上的衍射光强度相同得出的结论。实际上，光栅上的每个缝都有衍射作用，所以，每条单缝发出的光，在不同衍射角 θ 方向上的强度是不同的，如图 19-14a 所示，每个单缝的衍射作用使衍射光的光强都集中在衍射包线（单缝衍射的中央明纹或单缝衍射的主极大明纹）内，因此，多缝干涉主极大明纹的光强并不相等，而是要受到单缝衍射的**调制**：衍射光强强的方向，多缝干涉主极大的光强也强；衍射光强弱的方向，多缝干涉主极大的光强也弱。图 19-14c 为由多缝干涉和单缝衍射共同起作用的光栅衍射的总光强分布。图 19-15 是三张衍射图样的照片，虽然光栅元件的缝数都很少，但是其主极大明纹的特征变化已经很明显了。

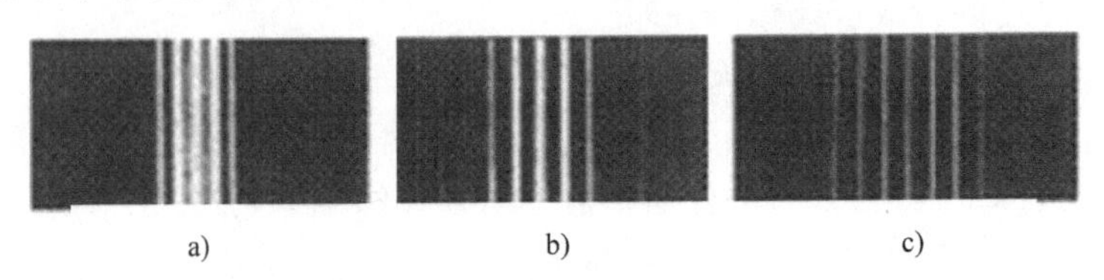

图 19-15　光栅衍射图样的照片

a）$N=3$　b）$N=6$　c）$N=20$

3. 缺级分析

通过前面的分析可知，由于单缝衍射的调制作用，使衍射光在某些衍射角 θ 方向上的光强为零，如果对应于这些衍射方向按照多光束干涉出现主极大明纹时，这些主极大明纹将消失，这种衍射调制的特殊结果称为**缺级现象**，所缺失的主极大级次由光栅常数 d 和缝宽 a 决定。因为主极大的级次满足式（19-14）：

$$d\sin\theta = \pm k\lambda \ (k=0,1,2,\cdots)$$

单缝衍射的极小满足式（19-4）：

$$a\sin\theta = \pm k'\lambda \ (k'=1,2,3,\cdots)$$

如果某一 θ 角同时满足这两个方程，则缺失的主极大明纹级次 k 可利用以上两式联立求得

$$k = \pm\frac{d}{a}k' \ (k'=1,2,3,\cdots) \tag{19-16}$$

例如，当 $d/a=4$ 时，则缺失的主极大明纹级次 $k=\pm4, \pm8, \pm12, \cdots$，图 19-14c 就是这种条件下的光栅衍射图样。

例 19.5 使单色平行光垂直入射到一个双缝光栅上，其夫琅禾费衍射包线的中央极大宽度内恰好有 9 条干涉明条纹，求光栅常数 d 与缝宽 a 的关系。

解：根据题意，本题可利用两种方法求解。

方法 1：根据光栅衍射的光强分布特点。相邻主极大之间有 $N-1$ 个极小，$N-2$ 个次极大，可以画出如图 19-16 所示的双缝光栅的相对光强分布曲线。利用单缝夫琅禾费衍射包线的中央级大宽度和双缝干涉主极大明纹间距之间的关系求解。

双缝光栅的光栅常数 d 即为双缝的中心间距，夫琅禾费衍射包线的中央极大宽度可根据式（19-6）求得

$$\Delta x_0 = 2f\frac{\lambda}{a}$$

上式中，f 为双缝后方透镜的焦距，衍射包线极大宽度内的明条纹为双缝干涉的主极大明纹，其间距为

$$\Delta x = \frac{f\lambda}{d}$$

由于在 Δx_0 范围内有 9 条明条纹，所以应该有

$$\frac{\Delta x_0}{\Delta x} = 9+1 = 10$$

将 Δx_0 和 Δx 代入到上式可得

$$d = 5a$$

方法 2：利用缺级理论进行分析。根据题意以及图 19-16，可以判断第 5 级主极大明纹第一次缺级。由缺级公式（19-16）得

$$k = \pm\frac{d}{a}k' \ (k'=1,2,3,\cdots)$$

可得

$$\frac{d}{a} = 5$$

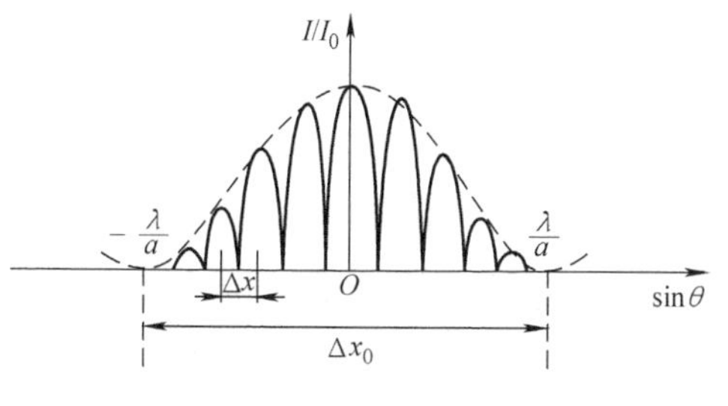

图 19-16 例 19.5 用图

例 19.6　光栅衍射的相对光强分布曲线如图 19-17 所示，已知入射光波长为 600nm，θ 表示衍射角，求：

（1）光栅总缝数；

（2）光栅的缝宽 a；

（3）光栅常数 d；

（4）理论上观察屏上呈现的明条纹总数。

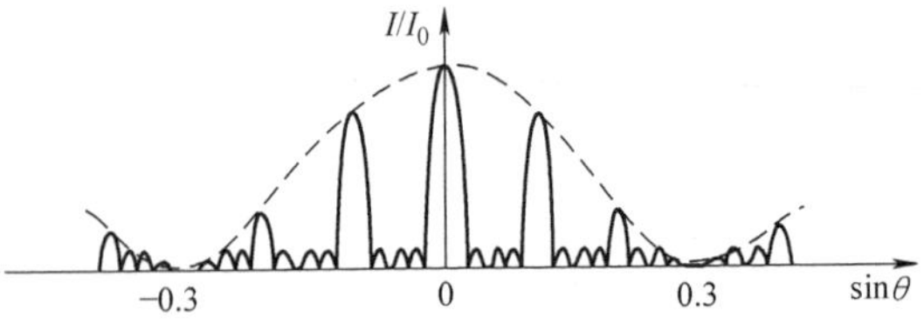

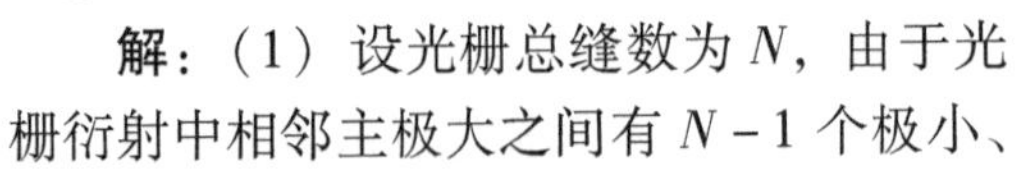

图 19-17　例 19.6 用图

解：（1）设光栅总缝数为 N，由于光栅衍射中相邻主极大之间有 $N-1$ 个极小、$N-2$ 个次极大，根据图 19-17 可知，$N-2=3$，$N=5$。

（2）由单缝衍射极小条件

$$a\sin\theta_1=\lambda$$

可得

$$a=\frac{\lambda}{\sin\theta_1}=\frac{600}{0.3}\text{nm}=2000\text{nm}=2\mu\text{m}$$

（3）由图可知，第三级主极大明纹为第一次缺级，由缺级条件

$$k=\pm\frac{d}{a}k'\ (k'=1,2,3,\cdots)$$

可知，$k'=1$，$k=3$，即

$$\frac{d}{a}=3$$

$$d=3a=3\times2\mu\text{m}=6\mu\text{m}$$

（4）根据光栅衍射光路图 19-12 所示，理论上只要遮光屏后方的透镜足够大，只要衍射角 θ 小于 $\pi/2$ 的衍射光都能到达观察屏，所以，衍射角 $\theta=\pi/2$ 为临界值，条纹的临界级次应出现在 $\theta=\pm\pi/2$ 方向上，由光栅方程

$$d\sin\theta=\pm k\lambda\ (k=1,2,3,\cdots)$$

可得

$$k_{\max}=\frac{d}{\lambda}=\frac{6\times10^{-6}}{600\times10^{-9}}=10$$

所以，在不考虑缺级的情况下，可观察到的条纹数为：$2\times(k_{\max}-1)+1=19$ 条，但是，由于 ±3，±6，±9 缺级，所以理论上观察屏上能够呈现的条纹总数为 13 条。

应该注意的是，如图 19-12 所示的光栅衍射，实际上由于单缝衍射的调制作用，我们仅仅能够观察到单缝夫琅禾费衍射包线内的主极大明纹，很难清晰地观察到其他级次的主极大明纹。

19.4.2　光栅光谱

由光栅方程可知，在光栅常数 d 一定的情况下，主极大明纹的位置仅由衍射角 θ 和入射光的波长 λ 决定。若用白光做光栅衍射实验，在可见光区，除了零级主极大明纹外，不同波长的同级明条纹将在不同衍射角方向上出现。同一级次不同波长的主极大明条纹将按

照波长顺序排列成**光栅光谱**，这就是光栅的分光作用。主极大明条纹（亮线）称为**谱线**。

利用物质的光谱可以研究物质的微观结构，分子、原子的光谱能够作为反映分子、原子结构及其运动规律的依据。光谱分析就是现代物理学的重要研究手段，它根据物质的光谱来鉴别物质及确定其化学组成和相对含量，是以分子和原子的光谱学理论为基础建立起来的分析方法。

光栅能把不同波长的光分开，那么波长很接近的两条谱线是否一定能通过光栅光谱分辨出来呢？答案是“不一定”，因为这还和谱线的宽度有关。根据**瑞利判据**，只有一条谱线的中心恰好与另一条谱线的距谱线中心最近的一个极小重合时，两条谱线刚能分辨。如图 19-18 所示，表示波长为 λ 和 $\lambda+\delta\lambda$ 的第 k 级谱线刚好分辨的情况，即 $\Delta\theta=\delta\theta$，$\Delta\theta$ 表示谱线本身的半角宽度，$\delta\theta$ 为两条谱线的角间隔。所以，刚好分辨时，波长为 $\lambda+\delta\lambda$ 的 k 级主极大明纹应该恰好落在波长为 λ 的第 $kN+1$ 级极小的位置。由此可得下面两式：

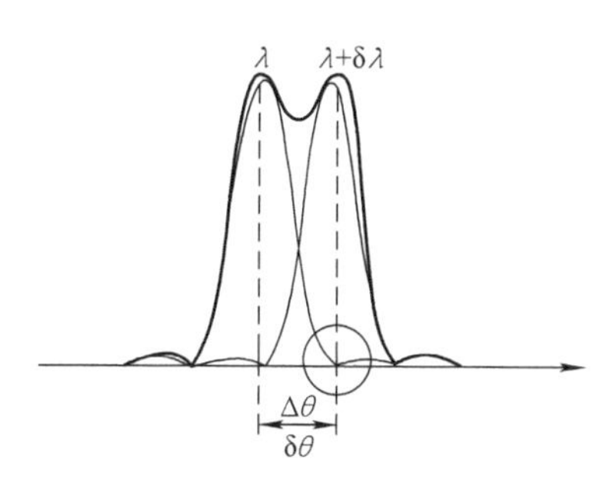

图 19-18 说明光栅分辨本领用图

波长为 $\lambda+\delta\lambda$ 的 k 级主极大明纹满足式（19-14）：

$$d\sin\theta=k(\lambda+\delta\lambda)$$

波长为 λ 的第 $kN+1$ 级极小满足式（19-15）：

$$Nd\sin\theta=(kN+1)\lambda$$

两式联立得

$$(kN+1)\lambda=kN\lambda+kN\delta\lambda$$

$$\frac{\lambda}{\delta\lambda}=kN$$

通常定义 R 为仪器的色分辨本领

$$R=\frac{\lambda}{\delta\lambda}$$

从上式可知，$\delta\lambda$ 越小，说明仪器的分辨本领越大，由此可得光栅的分辨本领公式

$$R=kN \tag{19-17}$$

由上式可知，光栅的分辨本领与谱线级次和光栅的总缝数相关，与光栅常数 d 无关。当要求在某一级次的谱线上提高光栅的分辨本领时，必须增大光栅的总缝数。

19.5 X 射线在晶体上的衍射

19.5.1 X 射线

1895 年，德国物理学家伦琴在研究稀薄气体放电现象时发现，受高速电子撞击的金属，会发射一种具有很强穿透本领的辐射，由于当时对这种射线的本质还不清楚，因此，称之为 **X 射线**。1901 年，伦琴因发现 X 射线而获得诺贝尔奖，后来人们为了纪念伦琴，X 射线也称为**伦琴射线**。

图 19-19 所示为产生 X 射线的装置，称为 X 射线管，G 为抽成真空的玻璃管，K 为**热阴极**，A 为**阳极**，也称**对阴极**，两极之间加几万伏甚至几十万伏的高电压，从热阴极发出的热电子被高电压加速后以很高的速度打到阳极靶上时，就从阳极发射出 X 射线。

后来人们认识到，X 射线是一种波长极短的电磁波，它的波长范围为 0.005 ~ 10nm。由于 X 射线波长很短，用普通光栅观察不到它的衍射现象，而且，在当时的条件下，人们也无法用机械方法来制造适用于 X 射线的光栅。

直到 1912 年，人们在研究晶体结构方面已经有了相当的成就，根据当时已经确定的晶体点阵间距离即晶格常数为10^{-8}m。德国物理学家劳厄设想，晶体由于粒子的规则排列可以看成是三维空间光栅，X 射线如果是电磁波，它透射到晶体上时将会发生衍射。在这种思想的指导下成功地进行了 X 射线衍射实验，证实了 X 射线具有波动性。图 19-20 为实验装置简图，K 为晶体，H 为照相底片，PP'为上面开有小孔的铅板，X 射线经铅板上的小孔准直后射到 NaCl 晶体上并在底片上形成衍射斑，称为**劳厄斑**。劳厄因 X 射线方面的研究工作获得 1914 年的诺贝尔物理学奖。对于劳厄斑实验的定量研究，因涉及空间光栅的衍射原理，这里不做研究。

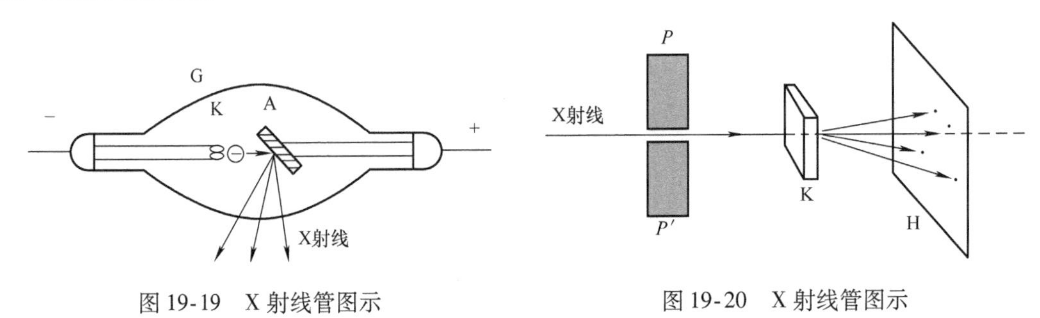

图 19-19　X 射线管图示　　图 19-20　X 射线管图示

19.5.2　布拉格公式

在劳厄以后，W. H. 布拉格（1862—1942）与 W. L. 布拉格（1890—1971）父子对 X 射线进一步进行了研究。并对劳厄斑做出了简单的解释。他们认为劳厄斑的每一个亮点对应于晶体对 X 射线衍射的一个极大值，并且推导出一个著名的公式即布拉格公式，父子二人由于运用 X 射线分析晶体结构的贡献共同获得了 1915 年的诺贝尔物理学奖。

图 19-21 为布拉格父子给出的公式导出图示，图中的圆点表示晶体点阵中的原子或离子，称为**格点**。当 X 射线照射它们时，处在格点上的原子或离子，其内部的电子在外来电磁场的作用下做受迫振动，成为一个新的波源，向各个方向发射电磁波，也就是说，在 X 射线的照射下，晶体中的每个格点成为一个散射中心，这些散射中心在空间周期性地排列着，它们发射的电磁波频率和入射的 X 射线频率相同，而且这些散射波彼此相干，可以在空间发生干涉。为方便分析，他们把晶体看成是由一系列彼此相互平行的平行平面（晶面）组成，各晶面之间的距离称为**晶面间距**，也称为**晶格常数**，用 d 表示。对于相邻晶

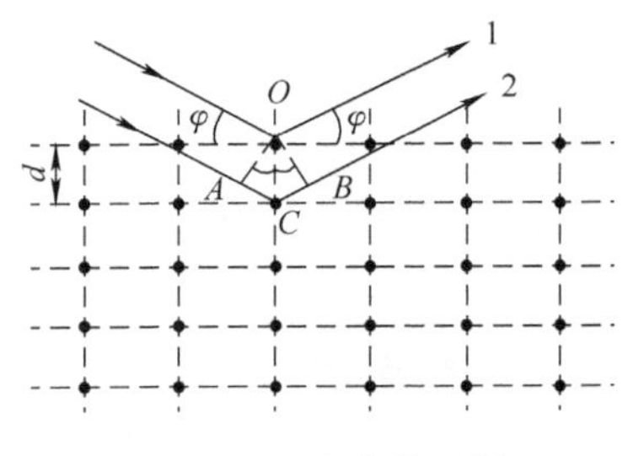

图 19-21　布拉格反射

面间散射波的相干叠加，其干涉结果由相邻晶面反射波的光程差来决定。图 19-21 中 φ 称为**掠射角**，是 X 射线入射方向与晶面之间的夹角。当一束 X 光以掠射角 φ 入射到如图 19-21所示的晶面上时，在符合反射定律的方向上可以得到强度最大的射线，此时，光程差 $AC+BC$ 等于波长的整数倍，即

$$2d\sin\varphi = k\lambda \ (k=1,2,3,\cdots) \tag{19-18}$$

上式称为**布拉格公式**。

应该指出，同一块晶体的空间点阵，从不同方向看去，可以看到粒子的形成取向不相同、间距也各不相同的许多晶面簇。当 X 射线入射到晶体表面时，对于不同的晶面簇，晶面间距 d 不同，掠射角 φ 也不同。所以，当一定波长的入射线入射方向确定时，对于不同的晶面有不同的掠射角，可能有若干个布拉格公式，因此，就在几个方向上产生衍射极大。这一点和一维光栅是有差别的，一维光栅在给定的入射方向上只有一个光栅公式。

布拉格公式是 X 射线衍射的基本规律，它的应用是多方面的。若由别的方法测出了某晶体的晶格常数 d，就可以根据 X 射线衍射实验由掠射角 φ 求出入射的 X 射线的波长；反之，若已知入射的 X 射线的波长，也可以通过测定掠射角 φ 求出晶体的晶格常数 d，这方面的工作称为 X 射线的晶体结构分析，进而研究材料的性能。这些研究在理论和工程技术领域都有极大的应用价值。

小　结

1. 惠更斯－菲涅尔原理

波传播过程中，波阵面上各点都可以当成发射子波的波源，这些子波在波面前方某点相遇时，相遇点的振动是波面上所有子波在该点引起的振动的合成。

2. 单缝的夫琅禾费衍射

单缝衍射：用半波带法分析。单色光垂直入射时，除中央明纹（零级明纹）外，两侧对称分布着明暗相间等间距的直条纹，中央明纹的线宽度是两侧明纹线宽度的二倍。

暗条纹中心满足

$$a\sin\theta = \pm 2k\frac{\lambda}{2} = \pm k\lambda \ (k=1,2,3,\cdots)$$

次极大明条纹的中心近似为

$$a\sin\theta = \pm(2k+1)\frac{\lambda}{2} \ (k=1,2,3,\cdots)$$

中央明纹　　$\theta=0$

中央明条纹的角宽度

$$\theta_0 = 2\frac{\lambda}{a}$$

中央明纹的线宽度

$$\Delta x_0 = 2f\frac{\lambda}{a}$$

次极大明纹的线宽度

$$\Delta x=\frac{f\lambda}{a}$$

3. 圆孔的夫琅禾费衍射

单色光垂直入射时，艾里斑的半角宽度 θ_0、圆孔直径 D 和单色光波长 λ 之间关系满足

$$\theta_0=1.22\frac{\lambda}{D}$$

4. 光学仪器的分辨本领

瑞利判据：对于两个强度相等的不相干点光源或物点，当一个点光源衍射图样的主极大中心恰好与另一个点光源衍射图样的第 1 级极小重合时，认为两个衍射斑刚好能够分辨。根据圆孔的夫琅禾费衍射和瑞利判据，最小分辨角（角分辨率）为

$$\delta\theta=1.22\frac{\lambda}{D}$$

分辨率（分辨本领）为

$$R=\frac{1}{\delta\theta}=\frac{D}{1.22\lambda}$$

5. 光栅衍射

光栅衍射的光强分布是多缝干涉和单缝衍射共同作用的结果。当单色光垂直入射时，其条纹分布为：**在几乎黑暗的背景上呈现了又细又亮的主极大明条纹**，缝数越多，主极大明纹越细越亮。

主极大明纹由多缝干涉决定，满足光栅方程

$$d\sin\theta=\pm k\lambda\ (k=0,1,2,\cdots)$$

衍射暗纹满足

$$Nd\sin\theta=\pm k'\lambda\ (k'=1,2,3,\cdots,N-1;N+1,N+2,\cdots)$$

但是，$k'\neq kN$。

缺级公式：

$$k=\pm\frac{d}{a}k'\ (k'=1,2,3,\cdots)$$

光栅的分辨本领：

$$R=kN$$

6. X 射线衍射的布拉格公式

$$2d\sin\varphi=k\lambda\ (k=1,2,3,\cdots)$$

思　考　题

19.1　根据惠更斯－菲涅尔原理，若已知光在某时刻的波阵面为 S，则 S 的前方某点 P 的光强决定于波阵面 S 上所有面积元发出的子波传播到 P 点的振动的相干叠加，这种说法正确吗？

19.2　当一束截面很大的平行光遇到一个极小的点状障碍物时（如墨点），有人认为障碍物的影响可以忽略，在其后仍然为平行光，这个看法对吗？设想一下在什么场合下小点状障碍物的影响是不可忽视的。

19.3　为什么日常生活中声波的衍射比光波的衍射更加明显？

19.4 在太阳或月亮的周围有时出现彩色晕圈，你能解释这一现象吗？

19.5 在单缝夫琅禾费衍射实验中，共使用了两个透镜，它们的作用分别是什么？

19.6 在单缝夫琅禾费衍射实验中，若减小缝宽，其他条件不变，中央明纹的宽度和光强如何变化？

19.7 在单缝夫琅禾费衍射实验中，若单缝垂直于它后面的透镜的光轴向上或向下稍微移动，观察屏上的衍射图样是否改变？为什么？

19.8 在夫琅禾费单缝衍射实验中，对于给定的入射单色光，当单缝宽度变小时，除中央明纹的中心位置不变外，各级衍射条纹的衍射角是否发生变化？为什么？

19.9 若在单缝夫琅禾费衍射实验中线光源取向并不严格平行于单缝，试分析对衍射图样有什么影响。

19.10 孔径相同的光学望远镜和微波望远镜相比较，哪一种望远镜分辨本领大？为什么？

19.11 如何解释在有雾的夜晚会看到月亮周围有一个光圈，而且这光圈外围常为红色？

19.12 当用白光垂直照射光栅时，在形成的同一级谱线中，偏离中央主极大明纹最近的是哪种颜色的光？最远的又是哪种颜色的光？

习 题

19.1 波长为 λ 的单色平行光垂直入射到一单缝上，若第 1 级暗纹对应的衍射角为 $\theta=\pm\pi/6$，求缝宽 a。

19.2 He－Ne 激光器发出 $\lambda=632.8\text{nm}$（$1\text{nm}=10^{-9}\text{m}$）的平行光束，垂直照射到缝宽为 a 的单缝上，在距离单缝后透镜 50cm 远的屏上观察夫琅禾费衍射图样，测得两个第 2 级暗纹之间的距离为 2cm，求单缝的宽度 a。

19.3 用含有两种波长 λ_1 和 λ_2 的复合光进行单缝夫琅禾费衍射实验，使其垂直入射于单缝上，若波长为 λ_1 的第 1 级衍射极小恰好与波长为 λ_2 的第 2 级衍射极小重合，求 λ_1 和 λ_2 的关系。

19.4 在单缝的夫琅禾费衍射实验中，屏上第 3 级暗纹对应于单缝处波阵面可划分为几个半波带？若将缝宽缩小一半，则原来第 3 级暗纹处将是明纹还是暗纹？并指出其条纹级次。

19.5 某种单色平行光垂直入射在单缝上，单缝宽 $a=0.15\text{mm}$，缝后放一个焦距 $f=400\text{mm}$ 的凸透镜，在透镜的焦平面上，测得中央明条纹两侧的两个第 3 级暗条纹之间的距离为 8.0mm，求入射光的波长。

19.6 用波长 $\lambda=450\text{nm}$ 的单色平行光垂直照射单缝，缝宽 $a=0.15\text{mm}$，缝后用凸透镜把衍射光会聚在焦平面上观测衍射图样，测得中央明纹同侧的第 1 级与第 2 级暗条纹之间的距离为 1.8mm，求此透镜的焦距。

19.7 一束波长为 500nm 的平行光垂直照射在一个单缝上，已知单缝宽度为 0.5mm，缝后薄透镜焦距为 1m，求：（1）中央明纹的角宽度，中央明纹的线宽度；（2）在（1）的条件下，若屏幕上离中央亮纹中心 3.5mm 处的 p 点为某一级次的次极大明纹，求 p 处明纹的级次；对应于该次极大明纹，狭缝处的波阵面可分割成几个半波带？

19.8 在黄海海面上，波长为 25m 的海面波垂直进入宽 60m 的威海港港口，在港口海面上衍射波的中央波束的角宽度是多少。

19.9 用肉眼观察夜空上的某一星体时，星光通过瞳孔的衍射在视网膜上形成一个小亮斑，若瞳孔直径为 5.0mm，入射光波长为 550nm，瞳孔到视网膜的距离为 22mm，求星体在视网膜上亮斑的角宽度及亮斑直径各是多少。

19.10 在通常亮度下，人眼瞳孔直径约为 4mm，对于波长为 550nm 的绿光，求人眼的最小分辨角。

19.11 在迎面驶来的汽车上，两盏前灯相距 90cm，设夜间人眼瞳孔直径为 5.0mm，入射光波为 550nm，在仅考虑人眼瞳孔的衍射效应条件下，求人在离汽车多远的地方，眼睛恰能分辨这两盏灯？

19.12 一双缝光栅，已知双缝后透镜焦距 $f=60\text{cm}$，双缝中心间距 $d=0.25\text{mm}$，缝宽 $a=0.05\text{mm}$，用波长为 $\lambda=500\text{nm}$ 的单色平行光垂直照射双缝，求：（1）在透镜焦平面处的观察屏上，双缝干涉条纹的间距；（2）单缝衍射中央明纹的宽度；（3）在单缝衍射中央包线内的主极大明条纹数目 N 和相应的级次。

19.13　在单缝宽度 $a=0.5\times10^{-2}$cm 的夫琅禾费衍射实验中，垂直入射的光有两种波长，$\lambda_1=490$nm，$\lambda_2=700$nm（$1\text{nm}=10^{-9}$m），透镜焦距 $f=50$cm。（1）求两种光第1级衍射明纹中心之间的距离；（2）若用光栅常数 $d=0.5\times10^{-2}$cm 的光栅替换单缝，其他条件和上一问相同，求两种光第1级主极大明纹之间的距离。

19.14　一束平行光垂直入射到某光栅上，该光束包含 $\lambda_1=450$nm 和 $\lambda_2=750$nm 两种波长的光，实验发现，除中央明纹谱线重合外，它们的谱线再次重合于衍射角 $\theta=30°$的方向上。求该光栅的光栅常数 d。

19.15　某元素的特征光谱中含有波长 $\lambda_1=450$nm 和 $\lambda_2=630$nm 的两种光谱线，在光栅光谱中，两种波长的谱线有重叠现象，求重叠处 λ_1、λ_2 的谱线的级次。

19.16　若波长为625nm的单色光垂直入射到一个每毫米有800条刻线的光栅上，则根据衍射光栅主极大公式 $d\sin\varphi=\pm k\lambda$，$k=0,1,2,\cdots$，在 $k=2$ 的方向上第一条缝与第六条缝对应位置的衍射光的光程差是多少？

19.17　一束具有两种波长 λ_1 和 λ_2 的平行光垂直照射到一衍射光栅上，测得波长 λ_1 的第3级主极大衍射角和 λ_2 的第4级主极大衍射角均为30°，已知 $\lambda_1=540$nm，求光栅常数 d 和波长 λ_2。

19.18　波长为600nm的单色光垂直入射光栅，第2级明纹出现在 $\sin\theta_2=0.2$ 的方向上，第4级缺级，求：（1）光栅常数 d 和光栅上狭缝的最小宽度 a；（2）按上述选定的 a、d 值，理论上能够在观察屏上呈现的条纹总数。

19.19　某单色光垂直入射到每厘米有8000条刻线的光栅上，若第1级谱线的衍射角为30°，则入射光的波长是多少？能不能观察到第2级谱线？

*19.20　在图19-21中，若 φ 角等于45°，若入射的X射线包含有0.080nm到0.125nm这一波带中的各种波长。已知晶格常数 $d=0.270$nm，问是否会有干涉加强的X射线产生？如果有，这种X射线的波长是多少？

习题答案

19.1　$a=2\lambda$

19.2　$a=0.13$mm

19.3　$\lambda_1=2\lambda_2$

19.4　可分为6个半波带，原来的第3级暗纹将为第1级明纹

19.5　500nm

19.6　600mm

19.7　（1）2×10^{-3}rad，2mm；（2）7个半波带

19.8　49°

19.9　2.68×10^{-4}rad，5.90×10^{-3}mm

19.10　1.68×10^{-4}rad

19.11　6.71×10^{3}m

19.12　（1）1.2mm；（2）12mm；（3）$N=9$，级次分别为 $k=0,\pm1,\pm2,\pm3,\pm4$ 级

19.13　（1）0.32cm；（2）0.21cm

19.14　4.5μm

19.15　重叠处 λ_1、λ_2 的谱线的级次分别为 $\pm7k$、$\pm5k$，$k=1,2,3,\cdots$

19.16　10λ

19.17　3.24×10^{-4}cm，405nm

19.18　（1）$d=6\mu$m，$a=1.5\mu$m；（2）$k=0,\pm1,\pm2,\pm3,\pm5,\pm6,\pm7,\pm9$，共15条

19.19　$\lambda=625$nm，不能

19.20　有，波长分别为0.127nm和0.196nm

第20章 光的偏振

光的干涉现象和衍射现象证明光波具有波动性，但这不足以确定光波是纵波还是横波，因为，横波和纵波都会产生干涉和衍射现象。本章将要介绍的光的偏振现象，不但说明了光波的波动性，还进一步说明了光波是横波，偏振现象是横波的重要特征。

本章我们将讨论光的偏振现象、偏振光的产生与检验方法，并简要介绍有关偏振现象的若干应用。

20.1 光的偏振概述

20.1.1 偏振现象与光波的横波性

什么是偏振现象呢？首先以熟悉的机械波为例简单的加以说明。在第17章指出，机械横波传播时，质元的运动方向和扰动的传播方向相互垂直；当纵波传播时，质元的运动方向和扰动的传播方向在一条直线上。如图20-1所示，在机械波传播的路径上，放置一个遮挡屏G，上面开有一个狭缝，并使波的传播方向平行于G的法线方向。当横波的振动方向与狭缝长度方向平行时，横波可以无阻碍的通过狭缝，如图20-1a所示；而当横波的振动方向与狭缝长度方向垂直时，振动受到阻挡而无法继续前行，如图20-1c所示。而纵波在两种情况下都能穿过狭缝继续向前传播，狭缝的长度方向如何放置不会对它产生影响，如图20-1b、d所示。这种横波的振动方向对于传播方向的不对称现象称为**偏振现象**。

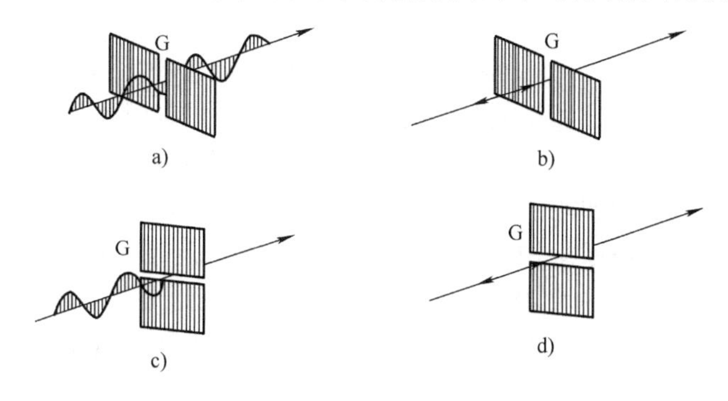

图20-1　机械纵波和横波的区别

在光波的电磁学理论建立之前，杨氏双缝干涉实验成功之后不久，法国物理学家马吕斯在实验上就已经发现了光的偏振现象，直到光的电磁理论建立之后，光的横波性才得到了圆满的说明。麦克斯韦电磁场理论给出，光波是电磁波，并且是横波，是变化的电磁场以一定的速度传播形成的。电磁波传播过程中，电场强度矢量 $\boldsymbol{E}$ 和磁场强度矢量 $\boldsymbol{H}$ 以及光波的传播方向 $\boldsymbol{k}$ 三者互相垂直，构成右手螺旋关系，如图 20-2 所示，而且电场强度矢量 $\boldsymbol{E}$ 和磁场强度矢量 $\boldsymbol{H}$ 同相位，即在任何地点、任何时刻 $\boldsymbol{E}$ 和 $\boldsymbol{H}$ 同步变化。由于能够引起感光和光化学作用的主要是电场强度矢量 $\boldsymbol{E}$，所以通常将电场强度矢量 $\boldsymbol{E}$ 称为**光矢量**。

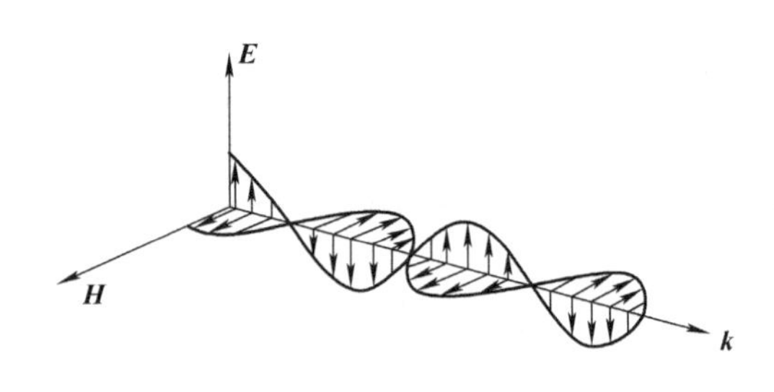

图 20-2　光波的传播

20.1.2　光的偏振状态

在与光波传播方向垂直的平面内，光矢量可能有不同的振动状态，我们称之为光的**偏振态**。常见的光的偏振态一般分为五种：**线偏振光**、**自然光**、**部分偏振光**、**圆偏振光**和**椭圆偏振光**。本小节重点介绍前三种偏振态。

1. 线偏振光

在垂直于光波传播方向的平面内，光矢量 $\boldsymbol{E}$ 只沿着一个固定的方向振动，这种光称为**线偏振光**。线偏振光的振动方向和传播方向组成的平面称为**振动面**，如图 20-3a 所示，在线偏振光传播过程中，光矢量 $\boldsymbol{E}$ 永远在振动面内振动。图 20-3b 为面对光的传播方向（迎着光线）观察显示的效果图示。通常用图 20-3c或图 20-3d 表示线偏振光，其中短线表示光矢量在纸面内，振动面为纸面，点表示光矢量垂直于纸面，振动面为垂直于纸面的平面。

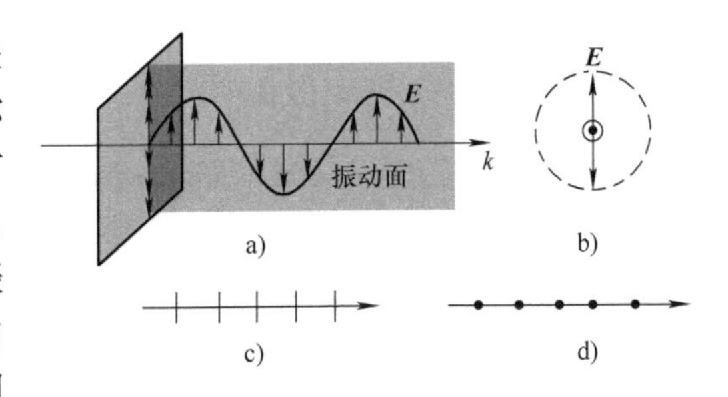

图 20-3　线偏振光及其表示

2. 自然光

太阳、电灯等普通光源发出的光都是自然光。在第 18 章曾经指出，普通光源的发光源于原子的跃迁，每个原子的发光持续时间约为 10^{-8}s，且每次跃迁发出的是具有一定长度的光波列，对于每个波列，其振动方向是确定的，每个波列都是一列线偏振光，且同一个原子前后跃迁发出的波列是彼此独立的。所以，它们的振动方向也就没有固定的相位关系。同时，光源由大量的分子或原子构成，这些分子或原子在跃迁时同一时刻发出的波列其振动也可以取任意方向，因此，无论是同一原子的前后跃迁还是不同原子的同一时刻跃迁，其发出的波列都是由一列列振动方向不一定相同、振幅大小不一定相等、初相位也可能各异的许多线偏振光波列组成。那么，当我们在远大于一个原子发光的持续时间内观察时，从振动方向角度来看，所有光矢量不可能在相同的振动面内振动，而是应该以极快的不规则的次序取所有可能的方向；从统计平均的角度来看，它包含了各种可能振动方向的线偏振光，每种线偏振光的振幅相等，且彼此之间没有固定的相位关系，即一切可能的方向上都存在光振动，并且没有哪一个方向会占优势，如图 20-4a 所示。因此，自然光也称为**非偏振光**。图 20-4b 为这段时间内面对光的传播方向（迎着光线）观察的效果图示，当将其向两个相互正交的方向分解时得到图 20-4c 的图示。通常用两个彼此独立的、相互垂直且振幅相等的线偏振光来表示自然光，但这两个线偏振光无固定的位相关系，不能合成为一列线偏振光。图 20-4d 和图 20-4e 分别为自然光的常用表示图示。一般来说，只要平行纸面的光振动和垂直纸面的光振动强弱均等，都可以用来表示自然光。

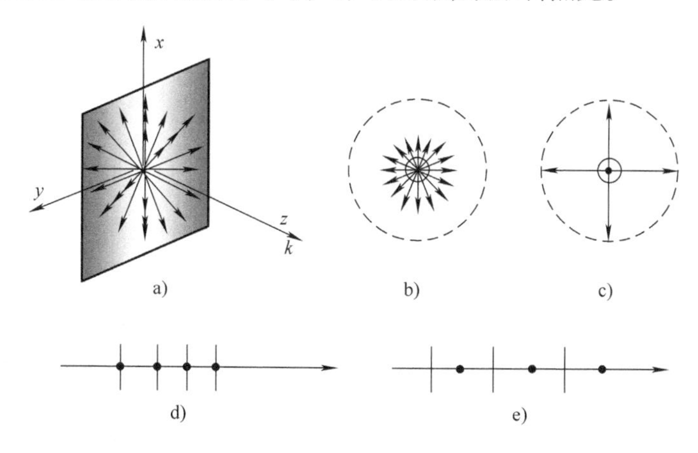

图 20-4　自然光及其表示

3. 部分偏振光

部分偏振光是介于线偏振光和自然光之间的情形，它的光振动虽然各个方向都存在，但在不同方向上振幅大小不等，在某个方向上振幅最大，而在与它正交的方向上振幅最小，这种光称为**部分偏振光**。平均来讲，面对光的传播方向（迎着光线）观察的效果如图 20-5a 所示，向两个相互正交的方向分解时得到图 20-5b 所示的效果图。通常用两个相互独立的、彼此正交且振幅不等的线偏振光表示部分偏振光，图 20-5c 表示平行纸面的光振动占优势的部分偏振光，图 20-5d 表示垂直纸面的光振动占优势的部分偏振光。

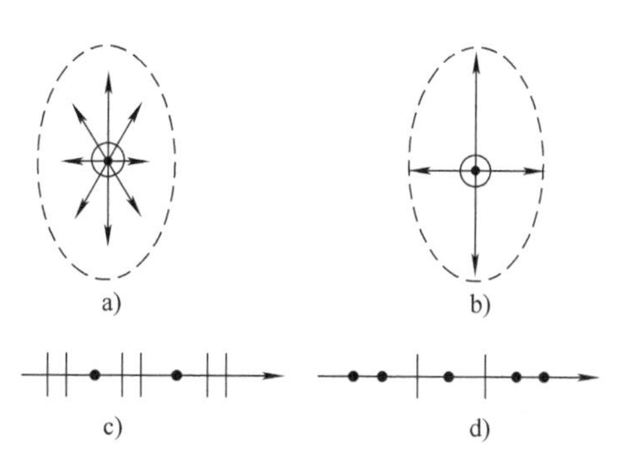

图 20-5　部分偏振光及其表示

4. 圆偏振光和椭圆偏振光

圆偏振光或椭圆偏振光是指光矢量 $\boldsymbol{E}$ 在沿着光的传播方向前进的同时，还绕着传播方向以一定角速度 ω 均匀的转动。平均来讲，如果光矢量 $\boldsymbol{E}$ 的大小不变，面对光的传播方向㊀（迎着光线）观察，若其端点在垂直于光波传播方向的平面内描绘出一个圆，称为**圆偏振光**，若光矢量 $\boldsymbol{E}$ 按顺时针方向旋转，则称为**右旋圆偏振光**，如图 20-6a 所示；若光矢量 $\boldsymbol{E}$ 按逆时针方向旋转，则称为**左**

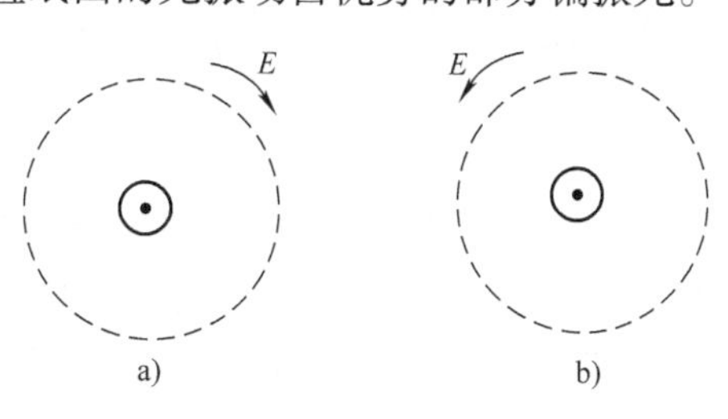

图 20-6　圆偏振光
a）右旋圆偏振光　b）左旋圆偏振光

㊀ 此处按光学的一般习惯规定：迎着光线观察，光矢量沿顺时针方向转动的称为右旋光，沿逆时针方向转动的称为左旋光。在其他学科也有相反规定的，如电磁学、量子物理等学科中，就规定光矢量的绕转方向和光的传播方向符合右手螺旋关系定则的称为**右旋光**，反之称**左旋光**。

旋圆偏振光，如图 20-6b 所示。**椭圆偏振光**即是指光矢量 $\boldsymbol{E}$ 在沿着光的传播方向前进的同时，除了绕着传播方向以一定角速度 ω 均匀的转动外，其大小还不断变化，平均来讲，面对光的传播方向（迎着光线）观察，若其端点在垂直光波传播方向的平面内描绘出一个椭圆，称为**椭圆偏振光**。根据光矢量旋转的方式不同，椭圆偏振光也分为**右旋椭圆偏振光**和**左旋椭圆偏振光**。可见，圆偏振光是椭圆偏振光的一种特殊情况。

20.2 起偏和检偏　马吕斯定律

20.2.1 起偏和检偏

除了激光器等特殊光源外，太阳光、荧光灯等普通光源发出的光都是自然光，从自然光获得偏振光的方法有很多种，本书主要介绍利用偏振片产生偏振光的方法。

1804 年，沃拉斯顿（W. H. Wollaston）首先发现，某些晶体对相互垂直的光振动有选择吸收的本领，这种特性称为晶体的**二向色性**。天然矿物晶体电气石就是二向色性很强的晶体，但它有对不同波长的光选择吸收的缺点，透过的光带有黄绿色。晶体碘化硫酸奎宁也具有二向色性，利用这种特性，人们制作了在实际应用中比较实用且最早的人造**偏振片**：具有一定**通光方向**或**偏振化方向**的光学元件。

由于天然的具有二向色性的晶体太小，没有太大的实用价值，目前使用更多的是人造偏振片。最早的人造偏振片是在 1928 年由 19 岁的美国大学生兰德（E. H. Land）发明的，这种偏振片是通过电磁作用或机械作用把碘化硫酸奎宁小晶体整齐地排列在透明的塑料薄膜上制成，称为 **J 偏振片**。目前还有一种广泛应用的偏振片称为 **H 偏振片**，也是兰德在 1938 年发明的，这种偏振片本身不包含具有二向色性的晶体。首先，把聚乙烯醇薄膜加热，并沿一个方向拉伸，使碳氢化合物分子沿着拉伸方向排列成长链，然后将其浸入富含碘的溶液中，碘原子附着在长分子链上形成一条条“碘链”，碘原子中的传导电子可以沿着碘链自由运动，整个薄膜就成为偏振片，由于沿着“碘链”方向的光振动被偏振片吸收了而不能通过偏振片，而垂直“碘链”方向的光振动则可以顺利通过偏振片，这就是偏振片的偏振化方向。

人造偏振片由于其制造工艺简单、价格便宜、可大面积制成等优点已经得到了广泛的应用。

利用偏振片是获得偏振光的方法之一，获得偏振光的过程称为**起偏**，过程中使用的器件或装置称为**起偏器**。检验一束光是否为偏振光的过程称为**检偏**，过程中使用的器件或装置称为**检偏器**。偏振片既可以作为起偏器使用也可以作为检偏器使用。如图 20-7 所示，两个平行放置的偏振片 P_1 和 P_2，图中的虚线表示它们的偏振化方向。当自然光垂直入射至 P_1 时，由于自然光可以分解为平行和垂直于偏振化方向的线偏振光，而只有平行于偏振化方向的光矢量才能通过 P_1，且透射光强等于入射到 P_1 的光强的一半。同时，以光的传播方向为轴慢慢旋转 P_1 时，透射过 P_1 的光强不会发生变化，始终等于入射的自然光强度的一半。这时，P_1 称

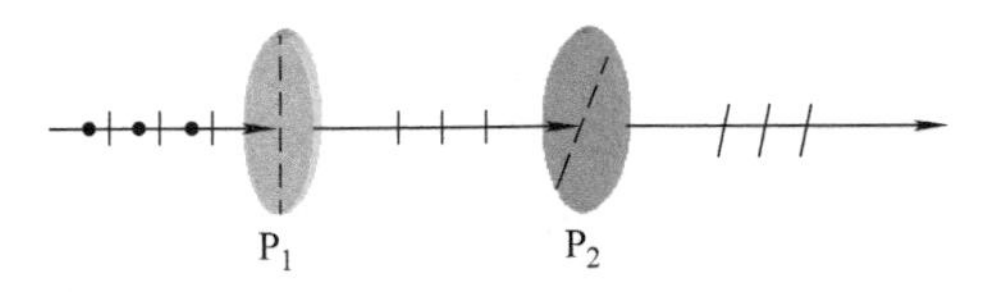

图 20-7　起偏和检偏

为**起偏器**。再使透过 P_1 的偏振光入射到偏振片 P_2 上，这时若以光的传播方向为轴慢慢旋转 P_2，由于只有平行于 P_2 偏振化方向的光振动才允许通过，所以当 P_2 的偏振化方向和入射光的光矢量振动方向平行时，透射光强最强；当 P_2 的偏振化方向与入射光的光矢量振动方向垂直时，透射光强度为零，这种现象称为**消光**。这时 P_2 起到了检验光的偏振状态的作用，称为**检偏器**。如果以入射光的传播方向为轴，连续转动检偏器 P_2，光强会呈现强弱交替的变化，若将其旋转一周，则透射光会出现两次光强最强，两次消光。

20.2.2 马吕斯定律

在图20-7中，当偏振片 P_2 旋转的过程中，观察到透射光的光强有明暗变化，那么透射过 P_2 的线偏振光的光强如何计算呢？这就是马吕斯定律要阐述的内容。

如图20-8所示，$P_1P'_1$、$P_2P'_2$ 分别表示偏振片 P_1、P_2 的偏振化方向，其夹角为 α，自然光经 P_1 后为线偏振光，设其光强为 I_0，光矢量为 $\boldsymbol{E}_0$，将其分解成与 P_2 的偏振化方向平行与垂直的二个正交分量，分别为

$$E_{//}=E_0\cos\alpha,\ E_{\perp}=E_0\sin\alpha$$

因为偏振片 P_2 只允许平行于其偏振化方向的分量通过，所以，只有 $\boldsymbol{E}_{//}$ 能透过偏振片 P_2。于是，在不考虑介质吸收的情况下，透过偏振片 P_2 的光强

$$I=I_0\cos^2\alpha \tag{20-1}$$

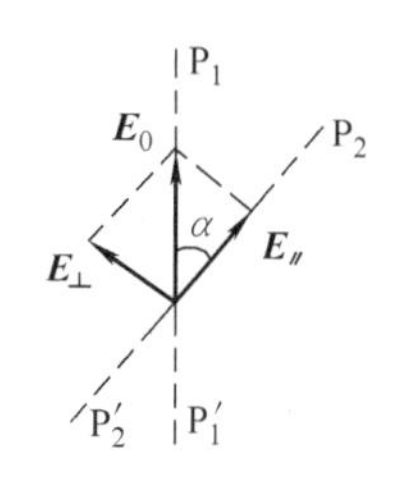

图20-8 马吕斯定律

上式称为**马吕斯定律**。式中，I_0 表示垂直入射到偏振片 P_2 的光强；I 表示透射过偏振片 P_2 的光强。该定律是法国物理学家马吕斯在1808年发现的，它指出了线偏振光通过偏振片后强度的变化规律。当 $\alpha=0$ 或者 $\alpha=\pi$ 时，透过偏振片的光强 $I=I_0$，光强最大；当 $\alpha=\pi/2$ 或者 $\alpha=3\pi/2$ 时，$I=0$，光强为零，出现消光现象。若 α 为其他值，则光强介于 I_0 和0之间。

例20.1 两块偏振片 P_1、P_2 平行放置，其偏振化方向相互垂直，当光强为 I_0 的自然光垂直入射于偏振片 P_1 时，求：

（1）透过 P_2 的光强；

（2）若在偏振片 P_1、P_2 之间平行插入另一块偏振片 P_3，则以入射光线为轴转动 P_3 时，透过 P_2 的光强 I 与转角 α 之间的关系。

解：（1）根据马吕斯定律，当两块偏振片 P_1、P_2 偏振化方向相互垂直时，透过 P_2 的光强 $I=0$。

（2）根据题意，可以画出如图20-9a所示的示意图，图20-9b为面对光的传播方向（迎着光的传播方向）观察的效果图。

其中 $P_1P'_1$、$P_3P'_3$ 和 $P_2P'_2$ 分别为偏振片 P_1、P_3 和 P_2 的偏振化方向，α 角为两偏振片 P_1 和 P_3 偏振化方向的夹角，则 P_3 和 P_2 偏振化方向的夹角为 $\pi/2-\alpha$。由于各个偏振片只允许和自身的偏振化方向相同的光矢量通过，所以，利用马吕斯定律，透过各个偏振片光强的关系为

$$I_1=\frac{1}{2}I_0,\ I_2=I_1\cos^2\alpha,\ I=I_2\cos^2\left(\frac{\pi}{2}-\alpha\right)$$

则透过 P_2 的光强

$$I=I_2\cos^2\left(\frac{\pi}{2}-\alpha\right)=I_2\sin^2\alpha=\frac{I_0}{2}\cos^2\alpha\sin^2\alpha=\frac{I_0}{8}\sin^2 2\alpha$$

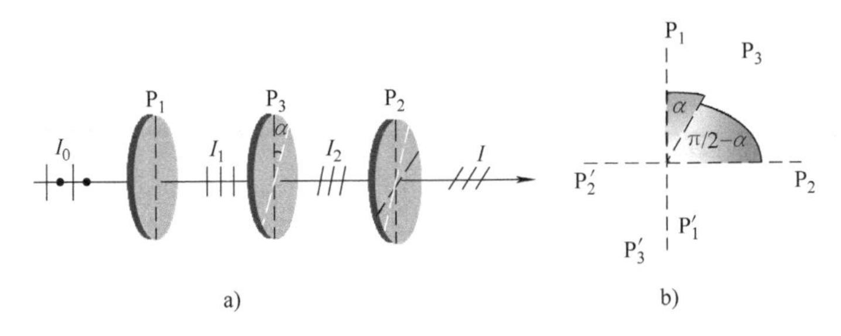

图 20-9　例题 20.1 用图

20.3 反射和折射时光的偏振　布儒斯特定律

自然光在两种各向同性介质的分界面上反射和折射时也会发生偏振现象，实验表明反射光和折射光都是部分偏振光。而且，在一定的条件下，反射光为线偏振光，这就是**反射起偏**现象，最早是由马吕斯在 1808 年发现的，1812 年，英国物理学家布儒斯特（D. Brewster）在实验上证实了该现象。

1. 光在各向同性介质分界面上的偏振现象

自然光在两种各向同性介质分界面上反射和折射时，不仅传播方向要改变，而且偏振状态也会发生变化。在图 20-10中，n_1 和 n_2 分别为入射光和折射光所在介质的折射率，角度 i、γ 分别为入射角和折射角。自然光可任意分解为两个振幅相等的正交分振动，短线表示平行于入射面的光振动，点子表示垂直于入射面的光振动。对于自然光，短线和点子均匀分布，实验表明，反射光中垂直于入射面的光振动强一些，折射光中平行于入射面的光振动强一些，如图 20-10 所示。

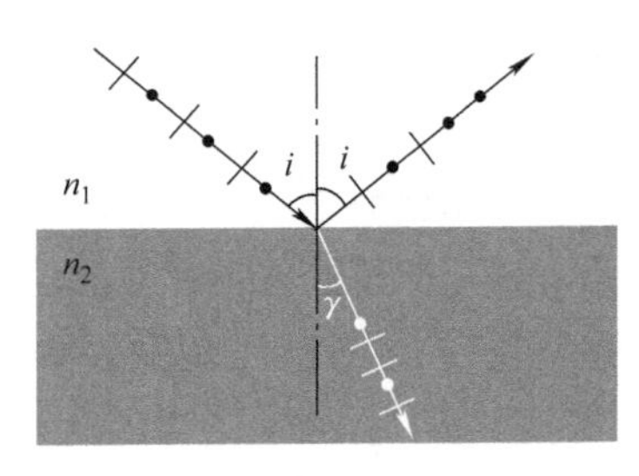

图 20-10　自然光经反射和折射后产生部分偏振光

反射光的部分偏振化现象在现实生活中随处可见，通过偏振片观察玻璃表面、水面或者是涂了油漆的桌面上的反射光都可以证实这一点。天文学领域，科学家根据从行星来的反射光的偏振性质推断出金星表面覆盖着冰晶或水滴，并确定了土星的光环为冰晶组成。

2. 布儒斯特定律

实验表明，反射光和折射光的强度以及偏振化的程度都与入射角的大小有关。当入射角 i 等于某一特定值时，反射光全部是光振动垂直于入射面的线偏振光，如图 20-11 所示。这个特定的入射角称为**起偏振角**或**布儒斯特角**，用 i_b 表示，并且当光以布儒斯特角入射到两种介质的分界面时，反射光线和折射光线相互垂直，即

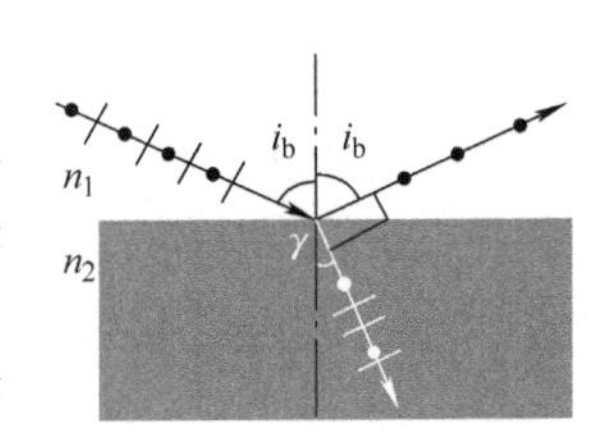

图 20-11　布儒斯特定律

$$i_b + \gamma = 90° \tag{20-2}$$

把上式代入折射定律

$$\frac{\sin i_b}{\sin\gamma}=\frac{n_2}{n_1}$$

可得

$$\tan i_b=\frac{n_2}{n_1} \tag{20-3}$$

可见，布儒斯特角 i_b 的大小取决于两种介质的相对折射率，式（20-3）称为**布儒斯特定律**。

当自然光以布儒斯特角入射时，由于反射光中只有垂直入射面的光振动，而折射光中除了有平行入射面的光振动，还有部分垂直入射面的光振动，所以，虽然反射光是线偏振光，折射光为部分偏振光，但是反射光与折射光相比较，反射光强度要弱一些，而折射光强度要强一些。例如：自然光从空气入射到玻璃片上，空气折射率 $n_1=1$，对于一般玻璃 $n_2=1.50$，要使反射光成为线偏振光，根据式（20-3），布儒斯特角 $i_b=56.3°$。

在两种介质分界面上，利用布儒斯特定律是获得线偏振光的一种简便方法，但是对于一般的光学玻璃，反射光的强度约只占入射光强度的 7.5%，大部分光的能量透过玻璃，反射的线偏振光强度太弱，所以，为了增加反射光的强度，增大折射光的偏振化程度，可采用玻璃片堆作为产生偏振光的起偏装置。如图 20-12 所示，自然光以布儒斯特角入射到玻璃片堆时，光在各层玻璃上反射和折射，这样就可以使反射光的光强得到加强，同时，折射光中垂直入射面的光振动也因多次被反射而减弱。当玻璃片足够多时，透射过玻璃片堆的折射光就接近线偏振光了，而且折射光的振动面和反射光的振动面相互垂直。值得注意的是，这种方法要求所使用的玻璃片表面平整，光洁度好，以尽量减少杂散光的影响。

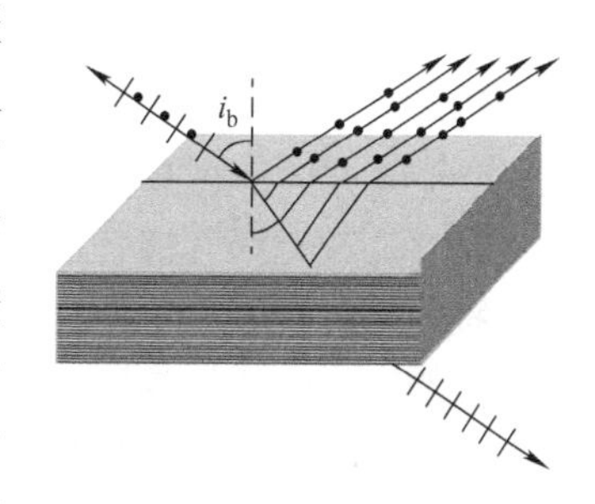

图 20-12　玻璃片堆

利用玻璃片堆起偏玻璃层较多，光能吸收较大，因此，实用价值并不是太大，实际应用中往往用其他方法代替，反射起偏原理在近代激光器制作中已经得到了应用。

20.4 双折射现象

20.4.1　双折射现象概述

当一束自然光从空气射入各向同性的介质（如玻璃）时，折射光只有一束，遵守折射定律。但当自然光在方解石（又称冰洲石，化学成分是 $CaCO_3$）晶体中传播时，折射光在一定情况下会分成两束，如图 20-13 所示，把方解石晶体放置在写有文字的纸面上看到的一个字的双像现象，说明光进入方解石后分成了两束，这种一束光射

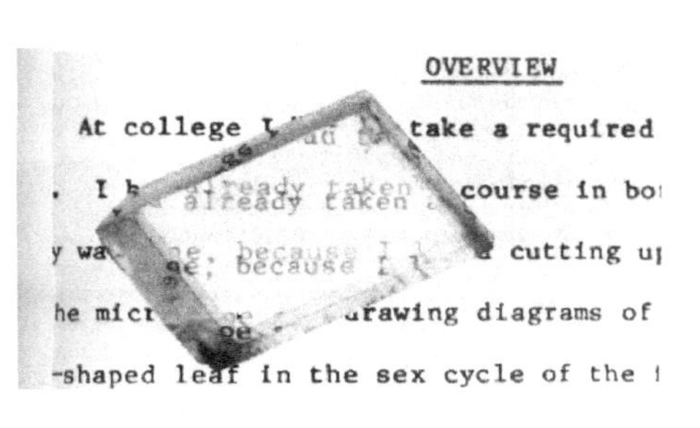

图 20-13　透过方解石看到的双像

入各向异性晶体时，折射光分成两束的现象称为**双折射现象**。

1. 寻常光与非常光

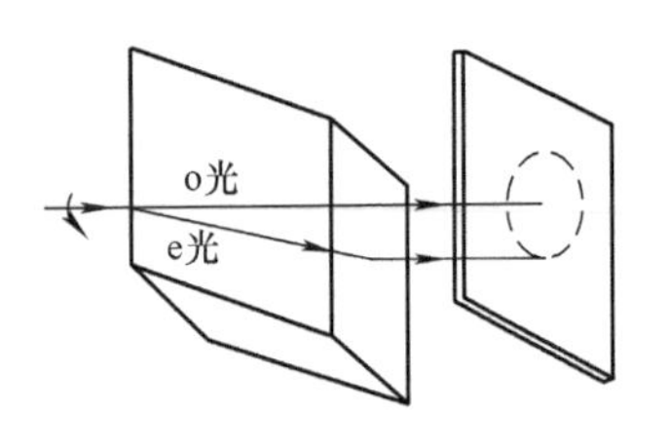

图 20-14　各向异性晶体中的 o 光和 e 光

使自然光以不同角度入射到各向异性晶体，可以发现一束折射光始终在入射面内，且遵守折射定律，入射角 i 的正弦和折射角 γ_o 的正弦之比等于常数，即 $\sin i/\sin\gamma_o = n$，称为**寻常光**，简称 o **光**；一般情况下，另外一束折射光不遵守折射定律，该折射光通常也不在入射面内，称为**非常光**，简称 e **光**，如图 20-14 所示，其中随晶体转动的光为 e 光。

用偏振片等检偏器检验的结果表明，o 光和 e 光都是线偏振光。进一步的研究表明，晶体内 o 光和 e 光的传播速度、振动方向、传播方向等都有一定的规律，并与各向异性晶体的性质存在着密切的关系。

需要指出的是，对 o 光和 e 光的这种称呼，只是相对晶体而言的，当光射出晶体以后，它们只是线偏振光，这时就无所谓是 o 光还是 e 光了。

2. 光轴和主平面

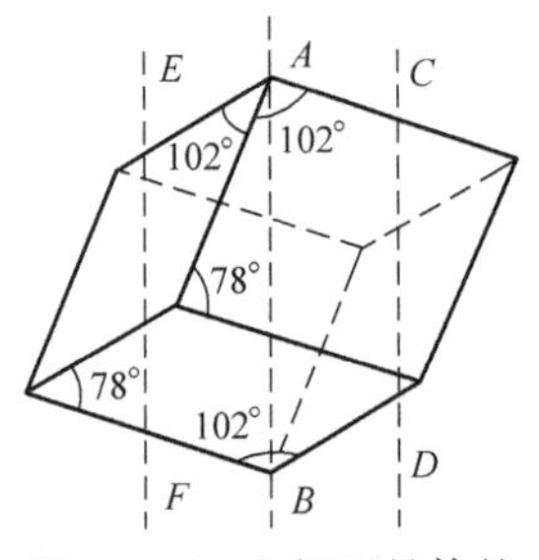

图 20-15　方解石晶体的光轴

在各向异性晶体中，存在着一个特殊方向，当光沿着这个方向传播时不会产生双折射现象，这个方向称为**晶体的光轴**。需要注意，晶体的光轴与几何光学系统的光轴不同，它是双折射晶体中的一个特殊方向，在晶体中任何平行于这个方向的直线都是晶体的光轴方向。天然方解石晶体（见图 20-15）是六面棱体，两棱之间的夹角约为 78°或 102°。从其三个钝角相会合的顶点 A 引出一条直线，并使其与各邻边成等角，这一直线方向即为方解石的光轴方向，如图 20-15 中的 AB 方向，凡平行于该方向的直线（如 CD、EF）都是光轴方向。当光沿着光轴方向传播时，寻常光和非常光的折射率相等，光的传播速度也相等，因而不产生双折射。

有些晶体（如方解石、石英、红宝石等）只有一个光轴方向，称为**单轴晶体**；有些晶体（如云母、硫黄、蓝宝石等）有两个光轴方向，称为**双轴晶体**。由于光在双轴晶体内的传播规律较为复杂，所以，本书只介绍光在单轴晶体中的双折射现象。

为了研究 o 光和 e 光的性质，引入**主平面**的概念。晶体中任一已知光线与晶体光轴构成的平面，称为该光线的**主平面**。o 光和 e 光都有各自的主平面，o 光的光振动垂直于 o 光的主平面；e 光的光振动平行于 e 光的主平面。一般情况下，对于一定的入射光，o 光和 e 光的主平面并不重合，因此，o 光和 e 光的光振动也不相互垂直。当光轴位于入射面内时，o 光和 e 光的主平面才重合，即在 o 光、e 光的主平面与入射面三面合一的特殊情况下，o 光和 e 光的光振动相互垂直。

3. 主折射率

在各向异性晶体内部，o 光沿各个方向传播的速度大小都相等，用 v_o 表示，其值为一常量，因此，在晶体中，o 光波前上任意一点发出的子波波面为球面，称为 o **波面**；而 e 光的传播速度大小除了在光轴方向与 o 光相等外，在其他方向各不相同，在晶体中 e 光波前上任意一点发出的子波波面为以光轴为轴的旋转椭球面，称为 e **波面**。如图 20-16 所示，在光轴方向上 o 光和 e 光的传播速率相等，两波面相切；在垂直光轴的方向上，o 光和 e 光的速率相差最大。用 v_e 表示 e 光在晶体中沿垂直光轴方向的传播速率。则定义在垂直光轴的方向上的折射率为**主折射率**，它是描述晶体特性的一个重要参量。o 光的主折射率为 $n_o = c/v_o$，且 n_o 与方向无关，它是仅由晶体材料决定的常数。e 光的主折射率为 $n_e = c/v_e$，它沿其他方向的折射率介于 n_o 和 n_e 之间。表 20-1 列出了几种晶体的主折射率。

根据 o 光和 e 光在垂直光轴方向上的传播速度不同，可以将晶体分为正晶体和负晶体。若 $v_o > v_e$，亦即 $n_o < n_e$，称为**正晶体**，如石英等，图 20-16a 和图 20-16c 分别表示正晶体平行光轴的截面图和垂直光轴的截面图；若 $v_o < v_e$，亦即 $n_o > n_e$，称为**负晶体**，如方解石等，图 20-16b 和图 20-16d 分别表示负晶体平行光轴的截面图和垂直光轴的截面图。

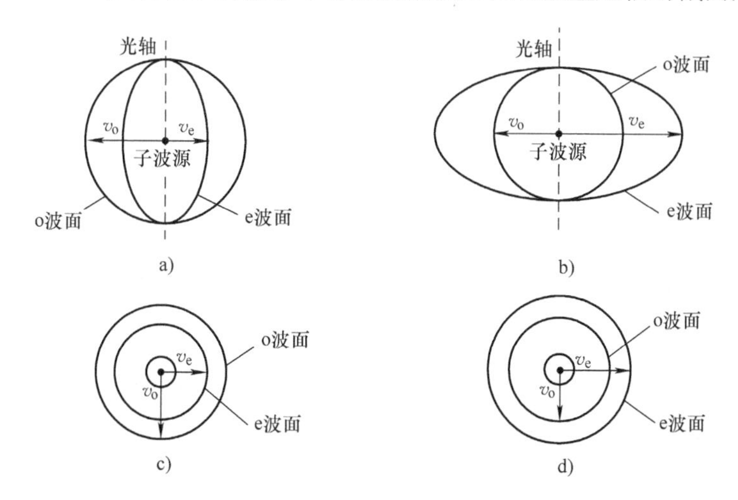

图 20-16 晶体中的子波波面

a）正晶体平行光轴截面 b）负晶体平行光轴截面 c）正晶体垂直光轴截面 d）负晶体垂直光轴截面

表 20-1 几种双折射晶体的 n_o 和 n_e（对应波长 589.3nm 的钠光）

晶体	n_o	n_e	晶体	n_o	n_e
方解石	1.6584	1.4864	冰	1.309	1.313
电气石	1.669	1.638	石英	1.5443	1.5534
白云石	1.6811	1.500	金红石	2.616	2.903

4. 惠更斯原理对双折射现象的解释

1690 年，惠更斯在《论光》一书中对单轴晶体内双折射现象首先进行了解释。为了解释光在各向异性介质中的双折射现象，惠更斯提出了一个假设。他认为，点光源发出的光在单轴晶体内产生两种不同的波面，寻常光的波面为一球面，而非常光的波面为以光轴为轴的旋转椭球面。在此基础上，他用作图法求得两束光在晶体中的传播方向，而这个假设和光的电磁理论完全一致。

以单轴负晶体方解石为例，根据惠更斯原理作图法确定 o 光和 e 光的传播方向，从而解释双折射现象。

图 20-17a 所示为光轴在入射面内并平行于晶体表面，自然光垂直入射的情况。入射波

的波阵面上各点同时到达晶体表面，波阵面 AB 上的每一点同时向晶体内发出球面子波和椭球面子波，图中画出了波阵面上的 A、B 两点的子波传播，两子波在光轴方向上相切，任意时刻子波波面的包络面为平面，如图所示，从入射点向切点 O、O'、E、E'的连线方向就是 o 光和 e 光的传播方向。这种情况下，o、e 两光都沿着原方向传播，但二者的传播速度不同，所以，任意时刻 o 波面和 e 波面并不重合，同一时刻，两者间有一定的相差。因为双折射的实质是 o 光、e 光的传播速度不同，折射率不同，所以这种情况下，尽管 o 光、e 光传播方向一致，但是传播速度不同，还是有双折射现象的。

图 20-17b 所示为光轴在入射面内且平行于晶体表面，自然光斜入射的情况。这种情况下，入射波的波阵面 AC 上的各点不能同时到达晶体表面。当波阵面上 C 点的子波到达晶体表面 B 点时，AC 波阵面上除了 C 点以外的其他各点发出的子波都在晶体中各自传播了一段距离，其中 A 点的子波波面如图所示，这时所有子波的包络面都是与晶体表面斜交的平面。从入射点 B 分别向 A 点发出子波的 o 波面、e 波面引切线，再由 A 点向相应切点 O、E 引直线，即得 o 光、e 光的传播方向。

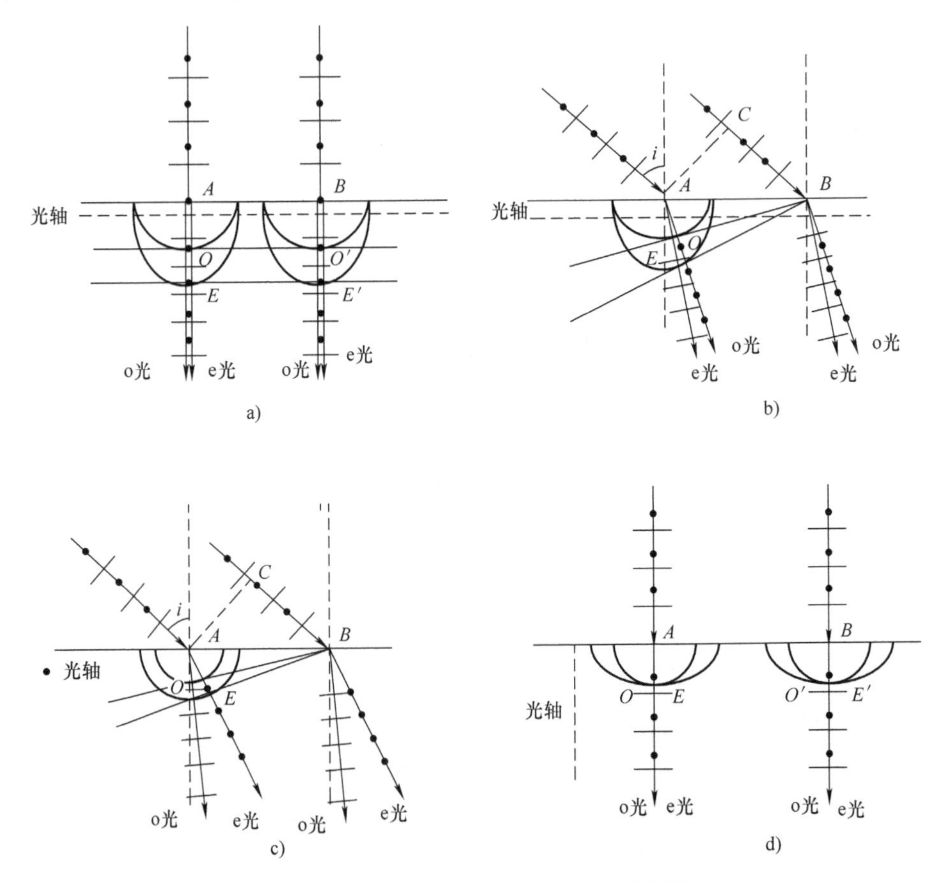

图 20-17　单轴负晶体中 o 光和 e 光的传播方向

图 20-17c 为光轴垂直于入射面并平行于晶体表面，自然光斜入射的情况。平行光斜入射的分析和图 20-17b 图的分析类似。所不同的是，图 20-17c 为垂直光轴的截面图，因为旋转椭球面的转轴就是光轴，旋转椭球面与入射面的交线也是圆。对于负晶体，这个圆的

半径为椭圆的半长轴并大于 o 波的子波半径。任意时刻 o 波、e 波波面的包络面都是与晶面斜交的平面，从入射点 A 分别向相应切点 O、E 引直线，即得 o 光、e 光的传播方向。在这种情况下，由于 o 光、e 光都在垂直于光轴的方向上传播，若入射角为 i，o 光、e 光的折射角分别为 γ_o、γ_e，则利用折射定律有

$$\frac{\sin i}{\sin\gamma_o}=n_o,\quad \frac{\sin i}{\sin\gamma_e}=n_e$$

式中，n_o、n_e 分别为 o 光、e 光在晶体中的主折射率。这一特殊情况下，e 光在晶体中的传播方向可以用折射定律求得。

图 20-17d 为光轴在入射面内并垂直于晶体表面，自然光垂直入射的情况。当平行光垂直入射时，o 光、e 光在晶体内都沿着光轴方向传播且传播速度相等，此时两束光不分开，所以，这种情况下没有双折射现象。

***5. 半波片和 1/4 波片**

在图 21-17a 的情形下，从晶体中出射的 o 光和 e 光虽然不分开，但是它们之间有一定的相位差，利用这一特性可制成能使 o 光和 e 光产生各种相位差的晶体薄片，称为**波片**（**位相延迟片**）。在实际应用中，较常用的是 1/4 波片和半波片。

设晶片厚度为 d，o 光和 e 光的主折射率分别为 n_o 和 n_e，两束光从晶片出射后的相位差为 $\Delta\varphi=\frac{2\pi}{\lambda}(n_o-n_e)d$，所以，当入射光波长 λ 一定时，不同的厚度 d 对应不同的相位差。

（1）1/4 波片

若晶片的厚度 d 使 o 光和 e 光产生 $\pm(2k+1)\frac{\pi}{2}$ 的相位差，即

$$\Delta\varphi=\frac{2\pi}{\lambda}(n_o-n_e)d=\pm(2k+1)\frac{\pi}{2}\ (k=0,1,2,\cdots) \tag{20-4}$$

则

$$d=\pm(2k+1)\frac{\lambda}{4(n_o-n_e)}\ (k=0,1,2,\cdots)$$

满足上述厚度的晶片称为 **1/4 波片**。很明显，1/4 波片是对特定波长而言的，对其他波长不适用。

如图 20-18a 所示，石英晶体制成的 1/4 波片 C 与 P 平行放置，其厚度为 d，主折射率为 n_o 和 n_e，光轴（竖直方向平行的虚线）平行于晶体表面，并与 P 的偏振化方向成夹角 α。产生椭圆偏振光的原理可以用图 20-18b 说明。单色光经过偏振片 P 后的光为线偏振光，其振幅为 A，其光振动方向与 1/4 波片夹角为 α。经过 P 的线偏振光射入 1/4 波片后产生双折射，o 光的光振动垂直于光轴，振幅为 $A_o=A\sin\alpha$，e 光的光振动平行于光轴，振幅为 $A_e=A\cos\alpha$。这种情况下，o 光、e 光在晶体中沿着同一方向传播，但速度不同，利用不同的折射率计算光程，可以得到两光经过波片后的相差满足式（20-5）。利用振动方向相互垂直、频率相同的两个简谐运动能够合成椭圆或者圆偏振光的原理，这样的两束光相互叠加就形成椭圆偏振光。如果使 $\alpha=\pi/4$，则 $A_o=A_e$，通过波片后的光将为圆偏振光。

（2）半波片

若晶片的厚度 d 使 o 光和 e 光产生 $\pm(2k+1)\pi$ 的相位差，即

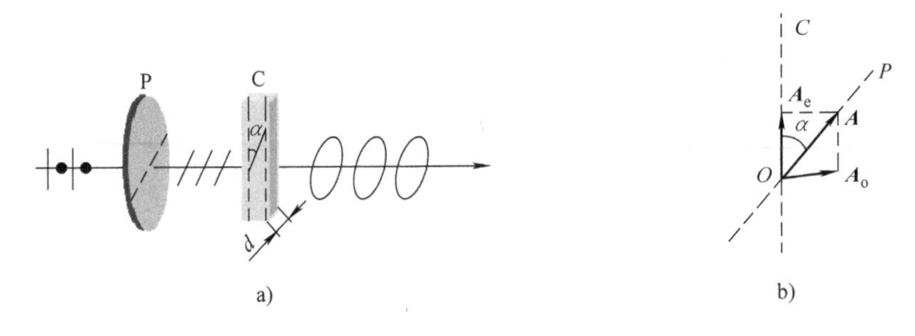

图 20-18　椭圆偏振光的产生

$$\Delta\varphi=\frac{2\pi}{\lambda}(n_o-n_e)d=\pm(2k+1)\pi\ (k=0,1,2,\cdots) \tag{20-5}$$

则

$$d=\pm(2k+1)\frac{\lambda}{2(n_o-n_e)}\ (k=0,1,2,\cdots)$$

这种波片称为**半波片**或**1/2 波片**。

线偏振光垂直通过半波片后仍为线偏振光，但其振动面旋转了 2θ 角，θ 为入射到半波片上线偏振光的振动方向和波片光轴方向的夹角。例如 $\theta=\pi/6$ 时，利用半波片的这一特性可使线偏振光的振动面旋转 $\theta=\pi/3$。

6. 偏振棱镜

利用光的双折射现象可以从自然光中获得高质量的线偏振光，常用的器件是双折射棱镜。现在已经有很多种双折射棱镜。下面简要介绍两种典型的双折射棱镜——**沃拉斯顿棱镜**和**格兰·汤姆孙棱镜**。

（1）沃拉斯顿棱镜

利用沃拉斯顿棱镜能把自然光分成两束彼此分开且振动互相垂直的线偏振光。它由两块方解石晶体黏合组成。BD 为两块晶体的分界面，如图 20-19 所示，两块晶体的光轴相互垂直。当自然光垂直入射到 AB 表面时，e 光和 o 光无偏折地沿同一方向行进，但传播速度不同，当它们先后进入第二块方解石晶体以后，由于第二块棱镜的光轴垂直于第一块棱镜的光轴，所以，在第一块棱镜中的 o 光相对第二块棱镜来说就变为 e 光，而在在第一块棱镜中的 e 光相对第二块棱镜来说就变为 o 光。因此，在第一块棱镜中的 o 光在分界面 BD 上以相对折射率 n_e/n_o 折射，而在第一块棱镜中的 e 光以相对折射率 n_o/n_e 折射。而方解石是负晶体，满足 $n_o>n_e$，所以，在第二块棱镜中的 e 光将远离 BD 面的法线方向传播，o 光则靠近 BD 面的法线方向传播，以致两束光在第二块棱镜中分开。这样，经 CD 面再次折射后，由第二块棱镜出射的是两束按一定角度分开的线偏振光，它们的振动方向彼此正交。

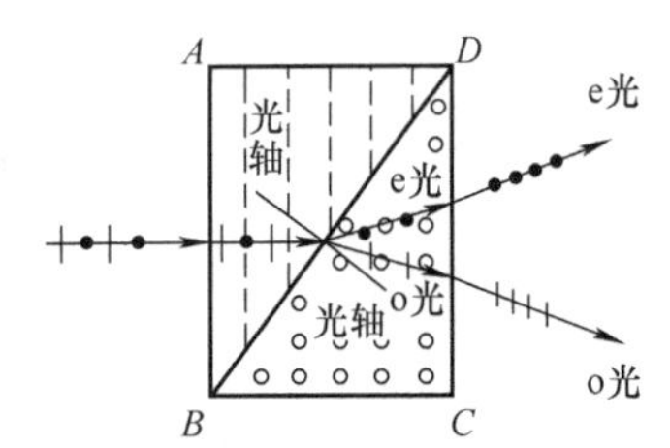

图 20-19　沃拉斯顿棱镜

（2）格兰·汤姆孙棱镜

这种棱镜是由两块直角棱镜黏合而成，如图 20-20 所示，其中一块是由玻璃制成，其折射率为 1.655，另一块是由方解石晶体制作而成，其主折射率为 $n_o=1.6584$，$n_e=$

1.4864，光轴方向如图中虚线所示，胶合剂的折射率为 1.655，这种棱镜称为**格兰·汤姆孙棱镜**。

当自然光从左方射入棱镜并到达胶合剂和方解石的分界面时，其中的垂直分量即点子在方解石晶体中为寻常光，而平行分量即短线在方解石晶体中为非常光。方解石中 o 光的主折射率 $n_o = 1.6584$，非常接近 1.655，所以，垂直分量几乎毫无偏折地射入方解石晶体而后射出进入空气中。方解石中 e 光的主折射率 $n_e = 1.4864$，小于胶合剂的折射率 1.655，因而存在一个临界角，当入射角大于临界角时，平行分量将发生全反射而偏离原来的传播方向，这样就能够把两种光振动分开，从而获得偏振化程度很好的线偏振光。这种棱镜对于所有在水平线上、下不超过 10°的入射光都是很适用的。

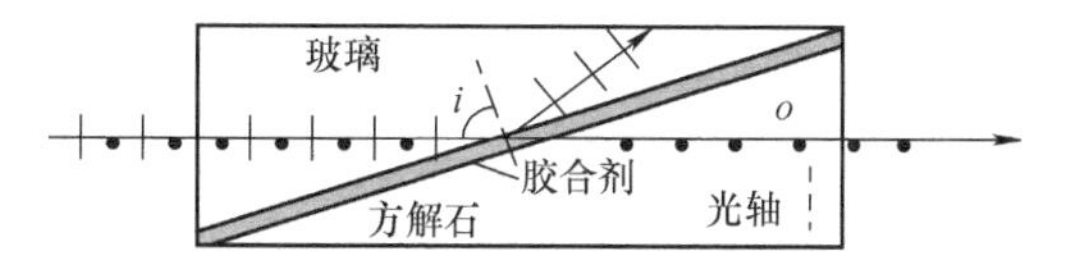

图 20-20 格兰·汤姆孙棱镜

*20.4.2 人工双折射

上面介绍的是光通过天然晶体时产生的双折射现象。许多各向同性介质，在通常情况下不会产生双折射，但在一定外部作用（如机械力、电磁场等）人为条件下会变成各向异性，由此产生的双折射现象称为**人工双折射**。下面简要介绍两种人工双折射现象。

1. 光弹效应

1816 年，布儒斯特发现玻璃和塑料等透明非晶体材料，在机械应力作用下，可以呈现出各向异性，这种现象称为**光弹效应**或**应力双折射**。在存在应力的透明介质中，$(n_o - n_e)$ 与应力分布有关。在厚度均匀的介质中，应力不同的地方，由于 $(n_o - n_e)$ 不同会引起 o 光、e 光间产生不同的相位差，于是就会在干涉图像上呈现反映应力差别的干涉条纹。如图 20-21 所示。

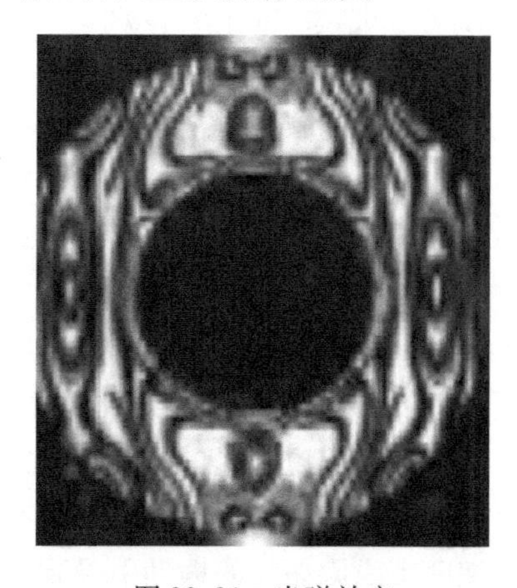
图 20-21 光弹效应

利用这个方法可以研究介质内应力的分布，在工程技术领域应用很广，为了设计一座桥梁或一个机械工件，可以用有机玻璃或透明塑料做成桥梁的微缩模型或模拟机械工件，再按照实际情形对模型施力，通过检测模型显示的干涉条纹分析出实际工件内部的应力分布情况。光测弹性仪就是利用光弹效应测量应力分布的仪器。近年来，我国还将光测弹性仪应用于寻找和分析岩石或地层的应力最集中的地方，为预报地震提供了新的检测手段。

2. 克尔效应

在电场作用下，某些各向同性的透明介质会显示各向异性，从而使光产生双折射，这种现象称为**克尔效应**。它是由苏格兰物理学家克尔（J. Kerr，1824—1907）在 1875 年发现的，克尔效应属于一种光电效应，即材料受外界电场影响而引起的光学性质变化。

图 20-22 所示为克尔效应实验装置。P_1、P_2 是两个偏振化方向彼此正交的偏振片，K 称为**克尔盒**，盒内封装有一对平行板电极并盛有某种液体（如硝基苯）的玻璃盒，板间的距离为 d，板长为 l。在电容器没有充电以前，光不能通过，加电场后，两极板间的液体获

得单轴晶体的性质，其光轴沿电场方向。实验表明，o 光和 e 光的主折射率差值正比于电场强度的平方，即

$$n_o - n_e = kE^2$$

式中，k 称为**克尔常数**，它与液体的种类有关。当光通过厚度为 d 的液体以后，o 光和 e 光的光程差为

$$\delta = (n_o - n_e)l \tag{20-6}$$

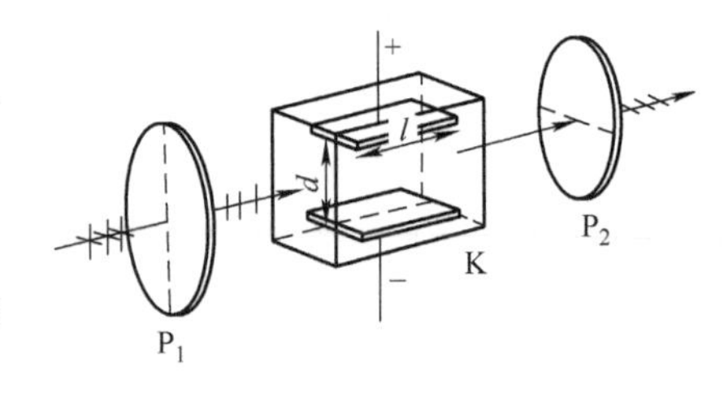

图 20-22　克尔效应

如果平板间的电势差为 U，有 $E = \frac{U}{d}$，则

$$\delta = \frac{kl}{d^2}U^2 \tag{20-7}$$

因此，当加在克尔盒电极上的电势差发生变化时，光程差 δ 随之变化，从而使透过偏振片 P_2 的光强也发生变化，因此，可以利用克尔盒两极间的电势差对偏振光进行调制。在现代激光通信和电视装置中，利用克尔效应来调制光强已获得很大成功。需要指出的是，克尔效应的产生和消失所需时间极短，约为 10^{-9}s，所以，利用克尔效应可以制作动作速度极快的光开关，这在高速摄影和脉冲激光器中已经得到了广泛应用。

*20.5 偏振光的干涉

在实验室实现偏振光干涉的基本装置如图 20-23 所示，P_1、P_2 为两块偏振片，两块偏振片中间为一双折射晶片 C，通常两块偏振片彼此正交。在这一装置中，使自然光垂直入射于偏振片 P_1，通过 P_1 后成为线偏振光。所以，第一块偏振片 P_1 的作用是产生线偏振光。晶片的作用是分解光束和相位延迟，它使入射的线偏振光成为有一定相差但光振动相互垂直的两束线偏振光，这两束光出射晶片时，具有一定的相位延迟。干涉装置中的第二块偏振片 P_2 的作用是把两束线偏振光的振动引导到相同方向上，从而使从偏振片 P_2 出射的两束光满足频率相同、振动方向平行、相位差恒定的相干条件，所以，透过偏振片 P_2 的两束线偏振光为相干偏振光。

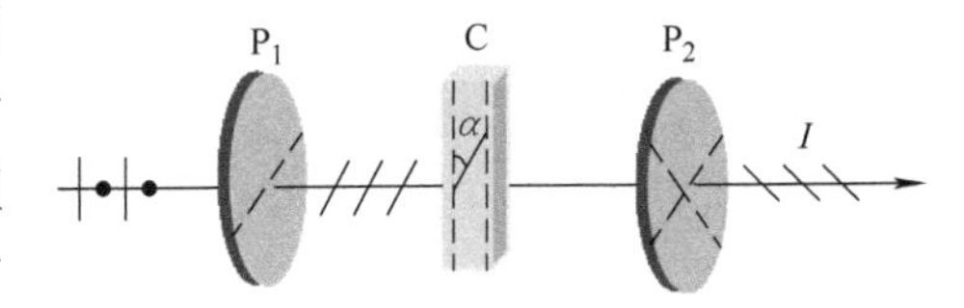

图 20-23　偏振光干涉实验

透过 P_2 后的两相干偏振光干涉加强还是干涉减弱，主要看出射光的总相位差，它包括入射到波片的线偏振光分解成振动方向互相垂直的两束线偏振光所引入的相位差、两束光透过晶片 C 的相位差和最后两束光通过 P_2 后光矢量在其偏振化方向投影时所引入的相位差。

当白光入射时，对于不同波长的光，干涉加强或减弱的条件各不相同，在晶片 C 厚度一定的情况下，视场中将观察到一定的色彩，这种现象称为**显色偏振**或**色偏振**，如果这时晶片 C 厚度不同，则视场中将出现彩色条纹。

现实生活中，偏振光干涉有很多实际的应用，如在偏光显微镜中，利用偏振光干涉分析矿物的种类和性质。此外，偏振光干涉也是检验双折射现象比较灵敏的方法。

*20.6 旋光现象

1811 年，法国物理学家阿喇果（D. F. J. Arago）发现线偏振光沿着石英晶体的光轴方向传播时，其振动面会以光的传播方向为轴线发生旋转，这种现象称为**旋光现象**，能发生旋光现象的物质称为**旋光物质**，物质的这种特性称为**旋光性**。如图 20-24 所示，当线偏振光沿光轴方向通过石英晶体时，其振动面以光的传播方向为轴线旋转了一个角度 θ。实验表明，对于一定的旋光物质，振动面旋转的角度 θ 与光在物质中通过的路程 l 成正比，即

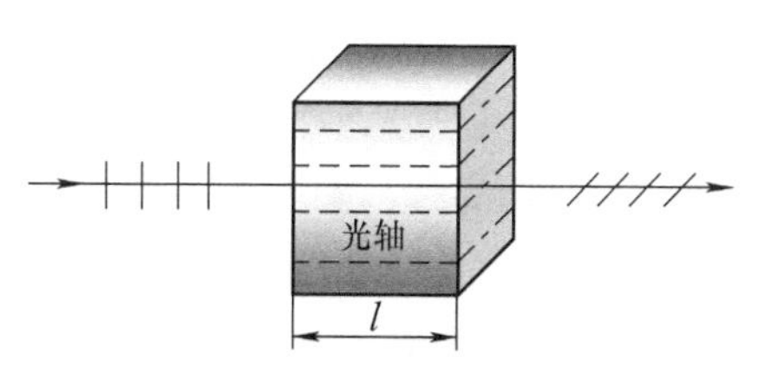

图 20-24　旋光现象

$$\theta = \alpha l \tag{20-8}$$

式中，α 为**晶体的旋光率**，它是一个与物质性质及入射光波长相关的常数，对于同一旋光物质，不同波长的光有不同的旋光率。如石英晶体，对 $\lambda = 589\text{nm}$ 的黄光，$\alpha = 21.75(°)/\text{mm}$；对 $\lambda = 405\text{nm}$ 的紫光，$\alpha = 48.9(°)/\text{mm}$。物质的旋光率随着入射光波长而改变的这种现象称为**旋光色散**。

并不是晶体才具有旋光性，很多液体或溶液也具有旋光性，如糖溶液、乳酸、松节油等。实验发现，当线偏振光通过溶液时，振动面的旋转角度除了和光在溶液中通过的路程 l 成正比外，还与溶液的浓度 ρ 成正比，即

$$\theta = \alpha\rho l \tag{20-9}$$

式中，α 为**溶液的旋光率**，它与溶液性质、温度和入射光波长有关。测出 l 后，可以根据线偏振光的旋转角度 θ 计算出溶液的浓度 ρ。工业上使用的量糖计就是利用了这一原理。在医疗行业，旋光效应还可以用来测定血糖。

对于旋光物质，振动面的旋转具有方向性。面对光的传播方向（迎着光线）观察，光的振动面沿顺时针方向转动的物质为**右旋物质**；反之，沿逆时针方向旋转的物质为**左旋物质**。实验表明，蔗糖溶液为左旋物质，而葡萄糖溶液为右旋物质。一般说来，同一旋光物质都有左旋和右旋两种，二者互为同分异构体，它们的结构互为镜像。

另外，利用人工方法也可以使不具有旋光性的物质产生旋光现象。例如，在外加磁场的作用下，可以使某种不具有自然旋光性的物质产生旋光现象，称为**磁致旋光效应**。实验表明，对给定的磁介质，入射光振动面的旋转角度 φ 与外加磁场的磁感应强度的大小 B 以及光在介质行进的路程 l 成正比，即

$$\varphi = VlB \tag{20-10}$$

式中，V 为韦尔代常量。与一般晶体的旋光性质不同的是：光线顺着和逆着磁场方向传播时，其旋光方向相反，这种现象称为**磁致旋光的不可逆性**。

小　结

1. 光的偏振

光波是横波，偏振现象是横波的重要特征。根据光的偏振态不同，一般将光的偏振态

分为：线偏振光、自然光、部分偏振光、圆偏振光和椭圆偏振光。

2. 检偏和起偏

偏振片对不同方向的光振动具有选择吸收功能，只有光振动平行于偏振化方向的光能够通过偏振片。自然光垂直通过偏振片后光强减半；部分偏振光垂直通过偏振片后光强有强弱变化；线偏振光垂直通过偏振片后有消光现象。

3. 马吕斯定律

强度为I_0的线偏振光垂直入射偏振片，其透射的线偏振光强度I为：$I=I_0\cos^2\alpha$。

4. 反射光和折射光的偏振

入射角为布儒斯特角i_b时，反射光为光振动垂直入射面的线偏振光，折射光为部分偏振光，反射光线和折射光线相互垂直，且满足

$$\tan i_b=\frac{n_2}{n_1}$$

5. 双折射现象

自然光入射到各向异性晶体分为o光和e光，且二者都是线偏振光，其传播规律和晶体的性质有关；其传播方向可以用惠更斯原理解释。光学应用中可以利用波片及偏振棱镜获得偏振光。

人工双折射：许多各向同性介质在一定外部作用（如机械力，电磁场等）人为条件下会呈现各向异性的性质，这种双折射现象称为**人工双折射**，如光弹性效应和克尔效应。

6. 偏振光的干涉

利用具有双折射性质的晶片和偏振片可以使线偏振光分成两束相干光而发生干涉。

7. 旋光现象

线偏振光沿着晶体的光轴方向通过物质时，其振动面会以光的传播方向为轴线发生旋转的现象称为**旋光现象**。

旋光性不是晶体独有的性质，很多液体或溶液也具有旋光性，利用人工方法也可以使不具有旋光性的物质产生旋光现象。

思考题

20.1　如何利用一块偏振片检测出线偏振光、自然光和部分偏振光？

20.2　自然光垂直入射到正交的偏振片上后，能观察到透射光吗？若固定一块偏振片的位置，而使另一块偏振片以入射光线为轴线旋转360°会观察到什么现象？

20.3　当一束光入射到两种各向同性介质分界面时，发现只有透射光而没有反射光，试说明这束光怎样入射的？其偏振状态如何？

20.4　举例说明利用自然光获得线偏振光的方法。

20.5　如何理解全反射角和起偏振角的概念，二者有何差别？

20.6　若使一束线偏振光通过偏振片之后使其振动方向转过90°，试分析至少需要让这束光通过几块理想的偏振片才能做到？在此情况下，分析透射光强最大时是入射光强的多少倍？

20.7　若偏振片的偏振化方向没有标明，可以用什么简易方法将其确定下来？

20.8　自然光入射到双折射晶体中，o光、e光都沿着相同的方向传播就一定没有双折射吗？双折射的本质是什么？

*20.9　在沃拉斯顿棱镜装置（见图 20-19）中，从第二块方解石晶体中出射的都是线偏振光，若使两束光相遇能否产生干涉效应？试分析原因。

*20.10　在偏振光的干涉实验（见图 20-23）中，如果去掉偏振片 P_1 或者偏振片 P_2，能否产生干涉现象？试分析原因。

*20.11　旋光现象是晶体独有的特征吗？不具有旋光性的物质能产生旋光现象吗？

习　题

20.1　一偏振片 P_3 放在两个偏振化方向相互正交的偏振片 P_1、P_2 之间，P_3 与 P_1 的偏振化方向成 30°角，当自然光垂直通过三块偏振片后，透射光的强度是入射光强度的多少倍？

20.2　用两偏振片平行放置作为起偏器和检偏器。在它们的偏振化方向成 30°角时，观测一光源，又在成 60°角时，观察同一位置处的另一光源，若两次所得的强度相等，求两光源照射到起偏器上的光强之比。

20.3　平行放置两偏振片，使它们的偏振化方向成 60°夹角。让自然光垂直入射后，下列两种情况下：

（1）两偏振片对光振动平行于其偏振化方向的光线均无吸收；

（2）两偏振片对光振动平行于其偏振化方向的光线分别吸收了 10% 的能量。

求透射光的光强与入射光的光强之比。

20.4　两偏振片 P_1，P_2 叠放在一起，由强度相同的自然光和线偏振光混合而成的光束垂直入射到偏振片上。进行了两次测量，第一次和第二次测量时 P_1、P_2 的偏振化方向夹角分别为 30°和未知角度 θ，且入射光中线偏振光的光矢量振动方向与偏振片 P_1 的偏振化方向夹角分别为 45°和 30°。若两次测量中连续穿过 P_1、P_2 后的透射光强度相等，求第二次测量中 P_1、P_2 偏振化方向的夹角 θ。

20.5　两偏振片 P_1、P_2 叠放在一起，其偏振化方向之间的夹角为 30°。由强度相同的自然光和线偏振光混合而成的光束垂直入射到两偏振片上，已知穿过 P_1 后的透射光强为入射光强的 2/3，求连续穿过 P_1、P_2 后的透射光的光强与入射光的光强之比。

20.6　两偏振片 P_1、P_2 叠放在一起，一束单色线偏振光垂直入射到 P_1 上，其光矢量振动方向与 P_1 的偏振化方向之间的夹角为 30°，当连续穿过 P_1、P_2 后的出射光强为最大出射光强的 1/4 时，P_1、P_2 的偏振化方向夹角 α 是多大？

20.7　一束自然光自空气射向一块平板玻璃，如图 20-25 所示，设入射角 i_b 为布儒斯特角，分析界面 1 和界面 2 的反射光的性质并指出其偏振状态。

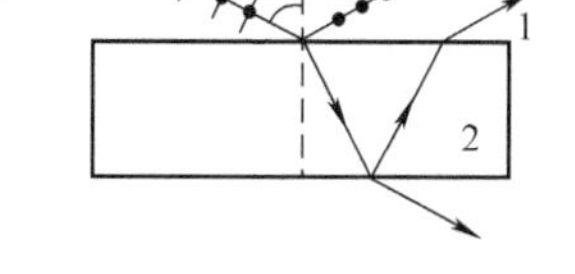

图 20-25　习题 20.7 用图

20.8　一束自然光自空气入射到水面上，若水相对空气的折射率为 1.33，求布儒斯特角。

20.9　如图 20-26 所示，自然光或线偏振光分别以起偏振角或任意角度从空气中入射到玻璃介质分界面，试画出反射光和折射光并标示出它们的偏振状态。

20.10　自然光在两种各向同性介质分界面上的临界角为 45°，它在界面同一侧的起偏振角是多少？

20.11　自然光在两种各向同性介质分界面上的临界角为 30°，它在界面同一侧的布儒斯特角是多少？

20.12　测得一池静水的表面反射出来的太阳光为线偏振光，此时太阳处在地平线的多大仰角处？已知水的折射率为 1.33。

20.13　一束自然光由空气入射到某各向同性介质的表面上，测得其布儒斯特角为 56°，求这种介质的折射率。若把该介质放入水中，使自然光束自水中入射到该介质表面上，求此时的布儒斯特角。已知水的折射率为 1.33。

*20.14　试分别计算用方解石晶体制成的 1/4 波片和半波片的最小厚度。要求该波片适用于波长 λ = 589.3nm 的钠黄光。

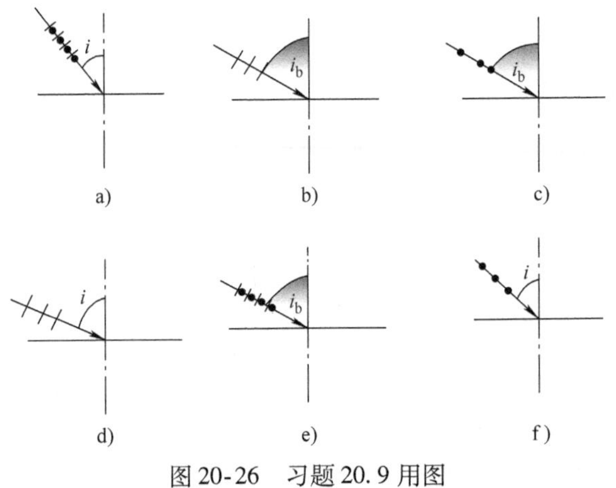

图 20-26　习题 20.9 用图

习题答案

20.1　$\frac{3}{32}$

20.2　$\frac{1}{3}$

20.3　(1) 1/8；(2) 1/10

20.4　$\theta = 39.23°$

20.5　$\frac{1}{2}$或者 0.5

20.6　$\alpha = 60°$

20.7　界面 1 和界面 2 的反射光都是线偏振光，其光振动都垂直于板面，因为由空气射向玻璃如果是布儒斯特角，那么由玻璃射向空气时也是布儒斯特角，二者互余

20.8　$i_b = 53°4'$

20.9

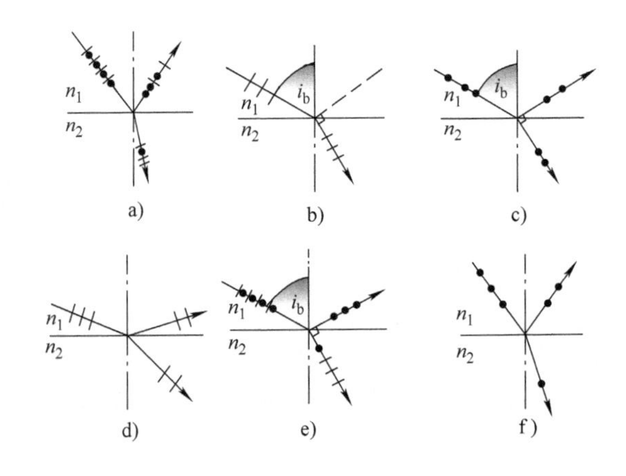

20.10　$i_b = 35°16'$

20.11　$i_b = 26°34'$

20.12　$\alpha = 36°56'$

20.13　$i_b = 48.03° = 48°2'$

20.14　$d_{\frac{\lambda}{4}} = 867\text{nm}$，$d_{\frac{\lambda}{2}} = 1713\text{nm}$

量子物理

第21章 量子物理基础

19 世纪末，经典物理学已发展到相当完善的地步。牛顿力学、麦克斯韦电磁场理论、热力学与统计物理学等已能解释宏观世界中的各类物理现象。然而，当物理学的研究领域由宏观进入微观并日趋深入时，人们发现了一些用经典物理理论无法解释的现象，“经典物理学出现了危机，晴朗的天空出现了两朵乌云”（开尔文语），一朵乌云是迈克耳孙寻找“以太”的失败，这导致了相对论的诞生；另一朵乌云是“紫外灾难”，黑体辐射、光电效应等物理现象与经典物理理论不符。为摆脱困境，1900 年年底普朗克提出了能量量子化的假设，从而成功地解决了黑体辐射问题。爱因斯坦敏锐地觉察到普朗克“量子”思想的普遍意义，并大胆地将其引入到光辐射的研究，他于 1905 年提出了“光量子”的概念，从而揭示了光的波粒二重性，解释了光电效应现象。1913 年玻尔根据卢瑟福的原子有核模型以及原子线光谱的规律性，并依托经典力学，建立了氢原子理论。为进一步探索原子内部的奥秘，1924 年德布罗意把光的波粒二象性推广到实物粒子，提出了物质波的假设。随后，经过玻恩、海森伯、薛定谔和狄拉克等许多物理大师的创新努力，到 20 世纪 30 年代，就已经建成了一套完整的量子力学理论。该理论和相对论一起，已成为现代物理学的理论基础。

量子力学是关于微观世界的理论，它为人们认识微观物理世界打开了一扇窗户，并已在现代科学和科学技术中获得了很大的成功。量子力学的许多基本概念、规律与方法都和经典物理截然不同，其根本区别在于对研究对象的描述方法。在经典力学中，认为粒子的运动状态可用位置和动量来准确描述。而在量子力学中，认为粒子的波粒二象性使其位置和动量不能同时精确测定，必须用波函数来描述其运动状态。虽然在微观领域量子力学最终取代了经典力学，但在其应用到物质波动性可忽略的宏观领域时，量子力学退化为经典力学，所以经典力学是量子力学的一种很好的近似描述，在宏观力学领域依然一柱擎天。

本章将按历史发展的顺序，首先介绍早期量子论的出现，然后阐明波粒二象性的基本思想，并对量子力学的基本原理做初步介绍。

21.1 量子论的出现

21.1.1 黑体辐射和普朗克能量子假说

当在炉子中加热铁块时，起初看不到它发光（实际上发的是红外光），随着温度的升高，其发出的光由暗红色逐渐变成赤红、橙色而最后成为黄白色。当温度很高时，发出青白色的光。其他物体加热时发光的颜色也有类似的随温度而改变的现象。这似乎说明在不同温度下，物体能发出频率不同的电磁波。实验表明，在任何温度下，物体都向外发射各种频率的电磁波，只是在不同温度下所发出的各种电磁波的能量按频率有不同的分布，所以才表现为不同的颜色。这种能量按频率的分布随温度而不同的电磁辐射称为**热辐射**。例如红外追踪、遥感、夜视、热像等就是根据热辐射原理研发的近代应用技术。

物体除了发射电磁辐射之外，还可吸收电磁辐射。入射到物体的电磁波，一部分被物体吸收，另一部分被物体反射，透明体还有部分透射。实验表明，物体向外辐射的能力与它吸收外来辐射的能力有密切的关系——对某种电磁辐射吸收能力强的物体，对该种电磁波的辐射能力必定也强，因而一个好辐射体必然是一个好吸收体。如果在同一时间内从物体表面辐射的电磁波能量和它吸收的电磁波能量相等，物体便处于温度一定的热平衡状态，这时的热辐射称为**平衡热辐射**。

1. 黑体

在自然界中，像煤炭、黑色珐琅、黑丝绒这类物质，几乎吸收一切外来电磁辐射（包括全部可见光）而反射甚微，因而呈黑色。我们把能吸收一切外来电磁辐射的物体称为**绝对黑体**，简称**黑体**。在自然界中并不存在这种黑体，因此，黑体是一个理想模型。为了得到非常近似的黑体，可用不透明的材料制成空腔，空腔壁上挖一小孔，如图 21-1 所示。这样，从小孔入射的电磁波在腔内历经多次反射，几乎全部为腔内壁吸收，很难再从小孔中反射出来。可见，腔体具有黑体的性质。在一定温度下，腔壁的每一部分向腔内辐射电磁波，又吸收腔内的电磁波。在恒温时，腔内电磁场达到稳定分布。此时，会有电磁波从小孔逸出，逸出的电磁波就是此黑体在该温度下的电磁辐射。

热辐射现象除了与温度有关外，还和材料及其表面的情况有关。但是实验表明，对于黑体，不论其腔壁是何种材料做成，只要腔壁和腔内辐射处于平衡状态，温度一定，腔体的辐射性质及实验规律则总是相同的。因此，对于具体热辐射规律的研究就具有很大的普遍意义。19 世纪末，由于冶金高温技术及天文方面的需要推动了热辐射的研究，黑体的热辐射规律成为当时物理学家关注的中心问题。

2. 黑体辐射实验规律

由实验可以测得不同温度下黑体辐射的能量随波长分布的曲线，如图 21-2 所示。曲线纵坐标 $M_\lambda(T)$ 表示单位时间内从黑体单位面积上所辐射的波长在 λ 附近单位波长区间的能量，称为**单色辐射出射度**。包括所有波长在内的电磁波的全部辐射出射度用 $M(T)$ 表示。应有

$$M(T) = \int_0^\infty M_\lambda(T)\,\mathrm{d}\lambda \tag{21-1}$$

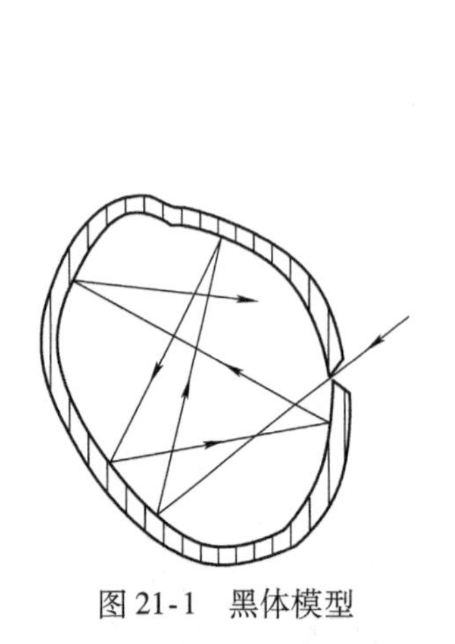

图 21-1　黑体模型

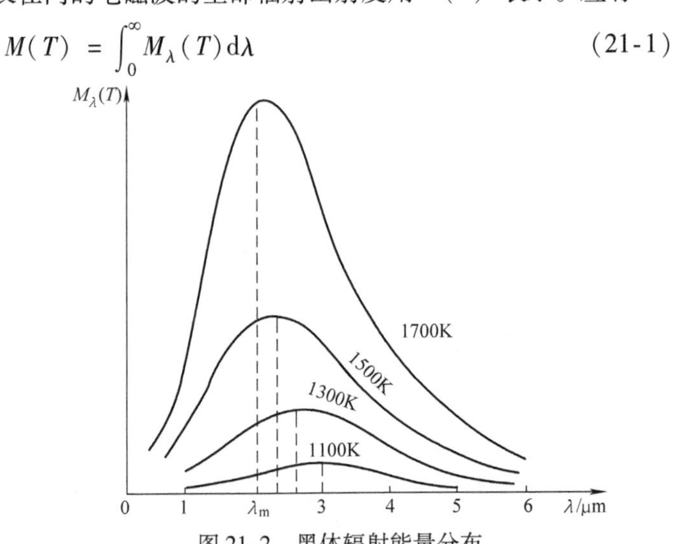

图 21-2　黑体辐射能量分布

可以看出：①一定温度下，$M_\lambda(T)$ 随波长 λ 有一定的分布，并在 $\lambda=\lambda_m$ 处有一极大值；②不同温度时给定黑体的辐射曲线不同，且 λ_m 随温度升高而向短波方向移动；③单位时间内黑体单位面积辐射的总能量 $M(T)$（即曲线下总面积）随温度的升高而迅速增大。

黑体辐射实验曲线的上述特点可以由两个实验定律定量描述。

（1）斯特藩－玻尔兹曼定律

$$M(T)=\sigma T^4 \tag{21-2}$$

式中，$\sigma=5.670\times10^{-8}\mathrm{W\cdot m^{-2}\cdot K^{-4}}$，称为斯特藩－玻尔兹曼常量；$T$ 为黑体热力学温度。

（2）维恩位移定律

$$\lambda_m T=b \tag{21-3}$$

式中，$b=2.898\times10^{-3}\mathrm{m\cdot K}$，称为维恩常数。

上述实验定律至今在高温测量、星体表面温度估算等方面仍有广泛应用。例如，测得太阳连续光谱中辐射能量最强的波长 $\lambda_m=460\mathrm{nm}$，据此，可推算出太阳表面温度约为6000K。又如，20 世纪 70 年代，科学家在大气外层空间测得宇宙的背景辐射相当于温度为3K 的黑体辐射，这一结论成为大爆炸宇宙学的强有力的证据。

3. 经典物理的困难

在测定了黑体辐射的实验曲线后，物理学家尝试进一步从理论上推导出符合上述实验曲线的数学解析式。

1896 年，维恩（W. Wien）将组成黑体空腔壁的分子、原子看作带电的线性谐振子，假设黑体辐射能谱分布与分子的麦克斯韦速率分布相似，根据热力学理论推导黑体辐射的规律，即维恩公式

$$M_\lambda(T)=C_1\lambda^{-5}\mathrm{e}^{-\frac{C_2}{\lambda T}} \tag{21-4}$$

式中，C_1 和 C_2 是常数，上式称为维恩公式。结果在短波段与实验一致，而在长波范围与实验不相符。

1900 年至 1905 年，瑞利（L. Rayleigh）与金斯（J. Jeans）把能均分原理应用到电磁辐射上，根据经典电动力学理论推导出黑体辐射的瑞利－金斯公式

$$M_\lambda(T)=2\pi c\lambda^{-4}kT \tag{21-5}$$

式中，c 和 k 分别为光速和玻尔兹曼常量。这一公式给出的结果，只在长波范围符合实验结果，在短波范围完全与实验不符，竟趋向无穷大。这一严重矛盾历史上称为“紫外灾难”，反映经典物理遇到难以克服的困难。

图 21-3 为经典理论公式曲线与实验结果的比较图，图中“◦”表示实验结果。

19 世纪末，经典物理理论已在各个方面取得巨大成就而被深信不疑，因此，当用经典理论解释黑体辐射问题失效后，物理学家大为困惑，经典物理学陷入了困境。

4. 普朗克能量子假设

1900 年 12 月 14 日，德国物理学家普朗克（Plank，1858—1947）发表了他导出的黑体辐射公式，即**普朗克公式**

$$M_\lambda(T)=\frac{2\pi hc^2}{\lambda^5}\frac{1}{\mathrm{e}^{\frac{hc}{k\lambda T}}-1} \tag{21-6}$$

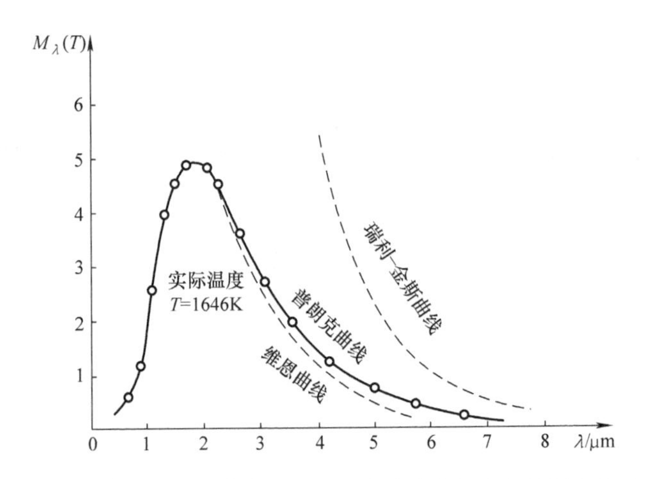

图 21-3 黑体辐射能量分布经典理论公式曲线与实验结果的比较图

这一公式在全部波长范围内都与实验值相符!

普朗克所以能导出他的公式，是由于在热力学的基础上，他“幸运地猜到”，同时为了和实验曲线更好地拟合，他“绝望地”“不惜任何代价地”（普朗克语）提出了**能量量子化**的假设，即普朗克能量子假设，其内容如下：

1）黑体的腔壁由无数带电谐振子组成，它们不断吸收并发射电磁波，与周围电磁场交换能量；

2）频率为 ν 的谐振子的能量只能取某些特定的分立值，即谐振子的能量 ε 是量子化的，表示为

$$\varepsilon = nh\nu \ (n=1,2,3,\cdots) \tag{21-7}$$

式中，$h=6.626\times10^{-34}\mathrm{J\cdot s}$，称为**普朗克常量**；$n$ 为正整数。

3）当谐振子与周围电磁场交换能量时，能量的改变量也只可能是最小能量单元 $\varepsilon=h\nu$ 的整数倍，即 $\varepsilon, 2\varepsilon, 3\varepsilon, \cdots$。最小能量单元 ε 称为**能量子**。

普朗克的量子假说革命性地突破经典物理的极限，不仅圆满地解释了黑体辐射的实验规律，而且为物理学开创了新的篇章，量子论从此诞生了！人们把 1900 年 12 月 14 日定为量子物理的诞生日。普朗克也因此荣获 1918 年诺贝尔物理学奖。

至于普朗克本人，在提出量子概念以后，还长期尝试用经典物理理论来解释它的由来，但都失败了。直到 1911 年，他才真正认识到量子化的全新的、基础性的意义。它是根本不能由经典物理导出的。普朗克引入的常量 h 也作为最基本的自然常量之一从此进入了物理学，它既是支配电磁波和物质相互作用的基本量，也是表征原子结构的重要参数，是微观世界的基本作用量子。与光速 c 的重要地位相当，如果说光速 c 是区分相对论力学和经典力学的标志，那么，普朗克常量 h 就是界定微观物理和宏观物理的界碑。

21.1.2 光电效应和爱因斯坦光量子理论

1. 光电效应及其实验规律

19 世纪末，人们发现，当光照射在金属表面时，有电子从金属表面逸出，这种现象称为**光电效应**，逸出的电子称为**光电子**。

光电效应最早是由赫兹于1887年在研究电磁辐射时偶然发现的，随着研究的深入，后来又进一步将其分为内光电效应和外光电效应两类。光使物质中的束缚电子受激后，从原子内层跃迁到外层或成为自由电子，称为内光电效应；光使物质中的自由电子或束缚电子受激后，逸入周围的介质中，称为外光电效应。内光电效应多出现在半导体材料中，应用甚广，本小节的讨论仅限于外光电效应。

研究光电效应的实验装置如图21-4所示。图中GD为光电管，在高真空玻璃管内装有阴极K和阳极A，在两极板间加上电压，如阴极K没有光照射，电路中无电流。当光通过玻璃管上的石英窗口照射到阴极K上时，就有光电子从阴极表面逸出，逸出的光电子在电场的加速下向阳极A运动而形成电流，此电流称为光电流。实验结果表明，光电效应有如下规律：

1）入射光的频率不变时，饱和电流与入射光的强度成正比。

在入射光频率和强度不变时，增大加速电压 U，光电流 I 也增大，其关系如图21-5所示，称为光电效应的伏安特性。当 U 增大到一定值时，光电流达到饱和值 i_m。这表明此时单位时间内，从K极逸出的光电子全部到达了阳极A。如增大入射光强，重复上述过程发现，在相同的加速电压 U 下，入射光强较大，相应的 i_m 也较大。因为上述电流强度与单位时间内阴极表面射出的电子数目成正比，所以上述实验结果可表述为：单位时间内，从金属表面逸出的电子数目与入射光强成正比。

2）光电子的最大初动能与入射光的频率成正比，与入射光强无关。

从图21-5可见，当加速电压 U 减小到零时，光电流并不为零，只有当两极板间加上反向电压 U_c 时，光电流才为零。U_c 称为遏止电压。U_c 的存在说明从阴极K逸出的光电子具有一定初速度，$i=0$ 时，具有最大初速度的光电子也不能到达阳极。这种情况下，光电子从阴极逸出时所具有的初动能全部用来克服静电场力做功。所以

$$\frac{1}{2}mv_m^2 = eU_c \tag{21-8}$$

式中，m 和 e 分别是电子的质量和电量；v_m 是光电子逸出时最大的速度。实验还表明，当入射光频率变化时，遏止电压 U_c 与入射光的频率之间有如图21-6所示线性关系，即

$$U_c = K\nu - U_a \tag{21-9}$$

式中，K 为与金属性质无关的普适常数；U_a 由金属的性质决定。把式（21-8）代入上式得

$$\frac{1}{2}m\nu_m^2 = eK\nu - eU_a \tag{21-10}$$

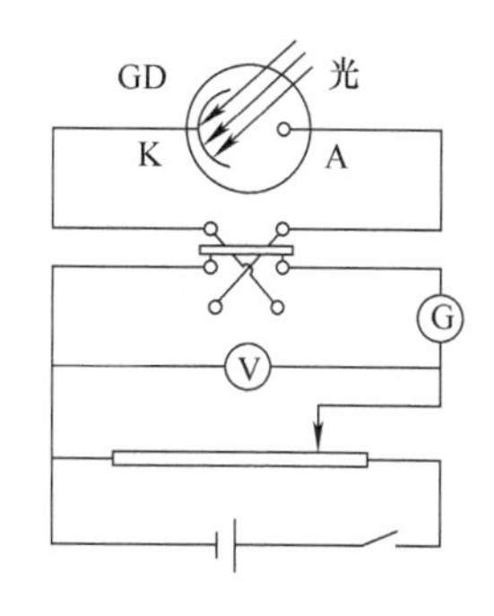

图21-4　光电效应实验简图

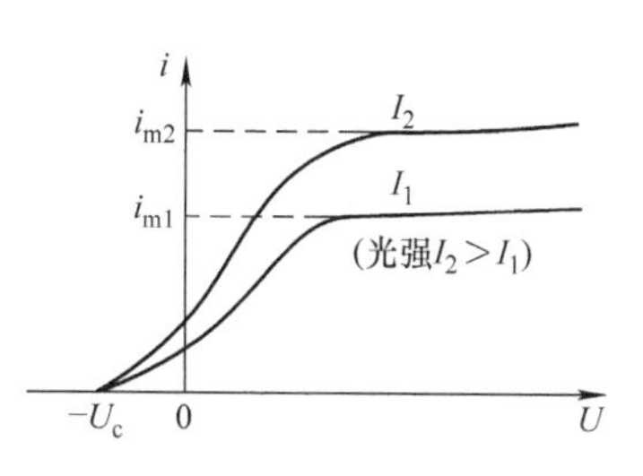

图21-5　光电效应的伏安特性

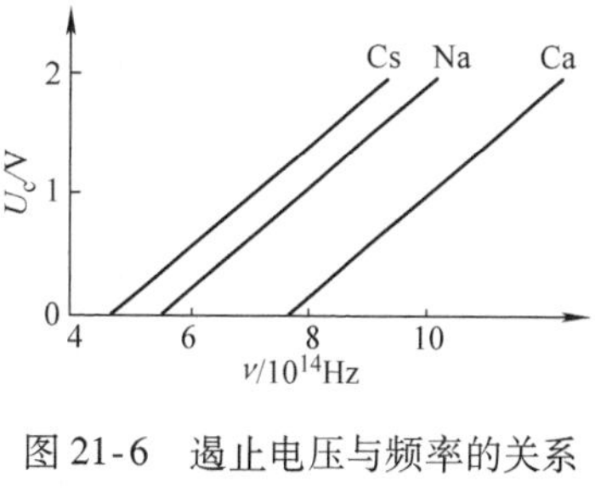

图21-6　遏止电压与频率的关系

式（21-10）表明，光电子的最大初动能随入射光频率的增大而线性增大，而与入射光强无关。

3）每种金属都存在一个截止频率。

对每种金属都存在一个特殊的频率 ν_0，只有当入射光的频率 $\nu \geqslant \nu_0$ 时，才能产生光电效应，此频率 ν_0 称为**截止频率**，也叫**红限频率**。因为要使某种金属产生光电效应，必须要求电子的最大初动能 $\frac{1}{2}mv_m^2 \geqslant 0$，由式（21-10）可得截止频率 ν_0 为

$$\nu_0 = \frac{U_a}{K} \tag{21-11}$$

不同的金属因其 U_a 不同，因而截止频率 ν_0 也不同。如入射光的频率小于某金属的截止频率时，则无论用多强的光照射该金属多久，都不会产生光电效应。表 21-1 为几种金属的红限频率。

表 21-1 几种金属的红限频率和逸出功

金属	钨	钼	锌	钙	钠	钾	铷	铯
红限频率 $\nu_0/10^{14}$ Hz	10.95	10.15	8.065	7.73	5.53	5.54	5.15	4.69
逸出功 A/eV	4.54	4.20	3.34	3.20	2.29	2.25	2.13	1.94

4）光电效应是瞬时发生的。

实验表明，只要入射光的频率大于截止频率，无论入射光强如何，几乎在开始照射的同时就产生了光电效应。现代测量给出，光电子逸出的时间不超过 10^{-9}s。

2. 经典理论的解释及其困难

按照光的电磁理论，光是以波动形式在空间传播的。光的能量与波幅有关，用它对光电效应进行解释应该得到的结论如下：

1）在光的照射下，金属中的电子吸收了光的能量而做受迫振动。当吸收的能量足够大时，电子将挣脱金属内势场的束缚而逸出表面成为光电子。所以光电子的初动能应该与入射光强有关，光强越大，光电子的初动能越大。

2）只要照射光强足够大，不管光的频率大小如何，光电效应都能够产生，即光电效应的产生与光频无关。

3）金属内受光照的电子，它吸收能量做强迫振动需要一定的时间才能逸出表面，因而光电效应的产生不可能是瞬时的。

经典电磁理论对光电效应的上述解释与实验结果存在着十分尖锐的矛盾。这种矛盾反映了光的波动理论的片面性，暴露了它的缺陷与不足。

3. 爱因斯坦光子理论

为了解释光电效应，爱因斯坦在普朗克量子论的基础上提出了关于光的本性的光量子理论。当普朗克还在寻找能量子的经典根源时，爱因斯坦在能量子概念的发展上前进了一大步。普朗克当时认为只有振子的能量是量子化的，而辐射本身，作为广布于空间的电磁波，它的能量还是连续分布的。爱因斯坦在他于 1905 年发表的《关于光的产生与转换的一个有启发性的观点》㊀的文章中，论及光电效应等的实验结果时，这样写道："尽管光的波

㊀ A. Einstein. Concerning an Heuristic Point of View Toward the Emission and Transformation of Light [J]. Am. J. of Phys., 1965, 33 (5), 367-374.

动理论永远不会被别的理论所取代，……但仍可以设想，用连续的空间函数表述的光的理论在应用到光的发射和转换的现象时可能引发矛盾。”于是他接着假定：“从一个点光源发出的光线的能量并不是连续地分布在逐渐扩大的空间范围内的，而是由有限个数的能量子组成的。这些能量子个个都只占据空间的一些点，运动时不分裂，只能以完整的单元产生或被吸收。”在这里首次提出的光的能量子单元在 1926 年被刘易斯（G. N. Lewis）定名为“**光子**”。

关于光子的能量，爱因斯坦假定，不同颜色的光，其光子的能量不同。频率为 ν 的光束，其每个光子的能量为

$$\varepsilon = h\nu \tag{21-12}$$

式中，h 为普朗克常量。强度为 I 的光束，单位时间内通过垂直于光的传播方向单位面积的光子数为 $N = I/h\nu$。

为了解释光电效应，爱因斯坦在 1905 年那篇文章中写道：“最简单的方法是设想一个光子将它的全部能量给予一个电子。”电子获得此能量后动能就增加了，从而有可能逸出金属表面。以 A 表示电子从金属表面逸出时克服阻力需要做的功（**逸出功**），则由能量守恒可得一个电子逸出金属表面后的最大动能应为

$$\frac{1}{2}mv^2 = h\nu - A \tag{21-13}$$

式（21-13）称为**爱因斯坦光电方程**。

应用光量子理论可以成功地解释光电效应。

1）根据光量子理论，入射光强越大，光子数越多。由于一个光子一次只和一个电子作用，所以，增大光强即增多了入射的光子数，使逸出的光电子数增大，这就解释了饱和电流 i_m 和入射光强成正比的现象。

2）由式（21-13）可见，对于一定的金属（A 为常数），光的频率 ν 越高，光电子的初动能越大，而与光强无关。

3）当 $\nu < A/h$ 时，光子的能量小于电子挣脱金属表面的束缚所需要的逸出功 A，电子不能逸出，因而不能产生光电效应，所以，对于每种金属都存在一个确定的截止频率。

4）因为光照射到金属上时，光子的能量是一次性被电子所吸收的，所以并不需要积累能量的时间。因此，光电效应是瞬时发生的。

爱因斯坦光电方程先后被多位物理学家用实验证实，所测定的 h 值和热辐射中测定的一致。爱因斯坦由于提出了光子概念，并发现了光电方程，他因此荣获 1921 年诺贝尔物理学奖。

将式（21-13）与式（21-10）相比可得

$$h = eK \tag{21-14}$$

1916 年密立根（R. A. Milikan）曾对光电效应进行了精确的测量，他利用图 21-6 中直线的斜率计算出的普朗克常数和当时用其他方法测得的值符合得很好。

对比式（21-13）与式（21-10）还可以得到

$$A = eU_a \tag{21-15}$$

再由式（21-11）可得

$$\nu_0 = \frac{A}{eK} = \frac{A}{h} \tag{21-16}$$

4. 光子

光电效应揭示了光的粒子性，爱因斯坦进一步指出，光子既然是携带能量的微观粒子，是物质的一个单元，它应具有物质的基本属性——质量和动量。

由相对论可知，以光速 c 运动的粒子，其静质量 m_0 必为零。光子在真空中的运动速度为 c，因此，光子静质量为

$$m_0 = 0 \tag{21-17a}$$

又根据相对论能量和动量关系式 $E = \sqrt{(m_0c^2)^2 + (pc)^2}$，可得到光子的动量为

$$p = \frac{\varepsilon}{c} = \frac{h\nu}{c} = \frac{h}{\lambda} \tag{21-17b}$$

光子的质量为

$$m = \frac{\varepsilon}{c^2} = \frac{h\nu}{c^2} = \frac{h}{c\lambda} \tag{21-17c}$$

综合式（21-17a）、式（21-17b）及式（21-17c），它们描述了光子的基本性质。

5. 康普顿效应

光电效应证实了光的粒子性和关于光子能量的假设。1923 年，美国科学家康普顿（A. H. Compton，1892—1962）在 X 射线散射实验中进一步证实了关于光子动量和能量的假设，再一次有力支持了光子理论，并证实了在微观粒子相互作用过程中动量守恒定律与能量守恒定律仍然严格成立。

康普顿在研究 X 射线通过石墨而被散射的现象中发现，在散射 X 射线中，除有与入射线波长相同的散射线外，还有波长较长的散射射线（称位移线）出现。康普顿实验装置如图 21-7 所示。由 X 射线源 S 射出 X 射线，通过光阑 A 后照射在散射物 M 上，由摄谱仪 P 可测定散射线的波长。实验结果表明：

1）在散射光谱中有与入射线波长 λ_0 相同的射线，也出现了 $\lambda > \lambda_0$ 的射线。

2）随着散射角的增加，散射后波长的改变量变大，原波长 λ_0 的谱线强度减小，波长为 λ 的谱线强度增大，如图 21-8 所示。

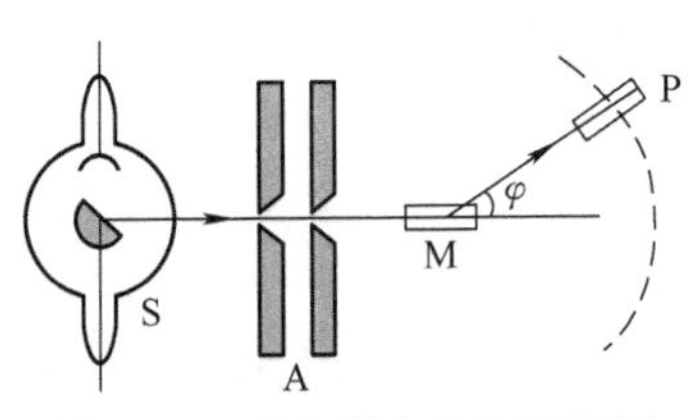

图 21-7　康普顿实验装置简图

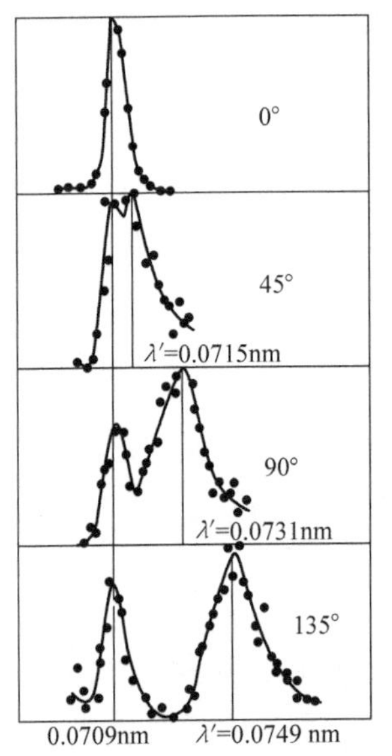

图 21-8　康普顿实验结果

3）若用不同的元素作为散射物质，则 $\Delta\lambda$ 与散射物质无关，随着散射物质原子序数的增加，原波长 λ_0 的谱线强度增加，而波长为 λ 的谱线强度减小。

以上现象称为**康普顿效应**，为康普顿首次发现，他因此荣获 1927 年诺贝尔物理学奖。我国物理学家吴有训（1897—1977）在康普顿效应的实验技术和理论分析等方面，也做出了杰出的贡献。

按照经典电磁波理论，散射物质中的电子在入射电磁波作用下做同频率的受迫振荡，振荡电子向各个方向发射的散射波的频率应与入射波频率相同。显然，用经典理论不能解释康普顿散射中长波散射线的存在。

康普顿依据爱因斯坦的光子理论，对实验结果做出了合理解释。根据光子理论，入射 X 射线与散射物质的作用可视为 X 射线光子与散射物中束缚较弱的原子外层电子的碰撞。由于 X 射线光子的能量（$10^4 \sim 10^5$eV）远大于轻元素原子中外层电子的束缚能（约为几个 eV），也远大于电子自身热运动的能量（约 10^{-2}eV），因此，两者的碰撞可近似看成是 X 射线光子与静止的、自由电子的完全弹性碰撞。此碰撞过程中光子、电子系统遵守能量与动量守恒。从碰撞全过程看，光子将一部分能量传递给电子后，自身能量减少，波长变长，形成波长大于原入射光波长的散射线。

如图 21-9 所示，一个电子的静止能量为 m_0c^2，动量为零。设入射光的频率为 ν_0，其能量为 $h\nu_0$，动量为 $\frac{h\nu_0}{c}\boldsymbol{e}_0$；弹性碰撞后，电子的能量变为 mc^2，动量变为 $m\boldsymbol{v}$；散射光子的能量为 $h\nu$，动量为 $\frac{h\nu}{c}\boldsymbol{e}$；散射角为 φ。这里 $\boldsymbol{e}_0$ 和 $\boldsymbol{e}$ 分别是碰撞前后光子运动方向上的单位矢量。按照能量和动量守恒，应该分别有

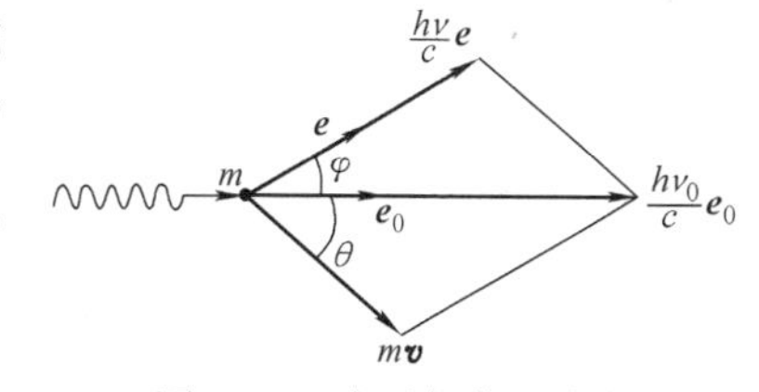

图 21-9　光子与静止自由电子碰撞分析矢量图

$$h\nu_0 + m_0c^2 = h\nu + mc^2 \tag{21-18}$$

和

$$\frac{h\nu_0}{c}\boldsymbol{e}_0 = \frac{h\nu}{c}\boldsymbol{e} + m\boldsymbol{v} \tag{21-19}$$

式中，$m = m_0/\sqrt{1 - v^2/c^2}$。

将（21-19）改为

$$m\boldsymbol{v} = \frac{h\nu_0}{c}\boldsymbol{e}_0 - \frac{h\nu}{c}\boldsymbol{e}$$

两边平方，得

$$m^2v^2 = \left(\frac{h\nu_0}{c}\right)^2 + \left(\frac{h\nu}{c}\right)^2 - 2\frac{h^2\nu_0\nu}{c^2}\boldsymbol{e}_0 \cdot \boldsymbol{e}$$

其中 $\boldsymbol{e}_0 \cdot \boldsymbol{e} = \cos\varphi$，所以有

$$m^2v^2c^2 = h^2\nu_0^2 + h^2\nu^2 - 2h^2\nu_0\nu\cos\varphi \tag{21-20}$$

将式（21-18）改写为

$$mc^2 = h(\nu_0 - \nu) + m_0c^2$$

将此式平方，再减去式（21-20），并将 m^2 换成 $m_0^2/(1-v^2/c^2)$，化简后得

$$\frac{c}{\nu} - \frac{c}{\nu_0} = \frac{h}{m_0c}(1-\cos\varphi)$$

再将 $\lambda = \dfrac{c}{\nu}$ 代入得

$$\Delta\lambda = \lambda - \lambda_0 = \frac{h}{m_0c}(1-\cos\varphi) = 2\lambda_C \sin^2\frac{\varphi}{2} \tag{21-21}$$

此式即为**康普顿散射公式**。$\Delta\lambda = \lambda - \lambda_0$ 为位移线对原波长的偏移量（也称**康普顿偏移**）。λ_C 称为电子的**康普顿波长**，即

$$\lambda_C = \frac{h}{m_0c} = 2.43\times10^{-3}\text{nm} \tag{21-22}$$

按式（21-21）计算得到的结果与实验数据完全符合。此外，公式还表明，康普顿偏移量 $\Delta\lambda$ 与散射物质无关，这些均已为实验所证实。至于实验中还存在有与入射光波长相同的散射线，可理解为入射 X 光子与散射物中原子内层电子发生了碰撞。由于内层电子与核束缚得很紧密，不能视为自由电子，因而光子与这些电子的碰撞应看作是与整个原子的碰撞，而原子质量远大于光子质量，因此，碰撞后散射光子的能量几乎不变，其波长也就与入射光相同。

例 21.1　波长 $\lambda_0 = 3.00\times10^{-2}$nm 的 X 射线光子与静止的电子做弹性碰撞，在与入射方向成 90°角的方向上观察时，散射 X 射线光子的波长是多大？反冲电子的动能是多少 eV？

解：由题知，散射角 $\varphi = 90°$，以此值代入式（21-21），得

$$\Delta\lambda = \lambda - \lambda_0 = \lambda_C(1-\cos\varphi) = \lambda_C = 0.00243\text{nm}$$

康普顿散射波长为

$$\begin{aligned}\lambda &= \lambda_0 + \Delta\lambda = 0.0300\text{nm} + 0.00243\text{nm} = 0.03243\text{nm} \\ &= 3.24\times10^{-2}\text{nm}\end{aligned}$$

电子获得的动能等于光子损失的能量为

$$\begin{aligned}E_k &= h\nu_0 - h\nu = \frac{hc}{\lambda_0} - \frac{hc}{\lambda} \\ &= \left[6.63\times10^{-34}\times3.00\times10^8\times\left(\frac{1}{3.00}-\frac{1}{3.24}\right)\times10^{11}\right]\text{J} \\ &= 4.91\times10^{-16}\text{J} = 3.07\times10^3\text{eV}\end{aligned}$$

21.1.3　玻尔氢原子理论

1. 氢原子光谱的实验规律

19 世纪后半期，人们对原子光谱进行了大量的观测研究，积累了丰富的资料。实验发现，原子光谱是分立的线状光谱，不同元素的原子都有自己特定频率的谱线。这表明，原子光谱携带并反映了原子内部结构的信息。为了找出这种内在联系，人们从最简单的氢原子入手，归纳总结出了氢原子光谱的实验规律。

人们发现，实验测得的氢原子光谱线的规律可以用谱线的波数 $\tilde{\nu}$（波长的倒数 $\tilde{\nu}=\frac{1}{\lambda}$，表示单位长度内波长的数目）来表征。于是，氢原子光谱线的波数为

$$\tilde{\nu}=\frac{1}{\lambda}=R\left(\frac{1}{m^2}-\frac{1}{n^2}\right)(n=m+1,m+2,\cdots;m=1,2,3,\cdots) \tag{21-23}$$

式中，m 取某一正整数时，n 可取 $m+1,m+2,\cdots$ 一系列整数值，对应于氢光谱的一个线系。例如，

$m=1$，$n=2,3,\cdots$ 为莱曼（Lyman）系；
$m=2$，$n=3,4,\cdots$ 为巴耳末（Balmer）系；
$m=3$，$n=4,5,\cdots$ 为帕邢（Paschen）系；
$m=4$，$n=5,6,\cdots$ 为布拉开（Brackett）系；
$m=5$，$n=6,7,\cdots$ 为普丰德（Pfund）系。

式中，$R=1.0973731\times10^7\mathrm{m}^{-1}$，称为氢光谱的**里德伯常数**。

氢原子为数众多、波长复杂的光谱线竟可以用如此简明、规则的公式准确地表示出来，可见氢原子光谱线并非互不相关，而是有确定的内在联系，这一事实更预示了原子内部存在严格、规整的结构。

2. 原子的核式模型与经典物理的困难

1911 年，卢瑟福（Rutherford，1871—1937）提出了原子的核式结构模型。他认为原子由原子核和电子组成，原子核集中了原子全部的正电荷和几乎全部的质量，位于原子中心，而电子则如行星绕太阳运转似的绕核运动，构成了一个稳定的电结构系统。这个模型成功揭示了 α 粒子通过金属箔出现大角度散射的实验现象，很快被物理学界大部分人士所接受，认为这一模型反映了原子内部的真实情况。

但是，利用这个模型并根据经典电磁理论去具体说明氢原子问题时，却在下面两个主要事实上遭到了失败：

1）电子绕核运动是一种加速运动，按照经典电磁理论，加速运动的电荷必定要向外辐射电磁波。伴随着电磁波的辐射，原子能量逐渐减少，电子绕核运动的半径也连续减小，最终在不到 10^{-10}s 的时间内会落在原子核上，因而氢原子应是一个不稳定系统。但是观测和实验事实表明，正常状态下氢原子是稳定的。

2）据经典电磁理论，原子发光频率等于原子中电子绕核运动的轨道频率。随着电子轨道半径连续减小，原子发射的光谱线的频率连续增大，因此，氢原子应发射出连续光谱。但实验事实表明，氢原子发出的是一系列分立的线状光谱。

3. 玻尔的氢原子理论

针对经典理论在解释原子结构和原子线状光谱时所遇到的困难，丹麦科学家玻尔（N. Bohr，1885—1952）将普朗克和爱因斯坦的量子概念首次应用于原子系统，大胆提出了关于氢原子模型的假设。

1）定态假设：原子只能处于一系列不连续的、稳定的能量状态，称为定态。处于定态中的电子虽绕核做加速运动，但不辐射能量。

2）跃迁假设：当原子从能量为 E_n 的定态跃迁至能量为 E_m 的定态时，才会辐射或吸收一定频率的光子。光子的能量 $h\nu$ 由这两个定态的能量决定，即

$$h\nu = |E_n - E_m| = \begin{cases} E_n - E_m (E_n > E_m, \text{辐射光子}) \\ E_m - E_n (E_n < E_m, \text{吸收光子}) \end{cases} \tag{21-24}$$

式（21-24）称为**跃迁频率条件**。

3）轨道角动量量子化条件：原子处于定态时，电子绕核运动的轨道角动量 L 只能取 $h/2\pi$的整数倍（亦即只有这样的轨道才是容许的），即

$$L = mvr = n\frac{h}{2\pi}\ (n = 1, 2, 3, \cdots) \tag{21-25}$$

n 只能取正整数，称为量子数。式（21-25）称为**轨道角动量量子化条件**。

玻尔根据以上假设，推导出了氢原子的能量公式和电子运动轨道半径公式，并成功解释了氢原子光谱的实验规律。

玻尔认为，氢原子中电子在原子核库仑力场中做圆周运动。由牛顿定律，应有

$$\frac{e^2}{4\pi\varepsilon_0 r^2} = m\frac{v^2}{r} \tag{21-26}$$

将上式与式（21-25）联立，可解得电子运动的轨道半径为

$$r_n = n^2\frac{\varepsilon_0 h^2}{\pi m e^2}\ (n = 1, 2, 3, \cdots) \tag{21-27a}$$

此式说明，氢原子核外电子的轨道是量子化的。$n=1$ 时，

$$r_1 = \frac{\varepsilon_0 h^2}{\pi m e^2} = a_0 = 5.29\times10^{-11}\text{m} = 5.29\times10^{-2}\text{nm}$$

a_0 是氢原子中电子的最小轨道半径，称为玻尔半径。于是，式（21-27a）又可表示为

$$r_n = n^2 a_0\ (n = 1, 2, 3, \cdots) \tag{21-27b}$$

当电子在半径为 r_n 的轨道上运动时，氢原子系统的能量等于电子与原子核系统的势能以及电子的动能之和，即

$$E_n = \frac{1}{2}mv^2 - \frac{e^2}{4\pi\varepsilon_0 r_n}$$

把由式（21-26）和式（21-27a）求出的 v_n 和 r_n 值代入上式，得

$$E_n = -\frac{1}{n^2}\frac{me^4}{8\varepsilon_0^2 h^2}\ (n = 1, 2, 3, \cdots) \tag{21-28}$$

显然，氢原子的定态能量也是量子化的，这种量子化的能量值称为**能级**。当 $n=1$ 时，

$$E_1 = -\frac{me^4}{8\varepsilon_0^2 h^2} = -13.6\text{eV}$$

为氢原子的最低能量。氢原子处于这一定态称为基态。$n>1$ 的各定态称为激发态。氢原子的能量均为负值，表明原子中电子处于束缚态。量子数 n 越小，能级越低，状态就稳定。当 $n\to\infty$ 时，$E_\infty=0$，称为自由态。这时电子脱离原子核的束缚成为自由电子。要使氢原子从基态变为自由态，外界需要提供的能量（称为电离能）为

$$E_{\text{电离}} = E_\infty - E_1 = 13.6\text{eV}$$

根据跃迁频率条件式（21-24）和氢原子能级公式（21-28），可进一步推出氢原子光谱线系的理论公式。氢原子从 E_n 能级跃迁到 E_m 能级（$E_n > E_m$），辐射光子的波数为

$$\begin{aligned}\tilde{\nu} &= \frac{1}{\lambda} = \frac{1}{hc}(E_n - E_m) \\ &= \frac{me^4}{8\varepsilon_0^2 h^3 c}\left(\frac{1}{m^2} - \frac{1}{n^2}\right)(n = m+1, m+2, \cdots; m = 1,2,3,\cdots)\end{aligned} \tag{21-29}$$

将上式与式（21-23a）比较，里德伯常数的理论值应为

$$R = \frac{me^4}{8\varepsilon_0^2 h^3 c} = 1.097373 \times 10^7 \mathrm{m}^{-1}$$

可见，R 的理论值与实验值符合得很好，氢光谱线系的理论公式与经验公式完全一致，这样，玻尔理论就取得了成功。氢原子的能级与光谱系图如图 21-10 所示。

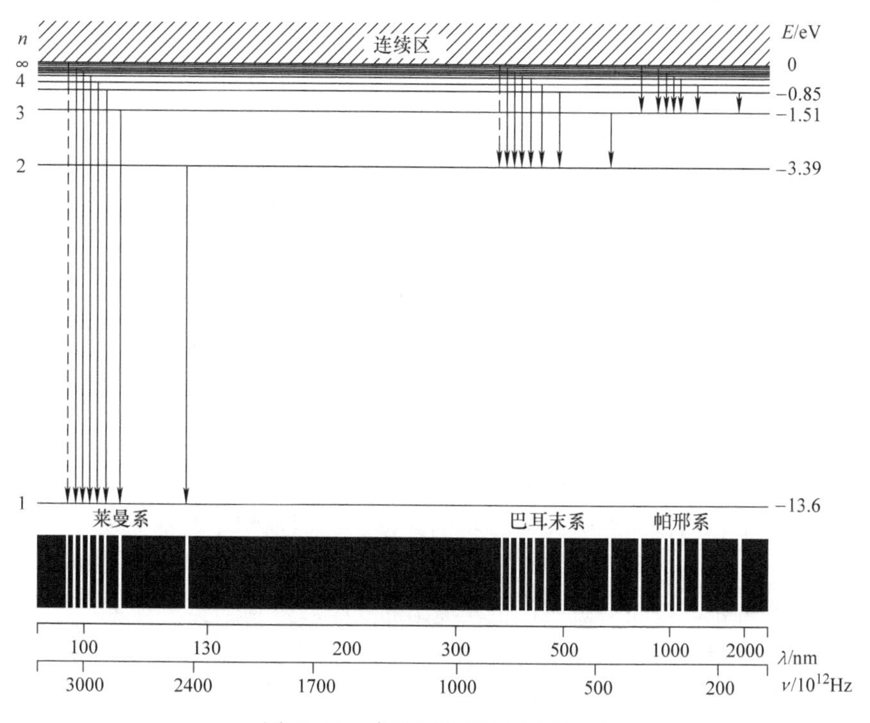

图 21-10　氢原子能级与光谱系图

在物理学史上，把普朗克的能量子假设，爱因斯坦的光量子理论及玻尔的量子论合称为旧量子论，它立足于经典理论而又人为地加进了量子化的假设，解决了当时经典力学出现的危机，但并没有从理论体系上对经典力学进行根本的变革，因而具有很大的局限性。但是，它提出来的量子概念无疑是对经典物理的巨大突破，而一门崭新的科学——量子力学萌芽于这一突破之中。

21.2 物质波　不确定关系

19 世纪，光已被确认为是一种电磁波，而光电效应和康普顿效应指出，光又具有粒子性。人们逐步认识到，必须把光和粒子这两个对立的物理图像统一于对光的描述之中，才能全面的揭示光的本性，并用“波粒二象性”这样一个物理词汇来概括对光的本性的认识。

光的二象性生动地体现在光子的能量和动量的表达式 $E=h\nu$（或 $E=\frac{hc}{\lambda}$）和 $p=\frac{h\nu}{c}$（或 $p=\frac{h}{\lambda}$）中。等式左方分别是描述粒子属性的能量和动量，等式右方分别是描述波动过程的频率和波长。普朗克常数 h 作为桥梁把两种不同特性的物理量联系起来，揭示了光的粒子性和波动性之间的联系。

光的二象性的揭示不仅是对光的本性认识的一次飞跃，而且引发了人们对物质世界的重新认识。

21.2.1　物质波

由于受到光的波粒二象性的启示，也由于早期量子论在处理微观粒子问题上的局限性和困难，1924 年法国青年物理学家德布罗意（De Broglie，1892—1987）把光的波粒二象性推广到一切实物粒子。他认为，在光的研究中仅注意到了光的波动性，而过于忽略了光的粒子性，那么，在实物粒子的研究中是否发生了相反的错误，即过于注重了粒子图像而忽视了波的图像呢？为此，他提出了物质波的大胆假设，即认为一切实物粒子都具有波粒二象性：一个质量为 m、速度为 v 的实物粒子（其能量为 $E=mc^2$，动量 $p=mv$）与一个频率为 ν、波长为 λ 的波相联系，这种波称为**物质波**（或称**德布罗意波**）。与光子类比，他预言物质波的波长和频率分别为

$$\lambda=\frac{h}{p}=\frac{h}{mv},\ \nu=\frac{E}{h}=\frac{mc^2}{h} \tag{21-30}$$

上式称为**德布罗意公式**或**德布罗意假设**。

德布罗意提出上述假设时并无任何直接的证据。爱因斯坦十分欣赏其中所蕴含的创造性新思想，认为这符合自然界和谐对称之美，在他的推崇和倡导下，薛定谔在物质波基础上创立了量子力学理论。德布罗意假设也在提出的 3 年后得到了实验验证。

根据德布罗意假设，可估算动能约为 100eV 的电子的德布罗意波长。由于电子动能不大（远小于电子静能 $E_0=m_0c^2\approx0.5\text{MeV}$），可按非相对论动量计算：

$$\begin{aligned}\lambda&=\frac{h}{p}=\frac{h}{\sqrt{2mE_\text{k}}}\\&=\frac{6.63\times10^{-34}}{\sqrt{2\times9.11\times10^{-31}\times100\times1.6\times10^{-19}}}\text{m}\\&=1.23\times10^{-10}\text{m}=0.123\text{nm}\end{aligned}$$

这一波长值与固体的晶格常数及 X 射线的波长同数量级。这一事实启发科学家用晶体作为衍射光栅来观测电子的波动性。

1927 年，戴伟孙（C. P. Davisson，1881—1958）和革末（Germer，1898—1971）合作，研究低能电子束在镍单晶表面的散射时观察到了衍射现象。同年，汤姆孙（G. P. Thomson，1892—1975）在高能电子束通过多晶薄膜的透射实验中发现了电子衍射，获得的衍射图样与 X 射线的衍射图样十分相似，如图 21-11 所示。1961 年，德国的约恩孙（C. Jonsson，1892—1975）以精巧的技术在铜模上刻了 5 条狭缝（缝宽 0.3μm，缝长 50μm，间距约 1μm）完成了与可见光双缝干涉类似的实验。以后，中子，原子和分子的衍射现象也观测

到了。所有此类实验的成功都证实了德布罗意公式或德布罗意的预言；运动的微观粒子伴随着物质波，而且在实验中测得的物质波的波长与式（21-30）中的波长一致。

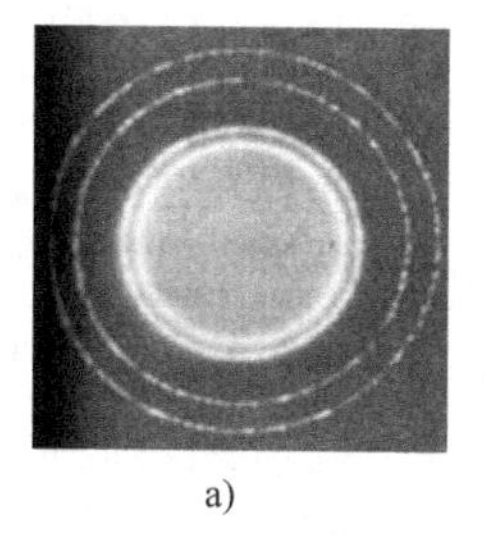
a)

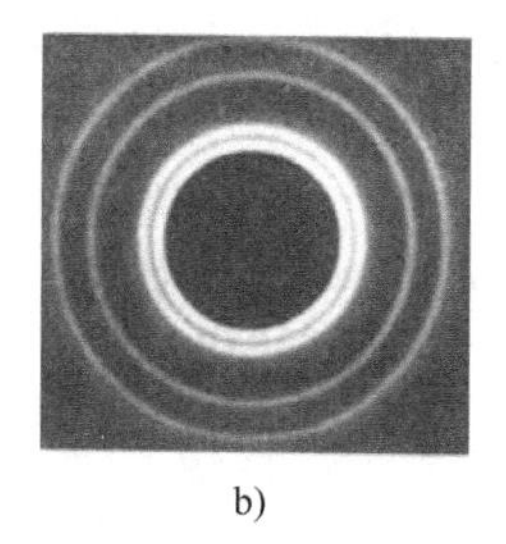
b)

图 21-11　电子和 X 射线衍射图
a）X 射线衍射图样　b）电子衍射图样

例 21.2　试计算：（1）温度为 25℃时的慢中子的德布罗意波长；（2）$m=0.05\text{kg}$，$v=300\text{m}\cdot\text{s}^{-1}$的子弹的德布罗意波长。

解：（1）在 $T=(25+273.15)\text{K}=298.15\text{K}$ 的热平衡态下，慢中子的平均动能为

$$\bar{\varepsilon}=\frac{3}{2}kT$$

其动量为

$$p=\sqrt{2m\bar{\varepsilon}}$$

德布罗意波长为

$$\lambda=\frac{h}{p}=\frac{h}{\sqrt{2m\bar{\varepsilon}}}=\frac{h}{\sqrt{3mkT}}=\frac{6.63\times10^{-34}}{\sqrt{3\times1.67\times10^{-27}\times1.38\times10^{-23}\times298.15}}\text{m}$$

$$=1.46\times10^{-10}\text{m}=0.146\text{nm}$$

（2）因子弹速度 $v\ll c$，故有

$$\lambda=\frac{h}{mv}=\frac{6.63\times10^{-34}}{0.05\times300}\text{m}=4.4\times10^{-35}\text{m}=4.4\times10^{-26}\text{nm}$$

波动是所有物质的客观属性。对于本例中的慢中子而言，由于其物质波波长与 X 射线波长同数量级，因此可利用晶格光栅显示其波动性；而对于子弹这样的宏观物体，由于其动量 $p\gg h$，其物质波波长极小，已无法通过实验来显示并观测其波动性，因而仅表现出粒子性。

21.2.2　实物粒子的波粒二象性

既然一切微观粒子都具有波粒二象性，那么，物质波的物理意义是什么？它与经典粒子和经典波有什么不同？如何理解微观粒子的二象性？

德布罗意曾认为那种与粒子相联系的波是引导粒子运动的“导波”，并由此预言了电子双缝干涉的实验结果。他认为这种波以相速度传播而其群速度正好就是粒子运动的速度。对这种波的本质是什么，他并没有给出明确的回答，只是说它是虚拟的和非物质的。

玻恩（M. Born）受爱因斯坦对电磁场与光子关系观点的启示，1926 年提出了物质粒子是概率波的观点。爱因斯坦认为电磁场是一种引导光子运动的“鬼场”，各处电磁波振幅的

二次方决定在该处单位体积内一个光子存在的概率。玻恩发展了爱因斯坦的思想，他保留了粒子的微粒性，认为物质波描述了粒子在各处被发现的概率，即**德布罗意波是概率波**。这种观点目前得到了普遍认可。下面通过电子双缝衍射实验予以说明。

让电子逐个穿过双缝，在观测屏上得到了一系列的图样，如图 21-12 所示。图 21-12a 是只有一个电子穿过双缝所形成的图像，图 21-12b 是几个电子穿过后形成的图像，图 21-12c是几十个电子穿过后形成的图像。随着入射电子总数的增多，衍射图样依次如21-12 d、e、f 诸图所示。由此可以看出，每个电子都在屏的照相底板上留下了一个斑点。开始，少量的斑点随机地散乱分布，看起来似乎无规律可循，随着到达底板的电子的增多，就渐渐可以看出累积的斑痕显示出条纹状的分布。当时间足够长，电子数足够多后，底板上就形成了清晰的条纹，与用强电子束短时间照射双缝所得的衍射图样完全相同。

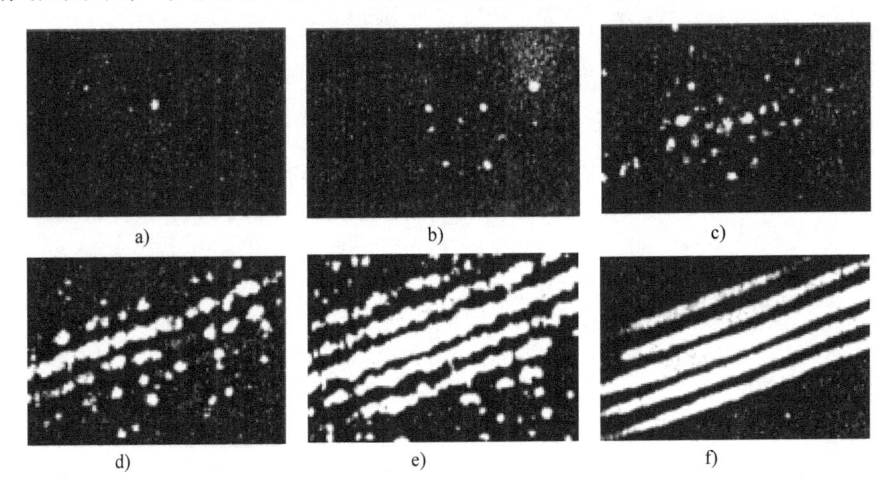

图 21-12　电子逐个穿过双缝的衍射实验结果

由以上实验可以看出，电子的波动性与经典波不同：从电子在屏上留下的点点斑痕看，它确实是一个个不可分割的粒子；当屏上电子数较少时，也并不像经典波那样能形成虽然浅淡但仍连续分布的条纹；衍射条纹的分布反映了屏上电子密度的分布——这些都表明物质波的主体是粒子，一个粒子只能在一处出现，而不像经典波是物质的一种运动形态，可以同时分布在空间各处，明暗条纹只是空间各点振动状态（振幅大小）不同的反映，因而经典波无论强弱，只要有衍射，就会显示出条纹。由此可以看出，电子的波动性中含有粒子性。

此外，电子又不同于经典粒子。在双缝实验中，每个电子的运动具有一定的随机性，大量电子（无论是强电子束短时间照射，还是弱电子束长时间照射）在屏上的分布总表现出一种统计规律性的分布，如图 21-13a 所示，它是若干条强度大致相同的较窄的条纹。如果只开一条缝，另一条缝闭合，则会形成单缝衍射条纹，其特征是几乎只有强度较大的较宽的中央明条纹，如图 21-13b 中的 P_1 和 P_2。如果先开缝 1，同时关闭缝 2，经过一段时间后改为开缝 2，同时关闭缝 1，这样的得到的衍射图样将是图 21-13b 中的 P_{12}，它是两次单缝衍射图样 P_1 和 P_2 的叠加，其强度分布和同时打开双缝时的双缝衍射图样是截然不同的。对于经典粒子，它们通过双缝时，都各自有确定的轨道，每个粒子都将确定地通过一个缝，不是通过缝 1 就是通过缝 2。通过缝 1 的那些粒子，如果也能衍射的话，将形成单缝衍射图

样 P_1，通过缝 2 的那些粒子，将形成衍射图样 P_2。不管是两缝同时打开还是依次只开一个缝，最终形成的衍射条纹将是两次单缝衍射图样的叠加，即 P_{12}。这表明，经典粒子与电子的行为是截然不同的，电子具有波动性，它在双缝同时打开时，到底从哪个缝通过是不确定的，也可能从缝 1 通过，也可能从缝 2 通过，它没有确定的轨道；而经典粒子不具有波动性，它们通过双缝时每个粒子通过哪一个缝是完全确定的。所以在两缝同时打开时，电子的衍射图样为图 21-13a，是若干条强度大致相同的较窄的条纹，而经典粒子的衍射图样为图 21-13b 中的 P_{12}，它是两次单缝衍射图样 P_1 和 P_2 的叠加。那么，是否只有大量电子的集体才有波动性，或者说，是否因为在过缝的瞬间电子之间发生了某种相互作用才发生衍射？实验清楚地表明，即使电子一个一个地单独通过双缝，最后仍可得到衍射图样。这说明，衍射图样的形成并非电子之间的相互作用，单个电子本身就具有波动性！衍射图样的形成实质上是单个电子波动性的集体表现。由此可以看出，电子的粒子性中含有波动性。

综上所述，经典的波动和经典的粒子是截然不同、毫无联系的，而电子的粒子性与波动性是一个事物的两个方面，是不可分割的整体，电子波动性中有粒子性，粒子性中有波动性，它具有**波粒二象性**。这是所有微观粒子的共同特性。

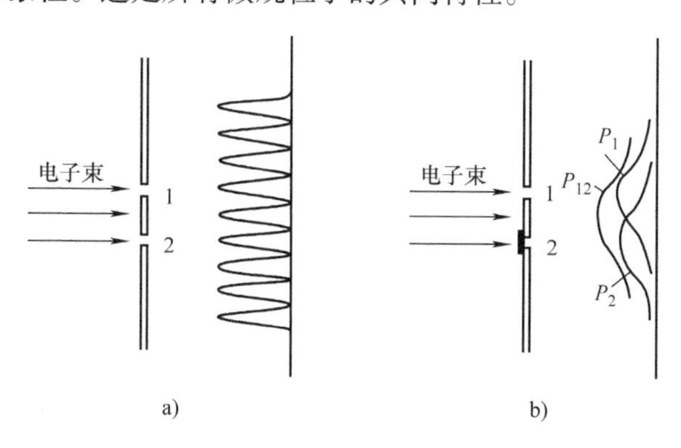

图 21-13　电子双缝衍射实验示意图

a）两缝同时打开　b）依次打开一个缝

为了定量地描述微观粒子的状态，与经典波用波函数描述类似，玻恩提出用一个关于时间空间的函数 $\Psi(\boldsymbol{r},t)$ 来描述物质波（$\Psi(\boldsymbol{r},t)$ 称为物质波**波函数**，一般为复数），波函数的振幅的二次方 $|\Psi(\boldsymbol{r},t)|^2$ 假定为粒子在 $\boldsymbol{r}$ 处单位体积内出现的概率（称为**概率密度**），波函数 $\Psi(\boldsymbol{r},t)$ 因此就称**概率幅**。

对双缝实验来说，以 $\Psi_1(\boldsymbol{r},t)$、$\Psi_2(\boldsymbol{r},t)$ 分别表示单开缝 1、缝 2 时粒子在底板附近的概率幅分布，则 $|\Psi_1(\boldsymbol{r},t)|^2=P_1$、$|\Psi_2(\boldsymbol{r},t)|^2=P_2$ 分别表示对应粒子在底板上的概率分布。如果两缝同时打开，经典概率理论指出，这时底板上粒子的概率分布应为

$$P_{12}=P_1+P_2=|\Psi_1(\boldsymbol{r},t)|^2+|\Psi_2(\boldsymbol{r},t)|^2$$

但事实不是这样！两缝同时打开时，入射的每一个粒子通过哪个狭缝是不确定的，它们可以通过任意一条狭缝，这时不是概率相叠加，而是**概率幅叠加**，即

$$\Psi_{12}(\boldsymbol{r},t)=\Psi_1(\boldsymbol{r},t)+\Psi_2(\boldsymbol{r},t) \tag{21-31}$$

相应的概率分布为

$$P_{12}=|\Psi_{12}(\boldsymbol{r},t)|^2=|\Psi_1(\boldsymbol{r},t)+\Psi_2(\boldsymbol{r},t)|^2 \tag{21-32}$$

这里最后的结果就会出现 $\Psi_1(\boldsymbol{r},t)$ 和 $\Psi_2(\boldsymbol{r},t)$ 的交叉项。正是这交叉项给出了两缝之间的干涉效果，使双缝同开和依次单开两种条件下的衍射图样不同。

概率幅叠加这样的奇特规律，被费恩曼（R. P. Feynman）称为“量子力学的第一原理”。他这样写道：“如果一个事件可能以几种方式实现，则该事件的概率幅就是各种方式单独实现时的概率幅之和，于是出现了干涉。”㊀

综上所述，波粒二象性是微观粒子的固有属性，它与经典粒子和经典波有根本区别。微观粒子的粒子性仅指其不被分割的整体性，不像经典粒子那样受决定性规律（如牛顿定律）的支配，有准确的位置和动量、有确定的轨道，而是遵循概率波的统计性规律，没有确定的轨道，只能给出空间位置和动量的概率分布。微观粒子对应的物质波也不同于经典波。经典波表示某个实在的物理量（如位移、电场等）的时空周期性变化，而物质波波函数 $\Psi(\boldsymbol{r},t)$ 本身并无直接的物理意义，仅其波幅的二次方 $|\Psi(\boldsymbol{r},t)|^2$ 才有意义，表示粒子的概率分布，由于这种概率分布与经典波一样会呈现出干涉、衍射等波动特征，因而体现了波动性。总之，微观粒子既非经典粒子，又非经典波，它的波粒二象性在概率波的意义上得到了自洽统一。

在物理理论中引入概率的概念在哲学上有重要的意义。它意味着：在给定条件下，不可能精确地预知结果，只能预言某些可能的结果的概率。也就是说，不能给出唯一的肯定结果，只能用统计方法给出结论。这一理论是和经典物理的严格因果律直接相矛盾的。因此，尽管由于量子力学预言的结果和实验异常精确地相符，所有物理学家都承认它是一个很成功的理论，但是关于量子力学的哲学基础仍然有很大的争论。哥本哈根学派，包括玻恩、海森伯等量子力学大师，坚持波函数的概率或统计解释，认为它就表明了自然界的最终实质。

另一些人不同意这样的结论，最主要的反对者是爱因斯坦。他在 1927 年就说过：“上帝并不是跟宇宙玩掷骰子游戏。”德布罗意的话（1957 年）更发人深思：“不确定性是物理实质，这样的主张并不完全站得住的。将来对物理实在的认识达到一个更深的层次时，我们可能对概率定律和量子力学做出新的解释，既它们是目前我们尚未发现的那些变量的完全的数值演变的结果。……实际上，科学史告诉我们，已获得的知识是暂时的，在这些知识之外，肯定有更广阔的新领域有待探索。”

21.2.3　不确定关系

前已述及，微观粒子的运动由概率波描述，而概率波只能给出粒子在空间的概率分布，不能预言粒子的准确位置。因此，任一时刻粒子的位置具有一定的不确定性。与此相联系，粒子在任一时刻的动量也具有不确定性。这一点与牛顿力学所设想的“经典粒子”根本不同。牛顿力学的基本假设就是，质点的运动都沿着一定的轨道，在轨道上任意时刻质点都有确定的位置和动量。在牛顿力学中也正是用位置和动量来描述一个质点在任一时刻的运动状态的。由量子力学可以证明（本书略），任一时刻实物粒子在某一方向（x 轴）上的位置不确定量 Δx 和该方向上的动量不确定量 Δp_x 满足以下关系：

$$\Delta x \cdot \Delta p_x \geqslant \frac{\hbar}{2} \tag{21-33}$$

㊀ 见 The Feynman Lectures on Physics. Addison – Wesley Co., 1965, 111, 1 – 11.

对于其他方向上，类似的有

$$\Delta y \cdot \Delta p_y \geqslant \frac{\hbar}{2} \tag{21-34}$$

$$\Delta z \cdot \Delta p_z \geqslant \frac{\hbar}{2} \tag{21-35}$$

以上这三个公式是位置坐标和动量的不确定关系，其中 $\hbar = \frac{h}{2\pi} = 1.0545887 \times 10^{-34}\mathrm{J \cdot s}$，称为约化普朗克常量。它们说明，不可能同时准确地确定同一方向上微观粒子的位置和动量，某一时刻，粒子的位置越精确（Δx 越小），则同一方向上粒子的动量越不精确（Δp_x 越大）；反之，如动量越精确，则同一方向上粒子的位置坐标就越不精确。总之，这个不确定关系告诉我们，在表明或测量粒子的位置和动量时，它们的精度存在着一个终极的不可逾越的限制。

不确定关系是海森伯于 1927 年给出的，因此常被称为**海森伯不确定关系**或**不确定原理**。它的根源是波粒二象性。费恩曼曾把它称作“自然界的根本属性”，并且还说“现在我们用来描述原子，实际上，所有物质的量子力学的全部理论都有赖于不确定原理的正确性。”㊀

可以由电子的单缝衍射实验来说明海森伯不确定关系。如图 21-14 所示，一束电子沿 Oy 轴射向 AB 屏的狭缝，狭缝宽为 a，在 CD 屏上得到衍射图样。图中曲线表示波的强度分布，也表示电子到达底板时的概率分布。

下面分析电子在通过狭缝时的位置和动量关系。电子在通过缝时，我们无法确定它究竟是从缝上哪一点通过的，因此，电子在缝宽 x 方向的不确定量为

$$\Delta x = a$$

如果电子在过缝前动量的 x 分量 $p_x = 0$，那么当它过缝时因波动性而产生衍射，动量的方向发生了变化，$p_x \neq 0$，（若 $p_x = 0$，则粒子将沿直线运动，就不会发生衍射现象了。）且自此时起直至电子到达屏前，其动量不再改变，因此，过缝时电子的横向动量 p_x 可由电子到达屏上的位置（由衍射角 ϕ）来估算。即电子通过缝时的横向动量为

$$p_x = p\sin\phi \ (0 \leqslant \sin\phi \leqslant 1)$$

由单缝衍射条纹分布可知，中央明纹最亮，即电子分布在中央两侧第一级极小之间的概率最大，如图 21-14 中 M 和 M' 之间。若取与此范围相应的横向动量值作为 x 方向动量的不确定量 Δp_x，则有

$$\Delta p_x = p\sin\phi_1$$

ϕ_1 为第一级极小的衍射角。考虑到电子还有可能落到其他次级大明纹处，应有

$$\Delta p_x \geqslant p\sin\phi_1$$

根据单缝衍射公式 $\sin\phi_1 = \frac{\lambda}{a} = \frac{\lambda}{\Delta x}$ 和电子的

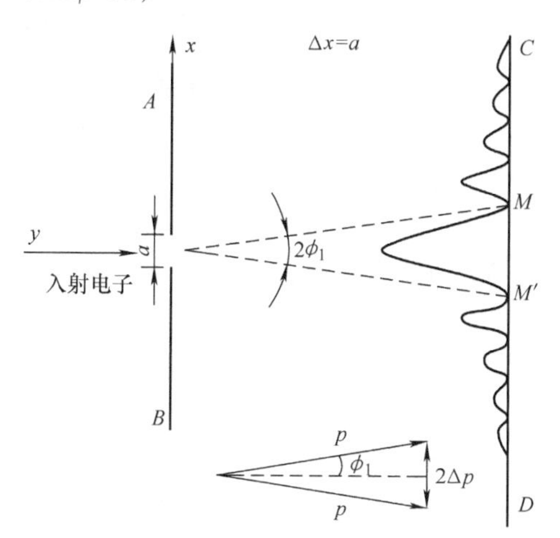

图 21-14　电子单缝衍射

㊀ 见 The Feynman Lectures, Vol. III, p1 - 9.

德布罗意波长 $\lambda = \frac{h}{p}$，代入上式，整理后得

$$\Delta x \Delta p_x \geqslant h$$

更一般的理论给出

$$\Delta x \Delta p_x \geqslant \hbar/2$$

以上结果表明，电子在缝宽方向上的位置不确定量越小，则同一方向上衍射电子的动量不确定量就越大，反之亦然。这与光的单缝衍射用波动语言得出的结论（缝宽越小，衍射条纹铺展越宽）完全一致。可见，当我们用描述经典粒子的“位置”和“动量”概念来描述具有二象性的电子时，不可能像经典粒子一样同时准确地确定电子在同一方向上的位置和动量。两个量的不确定程度要受到不确定关系的制约，这一结论也适用于一切微观粒子。由实验的分析也可以看出，我们既用到了电子的粒子图像，又用到了其波动图像，因此可以说，不确定关系正是建立在电子（或一切微观粒子）波粒二象性的基础之上，是微观粒子这种固有属性的反映。

不确定关系不仅存在于坐标与动量之间，也存在于能量和时间之间。如果微观粒子处于某一状态的时间为 Δt，则其能量必有一个不确定量 ΔE，考虑一个粒子在 Δt 时间内的动量为 p，能量为 E。根据相对论，有

$$p^2c^2 = E^2 - m_0^2c^4$$

而其动量的不确定量为

$$\Delta p = \Delta\left(\frac{1}{c}\sqrt{E^2 - m_0^2c^4}\right) = \frac{E\Delta E}{c\sqrt{E^2 - m_0^2c^4}} = \frac{E\Delta E}{c^2p}$$

在 Δt 时间内，粒子可能发生的位移，也就是在这段时间内粒子位置坐标的不确定度

$$\Delta x = v\Delta t = \frac{p}{m}\Delta t$$

将两式相乘，得

$$\Delta x \Delta p = \frac{E}{mc^2}\Delta E \Delta t$$

由于 $E = mc^2$，由不确定关系，有

$$\Delta E \Delta t \geqslant \frac{\hbar}{2} \tag{21-36}$$

这就是关于**能量和时间的不确定关系**。

当用分辨率很高的摄谱仪来拍摄光谱线时，会发现光谱线具有一定的宽度 $\Delta\nu$，即处于激发态的原子跃迁时，发射的光谱线的频率不正好是 ν，而是具有一定宽度 $\Delta\nu$（不确定的范围），即原子激发态所对应的能量不是一确定值，而存在一定的不确定范围 $\Delta E = h\Delta\nu$。通常称 ΔE **为能级宽度**。

处在激发态的原子，将自发地跃迁到低能态或基态，因而原子处于每一激发态都有一定的平均寿命。因在对同类的大量原子，其寿命长短不一，真实的寿命分布在一定范围内。寿命的不确定量，恰好等于平均寿命 τ。

能级的宽度 ΔE 与原子处于该能级的平均寿命 τ 之间也满足不确定关系

$$\Delta E \cdot \tau \geqslant \frac{\hbar}{2}$$

上式表明，能级宽度反比于能级的平均寿命。平均寿命长的能级，其能级宽度小，这样的

能级比较稳定；反之亦然。把能级宽度 $\Delta E = h\Delta\nu$ 代入上式则有

$$\tau\Delta\nu \geqslant \frac{1}{4\pi}$$

上式表明，光谱线的宽度反比于能级的平均寿命，能级的平均寿命越长，谱线的单色性越好。

能量和时间的不确定关系不仅适用于原子能级，也适用于原子核状态和所有的微观过程。

不确定性关系的提出改变了我们对自然界的思考方式，同时不确定关系在定性分析物理现象方面有非常广的应用。应用不确定关系可以对许多重要的微观物理现象做出本质的解释。例如，①在原子中电子为什么不会落入原子核中，电子相对原子核的运动为什么会保持一个最小距离；②在原子中电子为什么不存在轨道运动；③固体的体积为什么不能够无限压缩；④束缚态粒子零点能的计算问题；⑤原子激发态的寿命和能级宽度的计算……

例 21.3　一颗质量 $m = 0.01\mathrm{kg}$ 的子弹，以速率 $v = 500\mathrm{m \cdot s^{-1}}$ 运动，设速率的准确度为 0.01%，求测定子弹位置可达到的最高准确度。

解：由不确定关系

$$\Delta x \geqslant \frac{\hbar}{2\Delta p_x} = \frac{\hbar}{2m\dfrac{\Delta v_x}{v_x}v_x} = \frac{1.05\times10^{-34}}{2\times0.01\times10^{-4}\times500}\mathrm{m} = 1.05\times10^{-31}\mathrm{m}$$

子弹位置的准确度如此之高，现有的任何仪器都已无法观测到其不确定性，而同时，其动量准确度也十分高。可见，对于子弹这样的宏观物体完全可以用经典力学中准确的位置、动量和轨道等概念来描述。

例 21.4　质量为 $10^{-15}\mathrm{kg}$ 的一运动粒子，如果测定其位置能准确到 $10^{-8}\mathrm{m}$，那么其速度的不确定度为多大？

解：依测不准关系，该粒子的速度不确定量为

$$\Delta v_x = \frac{h}{m\Delta x} = 6.63\times10^{-11}\mathrm{m/s}$$

由上例可见，虽然粒子已小到肉眼无法直接观察的程度，但因速度和坐标的不确定度的数量级分别只有 10^{-11} 和 10^{-8}，这并没有对测量做出什么限制，人们能够非常准确地同时确定粒子的速度和坐标，因此该粒子的行为仍能用经典力学来准确地描述。

例 21.5　原子大小的数量级为 $10^{-10}\mathrm{m}$，电子在运动位置的不准确量至少为原子大小的 1/10，即 $\Delta x = 10^{-11}\mathrm{m}$，试求电子速率的不确定量。

解：$\Delta v = \dfrac{\hbar}{2m\Delta x} = \dfrac{1.05\times10^{-34}}{2\times9.1\times10^{-31}\times10^{-11}}\mathrm{m/s} \approx 5.8\times10^{6}\mathrm{m/s}$

原子中电子的速率 v 的数量级约为 10^5 到 $10^6\mathrm{m/s}$，速率的不确定量与 v 相比不能忽略，可见，对原子范围内的电子，谈论其速率已无多大意义，此时电子的波动性十分显著，经典力学规律和轨道概念已不再适用。

例 21.6　ρ 介子的静能是 765MeV，寿命是 $2.2\times10^{-24}\mathrm{s}$。它的能量不确定度多大？占静能的几分之几？

解：由能量不确定关系（取等号）得

$$\Delta E=\frac{\hbar}{2\tau}=\frac{1.05\times10^{-34}}{2\times2.2\times10^{-24}\times1.6\times10^{-13}}\text{MeV}=150\text{MeV}$$

与静能相比有

$$\frac{\Delta E}{E}=\frac{150}{765}\approx20\%$$

21.3 波函数　薛定谔方程及其简单应用

21.3.1 薛定谔方程

在上一节中初步介绍了物质波波函数及其物理意义，指出微观粒子的运动可以用波函数来描述，波函数振幅的二次方表示物质波的概率密度。在牛顿力学中，粒子的状态随时间的演化可以通过解牛顿方程得到。同样我们也需要一个量子运动方程来描述量子状态（即波函数）随时间的演化，这个方程就是薛定谔方程。

薛定谔（E. Schrodinger，1887—1961）是德拜（P. J. W. Debye）的学生，1925年在瑞士，德拜让薛定谔做一个关于德布罗意波的学术报告。报告后，德拜提醒薛定谔："对于波，应该有一个波动方程。"薛定谔此前就曾注意到爱因斯坦对德布罗意假设的评论，此时又受德拜的提醒，于是就开始钻研。几个月后，他就拿出了一个波动方程，这就是现在大家所称的薛定谔方程。该方程实际上是由薛定谔根据少量事实，半猜半推理地通过"猜"加"凑"建立起来的。薛定谔方程是反映微观粒子运动规律的基本方程，它在量子力学中的作用和地位与经典力学中的牛顿运动方程是相当的。与牛顿运动方程一样，作为一个基本方程，薛定谔方程不可能由其他更基本的方程推导出来，它只能通过某种方式建立起来。它的正确性应由求解各种具体问题得到的结论与实验是否相符来验证。薛定谔首先将它应用于氢原子，得到了与实验结果完全相符的结果。以后又应用于微观领域的其他问题，也都得到了极大的成功，而且能量和其他一些物理量的量子化现象是解薛定谔方程自然而又和谐的结果。

下面介绍一下薛定谔建立该方程的大致过程，先就一维的情况进行讨论。

薛定谔认为德布罗意波的波函数遵从波动方程的一般形式，即

$$\frac{\partial^2\Psi(x,t)}{\partial x^2}=\frac{1}{u^2}\frac{\partial^2\Psi(x,t)}{\partial t^2}$$

式中，$u=\lambda\nu$ 为德布罗意波的相速度，由德布罗意公式，有

$$\lambda=\frac{h}{p},\ \nu=\frac{E}{h}$$

故在非相对论情形下，德布罗意波的相速度应为

$$u=\frac{E}{p}=\frac{E}{\sqrt{2mE_\text{k}}}=\frac{E}{\sqrt{2m(E-U)}}\tag{21-37}$$

对于一个波，薛定谔假设其波函数 $\Psi(x,t)$ 通过一个振动因子

$$\exp[-\mathrm{i}\omega t]=\exp[-2\pi\mathrm{i}\nu t]=\exp\left[-2\pi\mathrm{i}\frac{E}{h}t\right]=\exp\left[-\mathrm{i}\frac{E}{\hbar}t\right]$$

和时间 t 有关，式中，$\mathrm{i}=\sqrt{-1}$为虚数单位，于是有

$$\Psi(x,t)=\psi(x)\exp\left[-\mathrm{i}\frac{E}{\hbar}t\right] \tag{21-38}$$

将上式及德布罗意波相速公式代入波动方程的一般形式，稍加整理，即可得到

$$-\frac{\hbar^2}{2m}\frac{\mathrm{d}^2\psi(x)}{\mathrm{d}x^2}+U(x)\psi(x)=E\psi(x) \tag{21-39}$$

$$|\Psi|^2=\Psi\cdot\Psi^*=\psi(x)\exp\left[-\frac{\mathrm{i}}{\hbar}Et\right]\cdot\psi^*(x)\exp\left[\frac{\mathrm{i}}{\hbar}Et\right]=|\psi(x)|^2$$

在许多情形，粒子的势场 U 在空间是稳定分布的，即 U 不随时间变化。如果一个微观粒子在不显含时间的势场中运动，则它的能量将保持为一个确定值，粒子的这种运动状态就叫作**定态**。处于定态的粒子其概率密度也与时间无关，所以式（21-38）中的 $\psi(x)$ 称为粒子的**定态波函数**，而决定这一波函数的微分方程式（21-39）就是**定态薛定谔方程**。

原子系统可以从一个定态转变到另一个定态，例如氢原子的发光过程。在这一过程中，粒子的势场 U 是随时间而发生变化的，原子系统的能量 E 也将发生变化。对于这种能量随时间变化的情况，薛定谔认为 E 不应该出现在波动方程中。于是，他将式 $\Psi(x,t)=\psi(x)\exp\left[-\mathrm{i}\frac{E}{\hbar}t\right]$进行了变换，$\psi(x)=\Psi(x,t)\exp\left[\mathrm{i}\frac{E}{\hbar}t\right]$，将此式代回到定态薛定谔方程中，可以得到

$$-\frac{\hbar^2}{2m}\frac{\partial^2\Psi(x,t)}{\partial x^2}+U(x,t)\Psi(x,t)=E\Psi(x,t) \tag{21-40}$$

然后将式 $\Psi(x,t)=\psi(x)\exp\left[-\mathrm{i}\frac{E}{\hbar}t\right]$对时间求偏导，得

$$E\Psi(x,t)=\mathrm{i}\hbar\frac{\partial\Psi(x,t)}{\partial t}$$

将上式代入式（21-40），得到

$$-\frac{\hbar^2}{2m}\frac{\partial^2\Psi(x,t)}{\partial x^2}+U(x,t)\Psi(x,t)=\mathrm{i}\hbar\frac{\partial\Psi(x,t)}{\partial t} \tag{21-41}$$

这就是关于粒子运动的含有时间的普遍的薛定谔运动方程，是非相对论量子力学的基本方程。

对于微观粒子的三维运动，定态薛定谔方程的直角坐标形式为

$$-\frac{\hbar^2}{2m}\left[\frac{\partial^2\psi}{\partial x^2}+\frac{\partial^2\psi}{\partial y^2}+\frac{\partial^2\psi}{\partial z^2}\right]+U\psi=E\psi \tag{21-42}$$

相应的球坐标形式为

$$-\frac{\hbar^2}{2m}\left[\frac{\partial^2\psi}{\partial r^2}+\frac{2}{r}\frac{\partial\psi}{\partial r}+\frac{1}{r^2\sin\theta}\frac{\partial}{\partial\theta}\left(\sin\theta\frac{\partial\psi}{\partial\theta}\right)+\frac{1}{r^2\sin^2\theta}\frac{\partial^2\psi}{\partial\varphi^2}\right]+U\psi=E\psi \tag{21-43}$$

式中，r 为粒子的径矢的大小；θ 为极角；φ 为方位角。

对于微观粒子的三维运动，含有时间的普遍薛定谔方程的直角坐标形式为

$$-\frac{\hbar^2}{2m}\left[\frac{\partial^2\Psi}{\partial x^2}+\frac{\partial^2\Psi}{\partial y^2}+\frac{\partial^2\Psi}{\partial z^2}\right]+U\Psi=\mathrm{i}\hbar\frac{\partial\Psi}{\partial t} \tag{21-44}$$

相应的球坐标形式为

$$-\frac{\hbar^2}{2m}\left[\frac{\partial^2\Psi}{\partial r^2}+\frac{2}{r}\frac{\partial\Psi}{\partial r}+\frac{1}{r^2\sin\theta}\frac{\partial}{\partial\theta}\left(\sin\theta\frac{\partial\Psi}{\partial\theta}\right)+\frac{1}{r^2\sin^2\theta}\frac{\partial^2\Psi}{\partial\varphi^2}\right]+U\Psi=\mathrm{i}\hbar\frac{\partial\Psi}{\partial t} \tag{21-45}$$

21.3.2　波函数的标准条件和归一化条件

在上一节中已指出，$|\psi|^2$ 表示粒子在某处单位体积内出现的概率。根据波函数的物理意义，一定时刻在给定点处粒子出现的概率应该有**唯一**确定的值（**有限值**）；概率分布应该是**连续**的，即概率值不应该在某点有突变或跳跃。换言之，**波函数** $\psi(x,y,z,t)$ **必须是单值、有限、连续的函数**。对波函数的这一限制称为**波函数的标准化条件**。

粒子在整个空间内出现的总概率必定为 1，写成数学表达式，即

$$\iiint_{-\infty}^{+\infty}|\psi|^2\mathrm{d}V=1 \tag{21-46}$$

此式称为**波函数的归一化条件**。

另外需要注意的是，薛定谔方程是线性微分方程，作为方程的解的波函数或概率幅必须满足叠加原理。

在具体问题中，要正确地分析粒子所在的力场，找出势能函数的形式 $U(x)$，写出薛定谔方程的具体表达式；然后，根据波函数的标准化条件，在求解过程中选出物理上合理的波函数 $\psi(x)$，便可对粒子的位置概率分布做出定量的描述。

21.3.3　一维无限深方势阱中的粒子

在原子、分子以及固体中，由于内部势场的作用，电子不可能自动地从这些物质中逸出，我们形象化地称这个势能场对电子来说是一个势能深阱（或势阱）。实际情况下的原子、分子内的势阱是很复杂的。我们以下的讨论仅是理想化但又是较为简单的势阱。

假设有一个粒子在某力场中做一维运动，它的势能在一定的区域为零，而在此区域以外为无穷大，即

$$U(x)=0\ (0\leqslant x\leqslant a)$$
$$U(x)=\infty\ (x<0\ 和\ x>a)$$

这种理想化的势能随 x 变化的曲线称为一维无限深方势阱，如图 21-15 所示。设想有一个在无限深平底山谷运动的小球，它的能量是一个有限的值，故只能在山谷底往返运动，而不能跳出山谷；又如束缚于金属体内的自由电子，只能在金属体内运动而不能逃逸出金属表面。上述两例中小球的重力势能曲线以及自由电子的电势能曲线，都可近似地作为一维无限深方势阱来处理。

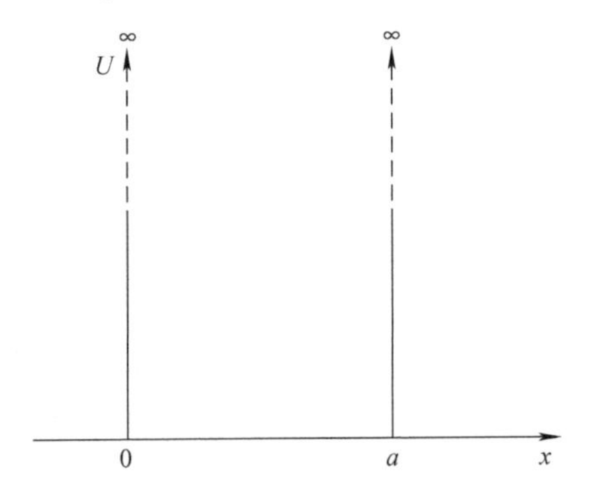

图 21-15　一维无限深方势阱

由于 $U(x)$ 与时间无关，因此在势阱中运动的粒子处于定态，可以用一维定态薛定谔方程来求解。

在势阱外，由于 $U=\infty$，所以必须有

$$\psi=0\ (x<0 \text{ 和 } x>a)$$

否则定态薛定谔方程给不出任何有意义的解，$\psi=0$ 说明粒子不可能到达这些区域，这是和经典概念相符的。

在势阱内，即在 $0\sim a$ 范围内 $U(x)=0$，式（21-39）简化为

$$\frac{\mathrm{d}^2\psi(x)}{\mathrm{d}x^2}+\frac{2m}{\hbar^2}E\psi(x)=0$$

设 $k=\sqrt{\frac{2mE}{\hbar^2}}$，则有

$$\frac{\mathrm{d}^2\psi(x)}{\mathrm{d}x^2}+k^2\psi(x)=0 \tag{21-47}$$

方程的通解为

$$\psi(x)=A\sin(kx+\delta) \tag{21-48}$$

式中，A 和 δ 为待定常数。先利用边界条件确定常数 δ。

根据波函数的连续性，边界条件应为 $\psi(a)=\psi(0)=0$。欲使 $\psi(0)=0$，必须是 $\delta=0$。欲使 $\psi(a)=A\sin ka=0$，必须是 $ka=n\pi$，$n=1,2,3,\cdots$，即 $k=\frac{n\pi}{a}=\sqrt{\frac{2mE}{\hbar^2}}$，此式导致能量 E 只能取一系列分立的值

$$E_n=n^2\frac{\pi^2\hbar^2}{2ma^2}(n=1,2,3,\cdots) \tag{21-49}$$

n 称为**量子数**。每个能量值对应一个**能级**。这些能量值称为**能量本征值**。应该说明，n 不能为零。如果 $n=0$，$k=0$，这时在势阱范围内 ψ 处处为零，表明势阱内到处没有粒子，显然这样的 ψ 不能满足归一化条件，不是所要求的解。

能量 E 描述粒子的状态，与每一个能量值对应的波函数是

$$\psi_n(x)=A\sin\frac{n\pi}{a}x(n=1,2,3,\cdots)$$

对于常数 A，可用归一化条件式（21-45）确定。由于粒子被限制在势阱内运动，粒子必定在势阱内出现，所以

$$\int_0^a|\psi_n(x)|^2\mathrm{d}x=\int_0^a A^2\sin^2\frac{n\pi}{a}x\mathrm{d}x$$

$$=\frac{1}{2}A^2a=1$$

$$A=\sqrt{\frac{2}{a}}$$

最后得

$$\psi_n(x)=\sqrt{\frac{2}{a}}\sin\frac{n\pi}{a}x(n=1,\ 2,\ 3,\cdots;\ 0\leqslant x\leqslant a) \tag{21-50}$$

这些波函数叫作**能量本征波函数**。由每个本征波函数所描述的粒子的状态称为粒子的**能量本征态**，$n=1$ 表示的态的能量最低，称为**基态**，其他的能量随 n 增加，称为**激发态**。

与能量 E_n 对应的粒子在势阱中的概率密度为

$$|\psi_n(x)|^2=\frac{2}{a}\sin^2\frac{n\pi}{a}x \tag{21-51}$$

我们看到，定态薛定谔方程存在无穷多个解，每个解对应一个 n。图 21-16a、b 分别绘出了 $n=1,2,3,4$ 时的波函数和概率密度随 x 的分布图形。它们看起来像长度为 a 的弦上的驻波。

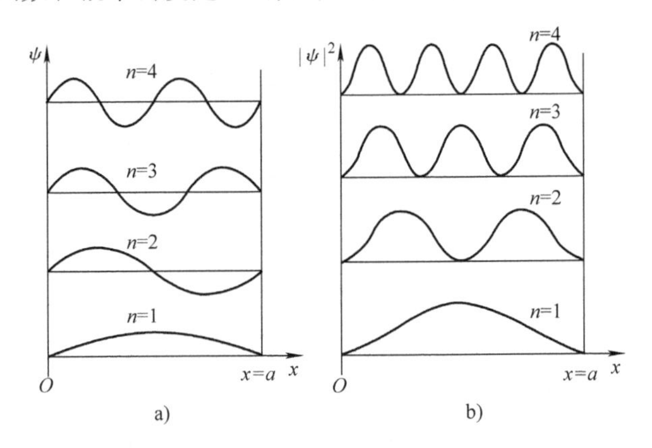

图 21-16　一维无限深方势阱波函数和概率密度随 x 的分布图形

a）波函数随 x 的分布图形　b）概率密度随 x 的分布图形

对以上结果做进一步分析：

1）粒子的能量 E_n 只能取一系列不连续的分立值，即**能量是量子化**的。与玻尔氢原子理论认为的假设不同，这里，E_n 是由解薛定谔方程自然得出的。具体可由求解过程看到，虽然薛定谔方程的通解没有限制能量的取值，但由于波函数边界条件的要求（粒子应被限制在一定区域内运动），能量的取值只能是量子化的。可见，能量量子化的原因在于粒子受到了束缚！

进一步分析两相邻能级差

$$\Delta E=E_{n+1}-E_n=(2n+1)\frac{\pi\hbar^2}{2ma^2} \tag{21-52}$$

可见 $\Delta E\propto\frac{1}{a^2}$，即两相邻能级的间隔与阱宽二次方成反比。若阱宽 a 为微观线度，如 $a=1\times10^{-10}\mathrm{m}$，则 $\Delta E=(2n+1)\times37.7\mathrm{eV}, E_1=37.7\mathrm{eV}, E_2=152\mathrm{eV}, E_3=342\mathrm{eV},\cdots$，能量量子化十分显著；当 a 为宏观线度，如 $a=1\times10^{-2}\mathrm{m}$，则 $\Delta E=(2n+1)\times37.7\times10^{-16}\mathrm{eV}$，此时两相邻能级间隔小到可以忽略，因而可认为能量是连续的。由以上分析可见，能量量子化是微观世界特有的现象！

此外，由 $\frac{\Delta E}{E_n}=\frac{2n+1}{n^2}$ 可得到 $n\to\infty$ 时，$\frac{\Delta E}{E_n}\to0$，可见，在高能级处，相邻两能级间隔之大小与该能级之大小相比要小得多，完全可以忽略不计，此时的能级分布可以视为连续。因此，当势阱的粒子在高能级上运动时，用经典力学对它处理与用量子力学对它处理是完全等价的。

2）由粒子的概率分布曲线图 21-16b 可知，粒子在阱内位置的分布概率是不均匀的，存在概率极大、极小点，这种概率分布与经典粒子完全不同。按经典理论，粒子在阱内来回自由运动，在各处的概率密度应该是相同的，而且与粒子的能量无关。随着粒子数 n 的增大，概率极大值点之间的间距减小；当 $n\to\infty$ 时，概率峰值点的间距趋于零，概率分布趋于均匀，与能量变为连续“同步”，此时量子物理过渡到经典物理。

3）当 $n=1$ 时，能量最小，也称为零点能，即

$$E_1=\frac{\pi^2\hbar^2}{2ma^2} \tag{21-53}$$

基态为最低能态，它具有一定能量值，说明粒子在最低能态时仍然在不停地运动，这是与不确定关系相符合的，因为粒子在有限空间内运动，其速度不可能为零，而经典粒子可能处于静止的能量为零的最低能态。

4）由式（21-48）可以得到粒子在势阱中运动的动量为

$$p_n=\pm\sqrt{2mE_n}=\pm n\frac{\pi\hbar}{a}=\pm k\hbar$$

相应地，粒子的德布罗意波长为

$$\lambda_n=\frac{h}{p_n}=\frac{2a}{n}=\frac{2\pi}{k}$$

此波长也量子化了，它只能是势阱宽度两倍的整数分之一。这和两端固定的弦中产生的驻波类似。势阱边界处即 $x=0$，a 的地方为波节，它们看起来像长度为 a 的弦上的驻波。因此可以说，无限深方势阱中粒子的每一个能量本征态对应于德布罗意波的一个特定波长的驻波。

21.3.4 一维方势垒 隧道效应

由牛顿力学知，一个以速率 v 在一水平面上运动的小球遇到一高为 h 的山包时，如果其动能 $\frac{1}{2}mv^2<mgh$，小球是不可能翻越过去的。山包对小球来说就是不可逾越的势垒。然而对于微观粒子，结果则不同。下面以一维方势垒为例做一简要介绍。

假设一粒子受到一势能为

$$U(x)=\begin{cases}U_0 & (0<x<a)\\ 0 & (x\leqslant 0,x\geqslant a)\end{cases}$$

的力场作用，其势能曲线如图 21-17 所示，称为一维方势垒。粒子质量为 m，能量为 E ($E<U_0$)，沿 x 轴正向射向方势垒。

在区域Ⅰ（$x\leqslant 0$）和区域Ⅲ（$x\geqslant a$）粒子的波函数 ψ 满足的薛定谔方程为

$$\frac{d^2\psi}{dx^2}+\frac{2mE}{\hbar^2}\psi=0 \tag{21-54}$$

在区域Ⅱ（$0<x<a$）粒子波函数 ψ 满足的薛定谔方程为

$$\frac{d^2\psi}{dx^2}+(U_0-E)\frac{2m}{\hbar^2}\psi=0 \tag{21-55}$$

令

$$k_1=\sqrt{\frac{2mE}{\hbar^2}},\ k_2=\sqrt{\frac{2m(U_0-E)}{\hbar^2}}$$

解方程式（21-54）、式（21-55），得通解为

$$\psi(x)=\begin{cases}A_1\mathrm{e}^{\mathrm{i}k_1x}+A_2\mathrm{e}^{-\mathrm{i}k_1x} & (\text{Ⅰ区})\\ B_1\mathrm{e}^{k_2x}+B_2\mathrm{e}^{-k_2x} & (\text{Ⅱ区})\\ C_1\mathrm{e}^{\mathrm{i}k_1x}+C_2\mathrm{e}^{-\mathrm{i}k_1x} & (\text{Ⅲ区})\end{cases} \tag{21-56}$$

波动学中 e^{ikx} 表示入射波，e^{-ikx} 表示反射波。由于Ⅲ区中不存在由无限远处反射回的反射波，故系数 $C_2=0$，即Ⅲ区中波函数应为

$$\psi(x)=C_1\mathrm{e}^{\mathrm{i}k_1x}\quad(\text{Ⅲ区}) \tag{21-57}$$

根据波函数的边界条件和归一化条件，以及方程的通解（21-56）和（21-57），可确定方程中各系数，求得波函数 $\psi(x)$，并作出 $\psi(x)-x$ 曲线，如图 21-18 所示。由曲线可以看到，不仅在Ⅰ区，而且在Ⅱ区和Ⅲ区均有 $\psi(x)\neq 0$，即在经典禁区——粒子总能量小于势能的区域，粒子仍以一定概率出现！这意味着粒子能够穿过势垒到达区域Ⅲ。这种微观粒子能够穿过比自身能量更高的势垒的现象称为**隧道效应**。这是经典物理未曾预料也无法解释的现象，但在量子力学中，却是自然得出的结果。如何解释这一现象？在此，我们不做过多过深的分析，仅由不确定关系做一粗略说明。

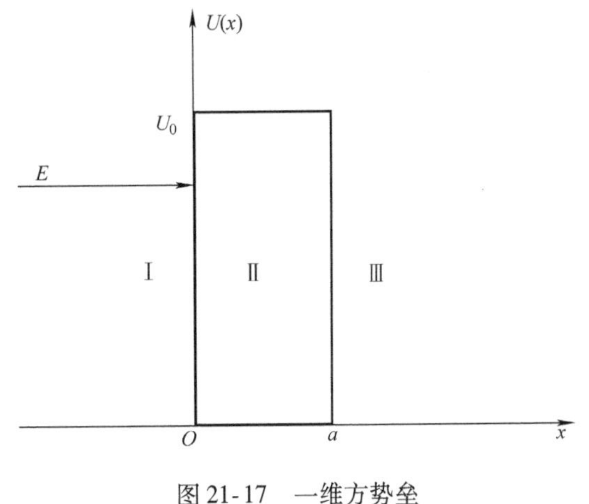

图 21-17　一维方势垒

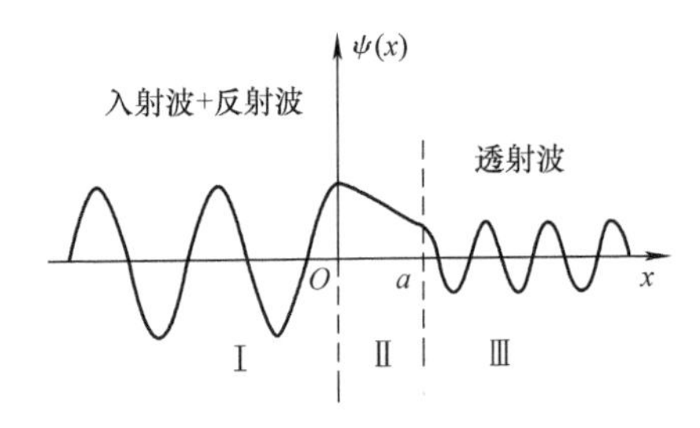

图 21-18　一维方势垒波函数和随 x 的分布图形

根据不确定关系，粒子的坐标和动量不能同时确定，分别与位置和动量相关的粒子的势能 $U(x)$ 和动能 E_k（$E_\mathrm{k}=\dfrac{p^2}{2m}$）也就不能同时确定。可以大致估算一下势垒中粒子动能的不确定范围。设粒子坐标的不确定范围 $\Delta x\leqslant a$，由不确定关系式，粒子动量的不确定范围 $\Delta p\geqslant\dfrac{\hbar}{2a}$，其动能的不确定范围为

$$\Delta E_\mathrm{k}=\frac{p\Delta p_x}{m}=\frac{(\Delta p_x)^2}{m}\geqslant\frac{\hbar^2}{4ma^2}$$

在 E、U_0 给定的条件下，如果能使 $\Delta E_k>U_0-E$，就有可能使粒子总能量大于 U_0 而穿过势垒到达势垒的另一侧，这样就可以解释粒子贯穿势垒的现象。由于不确定关系本质上反映了微观粒子的波粒二象性，因此，隧道效应实际上是微观粒子波动性的一种表现，也是微观世界一种特有的现象！

隧道效应现已被许多实验证实，并在近代物理和现代高新技术中得到很多应用。例如，

α 粒子从放射性核中逸出，就是 α 粒子穿过核边界上因库仑力产生的势垒而跑出的。另外，如电子的场致发射（在强电场作用下电子从金属内逸出）、半导体和超导体的隧道器件（隧道二极管等），乃至近年来引人瞩目的扫描隧道显微镜等，都依据了隧道效应原理。

小　结

1. 能量子假设 普朗克黑体辐射公式

能量子假设：

（1）黑体的腔壁由无数带电谐振子组成，它们不断吸收并发射电磁波，与周围电磁场交换能量。

（2）频率为 ν 的谐振子的能量只能取某些特定的分立值，即谐振子的能量 ε 是量子化的。$\varepsilon = nh\nu$（$n=1,2,3,\cdots$），$h=6.626\times10^{-34}\,\mathrm{J\cdot s}$。

（3）当谐振子与周围电磁场交换能量时，能量的改变量也只可能是最小能量单元 $\varepsilon = h\nu$ 的整数倍，即 $\varepsilon, 2\varepsilon, 3\varepsilon, \cdots$。最小能量单元 ε 称为能量子。

斯特藩－玻尔兹曼定律：$M(T)=\sigma T^4(\sigma=5.670\times10^{-8}\,\mathrm{W\cdot m^{-2}\cdot K^{-4}})$

维恩位移定律：$\lambda_{\mathrm{m}}T=b(b=2.898\times10^{-3}\,\mathrm{m\cdot K})$

普朗克黑体辐射公式：$M_\lambda(T)=\dfrac{2\pi hc^2}{\lambda^5}\dfrac{1}{\mathrm{e}^{\frac{hc}{k\lambda T}}-1}$

2. 爱因斯坦光子理论

频率为 ν 的光的强度：$I=nh\nu$

光子能量：$\varepsilon=h\nu$

光子动量：$p=\dfrac{h}{\lambda}$

光子质量：$m=\dfrac{\varepsilon}{c^2}=\dfrac{h}{c\lambda}$

爱因斯坦光电效应方程：$h\nu=A+\dfrac{1}{2}mv^2$

3. 康普顿效应

康普顿散射公式：$\Delta\lambda=\lambda-\lambda_0=\dfrac{h}{m_0c}(1-\cos\phi)=2\lambda_{\mathrm{C}}\sin^2\dfrac{\phi}{2}$

4. 玻尔氢原子理论

氢原子光谱线波数

$$\tilde{\nu}=\frac{1}{\lambda}=R\left(\frac{1}{m^2}-\frac{1}{n^2}\right)\ (n=m+1,m+2,\cdots;m=1,2,3,\cdots)$$

玻尔假设：

1）定态假设——原子只能处于一系列不连续的、稳定的能量状态，称为定态。处于定态中的电子虽绕核做加速运动，但不辐射能量。

2）跃迁假设——当原子从某个能量较高的定态 E_n 跃迁到另一个能量较低的定态 E_m 时，才会辐射或吸收一定频率的光子。光子的能量 $h\nu$ 由这两个定态的能量决定，即 $h\nu=$

$$|E_n - E_m| = \begin{cases} E_n - E_m(E_n > E_m, \text{辐射光子}) \\ E_m - E_n(E_n < E_m, \text{吸收光子}) \end{cases}$$ 该式称为**跃迁频率条件**。

3）轨道角动量量子化条件——原子处于定态时，电子绕核运动的轨道角动量 L 只能取 $h/2\pi$ 的整数倍（亦即只有这样的轨道才是容许的），$L = mvr = n\dfrac{h}{2\pi}$（$n = 1,2,3,\cdots$）。

氢原子轨道半径 $r_n = n^2 \dfrac{\varepsilon_0 h^2}{\pi m e^2} = n^2 r_1$（$n = 1,2,3,\cdots$）

玻尔半径 $r_1 = \dfrac{\varepsilon_0 h^2}{\pi m e^2} = a_0 = 5.29 \times 10^{-11}\text{m} = 5.29 \times 10^{-2}\text{nm}$

氢原子能级 $E_n = -\dfrac{1}{n^2}\dfrac{me^4}{8\varepsilon_0^2 h^2} = \dfrac{E_1}{n^2}$（$n = 1,2,3,\cdots$）

氢原子基态能级 $E_1 = -\dfrac{me^4}{8\varepsilon_0^2 h^2} = -13.6\text{eV}$

5. 实物粒子波粒二象性

德布罗意假设 $\lambda = \dfrac{h}{p}$，$\nu = \dfrac{E}{h}$

6. 物质波波函数

物质波波函数统计解释：物质波波函数模方 $|\psi(\boldsymbol{r},t)|^2$ 表示粒子 t 时刻、在 $\boldsymbol{r}$ 处单位体积内粒子出现的概率（称为概率密度）。

波函数归一化条件 $\iiint_{-\infty}^{+\infty} |\psi(\boldsymbol{r},t)|^2 \mathrm{d}V = 1$

波函数标准条件：单值、连续、有限。

7. 不确定关系

不确定关系 $\Delta x \Delta p_x \geqslant \dfrac{\hbar}{2}$，$\Delta y \Delta p_y \geqslant \dfrac{\hbar}{2}$，$\Delta z \Delta p_z \geqslant \dfrac{\hbar}{2}$，$\Delta E \Delta t \geqslant \dfrac{\hbar}{2}$

8. 薛定谔方程

一般情形下，一维薛定谔方程为

$$\frac{-\hbar^2}{2m}\frac{\partial^2 \psi(x,t)}{\partial x^2} + U(x,t)\psi(x,t) = \mathrm{i}\hbar\frac{\partial \psi(x,t)}{\partial t}$$

粒子在恒定势场 $U(x)$ 中运动，一维定态薛定谔方程为

$$\frac{\hbar^2}{2m}\frac{\mathrm{d}^2\psi(x)}{\mathrm{d}x^2} + [E - U(x)]\psi(x) = 0$$

9. 一维无限深方势阱

粒子运动波函数 $\psi_n(x) = \begin{cases} \sqrt{\dfrac{2}{a}}\sin\dfrac{n\pi}{a}x & (0 < x < a) \\ 0 & (x \leqslant 0, x \geqslant a) \end{cases}$（$n = 1,2,3,\cdots$）

势阱中粒子能级 $E_n = n^2 \dfrac{\pi^2 \hbar^2}{2ma^2}$（$n = 1,2,3,\cdots$）

粒子概率分布 $P(x) = |\psi_n(x)|^2 = \begin{cases} \dfrac{2}{a}\sin^2\dfrac{n\pi}{a}x & (0 < x < a) \\ 0 & (x \leqslant 0, x \geqslant a) \end{cases}$，（$n = 1,2,3,\cdots$）

思 考 题

21.1 一个在白天看起来不透明的红色物体，如果放在暗处并升温到其发出明显的可见光，试问其发出的光是什么颜色，还是红色的吗?

21.2 从窗外远处看刚粉刷完的房间，即使在白天，它的开着的窗口也是黑的，为什么?

21.3 绝对黑体和平常所说的黑色物质有什么区别?

21.4 两块瓷片，在常温下，一片为黑色，另一片为白色，使它们加热到能够发光的相同温度，这时，哪块瓷片更亮?

21.5 在保持照射光强不变的情况下，增大其频率，则饱和电流是否变化? 如何变化?

21.6 经典物理理论在解释光电效应和康普顿效应实验规律时遇到了哪些困难? 光子理论是如何解释的?

21.7 光电效应和康普顿效应在对光的粒子性的认识方面，其意义有何不同?

21.8 用可见光能产生康普顿效应吗? 能观察到吗?

21.9 X 射线光子分别与原子内层电子和外层电子碰撞，哪种情况下光子的能量损失较大? 为什么?

21.10 玻尔关于氢原子模型假设的主要内容是什么? 该模型存在哪些缺陷?

21.11 若一个电子和一个质子具有同样的动能，哪个粒子的德布罗意波长较大?

21.12 如果普朗克常量 $h \to 0$，对波粒二象性会有什么影响? 如果光在真空中的速度 $c \to \infty$，对时间和空间的相对性会有什么影响?

21.13 不确定关系与观测技术和仪器的改进有没有关系?

21.14 试从能量和时间之间的不确定关系，说明一般情况下光源发出的光总是复色的。

21.15 物质波是一种什么波? 如何理解对物质波函数的统计解释? 波函数必须满足哪些条件?

21.16 如何正确理解实物粒子的波粒二象性? 它与经典粒子、经典波有什么不同?

21.17 量子物理中薛定谔方程的物理意义和地位如何?

21.18 通过一维势阱的求解，如何理解能量量子化是微观粒子具有波动性的必然结果?

21.19 $n=3$ 时，粒子在一维无限深势阱哪些位置附近单位长度内出现的概率最大? 哪些位置附近单位长度内出现的概率最小?

21.20 无限深势阱中的粒子处于激发态时的能量是完全确定的，即没有不确定量。这意味着粒子处于这些激发态的寿命将为多长? 它们自己能从一个态跃迁到另外一个态吗?

21.21 对于粒子在一维无限深势阱中的运动，经典力学与量子力学的描述有哪些不同? 在什么条件下两者趋于相同?

习 题

21.1 从冶炼炉小孔内发出辐射，相当于单色辐出度峰值的波长为 $\lambda_m = 11.6 \times 10^{-5}$cm，求炉内温度。

21.2 宇宙大爆炸遗留在宇宙空间的均匀背景辐射，相当于温度为 3K 的黑体辐射，若地球可看作半径为 6371km 的球体，试计算：(1) 此辐射的单色辐出度的峰值波长；(2) 地球表面接收到此辐射的功率。

21.3 太阳可看作半径为 7.0×10^8m 的球形黑体，已知太阳光直射到地球表面上单位面积的辐射功率为 1.5×10^3W/m^2，地球与太阳的距离为 1.5×10^{11}m，试计算太阳表面的温度。

21.4 从铝中移出一个电子，需要 4.2eV 能量，今有波长为 200.0nm 的光投射到铝表面上，由此发射出来的光电子的最大动能是什么？铝的红限波长是多少？遏止电压又是多少？

21.5　钾的截止频率为 5.44×10^{14} Hz，今以波长为 434.8nm 的光照射，求钾放出光电子的最大初速度。

21.6　波长为 0.0708nm 的 X 射线在石蜡上受到康普顿散射，求在$\frac{\pi}{2}$和 π 方向上所散射的 X 射线的波长。

21.7　波长为 0.02nm 的 X 射线，与自由电子碰撞，若从与入射线成 90°角的方向观察散射线，假定被碰撞的电子可看作是静止的，求：(1) 散射的 X 射线的波长；(2) 反冲电子的动能、动量的大小及其运动方向与入射线的夹角。

21.8　试分别求波长为 700nm（红光）、0.025nm（X 射线）和 0.00124nm（γ 射线）这些光子的能量、动量与质量的大小。

21.9　当电子的德布罗意波长等于其康普顿波长时，求：(1) 电子的动量；(2) 电子速率与光速的比值。

21.10　若一个电子的动能等于它的静能，试求该电子的动量、速度和德布罗意波长。

21.11　求氢原子中电子从 $n=4$ 轨道跃迁到 $n=2$ 轨道时，氢原子发射的光子的波长。

21.12　自由电子与氢原子碰撞时。若能使氢原子激发而辐射，问自由电子的动能最小为多少电子伏特？

21.13　一电子沿 x 轴方向运动，速率值为 $200\text{m}\cdot\text{s}^{-1}$，动量的不确定量的相对值$\frac{\Delta p_x}{p_x}$为 0.01%，这时，确定该电子的位置有多大的不确定量？

21.14　设一光子沿着 Ox 轴运动，其波长为 450nm，如果测定波长准确度为 10^{-6}，求此光子位置的不确定量。

21.15　电视机显像管中电子的加速电压为 10^4V，求电子从枪口半径为 0.1cm 的电子枪射出后的横向速度的不确定量。

21.16　氦氖激光器所发红光的波长为 $\lambda=632.8$nm，谱线宽度 $\Delta\lambda=10^{-9}$nm，求这种光子的位置坐标的不确定量即波列长度。(提示：$\Delta p_x=-\frac{h}{\lambda^2}\Delta\lambda$)

21.17　如果一个电子处于某能态的时间为 10^{-8}s。这个能态的能量的最小不确定量为多少？

21.18　一个粒子沿 x 轴的正方向运动，设可以用下列波函数描述：

$$\psi(x)=C\frac{1}{1+\mathrm{i}x}$$

(1) 由归一化条件决定常数 C；(2) 求概率密度 $|\psi|^2$，并画出 $|\psi|^2-x$ 曲线；(3) 什么地方的概率密度最大？

21.19　一维无限深势阱中粒子的定态波函数 $\Psi_n(x)=\sqrt{\frac{2}{a}}\sin\frac{n\pi x}{a}$，试求：(1) 当粒子处于基态时，粒子在 $x=0$ 到 $x=\frac{a}{3}$之间被找到的概率；(2) 当粒子处于 $n=2$ 状态时，粒子在 $x=0$ 到 $x=a/3$ 之间被找到的概率。

21.20　一维无限深势阱中粒子的波函数在边界处为零，这种定态物质波相当于两端固定的弦中的驻波，因而势阱宽度 a 必须等于德布罗意波的波长的整数倍，试证明粒子能量的本征值为

$$E_n=\frac{\pi^2\hbar^2}{2ma^2}n^2$$

习题答案

21.1　2498K

21.2　（1）0.966mm；（2）2.3426×10^{9}W

21.3　5900K

21.4　2.0eV，296nm，2.0V

21.5　4.61×10^{5}m/s

21.6　0.0732nm，0.0756nm

21.7　（1）0.0224nm；（2）6.7×10^{3}eV；4.44×10^{-23}kg·m/s；$\theta=41.8°$

21.8　红光：2.84×10^{-19}J，9.74×10^{-28}kg·m/s，3.16×10^{-36}kg；
X 射线：7.96×10^{-15}J，2.65×10^{-23}kg·m/s，8.84×10^{-32}kg；
γ 射线：1.60×10^{-13}J，5.35×10^{-22}kg·m/s，1.78×10^{-30}kg

21.9　（1）2.73×10^{-22}kg·m/s；（2）$\frac{\sqrt{2}}{2}$

21.10　4.73×10^{-22}kg·m/s，$0.866c$，0.0014nm

21.11　486nm

21.12　10.2eV

21.13　$\Delta x\geqslant0.0029$m

21.14　$\Delta x\geqslant0.45$m

21.15　0.35m/s

21.16　32km

21.17　3.31×10^{-8}eV

21.18　（1）$C=\sqrt{\frac{1}{\pi}}$；（2）$\frac{1}{\pi}\cdot\frac{1}{1+x^2}$；（3）$|\Psi(x)|^2_{max}=|\Psi(0)|^2=\frac{1}{\pi}$

21.19　（1）0.19；（2）0.40

21.20　略

第22章 原子核物理和粒子物理简介

人类在探索构成物质的基本单元过程中经历了几个阶段。19世纪以前，认为构成物质的基本单元是原子，原子是化学反应所涉及的物质的最小基本单元；1897年汤姆孙发现电子和1911年卢瑟福的散射实验让人们认识到原子是有内部结构的，由原子核和核外电子构成；1932年又确认了原子核是由带正电的质子和不带电的中子构成，同年又发现了正电子，于是，质子、中子、电子、正电子和光子成为构成物质的基本单元，当时被称为基本粒子；20世纪60年代以后，人们用高能粒子去轰击中子和质子，在剧烈的碰撞中，产生出很多新的粒子，有些粒子的质量比质子还大，这就很难说哪种粒子更基本，所以现在就把“基本”二字去掉，统称它们为粒子。

原子核物理是以原子核为研究对象，研究原子核力的性质、核结构、核反应、核衰变以及核技术在许多领域中的应用。本章仅对这些内容做简单介绍。粒子是比原子核更深的物质结构层次，粒子物理是研究粒子的性质、结构、粒子间相互作用和转化的规律，是当前物理学的前沿之一，本章最后一节将对此做简单介绍。

22.1 原子核的基本性质

22.1.1 原子核的质子-中子模型

卢瑟福的散射实验结果说明原子核是由质子和中子组成的。质子（p）和中子（n）的质量约是电子质量的1840倍，$m_p = 1.007276\text{u}$（u为原子质量单位，$1\text{u} = 1.6605655\times10^{-27}\text{kg}$），$m_n = 1.008665\text{u}$。质子所带电量与电子相等，但符号相反，中子不带电。质子和中子的自旋量子数和电子一样，都是1/2，它们都是费米子。质子和中子统称为核子。

不同的原子核由数目不同的质子和中子组成。核中的质子数也称电荷数，它等于这种元素的原子序数Z。质子数Z和中子数N之和称为核的质量数A，即$A = Z + N$。质量数A和电荷数Z是表征原子核特征的两个重要物理量，常用符号${}_Z^A\text{X}$，其中X表示与之相应的元素符号。例如质量数为14的氮标记为${}_7^{14}\text{N}$，质量数为16的氧标记为${}_8^{16}\text{O}$。由于各元素的原子序数Z是一定的，所以也常不写Z值，如写成${}^{16}\text{O}$，${}^{14}\text{N}$等。通常把质子数Z和中子数N均相同的原子核称为核素。例如${}_8^{16}\text{O}$、${}_8^{17}\text{O}$、${}_8^{18}\text{O}$是$Z=8$，$N=8$、9、10的三种核素。具有相同的质子数Z而中子数N不同的原子核称为同位素，取在周期表中位置相同之意，上述是氧的三种同位素。天然存在的各元素中各同位素的多少是不一样的，各种同位素所占比例叫该同位素的天然丰度。例如在碳的同位素中，${}^{12}\text{C}$的天然丰度为98.90%，${}^{13}\text{C}$的为1.10%，而${}^{14}\text{C}$的只是$1.3\times10^{-10}\%$。许多同位素是不稳定的，会衰变成其他的核。因此，许多同位素，包括 $Z>92$ 的各种核都是天然不存在的，只能通过核反应人工制造出来。电子和中子虽然不是原子核，但也常用这种核元素符号标记，分别用 ${}_{-1}^{0}e$、${}_{0}^{1}n$ 标记。质子可用 ${}_{1}^{1}H$ 标记，也可用 ${}_{1}^{1}p$ 标记。

实验发现原子核的体积总是正比于它的质量数 A。如果把原子核看成球体，其半径 R 与质量数 A 的关系为

$$R=R_0A^{1/3} \tag{22-1}$$

式中，R_0 是常数，由实验测定为 $R_0=1.20\times10^{-15}\mathrm{m}$。这表明原子核的体积与核质量数成正比，由此得到的结论是：在一切原子核中，核物质的密度是一个常数，可以算出核物质密度为

$$\rho=\frac{m}{V}=\frac{1.67\times10^{-27}A}{(4/3)\pi\times(1.20\times10^{-15})^3A}\mathrm{kg\cdot m^{-3}}=2.29\times10^{17}\mathrm{kg\cdot m^{-3}}$$

这一数值比地球的平均密度大到 10^{14} 倍！

由于粒子的波动性，核不可能有清晰的表面，有的实验还证明，有的核的形状明显的不是球形，而是椭球形或梨形。

22.1.2　核自旋和磁矩

核子在核内运动的轨道角动量和自旋角动量之和称为**核的自旋角动量**，简称**核自旋**。原子核的自旋角动量的大小为 $\sqrt{I(I+1)}\hbar$，其中 I 称为**核自旋角动量量子数**。核自旋在 z 轴上的投影为

$$I_z=m_I\hbar \tag{22-2}$$

式中，m_I 称为核磁量子数，它的取值为 $m_I=I,I-1,\cdots,-(I-1),-I,I$ 的值可以是半整数或整数。质子和中子的自旋都是 $I=\frac{1}{2}$。实验表明，当原子核的质子数和中子数都是偶数（偶-偶核）时，其自旋为零，例如 ${}_{2}^{4}He$、${}_{8}^{16}O$ 的 $I=0$。当质子数和中子数都为奇数（奇-奇核）时，其自旋为非零整数，例如 ${}_{1}^{2}H$、${}_{3}^{6}Li$、${}_{7}^{14}N$ 的 $I=1$；${}_{5}^{10}B$ 的 $I=3$。这些核都是玻色子。当原子核的核子数为奇数时，其自旋为$\frac{1}{2}$的奇数倍，例如 ${}_{2}^{3}He$ 的 $I=\frac{1}{2}$；${}_{3}^{7}Li$、${}_{4}^{9}Be$ 的 $I=\frac{3}{2}$。这些核都是费米子。

原子核带有电荷且有自旋运动，故原子核也有磁矩。核磁矩用与电子磁矩类似的方法来表示。原子核磁矩通常以核磁子为单位，核磁子为

$$\mu_N=\frac{eh}{4\pi m_p}$$

形式上与玻尔磁子相似，只是这里是质子的质量 m_p 代替了玻尔磁子中电子的质量 m_e。因为 $m_p=1836.5m_e$，所以

$$\mu_N=\frac{1}{1836.5}\mu_B=5.050\times10^{-27}\mathrm{A\cdot m^2}$$

式中，μ_B 是玻尔磁子。

原子核的磁矩 $\boldsymbol{\mu}$ 与核自旋角动量 $\boldsymbol{I}$ 的关系（仿电子自旋假设），可以写成

$$\boldsymbol{\mu} = g\frac{e}{2m_{\mathrm{p}}}\boldsymbol{I} \tag{22-3}$$

式中，g 称为**原子核的 g 因子**。$\boldsymbol{\mu}$ 在 z 方向的投影为

$$\mu_z = g\frac{e}{2m_{\mathrm{p}}}I_z = g\frac{e\hbar}{2m_{\mathrm{p}}}m_I = g\mu_{\mathrm{N}}m_I \tag{22-4}$$

质子的磁矩为其轨道磁矩和自旋磁矩之和。中子由于不带电，所以没有轨道磁矩，但实验表明中子有自旋磁矩，说明中子内部也有一定的正负电荷分布（电子散射实验证明，中子由带正电的内核和带负电的外壳构成），但正负电量相等，所以整个中子对外显示电中性。质子和中子的自旋磁矩可表示为

$$\boldsymbol{\mu}_s = g_s\frac{e}{2m_{\mathrm{p}}}\boldsymbol{S} \tag{22-5}$$

它在 z 方向上的投影为

$$\mu_{s,z} = g_s\frac{e}{2m_{\mathrm{p}}}I_{s,z} = g_s\mu_{\mathrm{N}}m_s \tag{22-6}$$

式中，$m_s = \pm\frac{1}{2}$。实验测得质子的 g 因子 $g_{s,\mathrm{p}} = 5.5857$，中子的 g 因子 $g_{s,\mathrm{n}} = -3.8261$。故

$$\mu_{\mathrm{p},z} = 2.7928\mu_{\mathrm{N}} = 1.4106\times10^{-26}\,\mathrm{J/T},\ \mu_{\mathrm{n},z} = -1.9131\mu_{\mathrm{N}} = -0.9662\times10^{-26}\,\mathrm{J/T}$$

中子的磁矩为负值，表示中子的自旋角动量与磁矩方向相反。

实验上，通常是测 μ 在特定方向的最大投影为

$$\mu' = gI\mu_{\mathrm{N}} \tag{22-7}$$

并用 μ' 来衡量核磁矩的大小。由此式，只要知道 I（由光谱的超精细结构可以测出），测得 g 就可以算出核磁矩。

测定核磁矩，常利用“核磁共振”现象，它的原理和原子的磁共振相似。如图 22-1 所示，将待测样品 P 放在电磁铁两极之间，于是由样品中核磁矩 μ 和磁场 $\boldsymbol{B}$ 的相互作用，应有附加能量

$$E = -\mu B\cos\theta \tag{22-8}$$

式中，θ 表示 μ 和 $\boldsymbol{B}$ 的夹角。由于空间量子化，由式（22-4），则式（22-8）变为

$$E = -\mu_z B = -gm_I\mu_{\mathrm{N}}B$$

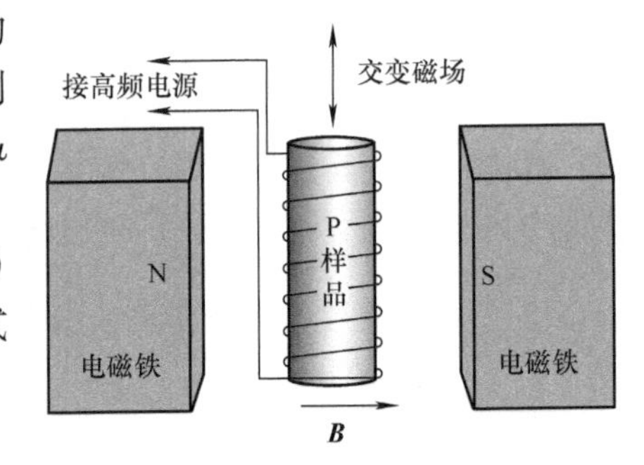

图 22-1 样品核磁矩测定原理图

因为 m_I 可取 $I, I-1, \cdots, -(I-1), -I$ 中的任意一个数值，因而原子核在磁场中将有 $2I+1$ 个可能的能量（称为核磁能级）。如果将缠在样品上的导线通以频率为 ν 的高频电流，则在样品中产生交变电场，其光子能量为 $h\nu$。调节磁铁的励磁电流，使 $h\nu = \Delta E$，则样品的原子核将从交变磁场中吸收能量，发生能级跃迁。因为核磁量子数的选择定则为

$$\Delta m_I = 0, \pm1$$

所以核的能量只改变

$$\Delta E = g\mu_{\mathrm{N}}B$$

故当

$$h\nu = g\mu_{\mathrm{N}}B \tag{22-9}$$

时，样品中的原子核将从交变磁场中强烈吸收能量，这个现象称为**核磁共振吸收**，这时的频率 ν 称为**共振频率**。将式（22-9）写成

$$h\nu = g\mu_N B = \frac{gI\mu_N}{I}B = \frac{\mu'}{I}B$$

或

$$\mu' = I\frac{h\nu}{B}$$

只需测得 I、B 和 ν，就可以算出核磁矩 μ'。表 22-1 列出了一些原子核角动量和磁矩的测量结果。$\mu'>0$，是因为 $g>0$，$\boldsymbol{\mu}$ 和 $\boldsymbol{I}$ 平行；$\mu'<0$，是因为 $g<0$，$\boldsymbol{\mu}$ 和 $\boldsymbol{I}$ 反平行。

表 22-1　部分原子核角动量和磁矩的测量结果

核素	自旋 I	磁矩 $\mu'(\mu_N)$	核素	自旋 I	磁矩 $\mu'(\mu_N)$
^1_1H	1/2	2.792782	$^{11}_5B$	3/2	2.68857
^2_1H	1	0.857406	$^{14}_7N$	1	0.40361
^6_3Li	1	0.822010	$^{15}_7N$	1/2	−0.28309
^7_3Li	3/2	3.25628	$^{20}_{10}Ne$	0	$<2\times10^{-4}$
^9_4Be	3/2	−1.17744	$^{23}_{11}Na$	3/2	2.21751
$^{10}_5B$	3	1.8006	$^{40}_{19}K$	4	−1.2981

式（22-9）表明，当共振吸收时，若已知电磁波的频率 ν 和磁场 B 值，则可算出 g。这便是通过实验测原子核“g 因子”的方法。

因为原子核在磁场中有 $2I+1$ 个核磁能级，在核磁共振中会出现 $2I+1$ 个共振峰。图 22-2 是水中 Mn^{++} 离子的顺磁共振峰，每个峰值代表一个能级。图 22-2 有 6 个峰，则 $2I+1=6$，$I=\frac{5}{2}$，这就是 Mn^{++} 原子核的自旋量子数。由此可知，利用顺磁共振可测原子核的自旋量子数。

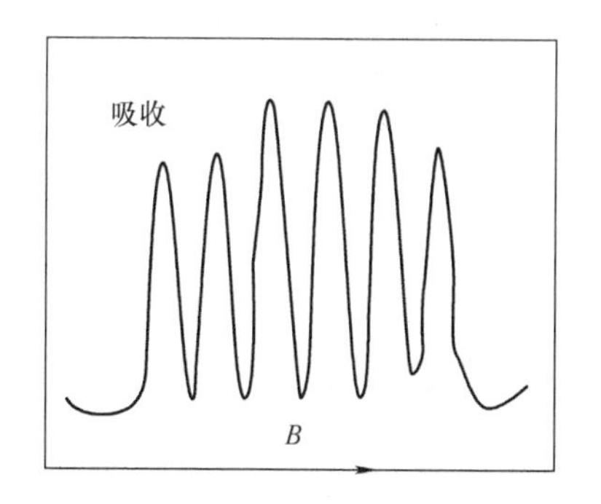

图 22-2　水中 Mn^{++} 离子的顺磁共振峰

保持电磁场的 ν 不变，改变磁场 B，满足 $h\nu = gm_I\mu_N B$，则每个峰值对应的 B 值与一个 m_I 数值相对应，即可测定水中 Mn^{++} 离子顺磁共振的超精细结构。

核磁共振技术已在物理、化学、医学、地质等许多领域中得到应用：在物理学中研究原子核的结构；在化学中研究分子的结构；在地球史的研究中根据硅酸盐中 ^{29}Si 成分的微量分析，发现了地球上曾发生大规模生物灭绝的原因是小星球与地球发生过猛烈碰撞，等等。

由于氢核 ^1_1H 的核磁共振信号最强，含有不同氢核的分子样品核磁共振谱线不同，所以，实验和实际应用中常利用氢核的核磁共振。氢核即质子，它的 $g_{s,p}=5.5857$，代入式（22-9）可得在 $B=1T$ 时，相应的电磁波的共振频率为 $\nu=42.69MHz$。这一频率在射频范

围，波长为 7m。图 22-3 是乙醇（$CH_3—CH_2—OH$）的一条吸收谱线。图中出现了三组吸收峰域，正好对应乙醇分子中三组氢核^1_1H分布，这三个峰域出现在不同 B 值处，表明各组^1_1H 的能态分裂稍有不同。此外，因为在同一组内存在多个^1_1H 核，其自旋磁矩间的相互作用引起吸收峰的分裂。

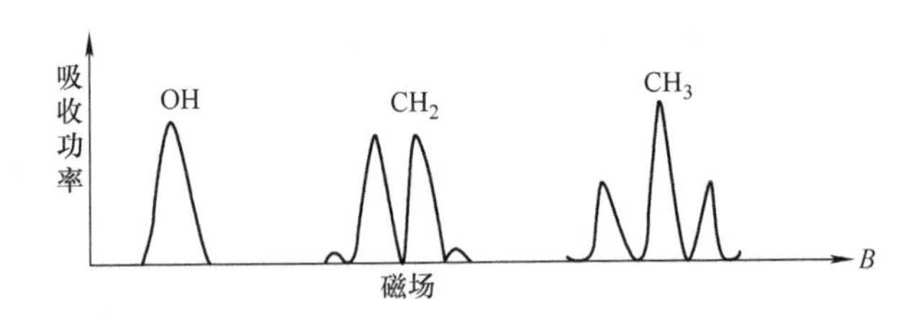

图 22-3　乙醇吸收谱线

实现核磁共振，既可以保持磁场不变而调节入射电磁波的频率，也可以使用固定频率的电磁波照射，而调节样品所受的外磁场。一种在实验室中观察核磁共振的装置的主要部分如图 22-4 所示。这一装置通过调节频率来达到核磁共振，样品（如水）装在小瓶中置于磁铁两极之间，瓶外绕以线圈，由射频振荡器向它通入射频电流。这电流就向样品发射同频率的电磁波。这频率大致和磁场对应的频率相等。为了精确地测定共振频率，就用一个调频振荡器使射频电磁波的频率在共振频率附近连续变化。当电磁波频率正好等于共振频率时，射频振荡器的输出就出现一个吸收峰，它可以从示波器上看出，同时可由射频计读出此共振频率。

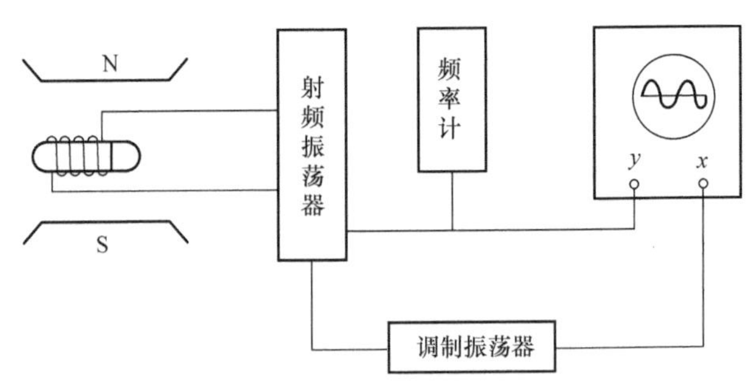

图 22-4　核磁共振实验装置

核磁共振现象应用广泛，特别是在化学中应用它来研究分子的结构。由于氢核的核磁共振信号最强，所以核磁共振在研究有机化合物的分子结构时特别有用。这种研究原理是：分子中各个氢核实际上还受到核外电子或其他原子的磁场的作用，因而对应于一定频率的入射电磁波，发生共振时的外加磁场和用上面式子计算出的磁场有些许偏离。在不同分子或同一分子内的不同集团中，氢核的环境不同，它受的分子内部的磁场也不同，因而发生核磁共振时磁场偏离的大小也不同。在化学研究中，正是利用这种不同的偏离和已知的标准结构的偏离之对比来判定所研究物质的分子结构的。

由于磁场和交变磁场可以穿入人体，而人体内大部分是水，这些水和富含的氢分子分布可因种种疾病而发生变化，所以可以利用氢核的核磁共振来进行医疗诊断。图 22-5 是核磁共振成像（NMRI）诊断仪的框图。它的优点是：射频电磁波（频率几十至几百兆赫兹）对人体无害，可获得内脏器官的功能状态、生理状态即病变状态的情况。

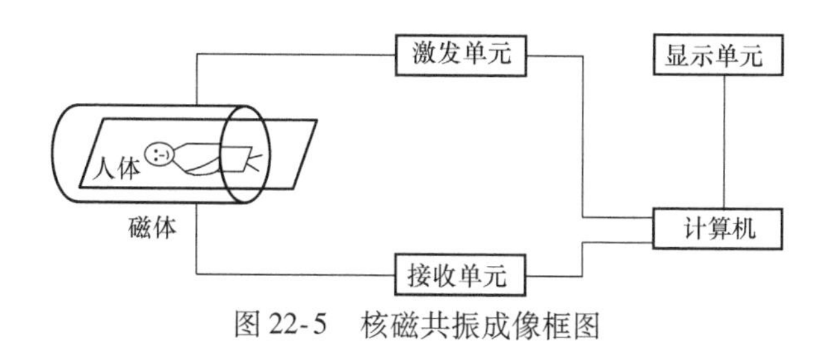

图 22-5　核磁共振成像框图

22.1.3　核力

组成原子核的质子之间存在着较强的库仑斥力，力图使原子核解体，而万有引力比电磁力小 10^{37} 倍，远不能抵消静电力的作用而把核子束缚在一起。由此推测，核子之间必定存在着另一种相互作用力，称为核力或强力。根据多年的研究，核力具有以下特性：

1）在核的线度内，核力是一种比电磁力强得多的强相互作用力，主要是吸引力。例如，中心相距 2fm㊀的两个质子，其间库仑力约为 60N，而相互吸引的核力可达 2×10^{3}N。

2）核力是短程力，只有当核子间距离小于 10^{-15}m 时才显示出来，在大于 10^{-15}m 时核力远小于库仑力。因此，在核内，一个核子只受到和它“紧靠”的其他核子的核力作用，而一个质子却要受到核内的所有其他质子的电磁力。

3）核力与核子的带电状况无关。质子之间，中子之间，质子和中子之间所表现的核力作用大致相同。质子 - 质子和中子 - 质子的散射实验证明了这一点，一个质子和一个中子的平均结合能相同也支持了这一结论。

4）核力具有饱和性。即一个核子只能与附近的有限个数的核子发生核力作用，而不能与原子核内所有核子发生这种作用。

5）核力和核子自旋的相对取向有关。两个核子自旋平行时的相互作用力大于它们自旋反平行时的相互作用力。氘核的稳定基态是两个核子的自旋平行状态就说明了这一点。

6）强力不像库仑力那样是有心力。更奇特的是，强力是一种多体力，即两个核子的相互作用力和其他相邻的核子的位置有关。因此，强力不遵守叠加原理，强力的这种性质给核子系统的理论计算带来巨大的困难。

关于核力的作用机制，至今尚未圆满解决。1935 年，日本物理学家汤川秀树提出了核力的介子理论，认为核子之间通过交换 π 介子而发生核力作用，可以定性解释某些实验现象。1947 年，在宇宙射线中发现了 π 介子。但是，这一理论还有与实验不符之处，尚待进一步完善。

22.2　原子核的结合能　放射性衰变

22.2.1　原子核的结合能

实验发现，任何一个原子核的质量总是小于组成该原子核的核子质量之和，它们之间的差额称为原子核的质量亏损。设原子核 ${}_{Z}^{A}X$ 的质量为 m_N，质子的质量为 m_p，中子的质量

㊀ fm，费密，非法定计量单位。1fm = 10^{-15}m。

为 m_n，在这一原子核中共有 Z 个质子和 $(A-Z)$ 个中子，质量亏损为

$$\Delta m = [Zm_p + (A-Z)m_n] - m_N \tag{22-10}$$

由于质子质量 m_p 等于氢原子质量 m_H 减去 1 个核外电子的质量 m_e，即 $m_p = m_H - m_e$；原子序数为 Z 的原子核的质量 m_N 等于这种原子的质量 m_a 减去 Z 个核外电子的质量，即 $m_N = m_a - Zm_e$，代入式（22-10），得

$$\begin{aligned}\Delta m &= Z(m_H - m_e) + (A-Z)m_n - (m_a - Zm_e)\\ &= Zm_H + (A-Z)m_n - m_a\end{aligned} \tag{22-11}$$

由于实验中用质谱仪测出的元素质量是原子的质量 m_a 而不是原子核的质量 m_N，所以要用式（22-11）计算质量亏损。

造成质量亏损的原因是核子在结合成原子核时，由于它们之间核力的强烈作用，使体系能量降低，从而释放一定的能量，相应的质量也减少了。根据相对论质能关系 $\Delta E = \Delta mc^2$，如果质量亏损 $\Delta m = 1\text{u}$，则对应的能量改变为

$$\Delta E = 1\text{u}c^2 = 1.6605665\times10^{-27}\text{kg}\times c^2 = 1.49244\times10^{-10}\text{J} = 931.5\text{MeV}$$

$(1\text{eV} = 1.602189\times10^{-19}\text{J})$。因此，由 Z 个质子和 $(A-Z)$ 个中子构成 ${}_Z^AX$ 核时，释放出的能量为

$$\Delta E = \Delta mc^2 = [Zm_H + (A-Z)m_n - m_a]\times931.5\text{MeV} \tag{22-12}$$

式中，质量以 u 为单位。这种由质子和中子形成原子核时所放出的能量叫作原子核的结合能。反之，要使原子核分裂成单个的自由质子和自由中子，外界必须克服核子之间的相互作用力做功，即供给与结合能同样大小的能量。

原子核的结合能与原子核内所包含的总核子数 A 的比值称为平均结合能（或比结合能），用 $\overline{E_0}$ 表示，即

$$\overline{E_0} = \frac{\Delta E}{A} = \frac{\Delta mc^2}{A} \tag{22-13}$$

不同的原子核平均结合能不相同，核子的平均结合能大小反映了原子核的稳定程度。核子的平均结合能越大，原子核就越稳定。图 22-6 给出了核子平均结合能与核子数 A 的关系曲线，称为核子平均结合能曲线。由图可知，最轻的原子核和最重的原子核的核子平均结合能都较小，中等质量（$A=40\sim100$）的核，核子的平均结合能较大，并大致相等。平均结合能的最大值约为 8.8MeV，其对应的质量数 $A=60$，因而原子核的组合或演化的后果，

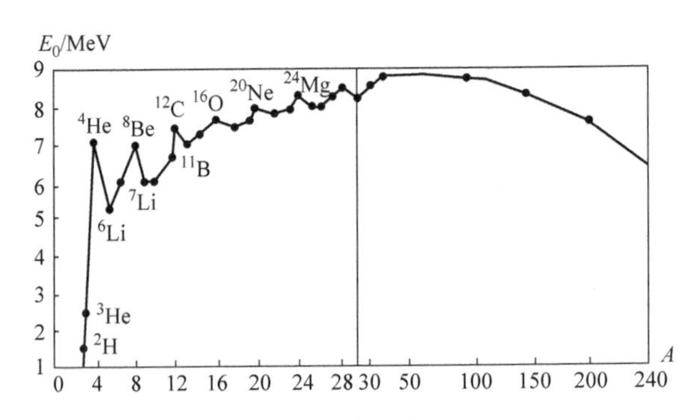

图 22-6 平均结合能和质量数的关系图

是向 $A=60$ 的核趋近时，将释放原子能。在重核区，如果将一个重核分裂成两个中等质量的较轻核时，核子的平均结合能将升高，从而释放出核能，这就是核裂变的理论基础；在轻核区，将两个平均结合能小的核聚合成平均结合能大的核，也会释放出核能，这就是核聚变的理论基础。

22.2.2　原子核的稳定性

原子核的稳定性，是指原子核不会自发地改变其质子数、中子数和它的基本性质。按原子核的稳定性可分为稳定原子核和不稳定（放射性）原子核两类。以下经验规则可帮助我们预测核的稳定性。

1）原子核中的质子数等于和大于 84 的原子核是不稳定的。即原子序数 84 以后的元素均为放射性元素。

2）具有少于 84 个质子的原子核，质子数和中子数均为偶数时，其核稳定。

3）质子数或中子数等于 2、8、20、28、50、82、126 的原子核特别稳定。这些数称为幻数。例如$^{4}_{2}He$、$^{16}_{8}O$ 很稳定，质子数和中子数都是幻数，称为双幻数核。天然放射性的最后稳定产物都是铅$^{208}_{82}Pb$，它就是双幻数核。

4）中子数和质子数之比 n/p，在 $Z<20$ 时$\frac{n}{p}=1$，原子核稳定。随着原子序数增加，$\frac{n}{p}$值增大。Z 在中等数值时$\frac{n}{p}$约为 1.4；Z 在 90 左右$\frac{n}{p}$约为 1.6，比值越大，稳定性越差。

22.2.3　原子核衰变

不稳定的原子核都会自发地转变成另一种核而同时放出射线，这种变化叫放射性衰变。放射性是 1896 年贝可勒尔（H. Becquerel）发现的，他当时观察到铀盐发射出的射线能透过不透明的纸使包在其中的照相底片感光。其后卢瑟福和他的合作者把已发现的射线分成 α 射线、β 射线和 γ 射线三种。

α 射线是 α 粒子流，它是带正电的氦核$^{4}_{2}He$。经衰变辐射出 α 射线的衰变叫 α **衰变**。例如，镭核（$^{236}_{88}Ra$）衰变成氡（$^{222}_{86}Rn$）核的过程中放出 α 粒子，这一过程可表示为

$$^{236}_{88}Ra \to ^{222}_{86}Rn + ^{4}_{2}He$$

β 射线是高速运动的电子流。经衰变辐射出 β 射线的衰变叫 β **衰变**。β 衰变有 β^+ 和 β^- 两种。β 衰变时除放出 e^+ 或 e^- 外，还放出中微子 ν_e 或反中微子 $\overline{\nu}_e$。例如钴核（$^{60}_{27}Co$）衰变成镍核（$^{60}_{28}Ni$）的过程中放出 β 射线，为

$$^{60}_{27}Co \to ^{60}_{28}Ni + ^{0}_{-1}e + \overline{\nu}_e$$

β^- 衰变是原子核内中子转变成质子（留在核内）同时放出一个电子（e^-）和与电子相联系的反中微子 $\overline{\nu}_e$，即

$$^{1}_{0}n \to ^{1}_{1}p + ^{0}_{-1}e + \overline{\nu}_e$$

β^+ 衰变是原子核内中子数较少，质子转变成中子（留在核内），同时放出一个正电子 e^+ 和一个中微子 ν_e，即

$$^{1}_{1}p \to ^{1}_{0}n + ^{0}_{1}e + \nu_e$$

β^+ 衰变发生在人工放射性同位素中，例如

$${}^{30}_{15}P \rightarrow {}^{30}_{14}Si + {}^{0}_{+1}e + \nu_e$$

最初认为中微子 ν_e 和 $\bar{\nu}_e$ 静止质量为零，近几年理论指出，中微子仍有静止质量。1979 年实验测得电子中微子 ν_e 的质量上限是 30 ~ 40eV。

γ 射线是光子流。经衰变辐射出 γ 射线的衰变叫 γ **衰变**。通常 γ 射线是在 α 衰变或 β 衰变后形成新核时辐射出来的。这是因为放射性母核经上述衰变后，变成处于激发态的子核，子核在跃迁到正常态时，一般要辐射出 γ 光子。例如母核镭（${}^{236}_{88}Ra$）发生 α 衰变后，子核氡（${}^{222}_{86}Rn$）发出 γ 射线后回到正常态。

放射性衰变过程，总是遵守电荷守恒、质量数守恒、能量守恒、动量守恒、角动量守恒等守恒定律。因此，衰变前粒子的电荷总数和质量总数与衰变后所有粒子的电荷总数和质量总数相等。所以用${}^{A}_{Z}X$ 表示衰变前的母核，衰变后子核的元素符号用 Y 表示，则对 α 衰变，一般可表示为

$${}^{A}_{Z}X \rightarrow {}^{A-4}_{Z-2}Y + {}^{4}_{2}He \tag{22-14}$$

对 β 衰变一般可表示为

$${}^{A}_{Z}X \rightarrow {}_{Z+1}^{A}Y + {}^{0}_{-1}e + \bar{\nu}_e$$

或

$${}^{A}_{Z}X \rightarrow {}_{Z+1}^{A}Y + {}^{0}_{+1}e + \nu_e \tag{22-15}$$

式（22-14）和式（22-15）分别称为 α **衰变和** β **衰变的位移定则**。β 衰变必同时放出中微子，中微子的自旋为$\frac{1}{2}$，以保证衰变前后角动量守恒和能量守恒。

22.2.4　放射性衰变定律

设有某种放射性同位素样品，单独存在时，某时刻 t 样品中有 N 个核。在 $t \sim t+\mathrm{d}t$ 时间内有 $\mathrm{d}N$ 个核发生衰变，$\mathrm{d}N$ 应与 $\mathrm{d}t$ 成正比，与 t 时刻的核数 N 成正比，则

$$-\mathrm{d}N = \lambda N \mathrm{d}t$$

或

$$\frac{\mathrm{d}N}{N} = -\lambda \mathrm{d}t \tag{22-16}$$

式中，λ 是表征衰变快慢的比例常数，叫作**衰变常数**。负号表示原子核数在减少。设 $t=0$ 时 $N=N_0$，将式（22-16）积分，得

$$N = N_0 \mathrm{e}^{-\lambda t} \tag{22-17}$$

此式称为**放射性衰变定律**。

把式（22-16）写成

$$\lambda = \frac{-\mathrm{d}N/\mathrm{d}t}{N}$$

表明衰变常数 λ 的物理意义是：在 t 时刻，每单位时间衰变的原子核数与该时刻原子核总数的比。也可以说 λ **是表征单位时间原子核衰变的概率。λ 越大，衰变越快。**

习惯上常用半衰期来表征放射性元素衰变的快慢。**半衰期**的定义是：原子核衰变到$N=\frac{1}{2}N_0$ 所需的时间。用 $t_{1/2}$表示。由式（22-17）有

$$\frac{1}{2}N_0 = N_0 e^{-\lambda t_{1/2}}$$

即

$$t_{1/2} = \frac{\ln 2}{\lambda} = \frac{0.693}{\lambda} \tag{22-18}$$

可见半衰期 $t_{1/2}$ 越短，原子核衰变越快。

有时也用平均寿命 τ 表示衰变的快慢。平均寿命是指每个原子核衰变前存在的时间的平均值。可由如下求得：在 $t \to t + dt$ 时间内衰变的原子核数为 $-dN$（负号是因为 dN 是负值），存在的时间是 t，它们的寿命之和是 $t(-dN)$；对全部时间积分，得到所有原子核的寿命之和为

$$L = \int t(-dN) = \int_0^{\infty} t\lambda N dt = \int_0^{\infty} t\lambda N_0 e^{-\lambda t} dt = \frac{N_0}{\lambda}$$

平均寿命为

$$\tau = \frac{L}{N_0} = \frac{1}{\lambda} \tag{22-19}$$

平均寿命等于它的衰变常数的倒数。由式（22-18），平均寿命与半衰期的关系为

$$\tau = \frac{t_{1/2}}{\ln 2} = t_{1/2}/0.693$$

或

$$t_{1/2} = (\ln 2)\tau = 0.693\tau$$

自然界各种放射性元素的半衰期相差很大。如 $^{238}_{92}U$ 的半衰期为 4.5×10^9 年；有的则很短，如 $^{212}_{84}Po$ 的半衰期是 3×10^{-7} s。

放射性活度（也称**放射性强度**）是指一个放射源，在单位时间内发生的核衰变次数 $\frac{dN}{dt}$，用 $A(t)$ 表示，由式（22-16）和式（22-17），省去负号，得

$$A(t) = \frac{dN}{dt} = \lambda N = \lambda N_0 e^{-\lambda t}$$

当 $t = 0$ 时 $N = N_0$，$A_0 = \lambda N_0$；则

$$A(t) = A_0 e^{-\lambda t} \tag{22-20}$$

式中，$A_0 = \lambda N_0$ 是**起始活度**。由此式可知，活度与衰变常量以及当时的放射性核的数目成正比。因此，活度和放射性核数以相同的指数速率减小。对于给定的 N_0，半衰期越短，则起始活度越大而活度减小得越快。

在国际单位制中，放射性活度的单位是贝克勒尔（Bq）。1Bq 表示每秒发生一次核衰变的放射源的活度。常用的单位还有居里（Ci）

$$1\text{Ci} = 3.7 \times 10^{10}\text{Bq}$$

贝克勒尔数相同的两个放射源，只表示二者每秒发生的核衰变次数相同，而不表示二者放出的粒子数相同。因为每一次衰变，不一定只放出粒子，如钴 -60 发生衰变，除放出一个 β 粒子外，还放出两个 γ 光子。

例 22.1　已知某放射性元素在 5min 内减少了 43.2%，求它的衰变常数，半衰期和平均寿命。

解：根据衰变定律 $N=N_0e^{-\lambda t}$，在 $t=300\text{s}$ 时有

$$(1-43.2\%)N_0=N_0e^{-\lambda t}$$

所以

$$0.568=e^{-\lambda t}$$

$$\lambda=\frac{1}{t}\ln\left(\frac{1}{0.568}\right)=0.00188\text{s}^{-1}$$

利用式（22-18），得

$$t_{1/2}=\frac{\ln 2}{\lambda}=368\text{s}$$

$$\tau=\frac{1}{\lambda}=532\text{s}$$

放射性同位素有广泛的应用，并已深入到多个学科领域。根据半衰期可算出地质年代，在考古学中有重要应用；在医学上用放射性医疗、农业上用放射性育种、工业上用于无损检测等等。

例 22.2　已知 ^{40}K 衰变为 ^{40}Ar 的半衰期是 1.28×10^9 年。一块取自月球上的岩石经过分析含 $^{40}\text{K}92\%$，含 $^{40}\text{Ar}8\%$，试计算月球岩石的年龄。

解：根据式（22-17），得

$$t=\frac{1}{\lambda}\ln\frac{N_0}{N}$$

由式（22-18），$\frac{1}{\lambda}=t_{1/2}/\ln 2$，所以

$$t=\frac{t_{1/2}}{\ln 2}\ln\frac{N_0}{N}$$

由题意 $\frac{N_0}{N}=\frac{1}{8\%}$，代入上式，则

$$t=\frac{1.28\times10^9}{0.693}\ln\frac{1}{0.08}\text{年}=4.66\times10^9\text{ 年}$$

即该月球岩石的年龄约为 46 亿年。

22.3 粒子物理简介

粒子物理研究的对象是比原子核更深入的一个物质结构层次，其空间尺度小于 10^{-16}m。粒子是一个庞大的家族，至今已发现并确认的粒子有 450 多种，已发现尚待确认的还有 300 多种，随着加速器能量的不断提高和实验技术的不断改进，新粒子还在不断地被发现。到目前为止，只有光子、电子、正电子、质子、反质子、中微子是稳定的，其他粒子都会衰变。粒子可在相互作用中产生，正、反粒子相遇时会湮灭。在这一层次的物理现象极其丰富多彩。这里只简单介绍粒子的相互作用、分类、强子结构和相互作用的统一理论。

22.3.1　粒子特征　四种相互作用和粒子分类

1. 几种粒子的发现

19 世纪末，物理学深入到物质结构的微观领域，电子的发现是一个重要标志。到 20 世纪 30 年代，中子的发现又是一个重要标志。至此连同已发现的质子、光子四种粒子被称为基本粒子。下面再介绍几个重要发现。

（1）正电子的发现

1932 年，安德孙在记录宇宙射线（宇宙中的高能粒子流）的云雾室中发现了正电子。它与电子有相同的质量，但却带正电荷。已知原子中的电子都带负电荷，因此正电子不是宏观物体的组元，它的性质表明它与电子同样基本，这使当时的人们非常惊讶。早在 1930 年狄拉克曾在理论上预言存在正电子。狄拉克认为“真空”是充满负能粒子的一种状态。负电子充满整个负能区，因而没有观测效应。如果负能态的电子吸收了大于 1.022MeV 能量的光子而跃入正能态（电子静能 $m_0c^2=0.511\text{MeV}$），电子原先占据的负能级就成为一个空穴，这个空穴就是正电子。正电子碰到负电子，即正能区的电子降落到负能区的空穴中，正负电子湮灭，同时产生两个光子。如图 22-7 所示。正电子湮灭技术，当今已成为一个有特色的研究领域。现在已经清楚，所有粒子都有反粒子，正电子只是其中第一例而已。正反粒子是指两者质量、自旋、平均寿命完全相同，而电荷等值异号，磁矩方向相反。从理论上说，还应该有这些反粒子组成的反原子核、反原子、反物质、反星体等等。1998 年 6 月，中美等科学家将 α 谱仪送上太空，其任务之一就是想在宇宙中寻找反物质。

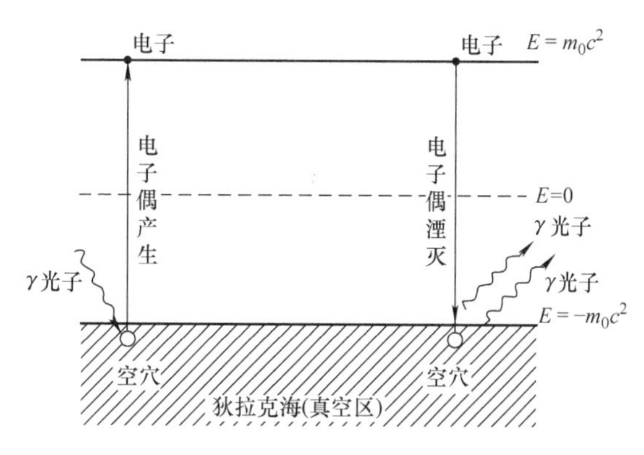

图 22-7　正负电子湮灭示意图

（2）中微子的发现

原子核在 β 衰变时观测到的是从原子核中放出的电子。1930 年，泡利根据衰变前后应遵守角动量守恒和能量守恒而提出核在发射 β 粒子的同时还应发射一个质量几乎为零的中性粒子，称为中微子。中微子自旋在粒子前进方向的投影为 $-\frac{1}{2}\hbar$，反中微子为 $\frac{1}{2}\hbar$。实验探测中微子很困难，直到 1959 年才得到公认的结果。原子核中并不存在中微子，因此中微子也不是宏观物体的组元，它是在衰变过程中产生出来的。现在人们认识到，粒子间能相互转化是微观世界的普遍特性。

（3）介子的发现

1936 年在宇宙射线的观测中发现了一种粒子，质量是电子的 207 倍，但又比质子小，物理上称它为“μ 介子”（后改称 μ 子），μ 子是不稳定的，平均寿命是 2.2×10^{-6}s。后来发现它衰变成正电子、中微子和反中微子，或者电子、中微子和反中微子，说明 μ 子有正、反两种，分别带电为 $+e$ 和 $-e$，用符号 μ^+ 和 μ^- 表示。1947 年在宇宙射线中发现 π 介子。它的质量是电子质量的 273.1 倍，带有 $+e$ 或 $-e$ 电荷，分别用 π^+，π^- 表示，其平均寿命

是 2.6×10^{-8}s。π 介子衰变成 μ 子还放出中微子，反应式为

$$\pi^+ \rightarrow \mu^+ + \nu_\mu$$
$$\pi^- \rightarrow \mu^- + \bar{\nu}_\mu$$

ν_μ 和 $\bar{\nu}_\mu$ 互为反粒子，它们是和 μ 子相联系的中微子，称为 μ 中微子。它们和电子中微子 ν_e，$\bar{\nu}_e$ 不同。μ 子和中微子 ν_μ 的自旋都是 $\frac{1}{2}$，所以 $\pi^\pm$ 的自旋应为整数，实验测得 π 介子自旋为零。一般说来，介子的自旋都为整数，μ 子并不属于介子类。

20 世纪 50 年代以后发现了质量超过核子质量的粒子，称为**超子**，其性质见表 22-3。

2. 描述粒子特征的物理量

(1) 质量

粒子的质量是指它静止时的质量，在粒子物理学中常用 MeV/c^2 作为质量的单位。MeV 是能量的单位，1MeV = 1.602×10^{-13}J。由爱因斯坦质能公式 $E=mc^2$ 可以求得，1MeV/c^2 的质量为 $1.602\times10^{-13}/(3\times10^8)^2$kg = 1.78×10^{-30}kg。

(2) 电荷

有的粒子带正电，有的带负电，有的不带电。带电粒子所带电荷都是量子化的，即电荷的数值都是元电荷 e（即一个质子的电荷）的整数倍。因而粒子的电荷就用元电荷 e 的倍数来度量，而 1e = 1.602×10^{-19}C。

(3) 自旋

每个粒子都有自旋运动，好像永不停息地旋转着的陀螺那样。它们的自旋角动量（简称自旋）也是量子化的，通常用 $\hbar$ 的倍数来度量，而 1$\hbar$ = 1.05×10^{-34}J·s。

有的粒子的自旋是 $\hbar$ 的整数倍或零，有的则是 $\hbar$ 的半整数倍。例如电子的自旋为 $\frac{1}{2}$。光子的自旋为 1。

(4) 平均寿命

在已发现的数百种粒子中，除电子、质子和中微子以外，实验确认它们都是不稳定的。它们都要在或长或短的时间内衰变为其他粒子。它们的衰变特征用平均寿命表示。例如一个自由中子的寿命约 12min，有的粒子的寿命为 10^{-10}s 或 10^{-14}s，很多粒子的寿命仅为 10^{-23}s，甚至 10^{-25}s。

3. 粒子的分类

粒子间的相互作用，按现代粒子理论的标准模型划分，有 4 种基本的形式，按强弱排序，它们分别是强作用力、电磁力、弱作用力、引力。譬如，一对质子，在相距 10^{-15}m 时四种作用力的比值约为强∶电磁∶弱∶引力 = $1:10^{-2}:10^{-14}:10^{-40}$。强作用力和弱作用力只是在微观线度上起作用。因此宏观上只有电磁力和引力。这四种力通常称作四种相互作用。表 22-2 列出了四种相互作用的比较。

表 22-2　四种相互作用的比较

作用类别	引力作用	弱作用	电磁作用	强作用
作用力程/m	∞	$<10^{-16}$	∞	$10^{-15}\sim10^{-16}$
举例	天体之间	β 衰变	原子结合	核力

（续）

作用类别	引力作用	弱作用	电磁作用	强作用
相对强度	10^{-39}	10^{-15}	1/173	1
作用传递者	引力子（?）	中间玻色子（$W^{\pm}$，Z^0）	光子（γ）	胶子（g）
被作用粒子	一切物体	强子、轻子	强子，e、μ、γ	强子
特征时间/s		$>10^{-10}$	$10^{-20} \sim 10^{-16}$	$<10^{-23}$

粒子按其参与相互作用的性质可以分为三类。第一类叫作规范粒子。按照量子场论，这四种作用力都是通过交换一定的粒子来实现的交换力。规范粒子是传递作用力的粒子。光子是电磁力的传递者，$W^{\pm}$和Z^0是弱力的传递者，称为中间玻色子。强力的传递者（按至今的理论）是胶子，符号为g。胶子是不能单独出现的粒子，因此无法记录在仪器上。引力是通过交换引力子来实现的，但是它的存在还没有充足的理论依据。由于这些粒子都是现代标准模型的“规范理论”中预言的粒子，所以这些粒子统称为规范粒子。由于胶子共有8种，连同引力子、光子、3种中间玻色子，规范粒子总共有13种。它们的已被实验证实的特征物理量见表22-3。

除规范粒子外，所有在实验中已发现的粒子可以按照其是否参与强相互作用而分为另外两大类：一类不参与强相互作用的称为轻子，另一类参与强相互作用的称为强子。

现在已发现的轻子有电子(e)、μ 子(μ)、τ 子(τ)及相应的中微子(ν_e、ν_μ、ν_τ)，它们的特征物理量见表22.3。在目前实验误差范围内，3种中微子的质量为零。但是中微子的质量是否真等于零，还有待于更精确的实验证实。

从表22-3中可以看出τ子的质量约是电子质量的3500倍，差不多是质子质量的两倍。它实际上一点也不轻。这6种“轻子”都有自己的反粒子，所以实际上有12种轻子。

实验上已发现的成百种粒子绝大部分是强子。强子又可按其自旋的不同分为两大类：一类自旋为半整数，统称为重子；另一类自旋为整数或零，统称为介子。最早发现的重子是质子，最早发现的介子是π介子。π介子的质量是电子质量的270倍，是质子质量的1/7，介于二者之间。后来实验上又发现了许多介子，其质量大于质子的质量甚至是质子质量的10倍以上。例如，丁肇中发现的J/ψ粒子的质量就是质子质量的3倍多。这样，早年提出的名词“重子”“轻子”和“介子”等已经不合适，但由于习惯，仍然一直沿用到今天。表22-3列出了一些强子的特征物理量。

表 22-3　粒子分类表

类别	粒子名称	符号	质量 MeV	自旋	平均寿命	电荷 /e	主要衰变方式
规范粒子	光子	γ	0	1	稳定	0	
	W 粒子	$W^{\pm}$	80800	1	$>0.95\times10^{-25}$	±1	$W^- \to e^- + \bar{\nu}_e$
	Z^0粒子	Z^0	92900	1	$>0.77\times10^{-25}$	0	$Z^0 \to e^+ + e^-$
	胶子	g	0	1	稳定	0	

（续）

类别		粒子名称	符号	质量 MeV	自旋	平均寿命	电荷 /e	主要衰变方式
轻子		电中微子		0				
		μ中微子	ν_e	0	1/2	稳定	0	
			ν_μ	0	1/2	稳定	0	
		τ中微子	ν_τ	0.511003	1/2	稳定	0	
		电子	e^-	4	1/2	稳定	-1	
		μ子	μ^-	105.6593	1/2	2.19709×10^{-6}	-1	$\mu^-\rightarrow e^-+\bar{\nu}_e+\nu_\mu$
		τ子	τ^-	1776.9	1/2	3.4×10^{-13}	-1	$\tau^-\rightarrow\mu^-+\bar{\nu}_\mu+\nu_\tau$
强子	介子	π介子	π^0	134.9630	0	0.83×10^{-16}	0	$\pi^0\rightarrow\gamma+\gamma$
			$\pi^\pm$	139.5673	0	2.6030×10^{-18}	±1	$\pi^+\rightarrow\mu^++\nu_\mu$
		η介子	η	548.8	0	7.48×10^{-19}		$\eta\rightarrow\gamma+\gamma$
		K介子	K^0	497.67	0	0.8923×10^{-10}	0	$K_s^0\rightarrow\pi^++\pi^-$
			$\bar{K}^0$			5.183×10^{-8}	0	$K_L^0\rightarrow\pi^-+e^++\nu_e$
			$K^\pm$	493.667	0	1.2371×10^{-8}	±1	$K^+\rightarrow\mu^++\nu_\mu$
		D介子	D^0	1864.7	0	4.4×10^{-13}	0	$D^0\rightarrow K^-+\pi^++\pi^0$
			$\bar{D}^0$				0	
			$D^\pm$	1869.4	0	9.2×10^{-13}	±1	$D^+\rightarrow K^0+\pi^++\pi^0$
		F介子	$F^\pm$	1971	0	1.9×10^{-13}	±1	$F^+\rightarrow\eta+\pi^+$
		B介子	B^0	5274.2	0	14×10^{-13}	0	$B^0\rightarrow D^0+\pi^++\pi^-$
			$\bar{B}^0$				0	
			$B^\pm$	5270.8	0		±1	$B^+\rightarrow D^0+\pi^+$
	重子	质子	p	938.2796	1/2	稳定	1	
		中子	n	939.5731	1/2	898	0	$n\rightarrow p+e^-+\bar{\nu}_e$
		Λ^0超子	Λ^0	1115.60	1/2	2.632×10^{-10}	0	$\Lambda^0\rightarrow p+\pi^-$
		Σ超子	Σ^+	1189.36	1/2	0.800×10^{-10}	1	$\Sigma^+\rightarrow p+\pi^0$
			Σ^0	1192.46	1/2	5.8×10^{-20}	0	$\Sigma^0\rightarrow\Lambda^0+\gamma$
			Σ^-	1197.34	1/2	1.482×10^{-10}	-1	$\Sigma^-\rightarrow n+\pi^-$
		Ξ超子	Ξ_0	1314.9	1/2	2.90×10^{-10}	0	$\Xi^0\rightarrow\Lambda^0+\pi^0$
			Ξ^-	1321.32	1/2	1.641×10^{-10}	-1	$\Xi^-\rightarrow\Lambda^0+\pi^-$
		Ω^-超子	Ω^-	1672.45	3/2	0.819×10^{-10}	-1	$\Omega^-\rightarrow\Lambda^0+K^-$
		Λ_e^+重子	Λ_e^+	2282.0	1/2	2.3×10^{-13}	1	$\Lambda_e^+\rightarrow p+K^-+\pi^+$

粒子间的四种相互作用都严格遵守能量守恒、动量守恒、角动量守恒、电荷守恒这四条守恒定律。此外，还有一些与粒子内部结构相联系的守恒定律，如宇称守恒、同位旋守恒、奇异数守恒、重子数守恒、轻子数守恒等等，这些守恒定律并不是在每一种相互作用中都成立，它们只是一些近似的守恒定律。例如，美籍华裔科学家杨振宁、李政道于1956年提出的弱相互作用中宇称不守恒的假设，后经美籍华人吴健雄通过实验证实。为此，杨

振宁、李政道获 1957 年诺贝尔物理学奖。

22.3.2　强子的夸克结构

到目前为止，轻子类有六种。它们是电子、μ 子、τ 子和分别与之对应的三种中微子。按当今人类的认识水平，轻子类也只有这六种了。到目前为止，用能量很大的粒子轰击电子或者其他轻子的实验尚未发现轻子有任何内部结构。例如在一些实验中曾用能量非常大的粒子束探测电子，这些粒子曾接近到离电子中心 10^{-18}m 以内，也未发现电子有任何内部结构。但是强子情况却相反，越来越大的加速器使人们不断看到有新的强子出现，至今已发现强子有 800 种。这使人们想到强子不是基本粒子。1955 年，霍夫斯塔特曾用高能电子束测出了质子和中子的电荷和磁矩分布，这就显示了它们有内部结构。1968 年，在斯坦福直线加速器实验室中用能量很大的电子轰击质子时，发现有时电子发生大角度的散射，这显示质子中有某些硬核的存在。这正像当年卢瑟福在实验中发现原子核的结构一样，显示质子或其他强子似乎都由一些更小的颗粒组成。

在用实验探求质子的内部结构的同时，物理学家已经尝试提出了强子由一些更基本的粒子组成的模型。这些理论中最成功的是 1964 年盖尔曼和茨威格提出的，他们认为所有的强子都由更小的称为“夸克”（在中国有人叫作“层子”）的粒子所组成。将强子按其性质分类，发现强子形成一组一组的多重态，就像化学元素可以按照周期表形成一族一族一样。从这种规律性质可以推断：现在实验上发现的强子都是由 6 种夸克以及相应的反夸克组成的。它们分别叫作上夸克 u、下夸克 d、粲夸克 c、奇异夸克 s、顶夸克 t、底夸克 b，它们的特征物理量见表 22-4。值得注意的是它们的自旋都是 1/2，而电荷量是元电荷 e 的 −1/3 或 2/3。

表 22-4　六种夸克的符号及其性质

夸克种类（味）	上	下	奇异	粲	底	顶
英文	up	down	strange	charm	bottom	top
符号	u	d	s	c	b	t
质量/MeV	5	10	500	1500	4800	?
电荷/e	2/3	−1/3	−1/3	2/3	−1/3	2/3
自旋（h）	1/2	1/2	1/2	1/2	1/2	1/2

重子都是由三个夸克组成。如质子由 uud 三个夸克组成。$p\equiv(uud)\uparrow\uparrow\downarrow$，其电荷为 $\frac{2}{3}+\frac{2}{3}-\frac{1}{3}=1$，其自旋为 $+\frac{1}{2}+\frac{1}{2}-\frac{1}{2}=\frac{1}{2}$。中子由 udd 三个夸克组成，$n\equiv(udd)\ \uparrow\uparrow\downarrow$，电荷为 $-\frac{1}{3}-\frac{1}{3}+\frac{2}{3}=0$。自旋为 $+\frac{1}{2}+\frac{1}{2}-\frac{1}{2}=\frac{1}{2}$。除电荷以外，还有一些量子数，如重子数、同位旋、超荷、粲数等等，本书不再介绍。所有的介子类，都是由一个夸克和一个反夸克组成。例如 $\pi^+\equiv(u\overline{d})\ \uparrow\downarrow$，其电荷为 $\frac{2}{3}+\frac{1}{3}=1$，自旋为零；$\pi^-\equiv(\overline{u}d)\ \downarrow\uparrow$，其电荷为 $-\frac{2}{3}-\frac{1}{3}=-1$，自旋为零。表 22-5 给出了一些强子的夸克谱。

关于夸克的大小，现有实验证明它们和轻子一样，其半径估计都小于10^{-20}m。我们知道核或强子的大小比原子或分子的小5个数量级，即为10^{-15}m。因此，夸克或轻子的大小比强子的还要小5个数量级。

自从夸克模型提出后，人们就曾用各种实验方法，特别是利用它们具有分数电荷的特征来寻找单个夸克，但至今这类实验都没有成功，好像夸克是被永久囚禁在强子中似的（因此，表22-4给出的夸克的质量都是根据强子的质量用理论估计出来的处于束缚状态的夸克的质量）。这说明在强子内部，夸克之间存在非常强的相互吸引力，称为**“色力”**。

对于强子内部夸克状态的研究，使理论物理学家必须设想每一种夸克都可能有三种不同的状态。把颜色的三原色借用过来，每种夸克的三种状态用三种色来表示，即红夸克、绿夸克、蓝夸克。“色”这种性质也是隐藏在强子内部的，所有强子都是“无色”的，因而必须认为每个强子都是由3种颜色的夸克等量地组成的。例如组成质子的3个夸克中，就有1个是红的，1个是绿的，1个是蓝的。构成介子的正反夸克，互为补色，所以介子也是白色的。非白色的单个夸克或夸克复合体是不能单独出现的，这样，单个夸克不被发现就是必然的了。引入“色”可以解释自旋问题。夸克的自旋都是$\frac{1}{2}$，应遵守泡利不相容原理。一个夸克和一个反夸克构成一介子，自旋相反，介子的自旋为零，这很好解释。但是三个夸克构成一个重子。如Ω^-是(sss)↑↑↑，自旋是$\frac{3}{2}$，三个s夸克自旋平行，这三个夸克必须分别具有不同颜色，处于不同的状态，才不违背泡利原理。不同“色”的夸克表示不同的状态。色在夸克的相互作用的理论中起着十分重要的作用。夸克之间的吸引力随着它们之间的距离的增大而增大，距离增大到强子的大小时，这吸引力就非常大，以致不能把2个夸克分开。这就是目前对夸克囚禁现象的解释。这种相互作用力就是色力，即两个有色粒子之间的作用力。它是强相互作用力的基本形式。如果说万有引力起源于质量，电磁力起源于电荷，那么强相互作用力就起源于色。理论指出，色力是由被称为胶子的粒子作为媒介传递的。

按以上的说法，由于6种夸克都有反粒子，还由于它们都可以有3种色，这样就拥有36种不同状态的夸克。

表22-5　一些强子的夸克谱

介　子	重　子
$\pi^+\equiv(u\bar{d})$ ↑↓	$p\equiv(uud)$ ↑↑↓
$\pi^0=\frac{1}{\sqrt{2}}(u\bar{u}-d\bar{d})$ ↑↓	$n\equiv(udd)$ ↑↑↓
$\pi^-\equiv(\bar{u}d)$ ↑↓	$\Sigma^+=(uus)$ ↑↑↓
$K^+=(u\bar{s})$ ↑↓	$\Sigma^0=\frac{1}{\sqrt{2}}(uds+sdu)$ ↑↑↓
$K^-=(s\bar{u})$ ↑↓	$\Sigma^-=(dds)$ ↑↑↓
$K^0=(d\bar{s})$ ↑↓	$\Xi^0=(uss)$ ↑↑↓

注：上文及表中每个强子夸克谱括弧外的小箭头表示夸克自旋之间的相互关系。

除了夸克以外，按照现在粒子理论的标准模型，为了实现弱电相互作用在低于250GeV的能量范围内分解为电磁相互作用和弱相互作用，自然界还应存在一种自旋为零的特殊粒子，称为希格斯粒子。理论对于它的所有的相互作用性质和运动行为都有精确的描绘和预言，但对它的质量却没有给出任何预言。比利时理论物理学家弗朗索瓦·恩格勒和英国理论物理学家彼得·希格斯由于提出希格斯机制并预言希格斯玻色子（上帝粒子）存在而获得了 2013 年的诺贝尔物理学奖。2012 年 7 月，欧洲核子中心（CERN）的粒子物理实验室的研究人员探测到了质量为 125.3GeV 和 126.0GeV 的两种新玻色子，并证实了这两种新粒子就是希格斯玻色子。

综上所述，规范粒子共有 13 种，轻子共有 12 种，夸克共有 36 种，再加上希格斯粒子就共有 62 种。按照现在对粒子世界结构规律的认识，根据标准模型，物质世界就是由这 62 种粒子构成的。这些粒子现在还谈不上内部结构，可以称之为“基本粒子”了。

22.3.3　相互作用的统一

粒子间有四种相互作用，它们各自是独立的。质子和中子靠强相互作用结合成原子核；原子核和电子靠电磁作用结合成原子；弱相互作用导致 β 衰变，万有引力作用存在于一切物体之间；强相互作用和弱相互作用是短程的，对宏观现象不起作用。因此宏观力的本原只有电磁力和引力两种。自然界为什么存在这么多的作用？它们之间有没有联系？能否在这些表面上看来很不相同的作用中找出简单的统一本原？首先是爱因斯坦，他在建立了广义相对论之后，致力于研究电磁力和引力的统一。可是他花费了很大的精力，最后没有成功。海森伯研究过各种力的统一，也没有结果。因为物理学是一门实验科学，一个理论是否正确的唯一标准是它是否符合实验事实。因此物理学家追求统一的思想能否实现，取决于他们的想法是否与客观实际情况相一致。而这一点很难事先做出判断。

在后来的物理学家看来，爱因斯坦的失败并不是他追求统一的想法不对，而是由于他错误地想在宏观物理的基础上寻求统一。宏观物理规律是唯象性的，而不是本原性的。因此在微观粒子的动力学理论确立以后，追求几种不同相互作用统一的努力又复活起来。到 1968 年，格拉肖、温伯格、萨拉姆三人在现代高能物理实验的基础上，把弱相互作用和电磁相互作用统一起来了，这就是弱电统一理论。

从现象上看来，弱力和电磁力是性质差别很大的两种力。弱力是短程力，电磁力是长程力，强度上的差别有 10 个数量级以上。这两种力怎么会在本质上是同一种？由量子场理论看，弱力的弱性和它的短程性来自同一个原因，那就是传递弱力的媒介粒子很重。弱电统一理论的要点指出，在能量很高（远大于几百 GeV）的现象中，传递弱力的媒介粒子与光子一样是静止质量为零的。再由于内部对称性的后果，使弱力和电磁力成为同一种力，弱力和电磁力的强度和所表现的效果都没有区别，现在人们简单地称这种统一的力为弱电力。在能量较低时，一种被称为希格斯的物理效应把该种内部对称性破坏了，使某些传递力的媒介粒子获得很重的质量。这些粒子传递力就变得很弱，它就是在低能现象上看到的弱力。有一种媒介粒子仍然保持静止质量为零，它传递的就是电磁力。传递力的媒介粒子叫作规范粒子。在低能范围内，电磁相互作用的规范粒子是光子，弱相互作用的规范粒子是 $W^{\pm}$ 粒子和 Z^0 粒子。这一理论称为有对称性自发破缺的规范场理论。弱电统一理论已被大量实验证实。1979 年，格拉肖、温伯格、萨拉姆因建立弱电统一理论而获得诺贝尔物理学奖。说明这一理论得到了人们的首肯。

弱电统一理论的成功，是人类认识微观世界的重大成果，它鼓舞着物理学家建立更大的统一理论。把强相互作用和弱电作用统一起来的理论，叫作大统一理论。1974 年，乔奇和格拉肖以弱电统一理论和量子色动力学为基础建立了一个大统一理论，可是这个理论至今没有得到实验验证。物理学家还想把引力也统一进来，也就是四种相互作用都统一起来的理论，叫作超大统一理论。如果超大统一成功了，那就意味着自然界只有一种基本相互作用。这确实应当被认为是一件了不起的事。可是，经 20 多年的尝试，困难很大，还没有出现实验可证实的结果。要实现超大统一，似应考虑夸克和轻子的组元是什么，但目前远还没有解决这个问题。

从古到今，人类一直在探索物质的结构及其相互作用的本原。在这一思想的支配下由浅入深、由表及里地一个层次一个层次地发展。这种探索可能是永无止境的。

小　　结

1. 原子核的基本性质

原子核：由质子和中子组成。

核素：相同质子数和相同中子数的一类原子核。

同位素：相同质子数而中子数不同的一类原子核。

原子核半径：$R=R_0A^{\frac{1}{3}}$，$R_0=1.2\times10^{-15}\,\mathrm{m}$

原子核自旋角动量：$S_I=\sqrt{I(I+1)}\hbar$

磁矩：$\mu_I=g_I\sqrt{I(I+1)}\mu_\mathrm{N}$

核磁与外磁场相互作用能：$E=-g_Im_I\mu_\mathrm{N}B$，$m_I=I,I-1,\cdots,-(I-1),-I$

核磁共振：外加交变电磁场，其光子能量为 $h\nu$，当 $h\nu=\Delta E$ 时，原子核从外磁场中强烈的吸收能量的现象。

核力：原子核核子之间的相互作用力。

2. 放射性

衰变定律：$N=N_0\mathrm{e}^{-\lambda t}$

衰变常数：$\lambda=-\dfrac{1}{N}\dfrac{\mathrm{d}N}{\mathrm{d}t}$

半衰期：$T_{\frac{1}{2}}=\dfrac{\ln2}{\lambda}=\dfrac{0.693}{\lambda}$

平均寿命：$\tau=\dfrac{1}{\lambda}=1.44T_{\frac{1}{2}}$

放射性活度：$I=\dfrac{\mathrm{d}N}{\mathrm{d}t}=I_0\mathrm{e}^{-\lambda t}$

3. 粒子间相互作用

强相互作用，电磁相互作用，弱相互作用，引力相互作用。

强相互作用和弱相互作用只在微观距离上起作用。

4. 粒子按相互作用性质分类

规范粒子、轻子、强子；强子又分为重子和介子两类。

5. 强子的夸克结构

夸克有六味，每味夸克有三色，每色有反粒子，共有 36 种。

思 考 题

22.1 原子核的体积与质量数之间有何关系？这关系说明什么？为什么各种核的密度大致相等？

22.2 原子核$^{235}_{92}U$中有几个质子和中子？它所带的电荷等于多少？它的质量约为多少？

22.3 氘核是由一个质子和一个中子组成的。已知氘核中的质子和中子在空间某方向上的自旋量子数或者均为 1/2，或者均为 -1/2；从未发现过一个氘核的两个核子，一个的自旋磁量子数为 1/2，另一个为 -1/2。这说明了什么问题？

22.4 为什么原子序数较大的原子核是不稳定的？^3_1H 和^3_2He 的结合能哪个应该大一些？为什么？

22.5 什么叫原子核的质量亏损？如果原子核^A_ZX 的质量亏损是 Δm，其平均结合能是多少？

22.6 聚变靠外加能量使两原子核靠近发生聚合。因此为了获取聚变能，需要消耗其他能量，聚变能的利用值得吗？

22.7 什么叫核磁矩？什么叫核磁子（μ_N）？核磁子（μ_N）和玻尔磁子（μ_B）有何相似之处？有何区别？质子的磁矩等于多少核磁子？平常用来衡量核磁矩大小的核磁矩 μ'_I 的物理意义是什么？它和核的 g 因子、核自旋量子数的关系是什么？

22.8 核自旋量子数等于整数或半奇整数是由核的什么性质决定？核磁矩与核自旋角动量有什么关系？核磁矩的正负是如何规定的？

22.9 什么叫放射性衰变？α、β、γ 射线是什么粒子流？写出$^{238}_{92}U$ 的 α 衰变和$^{234}_{90}Th$ 的 β 衰变的表示式。写出 α 衰变和 β 衰变的位移定则。

22.10 写出放射性衰变定律的公式。衰变常数 λ 的物理意义是什么？什么叫半衰期 $T_{\frac{1}{2}}$？$T_{\frac{1}{2}}$ 和 λ 有什么关系？什么叫平均寿命 τ？它和半衰期 $T_{\frac{1}{2}}$ 及 λ 有什么关系？

22.11 放射性同位素主要应用有哪些？

22.12 为什么重核裂变或轻核聚变能够放出原子核能？

22.13 π^+ 介子别认为由两个夸克（$u\bar{d}$）组成，试确定 π^+ 介子的各个量子数。

22.14 用夸克模型说明为什么不存在电荷 $Q=+1$、自旋 $S=-1$ 和电荷 $Q=-1$、自旋 $S=+1$ 的介子？

22.15 什么是费米子、什么是玻色子？两类粒子的主要区别有哪些？^3_2He 核、^4_2He 核是费米子还是玻色子？

22.16 什么是四种相互作用？从量子场论的观点可知相互作用都是通过交换“粒子”实现的，试问这四种相互作用各交换什么粒子？

习 题

22.1 已知^{16}N、^{16}O、^{16}F 的原子质量为 16.006099u、15.994915u 和 16.011465u，试计算这些原子核的平均结合能（以 MeV 表示）。

22.2 测得地壳中铀元素$^{235}_{92}U$ 只占 0.72%，其余为$^{238}_{92}U$，已知$^{238}_{92}U$ 的半衰期为 4.468×10^9a，$^{235}_{92}U$ 的半衰期为 7.038×10^8a，设地球形成时地壳中的$^{238}_{92}U$ 和$^{235}_{92}U$ 是同样多，试估计地球的年龄。

22.3 天然钾中放射性同位素^{40}K 的丰度为 1.2×10^{-4}，此种同位素的半衰期为 1.3×10^9a。钾是活细胞的必要成分，约占人体重量的 0.37%。求每个人体内这种放射源的活度。

22.4 在温度比太阳高的恒星内氢的燃烧据信是通过碳循环进行的，其分过程如下：

$$^{1}H + ^{12}C \to ^{13}N + \gamma$$

$$^{13}N \to ^{13}C + e^{+} + \nu_e$$

$$^{1}H + ^{13}C \to ^{14}N + \gamma$$

$$^{1}H + ^{14}N \to ^{15}O + \gamma$$

$$^{15}O \to ^{15}N + e^{+} + \nu_e$$

$$^{1}H + ^{15}N \to ^{12}C + ^{4}H_{e}$$

已知其中一些原子的质量为

^{1}H：1.007825u，^{13}N：13.005738u，^{14}N：14.003074u，^{15}N：15.000109u，^{13}C：13.003355u，^{15}O：15.003065u。

（1）说明此循环并不消耗碳，其总效果和质子－质子循环一样；

（2）计算此循环中每一反应或衰变所释放的能量；

（3）释放的总能量是多少？

22.5 四种相互作用中哪一种将影响下面的粒子？

（1）中子；（2）π 介子；（3）中微子；（4）电子。

22.6 下列各过程属于何种相互作用？

（1）$\pi^0 \to \gamma + \gamma$　　（2）$p + n \to p + p + \pi^-$

（3）$\mu^- + p \to n + \nu_\mu$　　（4）$\Lambda^0 \to p + \pi^-$

（5）$\Lambda^0 + p \to \Sigma^+ + n$

习题答案

22.1 118.0MeV，127.7MeV，111.5MeV

22.2 5.94×10^9a

22.3 8.1kBq

22.4 （1）略；

（2）1.944MeV，1.198MeV，7.551MeV，7.297MeV，1.732MeV，4.966MeV；

（3）24.69MeV

22.5 略

22.6 略

第23章 固体物理基础

几乎所有重大的新技术领域的创立，都是事前在物理学中经过了长期的酝酿，在理论和实验上积累了大量的知识之后，才迸发出来的。1960 年，第一台红宝石激光器的诞生依赖于受激辐射理论。晶体管、集成电路及以计算机为代表的信息技术革命和具有广阔应用前景的超导体在诞生之前的几十年内，正是量子力学逐步完善的时期。量子力学以及建立在量子力学基础上的固体能带理论孕育并成就了这些新技术。

这一章我们将从量子物理的基本结论出发，对固体的能带、激光、超导等内容逐一介绍。

23.1 固体的能带结构

固体是指具有确定形状和体积的物体，可分为三大类：第一类是**晶体**，如食盐、云母和金刚石等；第二类是**非晶体**，如玻璃、松香和沥青等；第三类是**准晶体**。迄今只对晶体才有较为成熟的理论，但目前对非晶体和准晶体的研究也很活跃。因为固体是由大量原子紧密结合而成，它的结构和性质既决定于原子间的相互作用，又与原子中外层电子的运动有重要关系。实践证明，固体的许多性质无法用经典理论解释，必须用量子理论才能说明。本节仅介绍晶体相关理论。

23.1.1 晶体结构和晶体分类

1. 晶体结构

从外观上看，晶体具有规则的几何形状。从微观上看，晶体中的分子、原子或离子在空间的排列都呈现规则的、周期性的阵列形式，这种微观粒子的三维阵列称为**晶体点阵**（简称**晶格**）。晶体的基本特征是规则排列，表现出长程有序性。图 23-1a、b、c、d 分别是 NaCl、CsCl、Cu 和金刚石的基本晶格结构示意图。

由于晶格的周期性，我们可以在其中选取一定的单元，只要将它不断重复地平移，就可得到整个晶体。这样的重复单元称为**晶胞**，如图 23-2 所示。

2. 晶体分类

晶体按结合力的性质可分成四种基本类型，它们是：

（1）离子晶体

这种晶体的正、负离子相间排列，它们的结合是靠离子之间的库仑吸引力，称为**离子键**。最典型的是周期表中ⅠA 族的碱金属元素 Li、Na、K、Rb、Cs 和ⅦA 族卤元素 F、Cl、Br、I 间形成的化合物，如 NaCl 晶体。离子晶体一般硬度高、熔点高、性脆、电子导电性弱。离子键没有方向性和饱和性。

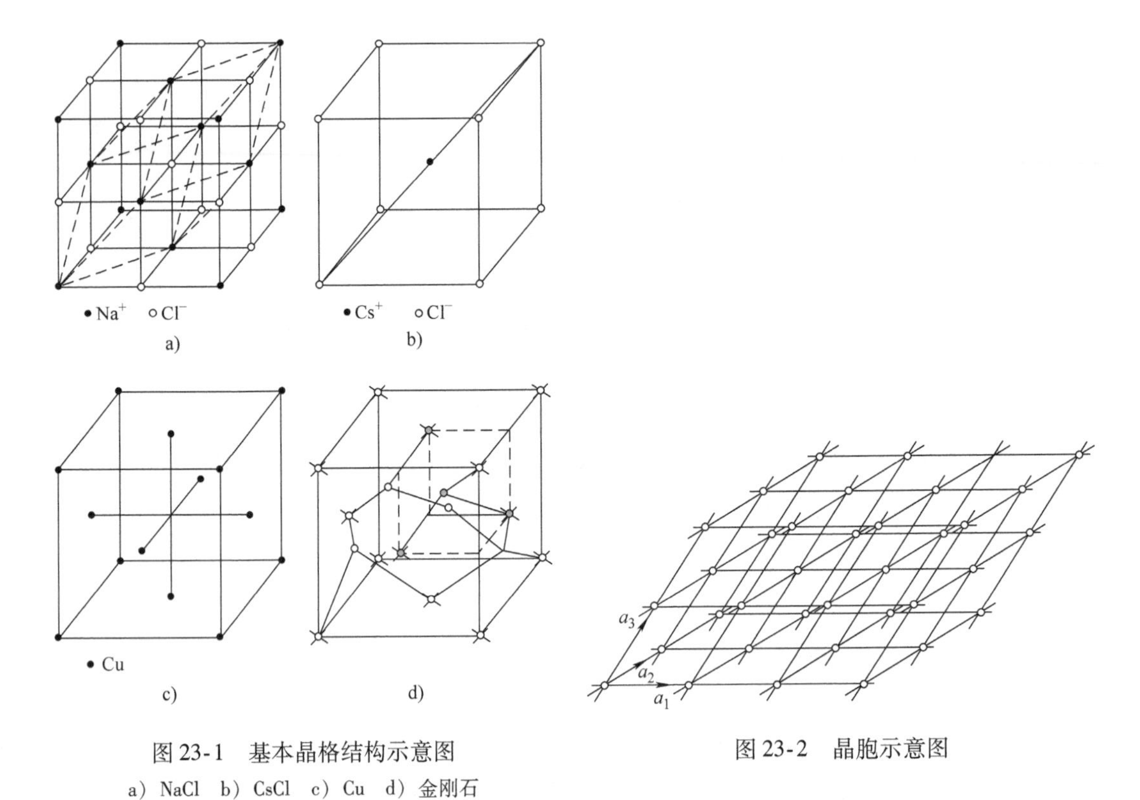

图 23-1 基本晶格结构示意图

a）NaCl b）CsCl c）Cu d）金刚石

图 23-2 晶胞示意图

(2) 共价晶体

原子晶体的结合力称为**共价键**，故原子晶体又称为**共价晶体**。氢分子 H_2 是典型的靠共价键结合的。当两个氢原子相互靠近形成分子时，两个自旋相反的价电子将在两个氢核之间运动，为两个氢核所共有，这时它们同时与两个氢核有较强的吸引力作用，形成共价键，从而将两个原子核结合起来。具有代表性的共价晶体有金刚石，半导体材料锗、硅、碳化硅等。共价键具有**"方向性"**和**"饱和性"**。

共价键晶体具有高硬度、高熔点、高沸点、不溶于所有寻常液体的特征。这类晶体在低温时电导率很低，但当温度升高或掺入杂质时电导率会随之增加。

(3) 分子晶体

组成分子晶体的微粒是电中性的无极性分子，其结合力主要来自各分子相互接近时诱发的瞬时电偶极矩。这种结合力称为**范德瓦耳斯力**，相应的结合键称为**范德瓦耳斯键**。这种键没有方向性和饱和性。

大部分有机化合物的晶体和 Cl_2、CO_2、CH_4、SO_2、HCl 等无极性分子气体以及 Ne、Ar、Kr、Xe 等惰性气体在低温下形成的晶体都是分子晶体。由于范德瓦耳斯力很弱，这种结合力很小，所以分子晶体具有熔点低、硬度低和导电性差等特点。

(4) 金属晶体

金属是一种重要的晶体类型，它与共价晶体较相似。在金属晶体中，原子失去了它的部分或全部价电子而称为**离子实**。这些离开了原子的价电子为全部离子实所共有。**金属键**就是靠共有化价电子和离子实之间的库仑力实现的。金属键没有饱和性和明显的方向性。

金属所具有的特征，如导电性、导热性、金属光泽等都与共有化电子在整个晶体内能够自由运动有关。

对大多数晶体，微粒之间的结合往往是上述各种结合的一种混合，称为**混合键**。如石墨晶体，同一层碳原子之间是靠共价键结合，而不同层面间都是范德瓦耳斯键结合，如图 23-3 所示。

23.1.2　固体的能带

固体中原子的能级结构和孤立原子不同，形成所谓“**能带**”。为了弄清楚能带形成的原因，先要了解什么叫电子的共有化。

1. 电子共有化

为简单起见，我们来讨论只有一个价电子的原子，这样的原子可以看成由一个电子和一个正离子（原子实）组成，电子在离子电场中运动。单个原子的势能曲线如图 23-4a 所示。当两个原子靠得很近时，每个价电子将同时受到两个离子电场的作用，这时势能曲线如图 23-4b 中的实线所示。当大量原子做规则排列而形成晶体时，晶体内形成了周期性势场，势能曲线如图 23-4c 所示。实际的晶体是三维点阵，势场也具有三维周期性。

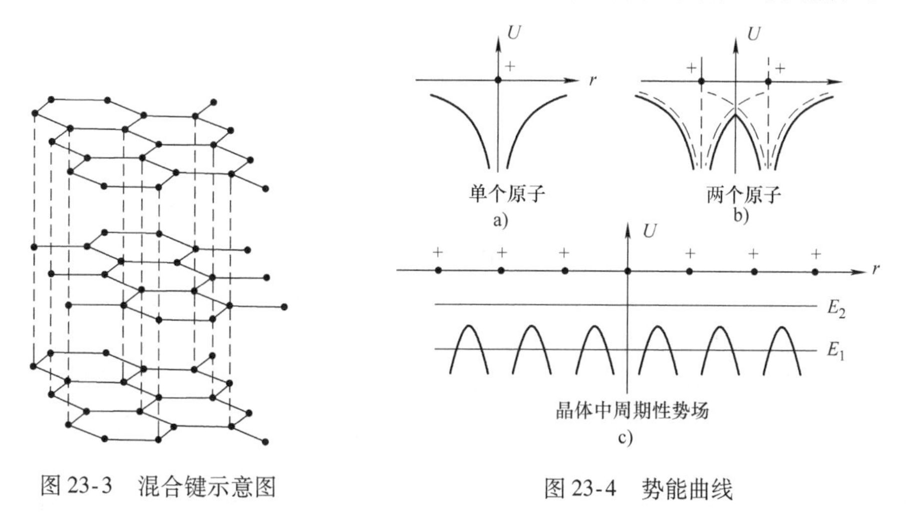

图 23-3　混合键示意图

图 23-4　势能曲线

要确定电子在晶体内周期性势场中的运动状态，需要求解薛定谔方程，这里从略，仅就此做一些定性说明。对于能量为 E_1 的电子来说，势能曲线代表着势垒。由于 E_1 较小，相对的势垒宽度就很宽了，因此，穿透势垒的概率十分微小，基本上可以认为电子仍是束缚在各自原子实的周围。对于能量较大（如 E_2）的电子，其能量超出了势垒的高度，所以它可以在晶体内自由运动，而不再受特定原子的束缚。还有一些能量略大于 E_1 的电子，虽不能越过势垒高度，但却可以通过隧道效应而进入相邻原子中去。这样，在晶体内便出现了一批属于整个晶体原子所共有的自由电子。这种由于晶体中原子的周期性排列而使价电子不再为单个原子所有的现象，称为**电子的共有化**。

2. 能带的形成

量子力学证明，晶体中电子共有化的结果，使原先每个原子中具有相同能量的电子能级，因各原子间的相互影响而分裂成为一系列和原来能级很接近的新能级，这些新能级基本上连成一片而形成**能带**。下面定性解释能带形成的原因。

为了说明能带的形成，让我们考虑一个个独立的原子集聚形成晶体时其能级怎么变化。当两个原子相距很远且各自独立时，二者的相互影响可以忽略不计，具有相同量子数的核外电子可以处于具有相同能量的能级。当两个原子相互靠近时，它们的电子的波函数将相互重叠。这时，按泡利不相容原理，同一原子系统中，不可能有两个或两个以上的电子具有完全相同的量子态。于是原来孤立状态下的每个能级将一分为二，这对应于两个孤立原子的波函数的线性叠加形成的两个独立的波函数。这种能级分裂的宽度决定于两个原子中原来能级分布状况以及二者波函数的重叠程度，亦即两个原子中心的间距。图 23-5a 表示两个钠原子的 3s 能级的分裂随两原子中心间距离 r 变化的情况，图中 r_0 为原子平衡间距。

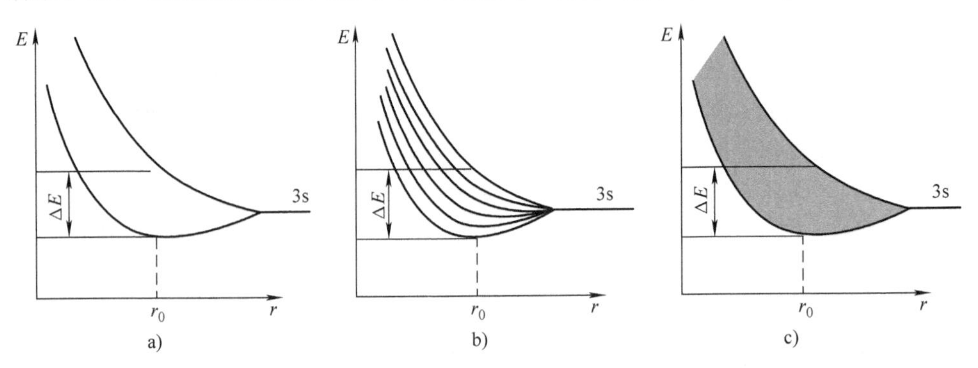

图 23-5　钠晶体中原子 3s 能级的分裂

更多的原子集聚在一起时，类似的能级分裂现象也发生。图 23-5b 表示 6 个原子相聚时，原来孤立原子的 1 个能级要分裂成 6 个能级，分别对应于孤立原子波函数的 6 个不同的线性叠加。如果 N 个原子集聚形成晶体，则孤立原子的 1 个能级将分裂为 N 个能级。由于能级分裂的总宽度 ΔE 决定于原子的间距，而晶体中原子的间距是一定的，所以 ΔE 与原子数 N 无关。由于晶体中原子数目 N 非常大，所以形成的 N 个新能级中相邻两能级间的能量差很小，其数量级为 10^{-22}eV，几乎可以看成是连续的。因此，N 个新能级具有一定的能量范围，通常称它为**能带**。图 23-5c 表示钠晶体的 3s 能带随晶格间距变化的情况，阴影就表示能级密集的区域。图 23-6b 画出了钠晶体内其他能级分裂的程度随原子间距变化的情况（注意能量轴的折接）。图 23-6a 表示在平衡间距 r_0（0.367nm）处的能带分布，上面几个能带重叠起来了；图 23-6c 表示在间距为 r_1（0.8nm）处的能带分布。

现在注意看图 23-6c 原子间距为 $r_1=0.8$nm 时的能级分布。孤立钠原子的 2p 能级中共有 6 个可能量子态，而各量子态各被一个电子占据。钠晶体中此 2p 能级分裂为一能带，此能带中有 $6N$ 个可能量子态，但也正好有 $6N$ 个原来的 2p 电子，它们各占一量子态，这一 2p 能带就被电子填满了，这样的能带称为**满带**。孤立钠原子的 3s 能级上有 2 个可能量子态，钠原子的一个价电子在其中的一个量子态上。在钠晶体中，3s 能带中共有 $2N$ 个可能量子态，但总共只有 N 个价电子在这一能带中，所以这一能带电子只填了一半，没有填满。和 3p 能级相对应的 3p 能带以及以上的能带在钠晶体中并没有电子分布，都是空着的，这样的能带称为**空带**。

由于原子中的每个能级在晶体中要分裂成一个能带，所以在两个相邻的能带间，可能有一个不被允许的能量间隔，这个能量间隔称为**禁带**。两个能带也可能相互重叠，这时禁

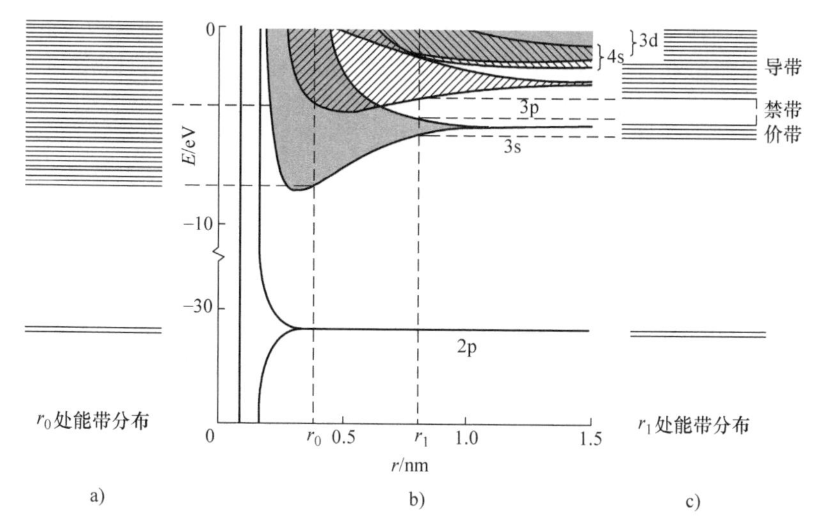

图 23-6　钠晶体的能级分裂成能带的情况

带消失，如图 23-7a 所示铜的能带即是这种情况。

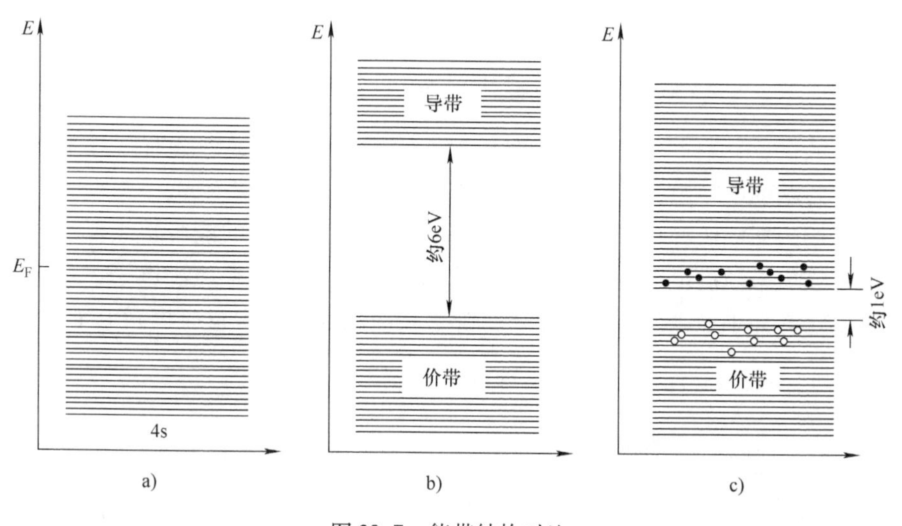

图 23-7　能带结构对比

a）铜　b）金刚石　c）硅

在晶体中能带形成后，对于满带中的电子，不论有无外电场作用，当它由原来占有的能级向这一能带中其他任一能级转移时，因受泡利不相容原理的限制，必有电子沿相反方向的转移与之抵消，这时总体上不产生定向电流，所以满带中的电子不参与导电过程，如图 23-8a 所示。由于某种原因电子受到激发而进入空带，在外电场作用下，这些电子在空带中向较高的空能级转移时，没有反向的电子转移与之抵消，可形成电流，因此表现出导电性，所以空带又称为**导带**，如图 23-8b 所示。由价电子能级分裂而形成的能带称为**价带**，通常情况下价带为能量最高的能带，价带可能被填满，成为满带，也可能未被填满。未被填满的价带中的电子，在外电场作用下，向高一些的能级转移时，也没有反向的电子转移与之抵消，也可形成电流，表现出导电性，因此未被电子填满的能带也称为**导带**，如图

23-8c所示。导带底是导带的最低能级，可看成是电子的势能，通常电子就处于导带底附近；离开导带底的能量高度，则可看成是电子的动能。被电子填满的价带顶与导带底之间的能量差，就是所谓**禁带宽度**，用 ΔE_g 表示，如图 23-8b 所示。

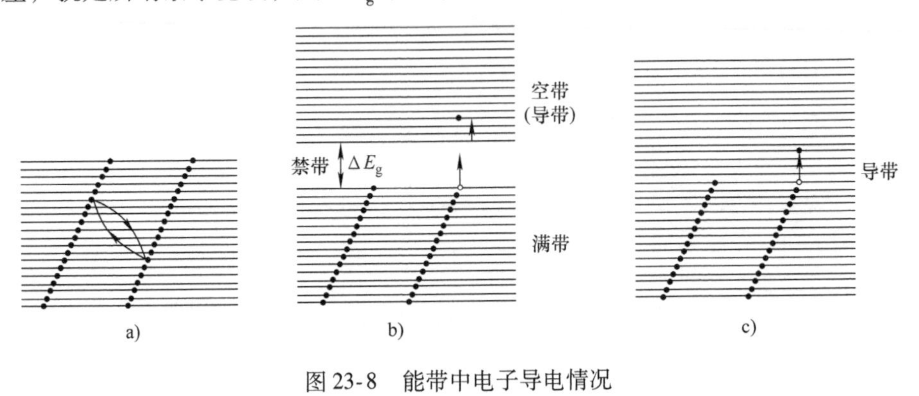

图 23-8　能带中电子导电情况

23.2　半导体　绝缘体　导体

23.2.1　半导体、绝缘体与导体的能带结构

根据前面的讨论，当 N 个原子形成晶体时，原子能级分裂成包含有 N 个相近能级的能带。能带所能容纳的电子数，等于原来能级所能容纳的电子数乘上 N。

一般原子的内层能级都填满电子，所以形成晶体时，相应的能带也填满电子。原子最外层的能级可能原来填满电子，也可能原来未被填满。如果原来填满电子，那么相应的能带中亦填满电子。如果原来没有填满电子，那么相应的能带中也没有填满电子。

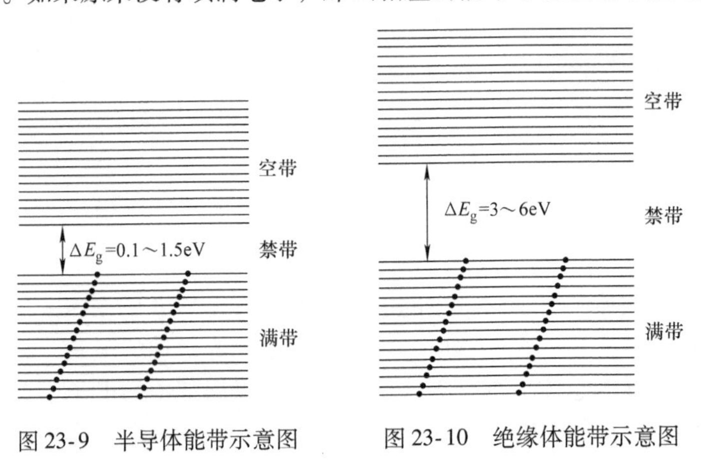

图 23-9　半导体能带示意图　　图 23-10　绝缘体能带示意图

从能带结构来看，当温度接近热力学温度零度时，半导体和绝缘体都具有填满电子的满带和隔离满带与空带的禁带。半导体的禁带比较窄，禁带宽度 ΔE_g 为 0.1～1.5eV，如图 23-9 所示。因此用不大的激发能量（热、光或电场）就可以把满带中的电子激发到空带中去，从而参与导电。

绝缘体的能带一般很宽，禁带宽度 ΔE_g 为 3～6eV，如图 23-10 所示。若用一般的热激发，光照或外加电场不强时，满带中的电子很少能被激发到空带中去，所以在外电场作用下，一般没有电子参与导电，表现出电阻率很大（$\rho \approx 10^{16} \sim 10^{20} \Omega \cdot m$）。大多数的离子型晶体如 NaCl、KCl 等和分子型晶体如 Cl_2、CO_2等都是绝缘体。

导体的情况就完全不同，其能带结构或者是价带中只填入部分电子而成导带，或者是满带与另一相邻空带紧密相连或部分重叠，或者是导带与另一空带重叠，如图 23-11 所示。在图 23-11 所示的情况里，如有外电场作用，它们的电子很容易从一个能级跃入另一个能级，从而形成电流，显示出很强的导电能力。单价金属如 Li，其能带结构大体如图 23-11a 所示。一些二价金属如 Be、Ca、Mg、Zn、Sr、Cd、Ba 等的能带结构如图 23-11b 所示。另一些金属如 Na、K、Cu、Al、Ag 等的能带结构大致如图 23-11c 所示。

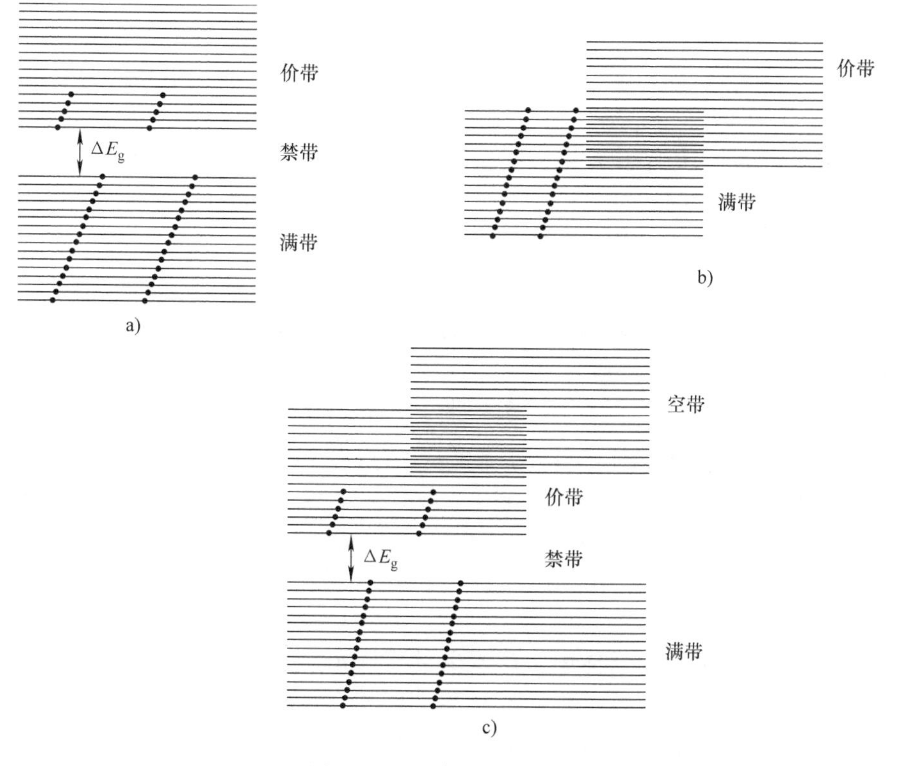

图 23-11　导体能带示意图

应该指出，能带和能级之间有时并不存在简单的对应关系，而且也不是永远可以根据原来原子中各能级是否填满电子来判断晶体的导电性质的。例如二价金属 Ca 和 Mg，它们最外层的价电子能级中有两个电子，组成晶体时，与价电子能级相应的能带好像应该填满电子，但是由于价电子能带和它上面的空带相重叠，如图 23-11b 所示，因为晶体中所有的价电子填不满叠合后的能带，所以这种晶体是导体。

总之，一个好的金属导体，它最上面的能带或是未被电子填满，或是虽被电子填满但这填满的能带却与空带相重叠。

23.2.2　杂质半导体与 p-n 结

从能带理论知道，半导体的满带和空带之间存在着禁带，但这个禁带宽度要比绝缘体的小得多。热运动的结果，可使一部分电子从满带跃迁到空带，这不但使空带具有导电性能，而且使满带也具有导电性能。因为这时满带出现了空位，通常称为**空穴**。在外电场作用下，进入空带的电子可参与导电，称为**电子导电**。而满带中的其他电子在电场作用下填充空穴，并且它们又留下新的空穴，因而引起空穴的定向移动，效果就像是一些带正电的粒子在外电场作用下定向运动一样，这种由于满带中存在空穴所产生的导电性能称为**空穴导电**。对于没有杂质和缺陷的半导体，其导电机制是电子和空穴的混合导电，这种导电称为**本征导电**，参与导电的电子和空穴称为**本征载流子**。这种没有杂质和缺陷的半导体称为**本征半导体**，该半导体中，自由电子和空穴的数量相同。

在纯净半导体里，可以用扩散的方法掺入少量其他元素的原子。所掺进的原子，对半导体基体而言称为**杂质**。掺有杂质的半导体称为**杂质半导体**。杂质半导体的导电性能较本征半导体有很大的改变。

由能带理论可知，当原子相互接近形成固体时，外层电子的显著特点是电子的共有化。电子共有化是由电子在不同原子的相同能级上转移而引起的，电子不能在不同能级上转移，因为不同能级具有不同的能量值。杂质原子与原来组成晶体的原子不一样，因而杂质原子的能级和晶体中其他原子的能级并不相同，在这些能级上的电子由于能量的差异，不能过渡到其他原子的能级上去，即它不参与电子的共有化。尽管如此，杂质能级在半导体导电上却起着很重要的作用。

量子力学表明，杂质原子的能级处于禁带中。不同类型的杂质，其能级在禁带中的位置亦不同。有些杂质能级离导带较近，有些离满带较近。杂质能级位置不同，杂质半导体的导电机制也不同，按照其导电机制，杂质半导体一般可以分为两类：一类以电子导电为主，称为 **n 型（或电子型）半导体**；另一类以空穴导电为主，称为 **p 型（或空穴型）半导体**。

1. n 型半导体

在四价元素如硅或者锗半导体中，掺入少量五价元素如磷或砷等杂质，可形成 n 型半导体。

如图 23-12a 所示，四价元素硅或者锗的原子，最外层有四个价电子，形成共价键晶体。掺入五价元素的杂质磷后，这些杂质原子将在晶体中分散地替代一些硅原子或者锗原子。由于磷原子有五个价电子，其中四个可以和邻近的硅原子或锗原子形成共价键，多余的那一个电子由于受磷原子的束缚较弱而能在晶格原子之间游动成为自由电子。从能态上说，这种多余的价电子的能级处于禁带中，而且靠近导带，称为**杂质能级**，如图 23-12b 所示。

这种杂质价电子很容易被激发到导带中去，所以这类杂质原子称为**施主原子**，相应的杂质能级称为**施主能级**。施主能级与导带底部之间的能量差值 ΔE_D 比禁带宽度 ΔE_g 小得多，约为 10^{-2}eV，所以在较低温度下，施主能级中的电子就可以被激发到导带中去。因此，这种半导体中杂质原子的数目虽然不多，但是在常温下，导带中的自由电子浓度却比同温度下纯净半导体的导带中的自由电子浓度大好多倍，这就大大提高了半导体的导电性

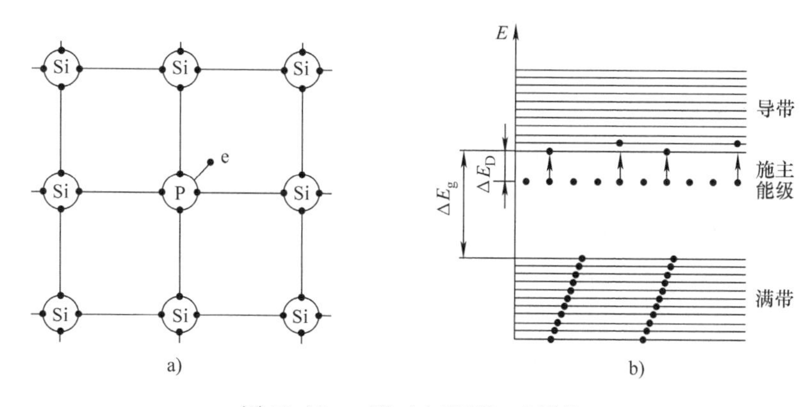

图 23-12　n 型（电子型）半导体

能。这种主要靠施主能级激发到导带中去的电子来导电的半导体称为 **n 型半导体**，或者称为**电子型半导体**。

2. p 型半导体

如果在硅或锗的纯净半导体中，掺入少量三价元素如硼、镓、铟等杂质原子，那么这种杂质原子与相邻的四价硅或锗原子形成共价键结构时，将缺少一个电子，这相当于一个空穴，如图 23-13a 所示。相应于这种空穴的杂质能级也出现在禁带中，并且靠近满带，如图 23-13b 所示。满带顶部与杂质能级之间的能量差值 ΔE_A 一般不到 0.1eV。在温度不很高的情况下，满带中的电子很容易被激发到杂质能级，同时在满带中形成空穴。这种杂质能级收容从满带跃迁来的电子，所以这类杂质原子又称为**受主原子**，相应的杂质能级称为**受主能级**。这时，半导体中的空穴浓度较之纯净半导体中的空穴浓度增加了好多倍，其导电性能显著增加。这种杂质半导体的导电机制主要决定于满带中的空穴，所以称为 **p 型半导体**，或者称为**空穴型半导体**。

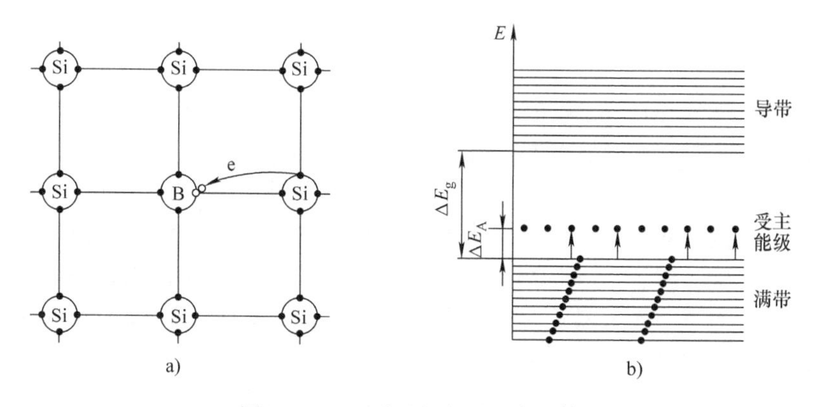

图 23-13　p 型（空穴型）半导体

3. p - n 结

在一片本征半导体的两侧各掺以施主型（高价）和受主型（低价）杂质，在 n 型和 p 型半导体的交界处就形成一个 **p - n 结**。其形成机制为：由于 p 型半导体一侧空穴的浓度较大，而 n 型半导体一侧电子的浓度较大，因此 n 型中的电子将向 p 型区扩散，p 型中的空穴将向 n 型区扩散，结果在交界面两侧出现正负电荷的积累，在 p 型一边是负电，n 型一边是

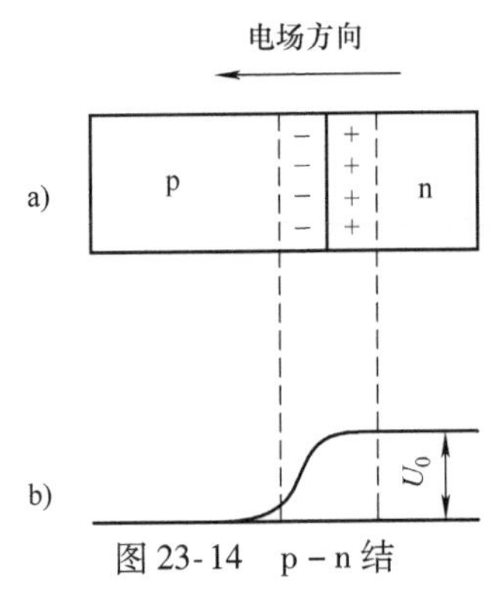

图 23-14　p-n 结

正电。这些电荷在交界处形成一电偶层，即 p-n 结，其厚度约为 10^{-7}m，如图 23-14a 所示。在 p-n 结内存在着由 n 型指向 p 型的电场，起到阻碍电子和空穴继续扩散的作用，最后达到动态平衡。此时，因 p-n 结中存在电场，两半导体间存在着一定的电势差 U_0，电势自 n 型向 p 型递减，这就是 p-n结处的**接触电势差**，如图 23-14b 所示。

由于接触电势差 U_0 的存在，在分析半导体的能带结构时，必须把由该电势差引起的附加电子静电势能 $-eU_0$ 考虑进去。因为 p-n 结中，p 型一侧积累了较多的负电荷，所以 p 型侧相对 n 型侧电势较低，这样在 p 型导带中的电子要比在 n 型导带中的电子有较大的能量，这能量的差值为 eU_0。如果原来两个半导体的能带如图 23-15a所示（为简单起见，图中只画出能带的顶部和导带的底部），则在 p-n 结处，能带发生弯曲，如图 23-15b 所示。

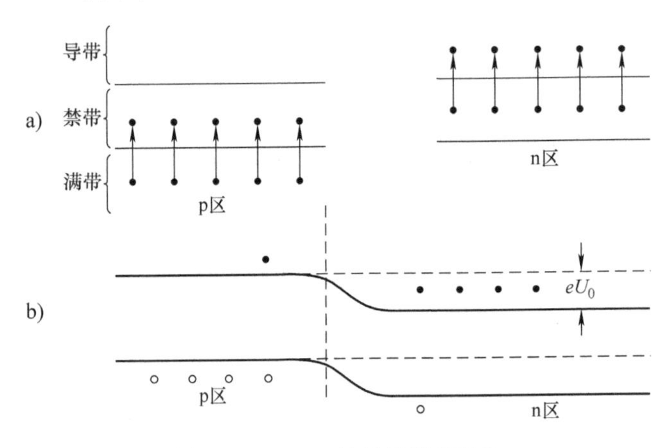

图 23-15　p-n 结处能带的弯曲

在 p-n 结处，势能曲线呈弯曲状，构成势垒区，它将阻止 n 区的电子和 p 区的空穴进一步向对方扩散，所以 p-n 结中的势垒区又称为**阻挡层**。

由于阻挡层的存在，当把外加电压加到 p-n 结两端时，阻挡层处的电势差将发生改变。如把电源正极接到 p 型区，而负极接到 n 型区（称为**正向连接**），则外电场的方向与阻挡层的电场方向相反，使 p-n 结中电场减弱，势垒降低，或者说使阻挡层减薄。于是 n 型中的电子和 p 型中的空穴就容易通过阻挡层，不断向对方扩散，形成从 p 区向 n 区的正向电流，p-n 导通。外加电压增大，电流增大。

反之，当把电源负极接到 p 型区而正极接到 n 型区（称为**反向连接**），则外电场方向与 p-n 结中电场方向相同，其结果将使 p-n 结中的电场加强，势垒增高，阻挡层加厚，n 型中的电子和 p 型中的空穴就更难越过阻挡层。只有 p 型区的少数电子和 n 型区的少数空穴能通过阻挡层形成微弱的反向电流，而且随着反向电压的升高，反向电流很快达到饱和。p-n 结的伏安特性如图 23-16 所示。

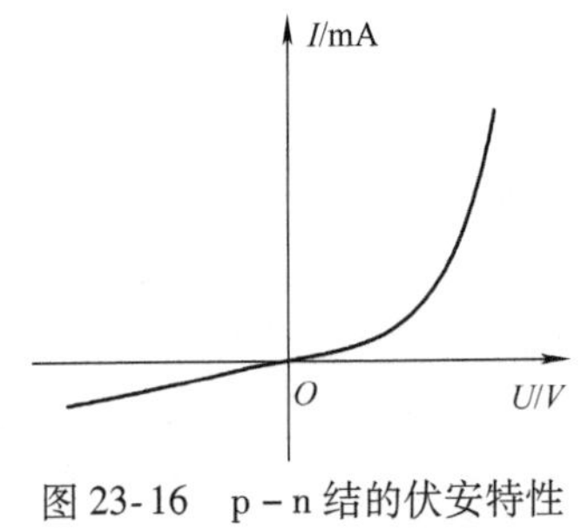

图 23-16　p-n 结的伏安特性

由于反向电流很弱，通常说 p－n 结具有**单向导电**作用。利用其单向导电性，可以做成晶体二极管作整流用，也可以把各种类型的半导体适当组合，制成各种晶体管。随着 p－n 结超精细小型化技术的发展，可制成更大规模的集成电路，广泛应用于电子计算机、通信、雷达、宇航等技术领域。

***4. 半导体的其他特征和应用**

半导体还有其他一些特征和应用，本小节仅就热敏电阻、光敏电阻、温差电偶等的原理和应用做一简单介绍。

（1）热敏电阻

半导体的电阻随温度的升高而呈指数下降。这是因为随着温度的升高，由于热激发，半导体中的载流子（电子或空穴）显著增加的缘故。这种热激发载流子称为**热生载流子**。特别在杂质半导体中，因施主和受主能级处于禁带中，所需要的激发能量远比禁带宽度对应的能量小，所以热生载流子的增加尤为显著，其导电性能随温度的变化十分灵敏。通常把这种电阻随温度的升高而降低的半导体器件称为**热敏电阻**。由于热敏电阻具有体积小、热惯性小、寿命长等优点，已广泛应用于自动控制。

（2）光敏电阻

在可见光照射下，半导体硒的电阻值将随光强的增加而急剧地减小。这是由于光激发使半导体中载流子迅速增加的缘故。这种光激发的载流子称为**光生载流子**，由于光生载流子并没有逸出体外，因此又称为**内光电效应**。

应该注意，光电导和热电导不同，热敏电阻是一种没有选择性的辐射能接收器，而光敏电阻是有选择性的。和光电效应类似，要求照射光的频率大于红限频率。在此条件下，光强越强，电导率越大。电导率随光强的变化十分灵敏。利用这种特性制成的半导体器件称为**光敏电阻**，它是自动控制、遥感等技术中的一个重要元件。

（3）温差电偶

两种不同的金属导体组成的闭合回路，如果两个接头处于不同的温度，那么在回路中将产生温差电动势。这个回路称为**温差电偶，或热电偶**。如果把两种不同的半导体组成回路，并使两个接头处于不同温度，也会产生温差电动势。这是因为半导体中的自由电子或空穴是由热激发产生的，随着温度的升高，自由电子或空穴的浓度极为迅速地增长。

由于存在温度差，半导体中的电子或空穴由浓度大、运动速度较大的热端跑到冷端，同时也有少量电子或空穴由冷端运动到热端。在 n 型半导体中，载流子是电子，结果造成冷端带负电，因而在冷热两端产生电势差。

随着电势差的增加，半导体内电场也开始增强，并且阻止由热端向冷端载流子的扩散而加速其由冷端到热端的运动，最后达到动态平衡。这种动态平衡决定了半导体中因温度差而形成的温差电动势，其值比金属中的温差电动势要大数十倍，温度每差 1℃，能够达到甚至超过 10^{-3}V。

实际的半导体热电偶如图 23-17 所示。

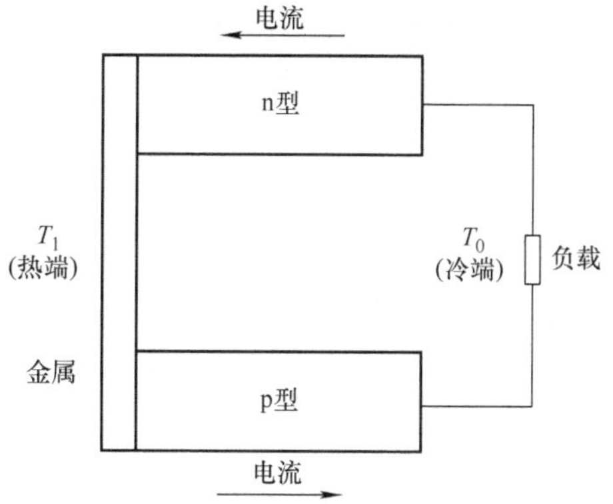

图 23-17　半导体热电偶

此外还有半导体光电池、半导体场致发光材料、半导体激光器等，广泛应用于工农业生产及科研、通信、测量、宇航等各种技术领域。

23.3 激光原理简介

激光是“受激辐射光放大”（Light amplification by stimulated emission of radiation）的简称，是20世纪60年代以后发展起来的一门新技术。激光以其优异的特性得到了迅速发展。它以高、精、尖的技术特点，在人类生活、工农业生产、军事以及科学研究等各个领域得到了广泛的应用。尤其在当今信息技术领域中，激光作为一种独特的信息载体，起着举足轻重的作用，已成为一颗光彩夺目的“明珠”。

23.3.1 激光的基本原理

1. 自发辐射与受激辐射

早在1917年，爱因斯坦在他的辐射理论中就预见了有受激辐射存在。我们知道，光与原子体系相互作用时，总是同时存在着吸收、自发辐射和受激辐射三种过程。设原子中有高低能级 E_1 和 E_2（$E_2>E_1$）。则在常温下，物质的绝大部分原子都处于低能级 E_1（基态）中。处于高能级 E_2 上的原子会自发地跃迁到低能级 E_1，辐射出光子 $h\nu$，这个过程叫**自发辐射**。设发光物质单位体积中处于能级 E_1、E_2 的原子数分别为 N_1、N_2，则单位时间内从 E_2 向 E_1 自发辐射的原子数

$$\left(\frac{dN_{21}}{dt}\right)_{\text{自}} = A_{21}N_2 \tag{23-1}$$

式中，比例系数 A_{21} 称为**自发辐射概率**，它与外来辐射能量密度无关。

原子吸收辐射 $h\nu$ 从低能级 E_1 跃迁到高能级 E_2，叫**受激吸收跃迁**。每秒吸收跃迁的原子总数与辐射场能量密度成正比并与处于低能级 E_1 的原子数 N_1 成正比，即

$$\left(\frac{dN_{12}}{dt}\right)_{\text{吸}} = W_{12}N_1 \tag{23-2}$$

式中，比例系数 $W_{12}=B_{12}\rho(\nu,T)$ 称为**吸收概率**，其中 B_{12} 称为**吸收系数**，$\rho(\nu,T)$ 是辐射场能量密度。

处于高能级 E_2 的原子除了自发辐射外，还有一种辐射叫**受激辐射**。它是处于高能级 E_2 的原子在外来辐射或某一原子的自发辐射所放出的光子的激发下，跃迁到低能级 E_1 而发出光子 $h\nu$。受激辐射每秒跃迁的原子数与高能级的原子数 N_2 及辐射场能密度成正比，即

$$\left(\frac{dN_{21}}{dt}\right)_{\text{受}} = W_{21}N_2 \tag{23-3}$$

式中，比例系数 $W_{21}=B_{21}\rho(\nu,T)$ 称为**受激辐射概率**，其中 B_{21} 称为**受激辐射系数**，且 $B_{21}=B_{12}$，$\rho(\nu,T)$ 就是上述的辐射场能量密度。

光子的状态，即光子的频率、相位、偏振方向和传播方向通常由量子数来描写。这些量子数的每一种组合方式决定了光子的一种状态，叫**光的量子态（光子态）**。对给定的光源，可能有的量子态的数目是很多的。光子可处于其中一态，也可多个光子占据同一态（这一点与电子不同，因为光子是玻色子而电子是费米子）。我们定义占据同一量子态的平均光子数目为**光源的光子简并度**，记作 $\bar{\delta}$。

自发辐射的光子即使都满足 $h\nu=(E_2-E_1)$，由于是不同原子辐射的，其量子态也各不相同。换言之，自发辐射的光子简并度很低。这样的辐射光叫**普通光**，其单色性和相干性都很差。

而按照辐射的量子理论，受激辐射产生出来的光子的量子态与原光子完全相同。如果原子体系中有许多原子都处于某一相同的激发态能级，当一个外来光子所带的能量 $h\nu$ 正好为该激发态能级与一低能级能级之差 E_2-E_1，则这原子可以在此外来光子的诱发下从高能级向低能级跃迁，辐射出来的光子的量子态（频率、相位、偏振方向和传播方向）与原光子完全相同。于是，入射一个光子，就会出射两个全同光子，这两个全同光子再去激发相同的激发态能级，就会产生四个全同光子，依次类推，这一过程将以连锁反应的方式在很短时间内完成，从而产生出大量完全相同的光子，这一过程称为**光放大**。如果我们提供了合适条件，实现了这种光放大，就能得到大量高简并度的光子，产生出单色性和相干性都很好的光束，这种在受激过程中产生并被放大的光，就是**激光**。

2. 粒子数反转

光与原子体系相互作用时，如果自发辐射占优势，则发出的是普通光束；如果受激辐射占优势就会发出激光。那么，在什么样条件下才能使受激辐射占优势呢？

一般情况下，处于温度为 T 的平衡态下的体系，在各能级上的原子数由玻尔兹曼分布确定，即有

$$\frac{N_2}{N_1}=\mathrm{e}^{-(E_2-E_1)/kT} \tag{23-4}$$

这就是说，处于最低能级的原子数最多，能级越高，处于该能级的原子数就越少。实际上，激发态与基态之间的能量差一般大约是 1eV。因此，常温（$T=300\mathrm{K}$）的平衡态下，$\frac{N_2}{N_1}\approx \mathrm{e}^{-38}$，即处于激发态的原子数微乎其微。前面已介绍过，受激吸收与 E_1 的原子数 N_1 成正比，受激辐射与 E_2 的原子数 N_2 成正比。当 $N_2<<N_1$ 时发生受激辐射的概率远小于发生受激吸收的概率，是不可能实现光放大的。要实现光放大，必须采取特殊措施，打破原子数在热平衡下的玻尔兹曼分布，使 $N_2>N_1$。我们称体系的这种状态为**粒子数反转**（或 **“负温度”体系**）。所以，产生激光的首要条件是**实现粒子数反转**。

能够实现粒子数反转的介质称为**激活介质**。要造成粒子数反转分布，首先要求介质有适当的能级结构，其次还要有必要的能量输入系统。供给低能态的原子以能量，促使它们跃迁到高能态上去，该过程称为**抽运过程**。

现在，以四能级系统为例来说明，为了实现粒子数反转，需要什么样的能级结构。图 23-18 所示是某原子的部分能级（四个能级）。当用频率为 $\nu=(E_4-E_1)/h$ 的光照射时，一部分原子将迅速跃迁到 E_4 能级，从而使该能级上原子数大为增加。但是，处于 E_4 能级的原子将迅速以与其他原子碰撞等无辐射跃迁跳到平均寿命较长的（约 $10^{-3}\sim1\mathrm{s}$）亚稳态 E_3 能级上去。由于 E_3 能级的寿命较长，E_3 能级上将停留有大量原子，而处于 E_2 能级上的原子数目极少，如图 23-18b 所示。这样就建立起来了一个粒子数反转体系。此时，从 $E_3\rightarrow E_2$ 的自发辐射就会引起连锁的受激辐射，其频率 $\nu_{32}=(E_3-E_2)/h$。像 He－Ne 激光器和 CO_2 激光器的工作物质都具有这种四能级系统。而红宝石激光器是一个三能级系统激光器。需要说明的是，我们这里所说的四能级系统或三能级系统，都是指对在激光器抽运过程中直

接有关的能级而言，并不是说这种物质只具有这几个能级。

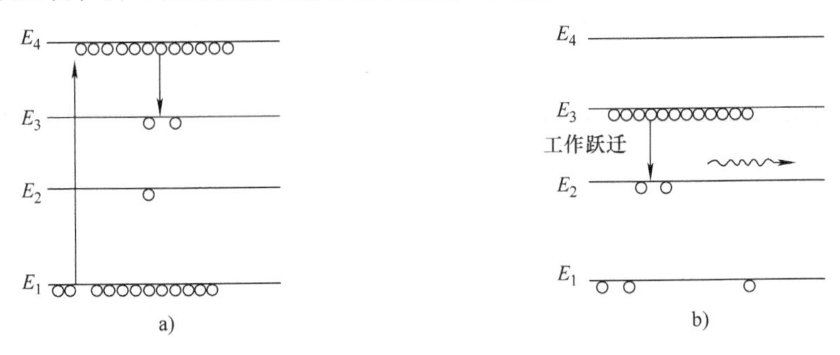

图 23-18　四能级系统的粒子数反转

3. 光学谐振腔

实现粒子数反转是产生激光的必要条件，但还不是充分条件。粒子数反转使得受激辐射与受激吸收相比，占了绝对优势，但是还不能保证受激辐射超过自发辐射。因为处于激发态能级的原子还可以通过自发辐射而跃迁到基态，而且在热平衡条件下，在激光器工作频率区域内（从红外→紫外）自发辐射占绝对优势。如当 $T=1500\text{K}$ 时，对于 $\lambda=694.3\text{nm}$ 的光，自发辐射的概率比受激辐射概率大 6 个数量级。因此，在一般情况下，即使已实现了激活物质的粒子数反转，但如果不采取措施，要利用受激辐射来得到激光仍然是不可能的。

前面我们介绍过，自发辐射概率与辐射场的能量密度无关，而受激辐射概率与辐射场的能量密度成正比。因此，在激光器中我们利用光学谐振腔来形成所要求的强辐射场，使辐射场能量密度远远大于热平衡时的数值，从而使受激辐射概率远远大于自发辐射概率。

如图 23-19 所示，光学谐振腔的主要部分是两个互相平行的并与激活介质轴线垂直的反射镜 M_1 和 M_2。其中 M_1 是全反射镜，M_2 是部分反射镜。如上所述，在外界通过光、热、电、化学或核能等各种方式的激励下，谐振腔内的激活介质将会在能级 E_3 和 E_2 之间实现粒子数反转。这时由自发辐射产生的频率为 $\nu=(E_3-E_2)/h$ 的光子就会激发 E_3 能级上的原子产生受激辐射。在产生的受激辐射光中，沿轴向传播的光在两个反射镜之间来回反射、往复通过已实现了粒子数反转的激活介质，不断引起新的受激辐射，使轴向行进的该频率的光得到放大，这个过程称为**光振荡**。这是一种雪崩式的放大过程，使谐振腔内沿轴向的光骤然增强，所以辐射场能量密度大大增强，受激辐射远远超过自发辐射。这种受激的辐射光从部分反射镜 M_2 输出，它就是激光。沿其他方向传播的光很快从侧面逸出谐振腔，不能被继续放大。而自发辐射产生的频率不等于 $(E_3-E_2)/h$ 的光，由于根本不可能引起受激辐射，也得不到放大。因此，实际上输出的仅是频率 $\nu=(E_3-E_2)/h$ 的沿轴向传播的激光。因此，从谐振腔输出的激光具有很好的方向性和单色性。

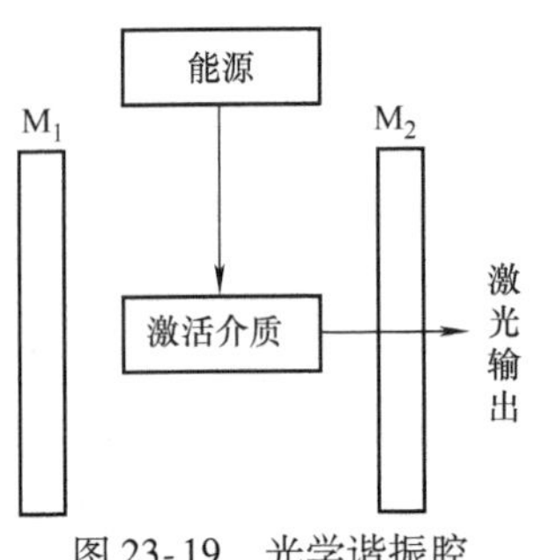

图 23-19　光学谐振腔

在实际激光器中，存在着使光强减弱的各种损耗。如介质的吸收及散射等。只有当光在谐振腔中来回一次所得到的增益（增益 G 定义为光通过谐振腔单位长度时光强增加的比例）大于同一过程的损耗时，光放大才会实现。产生激光的最小增益称为**阈值增益**（或**阈值条件**），记为 G_m。计算表明

$$G_m = \frac{1}{2L}\ln\frac{1}{R_1R_2} \tag{23-5}$$

式中，L 是谐振腔长度；R_1 与 R_2 分别是两反射镜的反射系数。这就是产生激光所必须满足的阈值条件。为了达到阈值条件，要求选用增益系数大而内耗小的激活介质，并选用反射系数高的反射镜。

4. 横模与纵模

在激光技术中，经常提到激光的“模式”。按光的量子理论，给定一种模式对应于谐振腔内光子的一个量子态。激光模式有横模与纵模之分。按光的波动理论，简单地说，在与谐振腔轴线垂直的截面上形成的光的横向驻波模式称为**横模**。产生横模的原因很多，其中主要是不沿轴线方向传播的光束相互干涉加强引起的。不同频率的光束在沿谐振腔轴线方向上形成不同的纵向驻波模式称为**纵模**，也叫**轴模**，显然，纵模是由频率不同引起的。

谐振腔除了实现光振荡的作用外，还有一个作用就是选频，即通过缩短谐振腔长度以扩大相邻两纵模的频率间隔达到减少纵模个数的目的。在两反射镜间沿轴向行进的光束，由于谐振腔长度 L 与光波波长之比是一个很大的数目，所以有许许多多波长不同的光波能符合反射加强的条件，即

$$2nL = K_1\lambda_1 = K_2\lambda_2 = \cdots \tag{23-6}$$

式中，n 是腔内激活介质的折射率；K 是纵模模数。如果 $n=1$，$L=1\text{m}$，$\lambda=0.5\mu\text{m}$，则 K 可达 4×10^6。但产生激光的某一波长的单色光总是有一定宽度的：根据原子处于激发态的平均寿命 $\Delta\tau\approx10^{-8}\text{s}$，按测不准关系，从 $\Delta E\Delta\tau\geqslant\hbar$ 和 $\Delta E=h\Delta\nu$ 可推知 $\Delta\nu=\dfrac{\Delta E}{h}\geqslant\dfrac{1}{2\pi\Delta\tau}$，即谱线的自然宽度约为 10^7Hz；再加上其他因素（碰撞增宽与多普勒增宽），一般谱线宽度为 $\Delta\nu=10^9\text{Hz}$。另一方面，由式（23-6）微分可知，两相邻纵模 K 与 $K+1$ 之间的波长间隔为

$$\Delta\lambda = -\frac{\lambda}{K} = -\frac{\lambda^2}{2nL} \tag{23-7}$$

而频率间隔为

$$\Delta\nu' = -\frac{c\Delta\lambda}{\lambda^2} = \frac{c}{2nL} \tag{23-8}$$

因此，在腔长为 L 内能获得干涉加强的纵模的个数为

$$N = \frac{\Delta\nu}{\Delta\nu'} = \frac{\Delta\nu}{c}2nL \approx \frac{2nL\times10^9}{c} \tag{23-9}$$

这是有限的几个。如 $\lambda=632.8\text{nm}$ 的 He－Ne 激光，$\Delta\nu\approx10^9\text{Hz}$ 而 $\Delta\nu'\approx15\times10^7\text{Hz}$，则最大模数 $N=6$。如果腔长再变短，则模数 N 还可以减少。

为了提高所输出的激光的单色性，我们往往需要单模输出，所以必须在有限的几个纵模里再选出一个单模来。最简单的方法是缩短激光管的长度 L。还可以通过在谐振腔内放置法布里－珀罗标准具来实现，它使纵模中只有一个纵模有高的透射率，从而使原来的多模激光器变成单模激光器。

23.3.2　激光器

激光器是产生激光的器件或装置，它由三部分组成：工作物质、激励（又叫泵浦）系

统和谐振腔（有些激光器如氮分子激光器也可以没有谐振腔）。现在激光器的波长已从 X 射线区一直扩展到红外区，最大连续功率输出达 10^4W，最大脉冲功率输出达 10^{14}W。

按工作物质的不同来分类，激光器可分为固体激光器、气体激光器、液体激光器和半导体激光器。

固体激光器具有器件小、坚固、使用方便、输出功率大的特点。1960 年，加州休斯实验室的梅曼（T. H. Maiman，1927—）制成了世界上第一台红宝石激光器，获得了世界上第一束激光，波长为 694.3nm。

气体激光器具有结构简单、造价低、操作方便、工作物质均匀、光束良好，以及能长时间稳定连续工作的优点。

第一个连续工作的气体激光器是 1961 年制成的氦氖（He－Ne）激光器，目前应用得非常广泛。它是一个气体放电管，工作物质是氦气和氖气的混合气体。谐振腔两端的反射镜放置在放电管外，叫腔式激光器。反射镜有用两个凹球面的，也有用一凹一平或两个平面的。放电管的窗口与真空放电管的轴线成布儒斯特角，这种窗叫布儒斯特窗。这样可以使输出的激光成为完全偏振光。图 23-20 是外腔式 He－Ne 激光器的示意图。在放电管的端部封入电极，电极间加上千伏以上的高压，气体产生放电。放电时在电场中受到加速的电子与 He 原子碰撞，并使 He 原子激发到一些较高能态上。图 23-21 是 He－Ne 的原子能级示意图。其中 He 有一个能级 E_2 的平均寿命较长（亚稳态）。Ne 也有一个亚稳态能级 E_3' 与 He 的 E_2 能级接近。激发到 E_2 的 He 原子在与 Ne 原子碰撞时，就会把能量传给基态 Ne 原子，使大量 Ne 原子激发到 E_3' 能态。Ne 原子还有一个比 E_3' 稍低的能级 E_2'，但因 He 原子没有与之相近的能级，不可能通过与 He 原子的碰撞使 Ne 原子激发到 E_2' 能级。因而，Ne 原子的 E_3' 和 E_2' 能级形成粒子数反转。只要有一个 Ne 原子发生 $E_3' \to E_2'$ 的自发辐射，就会产生受激辐射和光放大。再经过谐振腔的选模、放大和控制作用，就可以得到一定输出功率的单色性、相干性、方向性都很好的激光。

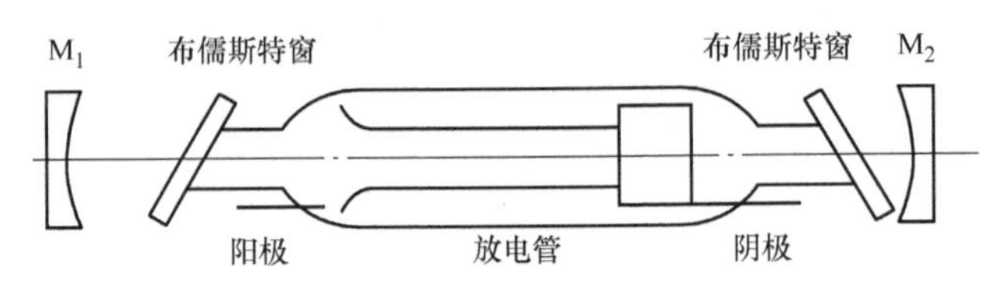

图 23-20　外腔式 He－Ne 激光器示意图

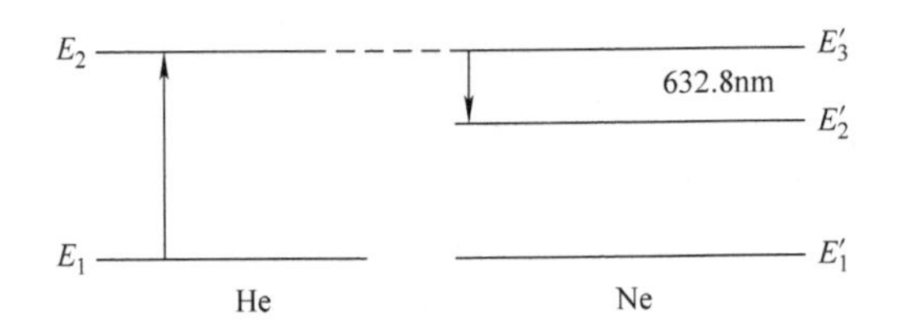

图 23-21　He－Ne 激光器原子能级示意图

液体激光器工作原理比其他类型激光要复杂得多。输出波长连续可调，且覆盖面宽是它的突出优点。

半导体激光器体积小、质量轻、寿命长、结构简单而坚固，特别适用在飞机、车辆、宇宙飞船上用。

23.3.3 激光的特性

1. 单色性好

光的谱线宽度 $\Delta\nu$ 描述了光的单色性。单色性较好的普通光 $\Delta\nu \approx 10^7 \sim 10^9$Hz，而经过稳频的 He－Ne 激光器、波长为 632.8nm 的红光可得到频宽 $\Delta\nu \approx 10^{-1}$Hz。单色性提高了 $10^8 \sim 10^9$倍。激光极好的单色性使得激光可作为长度标准进行精密测量。

2. 方向性好

光的方向性用光束的发散角来度量。激光的发散角可以做到 $10^{-3} \sim 10^{-5}$rad，甚至更小。因此激光束几乎是平行光束，若将激光射向几千米之外，光束直径也只增加几厘米。根据这一特性可把激光用于定位、导向和测距等工作。

3. 相干性好

光束的空间相干性是与方向性（发散角）紧密相关的。激光有极好的方向性即意味着同时具有极好的空间相干性，用它做相干光源时，干涉图样有良好的可见度。光束的时间相干性与单色性紧密相关。激光具有良好的单色性即意味着它同时具有极好的时间相干性，用它做相干光源可以观察到较高级次的干涉条纹，可以进行长距离范围的精密测量。

4. 能量集中

由于激光束方向性好，使能量在空间高度集中，利用锁模调 Q 等措施，还可以使能量压缩到极短时间内发射，所以激光光源有极大的亮度。

23.3.4 激光的应用

激光在各个技术领域中的广泛应用基本上是利用了激光是定向的强光和很好的单色相干性方面的特性。但是激光这两方面的特性往往不能截然分开，所以有的应用（如非线性光学）与激光的两方面特性都有关。

1. 激光测距

激光测距有三种方法。其一是干涉测长。利用激光优越的相干性，以激光波长为基准，测量干涉条纹数目的变化即可转换为长度的变化。干涉测长法测量数十米的长度能精确到 1μm 之内。其二是激光调制测距。对激光加以强度调制后发射出去，接收到被照射物的反射光，求出发散光与反射信号调制波的相位差，即可转换成被测距离。激光调制测距法测量数千米距离的长度可精确到几厘米。其三是激光雷达测距。测量激光脉冲往返时间即可精确测定目标离我们的距离。用这种方法测地球与月球的距离（约 3.8×10^8m）误差仅为几十厘米。

2. 激光加工与激光医疗

激光的空间相干性很好，能把光束聚焦成光强在 $10^6 \sim 10^{10}$W/cm^{2}以上的小光斑，它能以很精细（约 1μm）的空间尺度加热材料，达到打孔、焊接、机械加工以及控制加热以产生材料的结构变化等。同时，特定的材料对合适波长的激光吸收深度很小，可以在材料表面浅层加热，并且不会污染材料。激光光束甚至可以穿过任何透射材料去加工密闭的内部零件。

激光的这种高强度的聚焦光束也广泛应用于医学领域。它不仅可用做手术刀，高度精确地选择病变部位进行手术，而且还可利用激光的光致离解作用消除病变组织而保护健康的组织；可以利用激光诱发的冲击波消除继发性白内障，配合使用光导纤维能用来粉碎各种体内器官的结石。

3. 光信息处理和激光通信

激光在信息处理方面的应用，其一是光盘的高速高密度记录。无论是声盘或视盘利用调制方法把激光束变成数字激光信号，用此信号在母盘上产生坑穴存储并形成轨迹。再现时用激光照射，读取坑穴以还原声像或视像。光盘的存储密度比磁盘高出几百倍。这种应用已进入寻常百姓的日常生活之中。计算机上的 CD - ROM（只读光盘）的原理也基本相似，它的记录容量最高可达到 8Gbit。

激光信息处理的另一应用是激光打印机。它类似于电子照相式复印机，受打印信息控制的激光束对感应体进行扫描式曝光辐照。感应体上受辐照部分和未受辐照部分的静电电荷分布不同，利用静电吸收作用可以成像并印到普通打印纸上。激光打印的文件图像十分清晰，其品质大大高于针式打印机。

激光通信是以激光为载波，用信息振幅去调制载波以实现信息传输。其优点是光波频带宽，可容纳更大量的信息。现在已广泛使用的光纤通信就是激光通信的主要形式。

4. 激光在受控核聚变中的应用

利用极高功率的激光脉冲来加热氘和氚的混合物，使其温度达到 0.1 亿 ~2 亿℃，便可开始发生核聚变而放出巨大的能量。由于氘氚混合物的质量及激光的能量都可被控制，我们称这过程为受控核聚变，人们有可能利用聚变中的能量作为电力的能源。这一方面的研究仍在进行中。

5. 激光的非线性效应

激光强大的电场和物质作用时，产生非线性效应，为光学开辟了一个应用方向，这里不再阐述。

23.4 超导电性

超导电现象的研究，从 1911 年昂尼斯（K. Onnes）首先发现超导现象，到 1987 年高温超导材料的获得并在世界上激起“超导热”，前后经历了 70 多年的历史。迄今超导物理学已成为凝聚态物理学的一个重要分支。本节将简要介绍一下超导的基本特性、超导电性的微观理论、超导材料及超导的一些重要应用。

23.4.1 超导的基本特性

1. 零电阻效应

超导电性是荷兰物理学家昂尼斯于 1911 年在实验中发现的。他在测量低温下纯水银的电阻时发现，水银的电阻并不像预料的那样随着温度的降低而连续减小，而是在 4.15K 时突然全部消失。1913 年将原来的实验装置加以改进和简化以后再对锡和铅进行实验时，也发现了类似的现象。从此以后，超导电性一词就被用来描述物质的这种新状态——超导态。

所谓**超导电性**是指当某些金属、合金及化合物的温度低于某一值时，电阻突然变为零的现象。当物质具有超导电性时，我们把这种状态就称为**超导态**，而把在某一温度下能呈现出超导态的物质称为**超导体**。当超导体在某一温度值时它的电阻突然消失，这个温度值被称为该超导体的**临界温度** T_c。

需要说明的是，只有在稳恒电流的情况下才有零电阻效应。或者说，超导体在其临界温度以下也只是对稳恒电流没有阻力。

法奥（J. File）和迈奥斯（R. G. Mills）利用精确核磁共振方法测量超导电流产生的磁场来研究螺线管内超导电流的衰变，他们的结论是超导电流的衰变时间不低于十万年。

昂尼斯由于液化了最后一种惰性气体氦和发现了超导电性而荣获了 1913 年的诺贝尔物理学奖。

2. 迈斯纳效应（完全抗磁性）

发现超导电现象以后的 22 年间，对于超导体的认识，仅限于它的零电阻特性，而对于它的磁特性并没有真正认识。1933 年迈斯纳（W. Meissner）等人将铅和锡样品放入外磁场中，对样品处于正常态（即有电阻的状态）和超导态时的磁场分布进行细致观察。结果发现，当样品处于正常态时，样品内有磁通分布；当样品冷却到临界温度 T_c 以下而处于超导态时，原来进入样品内的磁感应线立即被完全排斥到样品外。这就是说超导体处于超导态时，不管有无外磁场存在，超导体内的磁通总是等于零的，即 $\boldsymbol{B} \equiv 0$。在外磁场中，处于超导态的超导体内磁感应强度总是为零的特性称之为**超导体的完全抗磁性**。这种现象称之为**迈斯纳效应**。

完全抗磁效应实际上是外场 $\boldsymbol{B}_0$ 与外场在超导体中激起的感生电流所产生的附加场 $\boldsymbol{B}'$ 在超导体内共同叠加的结果。

当把处于超导态的超导体放进外磁场时，由于电磁感应，在超导体的表面层（理论和实验表明，磁场分布按指数衰减，其透入深度一般在 $10^{-5} \sim 10^{-6}$cm 之间。对大块物体而言，可以认为其透入深度为零。）就会激发出感生电流（这是一种永久性的超导电流）。感生电流在超导体内激发的附加的磁感应强度 $\boldsymbol{B}'$，在超导体内处处与外场的磁感应强度 $\boldsymbol{B}_0$ 等值反向，相互抵消，因而使总的磁感应强度 $\boldsymbol{B} = \boldsymbol{B}_0 + \boldsymbol{B}' \equiv 0$。即 $\boldsymbol{B}' = -\boldsymbol{B}_0$，但 $\boldsymbol{B}_0$ 和 $\boldsymbol{B}'$ 本身均不为零。其磁感应线的分布如图 23-22 所示。由图可以看出，一个超导体当它由正常态转为超导态时，就会把样品内的磁感应线立即完全地排斥到样品外。

零电阻特性和**完全抗磁性**是超导体处于超导态时的两个最基本的特征。

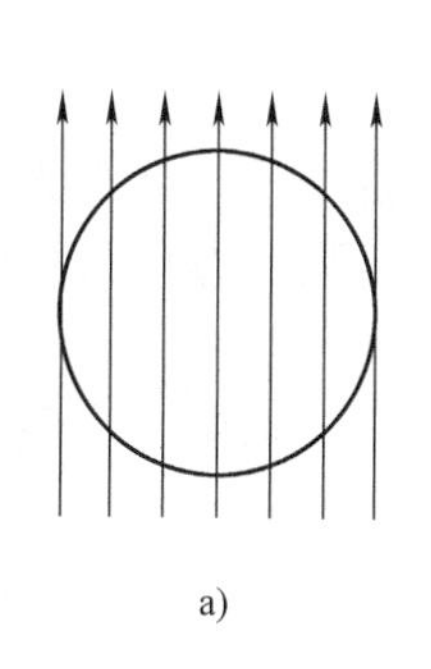

a)

b)

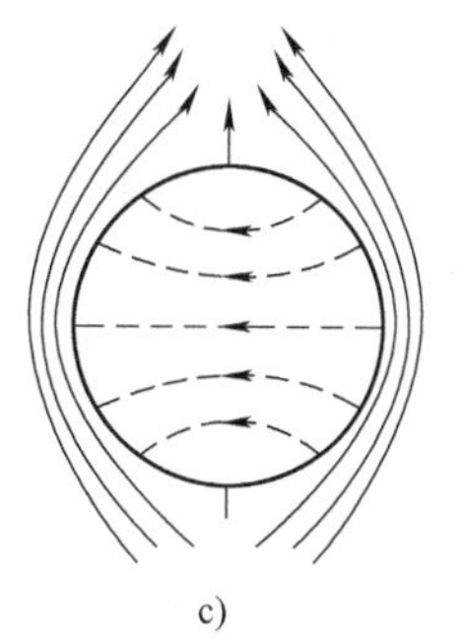

c)

图 23-22　超导体的完全抗磁性

a）外磁场　b）抗磁电流磁场　c）总磁场

3. 临界磁场和临界电流

昂尼斯发现超导电现象以后，1914 年又通过实验发现，超导态能被足够强的磁场所破坏。实验表明：当样品处于超导态，若磁场（可以是外加的，也可以是超导电流自己产生的，也可以是二者之和）高于某一临界值 H_c 时，样品电阻便突然出现，即超导态受到破坏。H_c 即称为**超导体的临界磁场**。实验还表明，对于给定的超导物质，H_c 是温度的函数，它可近似地表示为

$$H_c = H_{c0}\left[1 - \left(\frac{T}{T_c}\right)^2\right] \tag{23-10}$$

式中，H_{c0} 为 $T = 0K$ 时超导体的临界磁场。

受临界磁场所限，超导体所能承载的电流也受到限制，这个限制电流即为**临界电流** I_c。由于临界磁场是外加场和超导电流的磁场共同叠加的值，故 I_c 的值是外加场的函数。

概括地说，超导材料只有满足 $T < T_c$，$H < H_c$，$I < I_c$时才能处于超导态，其中任何一项不满足，其超导态就会受到破坏。

4. 同位素效应

1950 年雷诺（Reynolds）等人和依・麦克斯韦（E. Maxwell）分别独立发现超导临界温度 T_c 与元素的同位素质量 M 有关，即

$$M^{\alpha} T_c = 常量\ (\alpha = 0.50 \pm 0.03) \tag{23-11}$$

这就是**同位素效应**。同位素效应说明超导不仅与超导体的电子状态有关，而且也与金属的离子晶格有关。

5. 能隙

理论研究表明，超导体中电子的能量存在着类似半导体禁带的情况，只不过这个禁带非常窄，只有 10^{-4}eV 的量级，吸收一个红外光子即可跃迁通过这一能量间隙，故谓之**能隙**，常用符号 Δ 记之。

超导体处于超导态时，除了上述基本特性外，还有磁通量子化、约瑟夫孙效应等一些奇特性质，这里就不一一介绍，有些性质在讲到超导应用时一并说明。

23.4.2　超导体的微观机制

对于超导体所具有的这些超导特性，从 20 世纪 30 年代起就陆续提出了不少唯象的理论。这些理论可以帮助人们理解零电阻现象和迈斯纳现象，但不能说明超导电性的起源问题。这个谜底直到 20 世纪 50 年代才由美国的三位物理学家揭开。

1. 金属导体电阻的电子理论

早期的超导体都是在纯金属及它们的合金中发现的。当它们由正常态转变为超导态时电阻一下子就消失了，那么它们的微观结构到底发生了什么变化呢？为此，我们简略地介绍一些金属导体电阻的电子理论。

按照量子力学观点，电子的行为要由满足薛定谔方程的电子波来描述。理论证明，在一个严格的周期性势场中，电子波是没有散射的，电子也不与晶格交换能量，因此也就没有电阻。而由于缺陷和热振动的存在使得金属中原子实所形成的势场就不能是严格周期性的。电子波在非严格周期性势场中传播将会发生散射，散射的结果使自由电子的动量发生变化，即使得电子在电流方向上的加速运动受到阻碍，这就是电阻。由于散射的原因有缺陷和热振动两个方面，因而金属中的电阻率也可分成两部分，即杂质电阻率 ρ_i 和热振动电阻率 ρ_1。杂质电阻率与杂质浓度有关而与温度无关。热振动电阻率与温度有关。理论研究

表明 $\rho_1 \propto T$，即非超导物质的电阻率随温度下降的曲线是平缓而光滑的。如上所述，一个排列非常整齐，没有杂质的理想离子晶体，只有在晶格没有热振动时（即 $T=0K$），才没有电阻。而超导体，在临界温度 T_c 以上，即处于正常态时，它的电阻率随温度下降的曲线也是平缓而光滑的。但是到了临界温度时，其电阻值突然一下子消失，如图 23-23 所示。显然处于超导态的物质，其电子的行为是有异于这种自由无序化电子波的。

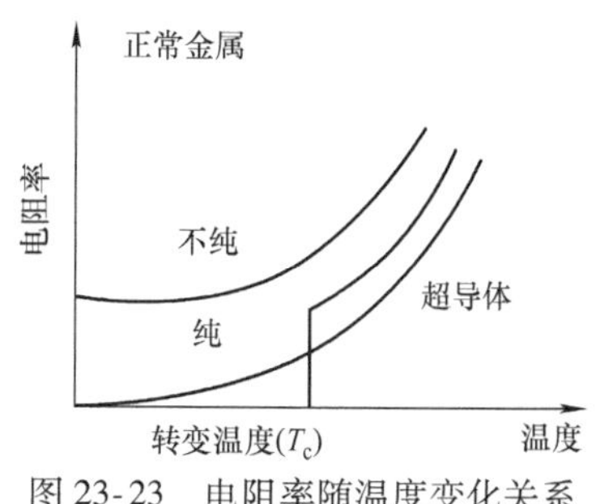

图 23-23　电阻率随温度变化关系

2. 弗罗里希的“电子－声子相互作用”理论

由于超导体从正常态向超导态的转变是一种突变的，因此人们根据金属导体电阻的电子理论，认为这种转变应是电子态的转变，即应该是电子由自由态转变为束缚态，由无序化转变为有序化。但是这种转变是通过什么样的物理机制实现的呢？1950 年弗罗里希（Frohlich）提出的“电子－声子相互作用”的图像对上述问题做出了初步回答。

弗罗里希认为，金属中的共有化价电子在离子实的晶格间运动时，电子密度是有起伏的。即电子的密度在局部范围内有大有小。如果在某时刻，电子在某处 A 比较集中，这时高密度的电子便会对 A 点附近的离子晶格产生较大的吸引力，而使 A 处的离子实离开自己的平衡位置而产生振动，这振动在局部区域内的传播即为**晶格波**（有时简称**格波**）。格波的能量，按量子力学的理论是量子化的，其每一份能量为 $h\nu$，ν 为格波的频率。格波波场能量的能量子 $h\nu$ 即称为**声子**（因为格波是机械波，故名为声子，就如同光波的能量子称为光子一样）。另一方面，格波的波场区域内，在沿着高密度电子流运动的轨迹方向上晶格会发生畸变（极化），即在局部区域内形成正离子高浓度区域，如图 23-24 是晶格由于电子密度起伏引起的振动而产生的格波和极化径迹示意图。

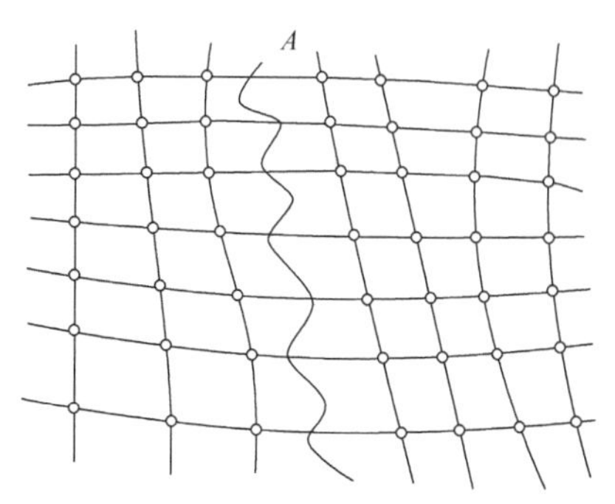

图 23-24　晶格的格波和极化径迹示意图

当第一个电子由上述的格波波场区域出来而该波场还没有消退时，第二个电子刚好进入到该格波区域。由于格波区域内是正离子高浓度区，因此第二个电子就会受到较大的吸引而沿着晶格离子极化的方向去追随第一个电子运动。现在假如我们忘掉晶格离子的极化，而把注意力集中到这一对电子上，那么就会看到这一对电子间存在着一种有效吸引。

对上述这种图像，我们通常用下面的物理术语来描述。根据量子场理论：两个微观粒子之间的作用都是通过交换这种或那种场量子来实现的。例如电子间的库仑作用就是通过交换光子实现的。按上述思路，我们把上述格波区域内一对电子间这种有效吸引，描述成这对电子是通过交换声子而出现吸引的。如图 23-25 所示，动量为 $\boldsymbol{p}_1$ 的电子在格波波场区域内释放出一个声子而被第二个电子所吸收。设声子的动量为 $\boldsymbol{q}$，则作用后第一个电子的动量变为 $\boldsymbol{p}_1-\boldsymbol{q}$，第二个电子的

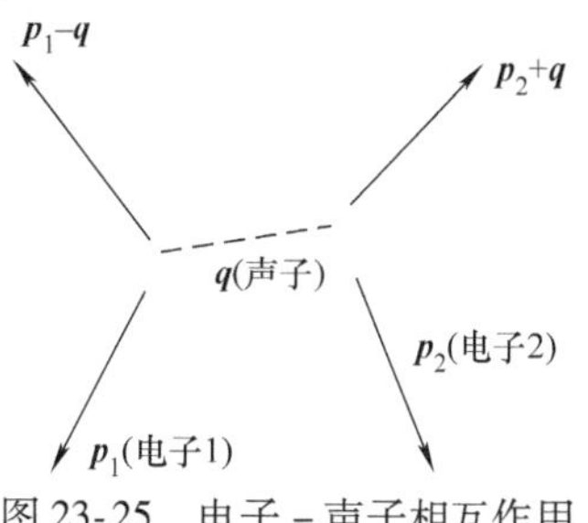

图 23-25　电子－声子相互作用

动量为$\boldsymbol{p}_1+\boldsymbol{q}$，这两个电子通过交换声子便产生了吸引作用，这种作用即称为“电子－声子相互作用”。

3. BCS 理论

对超导电微观理论最有成效的探索是美国物理学家巴丁（Bardeen）、库珀（Cooper）和施里弗（Schrieffer）在1957做出的，被称作BCS理论。

在弗罗里希“电子－声子相互作用”的基础上，1956年库珀用量子场论的理论证明了，只要两个电子之间存在净的吸收作用，不论多么微弱，结果总能形成电子对束缚态。形成束缚态的一对电子，就称为**库珀电子对**，或简称**库珀对**。即处于超导态的价电子，不再是单独的一个个地处于自由态，而是配成一对对的束缚态。

在库珀对的基础上，施里弗提出了超导体超导基态波函数，并证明了由于电子配成库珀对，使整个导体处于更为有序化的状态，因此它的能量更低。处于束缚态的库珀对电子的能量与处于正常态的两个自由电子的能量差值，就是超导体中的能隙。反之，这个能隙也可称为**库珀对的结合能**，即拆散一个库珀对所需的能量。

计算表明，库珀对的结合能量是非常微弱的（约10^{-4}eV），这就意味着这个电子对中的两个电子相隔较远，相隔距离约为10^{-4}cm，但这却是晶格间距的1万倍左右。也就是说，在每一个束缚电子对伸延成的体积内包含有成百万对别的电子对，它们是彼此交替的。而根据泡利不相容原理，不能有相同量子态的两个电子占据同一能态。与此限制相适应，这些互相交叠的库珀对电子的动量就只能统一到每个电子对的总动量为零，每个电子对的自旋角动量也必须为零，即要求每对库珀对的电子，它们的动量大小相等、方向相反，且自旋方向相反。至于对与对之间，每个电子的动量可以各不相同。也就是说在超导态中，电子的有序化是指它们动量的有序化而不是指它们位置的有序化。

简言之，BCS理论的核心是：在超导态中，电子通过电子－声子相互作用而结成束缚态的库珀对，而泡利不相容原理则使所有的库珀对电子有序化为群体电子的动量和角动量相关为零。

当超导体处于超导态时，所有价电子都是以库珀对作为整体与晶格作用。即它的一个电子与晶格作用而得到动量$\boldsymbol{p}'$时，另一个电子必须同时失去动量$\boldsymbol{p}'$，使总动量仍然保持不变。也就是说库珀对作为整体不与晶体交换动量，也不交换能量，能自由地通过晶格。当有外加电场并形成传导电流后，库珀对的动量沿着电流方向增加而形成定向流动，但所有电子对携带的动量还是相同的，若此时去掉外场，便没有电子对的加速运动了。这时库珀对虽然也受到晶格的散射，但在T_c以下，这个散射提供的能量还不足以把库珀对分解，故库珀对电子在散射前后总动量仍然保持不变，即电流的流动不发生变化，因此没有电阻。但在临界温度T_c以上，这种散射就使库珀对被拆散。这时单个自由电子的散射将使它的动量发生变化而出现电阻。

BCS理论不仅成功地解释了零电阻效应，还成功地解释了迈斯纳效应、超导态比热、临界磁场等实验结果。这个曾“使理论物理蒙上耻辱的”物理难题经历了大约半个世纪之后，终于得到了比较满意的解决，因此巴丁等人在1972年获得了诺贝尔物理学奖。

23.4.3　超导材料的分类

人们把超导材料按照超导体在临界磁场H_c时将磁通排斥在超导体外的方式不同，把超导材料分为两类。

（1）第Ⅰ类超导材料

这类超导材料在磁场为 H_c 以下，磁通是完全被排斥在超导体之外的，而只要磁场一高于 H_c，磁场就完全透入超导体中，材料也恢复到正常态。即这类超导材料由超导态向正常态的转变没有任何中间态，只要出现 $T>T_c$，$H>H_c$，$j>j_c$ 中的任何一种情况，就立即恢复到正常态，亦即只有处于图 23-26 中的曲面内时才是超导态。

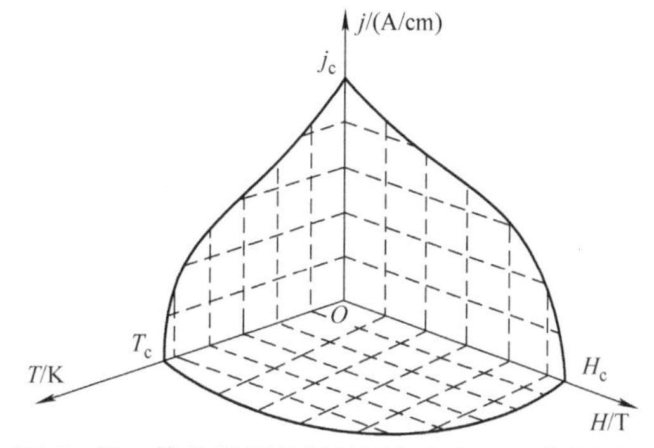

图 23-26　第Ⅰ类超导材料超导态和正常态分界面

属于第Ⅰ类超导材料的是除铌（Nb）、钒（V）、锝（Tc）以外的纯超导元素，如铱（Ir，$T_c=0.14$K）、镉（Cd，$T_c=0.56$K）、锌（Zn，$T_c=0.85$K）、汞（Hg，$T_c=4.15$K）、铅（Pb，$T_c=7.2$K）等，这类超导材料的 T_c 和 H_c 一般都很低。由于低温技术的难以获得，故这类超导材料的应用前景有限。

（2）第Ⅱ类超导材料

这类超导材料存在两个临界磁场。即下临界磁场 H_{c1} 和上临界磁场 H_{c2}。当材料处于下临界磁场 H_{c1} 以下时是完全超导态。当磁场超过 H_{c1} 但仍在 H_{c2} 以下，即 $H_{c1}<H<H_{c2}$ 时，处于混合态，这时材料的大部分处于超导态，而部分处于正常态。即从 H_{c1} 开始，磁通就部分地透入超导体中，而且随着磁场的增强，透入的磁通也随之增加，当磁场达到上临界磁场 H_{c2} 时，磁场完全地透入材料中并完全恢复到有电阻的正常态，如图 23-27 所示。

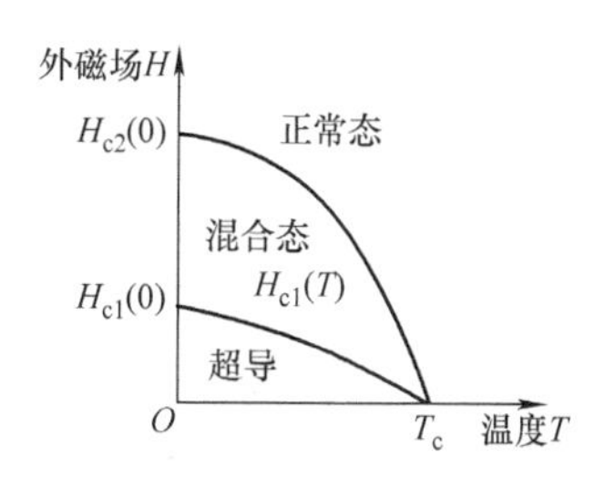

图 23-27　第Ⅱ类超导材料的状态变化

值得注意的是，第Ⅱ类超导材料在其处于混合态时，虽然完全抗磁性开始部分地受到破坏，但零电阻效应依然保持。在磁场透入的部分，电流与磁场之间存在相互作用，这种作用在材料中会引起电阻效应并会局部升温，使得磁通透入的范围更大，进而使局部升温范围扩大而导致超过临界温度。对于这种情况，在具体运用时可以通过技术处理而防止。

属于第Ⅱ类超导材料的有铌、钒、锝及合金、化合物等。第Ⅱ类超导材料，尤其是化合物的超导材料，其临界温度相对较高。故在技术上有重要应用的主要是指第Ⅱ类超导材料。

超导最惹人注目的特点，就是在临界温度以下的零电阻效应。然而直到 1986 年以前，人们发现的超导材料几乎都只能在液氦温区工作。而氦气的稀少，制备液氦技术的复杂和成本之高昂却大大地限制了超导体的研究和应用。

1986 年 1 月，瑞士苏黎世的 IBM 公司（国际商业通用机械公司）研究所的物理学家缪勒（K. A. Muller）和贝德诺兹（J. G. Bednorz），意外地发现镧、钡、铜三元氧化物陶瓷材料在 35K 出现了超导性。后经反复实验，证明这是正确的，于是在当年 4 月才公布发表。当年 12 月日本东京帝国大学和美国波士顿大学宣布重复了缪勒等人的实验，这一事件引起了世界各国的重视。世界各地的科学家纷纷对这种氧化物超导体进行系列的研究，其中也有我国物理学家的出色工作。1986 年 12 月 25 日中科院物理所的赵忠贤等人得到了锶、镧铜氧化物系统的转变温度为 48.6K；1987 年 2 月 24 日，他们又获得了钡、钇、铜氧化物的转变温度为 92.8K；20 世纪 90 年代的报道是，Hg 系列氧化物超导体，其超导转变温度达 133.8K)。此后，差不多每天都有这方面的新报道，全世界掀起了“超导热”。新的超导材料之所以鼓舞人心，是因为它能在液氮温区工作。氮的沸点是 77K，而获得液氮要比液氦容易得多，且氮是空气的主要成分，资源丰富。因此超导材料的临界温度提高到液氮范围，这是一个重大的突破，给超导的实际应用带来了非常广阔的前景。

由于缪勒和贝德诺兹在高温超导材料中的关键性突破，为高温超导材料的研究开辟了新的道路。他们荣获了 1987 年的诺贝尔物理学奖。

23.4.4　约瑟夫孙效应及其应用

如果我们将两块处于超导态的超导体以不同的方式相接触以组成各种不同形式的“超导结”，那么将会出现哪些奇特的现象呢？不但有人这样想过，而且还有人这样做过，这就导致了贾埃弗（Giaever）单电子隧道效应和约瑟夫孙的库珀对隧道效应（即约瑟夫孙效应）的发现。近 20 多年来，人们对约瑟夫孙效应进行了深入研究并已发展成为超导电子学。

1. 单电子隧道效应

1960～1961 年，贾埃弗将正常态金属膜（N）、超导体（S）、薄氧化物绝缘层（I）组成不同的超导结：N－I－N 结、N－I－S 结和 S－I－S 结，做了一些有趣的实验，如图 23-28所示。根据接触电势差理论可知，那一层薄的绝缘层（即图中阴影层 I）对于电子来说就是一个势垒。根据量子力学理论，具有波粒二象性的微观粒子，即使在其动能 E_0 小于势垒高度时，仍有一定的概率从势垒的一侧贯穿至另一侧，这就是所谓的量子隧道效应。贾埃弗在上述超导结中发现了单电子隧道效应。实验观测到，当外加电压 $U>0$ 时，单电子隧道效应产生的隧道电流 I 和外加电压 U 之间的 $I-U$ 曲线，N－I－N 结与 N－I－S 结和 S－I－S 结之间有显著的不同。N－I－N 结的 $I-U$ 曲线如图 23-28a 所示，是呈直线的，而 N－I－S 结和 S－I－S 结的 $I-U$ 曲线不再呈直线，而是在超导能隙电压 Δ/e 处或$(\Delta_1+\Delta_2)/e$ 处（式中，Δ 表示超导能隙），隧道电流突然增加，如图 23-28b 和 c 所示。贾埃弗单电子隧道效应的发现，直接观测了超导能隙，证明了 BCS 理论的正确性，并为超导理论的新发展——强耦合理论提供了实验依据。

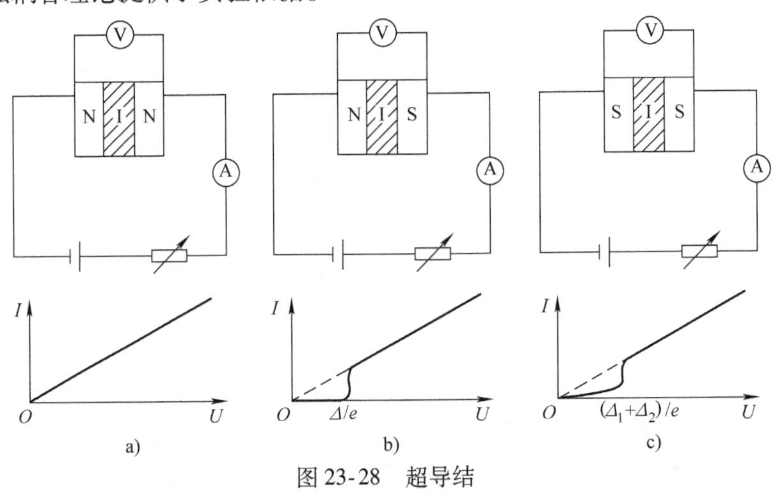

图 23-28　超导结

2. 约瑟夫孙效应

既然实验中已指出，超导结中有单电子隧道效应存在，那么库珀对电子作为整体能否隧穿绝缘层的势垒而发生隧道效应呢？1962 年正在英国剑桥大学攻读物理博士学位的研究生、年仅 22 岁的约瑟夫孙在其导师安德森的指导下研究了这个问题。约瑟夫孙运用 BCS 理论研究了超导能隙的性质，计算了 S－I－S 结（后人称为约瑟夫孙结）的隧道效应，从理论上预言，只要隧道结的势垒层（I）足够薄（1nm 左右）时，库珀对也能隧穿势垒层，并且具有如下一些性质。

（1）直流约瑟夫孙效应

根据 BCS 理论，总动量为 $\boldsymbol{p}$ 的库珀对也可以用具有德布罗意波长为 h/p 的一个波函数来表示。当存在超导电流时，每个库珀对的总动量 $\boldsymbol{p}$ 都是相同的，即所有电子对的德布罗意波长相同；又由于这些库珀对电子是大范围内彼此交叠的，亦即大量的电子对的波函数在空间内是相互交叠的，所以各电子对的波函数的位相也必须相同。计算表明，至少在人体尺度的超导体内，库珀对电子的波函数的位相都能保持相同。

如图 23-28c 所示，S－I－S 结中的这两块超导体，电子对的位相在每一块的内部是相同的，但是在这两块之间，它们的位相则是不同的。若在约瑟夫孙结的外侧加上一直流电压，当电压小于 $2\Delta/e$ 时，几乎没有电流，但当电压达到 $2\Delta/e$ 时，电流突然上升，但这时电压不变，亦即结电压（S－I－S 结两端的电压）为零，这也就是零电阻效应，此时的电流就是超导隧道电流，如图 23-29 所示。当电流超过最大约瑟夫孙电流 I_J 时，曲线 bc 部分就显示出正常态的电流电压关系。

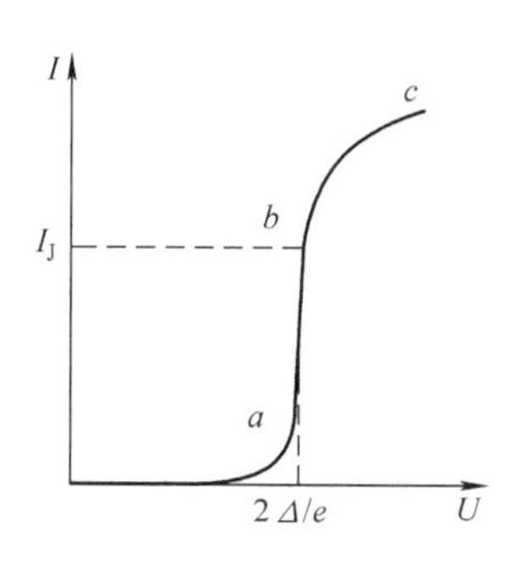

图 23-29　直流约瑟夫孙效应

结电压为零时的超导电流满足如下关系：

$$I = I_J \sin\varphi \tag{23-12}$$

式中，I_J 为最大约瑟夫孙电流；$\varphi = \varphi_2 - \varphi_1$ 是绝缘层两侧库珀对波函数的相位差。可以证明，在结电压为零时，φ 为常数，即此时是一个恒定的无阻超导电流。

进一步的研究发现，最大约瑟夫孙电流 I_J 对外磁场很敏感。若在结电压为零时，在平行于结的平面上加上外磁场，I_J 就会减少，而且出现周期性的变化。如图 23-30 所示，当通过结面的磁通为磁通量子（磁通的量子化现象是阿伯利科索夫在 1957 年预言的，1961 年由第埃尔和弗埃贝在实验室所证实。近代测出的磁通量子 $\Phi_0 = 2.0678538 \times 10^{-7}\,\text{Gs} \cdot \text{cm}^2$）$\Phi_0 = \dfrac{h}{2e}$ 的整数倍时，I_J 就将为零。不难看出，I_J 与磁通 Φ 的关系曲线和光的单缝衍射时光强分布曲线非常相似。

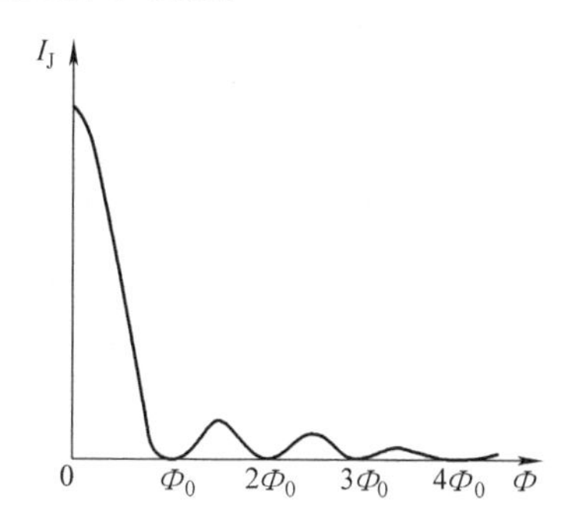

图 23-30　最大约瑟夫孙电流与通过界面磁通的关系

以上现象即为**直流约瑟夫孙效应**。

（2）交流约瑟夫孙效应

当外加电压继续增大，使隧道电流超过最大约瑟夫孙电流 I_J 时，亦即当结电压 $U \neq 0$ 时，约瑟夫孙指出，这时超导结两侧的超导体内电子对的量子态波函数的相位差对时间的

变化率为

$$\frac{\mathrm{d}\varphi}{\mathrm{d}t}=\left(\frac{2e}{h}\right)U \tag{23-13}$$

积分上式可得 $\varphi=\frac{2e}{h}U_0t+\varphi_0$，这时通过约瑟夫孙结的电流为

$$I=I_{\mathrm{J}}\sin\left(\frac{2e}{h}U_0t+\varphi_0\right) \tag{23-14}$$

这说明，当结电压不为零时，会出现一个基频为 $\nu_0=\frac{2e}{h}U_0$ 的交变电流。计算表明，$\frac{2e}{h}=$ 483.6MHz/μV，即每微伏电压对应的交变电流频率为483.6MHz。这种高频的正弦电流将会产生电磁辐射，辐射的频段在微波至红外部分[$(5\sim10)\times10^{12}$Hz]。这是因为库珀对从结电压处获得能量，又以辐射形式发射出去的结果。这就是交流约瑟夫孙效应。

如果在S－I－S结外侧的外加直流电压的基础上再外加一个交变电压（例如用微波照射在结上），同时又改变结上的直流电压时，则在某些特定的电压值，电流会突然增大，如图23-31所示，在 $I-U$ 曲线上出现了"台阶"。由于这种现象是夏皮罗（Shapiro）在1963年做交流约瑟夫孙效应的逆效应实验时发现的，故这种电压"台阶"又称为**夏皮罗台阶**。实验发现这一系列电压值为

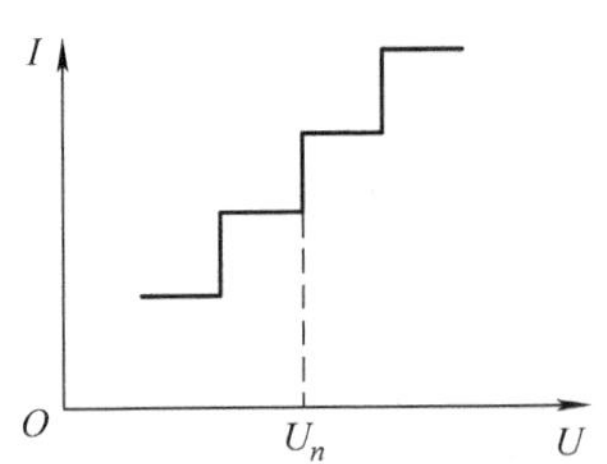

图23-31　夏皮罗台阶

$$U_n=n\frac{h}{2e}\nu\ (n=0,1,2,\cdots) \tag{23-15}$$

式中，ν 是辐照的微波频率。这说明相邻台阶间的电压间隔是 $\frac{h}{2e}\nu$。显然，当辐照频率一定时，这时的电压值也是量子化的，这就为电压的自然标准提供了实验基础。

由于约瑟夫孙所做出的贡献，使他和贾埃弗共享了1973年的诺贝尔物理学奖。

3. 约瑟夫孙效应的主要应用

（1）超导量子干涉仪

超导量子干涉仪，简称SQUID（全称是Super Conducting Quantum Interference Device）。如图23-32所示，把两个约瑟夫孙结并联起来即成为一个SQUID。超导电流从 P 通过 a 结和 b 结到达 Q。若用波函数来描述库珀对的量子态，则经过 a 结和 b 结后，它们的波函数的位相改变是不同的，因此波函数到达 Q 点因产生位相差而干涉，这与光通过双缝而干涉的情况相似，不过这里是描述库珀对的量子态波函数的干涉而已。

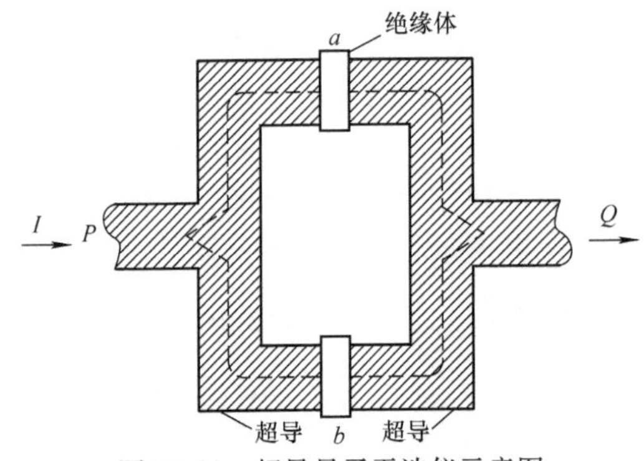

图23-32　超导量子干涉仪示意图

如果把器件放在外磁场中，则理论证明，当通过干涉仪回路中的磁通量是磁通量子 Φ_0 的整数倍时，通过SQUID的电流出现极大，即

$$I_{\mathrm{m}}=2I_{\mathrm{J}}\left|\cos(\pi\Phi_{\mathrm{c}}/\Phi_0)\right| \tag{23-16}$$

式中，I_J 是单结的最大约瑟夫孙电流；Φ_c 为外场穿过器件回路的磁通量；Φ_0 为磁通量子。在具体运用时，根据偏置电流的不同又可分为直流（DC）和射频（RF）两类。

目前，应用较广泛的是以 DC SQUID 为磁传感元件制成的超导磁强计。由于用的是干涉原理，故灵敏度特别高，可测出 10^{-11}Gs 的弱磁场。超导磁强计作为探测微弱磁场的精密仪器已被广泛应用于科学技术和生产实践的各个领域，如探矿、地震预报、生物磁场探测等。

（2）电压标准

1893 年开始，国际上采用硫酸镉电池组作为标准电池并置于恒温、恒湿、防震实验室内。由于物理化学因素的变化，电压值不断变化，为消除各国电压标准的差异，规定每隔 3 年到法国巴黎的国际权度局进行一次直接比对。这不仅麻烦，精确度也不能满足科技发展的需要。

根据约瑟夫孙结受微波辐照时 $I-U$ 曲线上会出现 Shapiro 台阶，电压值为

$$U_n = n\frac{h}{2e}\nu \tag{23-17}$$

频率测量精确度可达 10^{-10}Hz；而$\frac{h}{2e}$为常量，监测精度可达 10^{-8}V。故从 1976 年起国际权度局决定，改用约瑟夫孙效应方法经管电压标准，这样不仅精确度高，而且与测量地点、环境无关，保存、比较都方便。

（3）超导计算机器件

计算机最基本的元件是开关元件。用一磁场可使约瑟夫孙结从零压状态变为有压状态，结的这一特性便可作为计算机的开关元件，它的开关速度只需几个微微秒（10^{-12}s），比半导体的开关速度快 1000 倍。而功耗仅为半导体元件的 1/1000。因此，超导计算机器件的特点是速度快、功耗小，不存在散热问题。

此外，利用超导隧道效应制备的敏感元件，其能量分辨可以接近量子力学测不准关系所限定的量级，这是其他器件所不能达到的。

23.4.5　超导理论新动向

1986 年高温超导体的出现，不仅将改变应用的前景，同时对超导理论的研究也起了推进作用。过去超导材料主要是金属和合金，而现在主要是多元金属氧化物。人们普遍关心的是对于新的超导材料，以金属超导材料为对象的 BCS 理论是否依然有效？根据新发表的一些文献来看，实验证明电子在超导体中配成库珀对这一点仍然是必要的，而对形成库珀对的机制有不同的看法。1987 年安德孙（D. W. Anderson）提出的共振理论认为，新的超导体存在母体和掺杂两部分，例如 La – Ba – Cu – O 中，La_2CuO_4是母体，本身是绝缘体，电子在晶格附近配成自旋相反的共价键，通过掺杂的驱动，这种共价电子就共振转变为超流的库珀对而形成超导。罗伏兹（J. Ruvalds）则提出固体中电子气的密度发生起伏，以波的形式传递而形成所谓电荷密度波，而它的量子称为等离子激元，它起了 BCS 理论中声子的作用。这两种理论都是全电子理论，即形成的电子对与晶格无直接关系。

还有一种所谓“激子机制”而形成电子对的。这种理论认为金属（如 Ba）与半导体（如 CuO_2）是以一层层形式的结构而存在的，称为 M – S – M 结构。M（金属）中的电子排斥 S（半导体）中的电子而形成空穴，空穴又与 M 中的电子形成电子 – 空穴对，这种电子 – 空穴对称为激子。在两边的 M 中两个电子通过激子而配成电子对。目前这些理论都不很成熟，超导理论工作者都在注意实验将会得到什么有意义的结果并以此来指导理论工作的方向。

23.4.6　超导电性在工业上的应用

1. 超导磁体

无论是现代的科学研究还是现代的工业，都需要研制出大尺度、强磁场、低消耗的磁体。但现有材料制成的磁体却不能全面满足上述要求。

由铁磁材料制成的永久磁体，它两极附近的磁场只能达到7000～8000Gs；电磁铁，由于铁心磁饱和效应的限制，也只能产生25000Gs的磁场；用通以大电流的铜线圈，它产生的磁场虽然可以高达10万Gs，但耗电达1600kW，且每分钟须耗用4.5t的水来冷却，此外体积庞大也是它的一个缺点，一个能产生5万Gs的铜线圈重达20t。

用超导线圈来制成磁体却能做到大尺度、强磁场、低消耗。例如可以产生几万高斯的超导磁体只需耗电几百瓦（主要用于维持超导材料需要的低温），其重量也只有几百公斤，而且还无需耗用大量的冷却水。目前，世界上已制成的超导磁体产生的磁场已高达17万Gs，现在正在研制（20～30）万Gs的超导磁体。此外，超导磁体产生的磁场，无论在持久工作的时间稳定性、大空间范围内的均匀性和磁场梯度等方面都要比普通磁体强得多。

超导磁体已被应用于高能物理、磁悬浮列车（目前拥有磁悬浮列车的国家只有中国、德国和日本等少数几个国家）和医用核磁共振成像设备中，用超导磁体制成的功率已达2400W的单极电动机早在20世纪60年代已经问世（其主要应用在需要连续运转但转速变化太大的地方，如轧钢机、船舶驱动和发电站的辅助电动机等）。另外，能在大尺度范围内产生强磁场和超导磁体，在未来新能源磁流体发动机中及受控核聚变中用于约束等离子体必将发挥重要作用。有人还设想过，将超导磁体运用于交流发电机上，这样可以提高单机容量。由于高温超导材料的突破，可以预计，高温超导磁体的应用将会更为广泛。

2. 超导电缆

电能在零电阻输送时是完全没有损耗的，这无疑是用超导电缆进行电力输送者最充分的理由。在液氦低温区（4.2K）已有实验性电缆。结论是用于超高压特大容量的电力输送，在技术上是完全可行的。目前，困难大体上集中在如下几个问题：在经济上，比较低的运转费用必须要抵得过昂贵的投资；在技术方面，低温电缆所要求的绝缘介质在低温下的强度还有待解决；在传输线、制冷站或电缆中出现故障时，提供相应的保护以保证电流的供应不间断也有问题；超导电缆低温屏蔽上如出现故障也不能很快地修复等。然而，由于对电能需求的迅速增长，高温超导材料临界温度的提高，超导电缆在传输电力时的无能量损耗，这个巨大的优势正在吸引越来越多的人去开发。可以相信，超导电缆的实际应用是为时不远了。

3. 超导储能

将一个超导体圆环置于磁场中，降温至圆环材料的临界温度以下，撤去磁场，由于电磁感应，圆环中便有感应电流产生。只要温度保持在临界温度以下，电流便会持续下去。已有的实验表明，这种电流的衰减时间不低于10万年。显然这是一种理想的储能装置，称为超导储能。

超导储能的优点很多，主要是功率大、重量轻、体积小、损耗小、反应快等，因此应用很广。如大功率激光器，需要在瞬时提供数千乃至上万焦耳的能量，这就可由超导储能装置来承担。超导储能还可用于电网。当大电网中负荷小时，把多余的电能储存起来，负荷大时又把电能送回电网，这样就可以避免用电高峰和低谷时的供求矛盾。

小　结

1. 固体的能带结构

晶体结构：宏观上看，晶体具有规则的几何形状。微观上看，晶体中的分子、原子或离子在空间的排列都呈现规则的、周期性的阵列形式，表现出长程有序性，这种三维阵列称为晶体点阵（简称晶格）。

晶体分类：离子晶体、共价晶体、分子晶体和金属晶体。

2. 固体能带的形成

电子共有化：由于晶体中原子的周期性排列而使价电子不再为单个原子所有的现象。

能带的形成：当 N 个原子相互靠近形成晶体时，它们的外层电子被共有化，使原来处于相同能级上的电子不再具有相同的能量，而处于 N 个相互靠得很近的新能级上。由于晶体中原子数目 N 非常大，所以形成的 N 个新能级中相邻两能级间的能量差很小，其数量级为 10^{-22}eV，几乎可以看成是连续的。因此，N 个新能级具有一定的能量范围，称为能带。

满带：各能级都被电子填满的能带。

价带：由价电子能级分裂而形成的能带。

导带：晶体价带中没有全部被电子填满的这种能带。

空带：所有能级都没有电子填入的能带。

禁带：两个相邻能级之间的一个不存在电子稳定能态的能量区。

3. 半导体

本征半导体：兼有电子导电和空穴导电两种机构的纯净半导体。

n 型半导体：杂质价电子受激发后跃迁到导带形成自由电子导电的半导体。

p 型半导体：满带中电子受激跃入杂质能级形成满带中空穴导电的半导体。

p－n 结：在半导体内，由于掺杂的杂质，在交界处形成正负电荷的电偶层，这种结构称为 p－n 结。

4. 激光原理

形成激光的两个条件：

一是有能实现粒子数反转的激活介质；二是有满足阈值条件的光学谐振腔。

激光的特性：单色性好、方向性好、相干性好、能量集中。

5. 超导电性

超导的基本特性：零电阻效应、迈斯纳效应、临界磁场与临界电流、同位素效应和能隙。

超导体的微观理论：

BCS 理论：在超导态中，电子通过电子－声子相互作用而结成束缚态的库珀对，而泡利不相容原理则使所有的库珀对电子有序化为群体电子的动量和角动量相关为零。

BCS 理论不仅成功地解释了零电阻效应，还成功地解释了迈斯纳效应，超导态比热、临界磁场等实验结果。

思　考　题

23.1　什么叫电子的共有化？原子的内层电子和外层电子参与共有化运动的情况有何不同？比较晶体中电子和孤立原子中电子的能量特性，它们为什么会有差异？

23.2　能带是怎样形成的？导体、半导体和绝缘体的能带结构有什么不同？

23.3　如果光子在折射率（或介电常量）按周期性分布的结构中传播，是否有可能出现像晶体中电子禁带那样的“光子禁带”？

23.4　为什么半导体的导电性比绝缘体好？

23.5　为什么金属中的电阻温度系数是正值，而半导体的电阻温度系数是负值？

23.6　半导体的导电机构是什么？适当掺入杂质和加热都能使半导体的导电能力增强，这两种情况有什么不同？

23.7　禁带宽度为0.7eV的锗半导体掺入杂质后，测得相对价带顶部杂质Al的能级为0.01eV，杂质P的能级为0.69eV，问哪种杂质是施主，哪种是受主？

23.8　p型半导体和n型半导体接触后形成p-n结，n型中的电子能否无限地向p型区扩散？为什么？

23.9　利用霍尔效应可以判断半导体中载流子的正负，试说明判断方法。

23.10　试比较受激辐射和自发辐射的特点。

23.11　实现粒子数反转要求具备什么条件？如果在激光的工作物质中，只有基态和另一激发态，问能否实现粒子数反转？

23.12　已知Ne原子的某一激发态和基态的能量差 $E_2 - E_1 = 16.7\text{eV}$，分析 $T = 300\text{K}$ 时，热平衡条件下，处于两能级上的原子数的比。

23.13　谐振腔在激光的形成过程中起什么作用？要在谐振腔内形成光振荡并产生激光，沿轴线来会被反射的光波的叠加结果必须满足什么条件？

23.14　处于超导态的超导体有哪些主要特性？

23.15　BCS理论的基本内容是什么？该理论是如何解释超导的零电阻效应的？

23.16　超导材料可分为几类？其划分的依据是什么？人们为什么致力于高温超导材料的研究？

23.17　超导在工业上有哪些主要应用？

23.18　超导体和电阻率为零的理想导体有什么不同？超导磁体相对于传统电磁铁，有什么优越性？

23.19　什么是迈斯纳效应？什么是约瑟夫孙效应？

23.20　试简述超导量子干涉器的基本原理，其主要有哪些应用？

习　题

23.1　硅与金刚石的能带结构相似，只是禁带宽度不同，已知硅的禁带宽度为1.14eV，金刚石的禁带宽度为5.33eV，试根据它们的禁带宽度求它们能吸收辐射的最大波长各是多少。

23.2　硅的禁带宽度为1.14eV，适当掺入磷后，施主能级和硅的导带底的能级差为 $\Delta E_D = 0.045\text{eV}$，试求此掺杂半导体能吸收的最大波长。

23.3　半导体发光二极管的禁带宽度为1.9eV，它能发出的光的最大波长是多少？

23.4　KCl晶体在已填满的价带之上有一个7.6eV的禁带，对波长为140nm的光来说，此晶体是透明的还是不透明的？

习题答案

23.1　1090nm，233nm

23.2　$27.6 \times 10^{-6}\text{m}$

23.3　654nm

23.4　不透明

附　　录

附录Ⅰ　常用物理常数表

名称	符号	数值	单位
真空中的光速	c	3×10^{8}	$m\cdot s^{-1}$
真空介电常数	ε_0	8.85×10^{-12}	$F\cdot m^{-1}$
真空磁导率	μ_0	$4\pi\times10^{-7}$	$N\cdot A^{2}$
普朗克常量	h	6.63×10^{-34}	$J\cdot s$
	$\hbar$	1.05×10^{-34}	$J\cdot s$
玻尔兹曼常数	k	1.38×10^{-23}	$J\cdot K^{-1}$
阿伏伽德罗常量	N_A	6.02×10^{23}	mol^{-1}
斯特藩－玻尔兹曼常量	σ	5.67×10^{-8}	$W\cdot m^{-2}\cdot K^{-4}$
元电荷（电子电量）	e	1.60×10^{-19}	C
电子静止质量	m_e	9.11×10^{-31}	kg
质子静止质量	m_p	1.67×10^{-27}	kg
中子静止质量	m_n	1.67×10^{-27}	kg
玻尔磁子	μ_B	9.27×10^{-24}	$J\cdot T^{-1}$
玻尔半径	a_0	5.29×10^{-11}	m
经典电子半径	r_e	2.82×10^{-15}	m

附录Ⅱ　常用天体数据

名　　称	数　　值
银河系	
质量	10^{42}kg
半径	10^{5}l. y.
恒星数	1.6×10^{11}
地球	
质量	5.98×10^{24}kg
赤道半径	6.38×10^{6}m
极半径	6.36×10^{6}m
平均密度	$5.5\times10^{3}kg\cdot m^{-3}$
表面重力加速度	$9.81m\cdot s^{-2}$
自转周期	8.62×10^{4}s
公转周期	3.16×10^{7}s
公转速率	$29.8m\cdot s^{-2}$
对太阳的平均距离	1.50×10^{11}m
月球	
质量	7.35×10^{22}kg
半径	1.72×10^{6}m
平均密度	$3.34\times10^{3}kg\cdot m^{-3}$
表面重力加速度	$1.63m\cdot s^{-2}$
自转周期	27.32d
到地球的平均距离	3.82×10^{8}m
绕地球运行周期	27.32d

附录Ⅲ　常用单位换算关系

名称	符号	数值
标准大气压	atm	$1\,\text{atm} = 1.013 \times 10^{5}\,\text{Pa}$
埃	Å	$1\,\text{Å} = 1 \times 10^{-10}\,\text{m}$
光年	l. y.	$1\,\text{l. y.} = 9.46 \times 10^{15}\,\text{m}$
纳米	nm	$1\,\text{nm} = 1 \times 10^{-9}\,\text{m}$
电子伏特	eV	$1\,\text{eV} = 1.602 \times 10^{-19}\,\text{J}$
高斯	Gs	$1\,\text{Gs} = 1 \times 10^{-4}\,\text{T}$

参 考 文 献

[1] 张三慧. 大学物理学：热学、光学、量子物理［M］. 3版. 北京：清华大学出版社，2009.
[2] 吴百诗. 大学物理：下册［M］. 3版. 西安：西安交通大学出版社，2008.
[3] 赵近芳，王登龙. 大学物理学：下册［M］. 5版. 北京：北京邮电大学出版社，2017.